한국해양전략연구소 총서 92

2020-2021 동아시아 해양안보 정세와 전망

한국해양전략연구소(KIMS) 편

박영사

발간사

2020년은 코로나-19와 함께 미·중 갈등이 전방위로 확대되면서 남중국해 정세에 격랑이 몰아치고, 중국을 견제하기 위해 미국 중심의 다자안보 협의체인 Quad가 영향력을 확대하는 등 지정학에 많은 변화를 가져온 한 해였다. 특히 남중국해를 포함한 인도·태평양에서는 미국과 중국의 해양패권 경쟁이 더욱 치열한 한 해였다. 한편 중국은 남중국해 곳곳에 건설 중인 인공섬의 군사기지화에 박차를 가했던 2020년이었다.

또한, 중국은 석유와 천연가스, 수산자원의 보고이자 인도양과 직결된 남중국해의 해상교통로를 독식하려는 야심을 노골화하고 있다. 남중국해는 세계 교역량의 1/3이 통과하는 곳이자 한국의 에너지 수입과 교역의 핵심 통로이다. 이를 중국이 내해(內海)화한다는 것은 한국 등 역내 국가들의 명줄을 틀어쥐겠다는 위협과 다름없다. 그리고 중국은 구축함을 이용하여 '항행의 자유 작전'을 벌이고 있는 미국해군 함정에 충돌 직전까지 근접하는 등 무력시위도 날로 격화되고 있다. 이에 미국은 항모강습단 2개를 남중국해에 전개해 대응하고, 대만해협에 항행의 자유 작전을 수행하는 등 과거와 달리 적극적으로 중국의 해양팽창 야욕을 공세적으로 견제하고 있다.

동중국해도 상황이 다르지 않다. 중·일 간 센카쿠열도(중국명 댜오위다오)의 영유권 분쟁이 자칫 군사적 충돌로 이어질 수 있다는 우려가 잦아들지 않고 있다. 최근에는 중국 공용선박이 센카쿠열도 주변의 일본 영해를 수시로 침범하자 일본 정부의 강경 대응 선포로 긴장이 고조되고 있다. 동중국해가 한국의 지척에 있다는 점을 고려하면 한반도 주변 바다 곳곳이 '화약고'라고 표현해도 지나치지 않다. 그 영향권에서 대한민국도 예외일 수 없다는 점에서 비상한 경각심을 가져야 할 때다.

중·일 간 영유권 분쟁의 불씨가 한반도로 튈 가능성도 있다. 일본이 실효적으로 지배하고 있는 센카쿠열도를 둘러싼 중·일 해양분쟁의 여파가 독도와 이어도까지 미칠 수 있다는 우려 때문이다. 중·일 양국이 '치킨게임'을 하듯이 해군력 증강에 박차를 가하는 양상도 예사롭지 않다. 장차 양국이 힘을 앞세워 독도와 이어도에 대한 해양 현상 유지(Status Quo) 변경을 시도할 수도 있다.

3면이 바다인 한국에게 해양주권 수호는 사활이 걸린 문제다. 잠재적 위협으로부터 해상교통로와 EEZ 등을 지켜내려면 그에 걸맞은 힘이 뒷받침돼야 한다. 대북(對北)방어 차원을 넘어 주변국이 함부로 건드리거나 무시하지 못하도록 강한 해군력을 건설해야 하는 이유이기도 하다. 해군이 추진 중인 경항모 사업과 핵추진잠수함과 같은 '해상판 고슴도치 전력'도 본격 검토할 필요가 있다.

따라서 한국해군의 작전개념도 대북 중심의 해양작전과 전통적·비전통적 해양위협에 대비한 해양안보작전(Maritime Security Operations) 개념을 정립하여 가시적인 능력을 갖추어야 한다. '바다'를 위협하고, 영유권을 침해하는 위기 사태가 발생하면 그 유형과 강도에 따라 전략·작전·전술적 차원에서 일사불란한 대응으로 최단 시간 내 상황을 유리하게 끌어내는 방안을 철두철미하게 마련해 둬야 한다. 바다는 국제정치를 지배하는 '힘의 논리'가 가장 첨예하게 맞붙는 현장이다. 힘을 앞세운 해양분쟁의 험난한 파고가 '대한민국호'를 덮치기 전에 미리 대비해야 한다. 잠재적 위협이 현실적 위협이 되고 난 뒤 대응하는 어리석음을 범해선 안 된다.

이에 한국해양전략연구소에서는 국가별·분야별 전문가들의 연구를 종합하여 한동안 중단되었던 백서를 다시 발간하게 되었다. 제1부에서 주변 4강의 국가안보전략과 해양전략, 그리고 해군력 건설과 연합훈련 등 해군력 투사 동향을 분석한 후에 2021년을 예측하고 한국의 대응 전략을 제시하였다. 제2부는 동아시아 해양안보 도전요인을 세 분야로 구분하여 분석하였다. 제5장에서는 남중국해를 포함한 미·중의 해양패권 경쟁이 역내 해양안보에 어떻게 영향을 미칠 것인가를 분석하고, 2021년을 예측하면서 한국의 대응 전략을 제시하였다. 제6장은 동아시아의 영유권 분쟁, 중첩된 해상방공식별구역, EEZ 중복 문제 등 동아시아 해양갈등과 해양신뢰구축 문제를 분석하여 2021년을 전망하고 한국의 대응 전략을 제시하였다. 마지막 7장에서는 최근 러시아가 북극해 군사기지화를 추진하면서 러시아, 미국, 중국 등 이해 당사국들의 정책과 북극해 개발 현황과 도전요인, 2020년 북극해 관련 국제협력 동향과 2021년을 전망하고 한국의 대응 전략을 살펴보았다.

사실 한 국가의 해양전략과 지역 해양안보 현안을 어느 특정 해양이나 분야를 한정해서 객관적 그리고 세부적으로 평가하는 것은 매우 어려우며 그 결과 역시 민감하고 유동적이기 때문에 보는 이의 시각에 따라 다른 견해를 보일 수 있다. 그러나 이는 한국이 반드시 거쳐야 할 과정이자, 한국의 미래지향적 국가전략 수립을 위해 누군가 반드시 해야 하는 과제다. 특히, 이번 연구 결과가 동아시아 지역안정과 평화를 지향하는 해양의 평화적 사용과 기여 차원에서 국가 해양전략과 해양안보에 기여할 수 있다면 이는 매우 유용하고 흥미로운 연구 효과일 것이다.

본 백서는 해양문제와 국가안보전략을 연구하는 외교부, 국방부, 해양수산부, 합참, 해군, 해경 등 국가 기관, 동 분야를 연구하는 전문가, 학생, 그리고 관심 있는 독자들에게 매우 유용한 최신 해양안보, 해양전략에 대한 지식과 방향을 제시해 줄 것으로 본다. 특히, 각 분야에 대한 전문적 학위 이수, 무관으로서 외교관 경험, 유학 경험, 관련 연구와 강의 경험 등을 바탕으로 나름대로 객관적이며 현장감 있는 연구를 진행하였다. 지면을 활용하여 좋은 연구를 해준 미국을 연구한 김지용 해사 교수와 박주현 박사, 중국을 연구한 김덕기 동아대 교수, 일본을 연구한 김기호 해사 교수, 러시아를 연구한 정재호 박사, 미·중 해양패권 경쟁과 역내 해양안보를 연구한 김강녕 박사, 동아시아 해양갈등과 해양신뢰구축을 연구한 반길주 박사, 북극해의 협력과 갈등을 연구한 박주현 박사와 편집자 여러분들에게 감사를 드린다.

아무쪼록 이번 연구 결과가 점차 악화하고 있는 동아시아 해양안보 환경을 정확히 이해하고, 한국의 미래 국가 해양전략 수립과 이의 구현에 기여하는 유용한 정책 제안이 되기를 기원한다.

2021년 5월
한국해양전략연구소

목 차

제1부 한반도 주변 4강의 해양전략과 해군력 증강 동향

제2부
동아시아 해양안보 도전 요인

표 목차

그림 목차

제1부

한반도 주변 4강의 해양전략과 해군력 증강 동향

제1장
미국의 해양전략과 해군력 증강 동향

김지용(해군사관학교 교수)
박주현(전 영국국방무관)

제1절 서 론

바야흐로 영광스러운 과거를 복원하려는 미·중 경쟁이 본격화되었다. 미국 언론계의 거물이자 『Time』 지 발행인인 루스(Henry R. Luce)는 1941년 2월 17일 자 『Life』 지에 "미국의 세기"(The American Century)라는 사설을 기고하면서, 미국이 제2차 세계대전을 승리로 종결짓고 자유주의 국제 질서의 수호자가 될 것이라고 단언했다. 그의 예측대로 10개월 뒤 발발한 태평양 전쟁에서 미국은 일본을 제압하고, 전후 동아시아 질서인 샌프란시스코 체제를 성공적으로 구축했다. 태평양 전쟁 직전인 1940년까지만 해도 일본이 항공모함 수나 군비지출 면에서 우세했지만, 1945년에 이르면 미국은 항공모함을 무려 119척이나 건조했고, 수상함정 톤수 세계총합에서 차지하는 비율이 약 71%에 달할 정도로 해군력을 압도적으로 신장시켰다. 영국의 해군력이 최고조에 달했던 1900년대 초 그 비율이 약 37%였던 것과 비교하면 미국은 명실상부한 해양 패권국이 된 셈이다.[1]

1) Brian Benjamin Crisher and Mark Souva, "Power at Sea: A Naval Power Dataset, 1865-2011." *International Interactions*, Vol. 40, No. 4 (2014), pp. 602-629.

곧이어 시작된 소련과의 냉전에서도 미국은 하드파워는 물론 정치적 민주주의, 경제적 자유주의, 다자적 국제레짐에 기반한 소프트파워에서도 소련을 시종일관 압도했다. 결국, 1991년에 소련이 붕괴함으로써 등장한 단극체제는 루스의 예측이 적중했음을 보여주는 것 같았다. 그러나 '미국의 세기' 이후 75년만인 2016년의 미국 대선에서는 '미국을 다시 위대하게(Make America Great Again)'라는 표어가 등장했다. 이것은 미국 국력의 상대적 쇠퇴와 미국이 구축한 자유주의 국제 질서의 퇴조가 가시권에 들어섰다는 것에 대한 우회적인 표현이었다. 2000년대 들어 시작된 테러와의 전쟁(War on Terrorism) 및 이라크·아프가니스탄 전쟁[2]과 2008년에 시작된 금융위기로 인해 재정적자와 국가채무가 치솟았고, 미국의 하드파워는 크게 손상되었다. 미 해군대장 출신이면서 합참의장을 역임한 멀린(Michael Mullen) 제독도 미국 안보의 가장 큰 위협으로 재정적자와 국가채무를 지목했다.[3]

또한, 이 시기에 부시 행정부의 외교·안보정책이 일방주의 노선으로 흐르면서 소프트파워마저 약해졌다. 설상가상으로, 중국이 급부상하면서 미국 내 위기의식은 가중되었다. 뒤이어 등장한 오바마 행정부는 하드파워와 소프트파워의 복원에 주력했다. 태평양과 대서양의 해·공군 전력 비율을 5:5에서 6:4로 재조정한다는 아시아 재균형(Rebalancing to Asia) 정책과 "최고의 망치를 가졌다고 해서 모든 못을 다 박으려고 해서는 안 된다."라는 오바마 대통령의 미 육군사관학교 연설은 각각 하드파워와 소프트파워를 복원하려는 오바마 행정부의 의지를 상징했다. 그리고 미·중 전략경제대화(US-China Strategic and Economic Dialogue)를 상설화하여 양국이 협력할 수 있는 접점을 찾고 중국을 자유주의 질서로 편입시키고자 했다.[4]

그러나 중국은 미국의 복원 시도를 차단하기 위해 선제조치를 취하기 시작했다. 오바마 대통령이 임기를 시작한 2009년부터 공세 외교(Assertive Diplomacy)에 나선 중국은 2012년에 '신형대국관계'를 미국에 요구했다. 특히, 2012년의 제18차 당대회

2) 개전부터 현재까지 이라크전쟁 및 아프가니스탄전쟁에서 집계된 미군 전사자와 부상자의 수는 각각 7,034명과 53,117명이다. http://www.icasualties.org/(검색일: 2020.7.16). 미국 역사상 가장 긴 전쟁(142개월)이었던 아프가니스탄전쟁은 2020년 2월 29일 카타르 도하에서 미국과 탈레반(Taliban) 간의 평화 합의를 통해 일단락되었다. 그러나 2020년 9월 아프가니스탄 정부의 부통령을 겨냥한 탈레반의 폭탄테러가 발생하는 등 간헐적인 전투가 지속되고 있다. 미국은 2020년 12월 25일까지 미군의 완전한 철수를 계획하고 있다.

3) 고봉준·김지용 공역, 『국제안보의 이해: 이론과 실제』(서울: 명인문화사, 2019), 제23장.

4) 『상게서』, 제23장.

보고에서 해양강국 건설을 국가발전전략으로 공식화했고, 이 대회에서 중국공산당 중앙위원회 총서기로 추대된 시진핑은 19세기 아편전쟁의 패배에서 비롯된 백년국치(百年國恥)를 청산할 중국몽(中國夢)을 언급했다. 이듬해, 『국방백서』는 중국해군의 대양진출을 천명했으며, 미국의 동아시아 해양패권에 도전하기 시작했다. 이것은 재래식 해군전력의 증강, A2/AD(Anti-Access/Area Denial; 반접근/지역 거부, 이하 'A2/AD') 전력의 구축, 회색지대(Gray Zone) 전술 구사를 통해 전개되고 있다.

이와 동시에, 중국은 일대일로(一帶一路) 구상이 '인류운명공동체'를 실현하기 위한 '지구적 공공재(Global Public Goods)'[5]임을 역설하면서, 마셜 플랜(Marshall Plan) 12개를 수행할 수 있을 정도의 엄청난 재원을 투자하고 있고, 2019년 현재 123개국과 29개 국제기구가 일대일로에 참여하고 있다.[6] 이 때문에 중국은 소프트파워의 측면에서도 미국을 추격·추월하고 있다. '어느 국가를 리더로 생각하는가?'라는 세계시민을 대상으로 한 Gallup의 2019년 설문조사에서 중국은 31%로 미국보다 1% 앞섰고, 북대서양조약기구(NATO)가 있는 유럽에서조차 25%의 동률을 기록했다.[7] 이러한 판세를 뒤집기 위해 트럼프 행정부는 하드파워, 특히 중국을 겨냥한 해군력 강화에 박차를 가했다. 중국의 재래식 해군력 증강에 맞서 미국은 기존 플랫폼을 첨단화하고 2020년 현재 보유하고 있는 288척의 함정을 355척 또는 500척 이상으로 증강한다는 중장기 계획을 잇달아 발표했다(표 1-2 참조).

또한, 중국의 A2/AD 전력을 상쇄하기 위한 다양한 개념과 작전을 개발하여 발전시키고 있으며, 이를 수행하기 위해 4차 산업혁명 기술을 도입하고 있다. 이와 동

5) 공공재는 혜택의 비배제성과 소비의 비경합성이라는 특성을 갖는 재화를 일컫는다. 가령, 한국 정부가 건설한 등대라는 재화가 제공하는 야간의 불빛은 대한민국 정부에 세금을 낸 시민은 물론 세금을 내지 않은 타국의 시민들도 배를 타고 항해할 때 혜택을 볼 수 있다. 이를 혜택의 비배제성이라고 한다. 그리고 한 시민이 등대가 제공하는 야간의 불빛을 소비했다고 해서 다른 시민이 그만큼의 불빛을 소비하는데 지장이 생기지 않는다. 이를 소비의 비경합성이라고 한다. 국방·치안이 대표적인 공공재이며, 지구적 공공재는 공공재의 성격이 지구적으로 확장된 개념이다. 중국은 저개발국에 도로·철도·수로·항공로·항만·파이프라인 등의 각종 사회간접자본시설을 건설하고 이것들을 '실크로드'처럼 연결하는 일대일로 구상이 지구적 공공재라고 주장하고 있다. 일반적으로 패권을 지향하는 강대국은 지구적 공공재 제공을 부담하고 대신 타국으로부터 리더십을 인정받으려는 경향성을 보인다. 그리고 그렇게 인정받은 리더십은 소프트파워로 귀결된다.

6) 김지용·서윤정 공역, 『중국의 외교정책과 대외관계』(서울: 명인문화사, 2021), 제1장.

7) https://news.gallup.com/reports/225587/rating-worldleaders-2018.aspx(검색일: 2020. 8.12).

시에, 중국의 일대일로 구상을 상쇄하기 위해 '자유롭고 열린 인도·태평양(FOIP: Free and Open Indo-Pacific)'전략과 '경제번영네트워크(EPN: Economic Prosperity Network)'를 추진하고 있다. 그러나 1981년에 발표된 레이건(Ronald W. Reagan) 행정부의 '600척 해군' 구상, 2005년에 멀린 제독이 발표한 '1,000척 해군' 구상, 최신형 스텔스 구축함 줌왈트(Zumwalt)급 함정 32척을 건조하겠다는 트럼프 대통령의 공약처럼, 미국의 해군력 증강 선언은 '변죽만 울리다가 그친 경우'가 여러 번 있었다. 또한, 미국은 동맹과의 불편한 관계까지 감수하면서 방위분담금 조정 및 무역수지 개선을 거세게 압박하는 등 지구적 공공재 제공을 통한 소프트파워 증진을 외면하는 트럼프 대통령의 '미국 우선주의(America First)' 때문에 FOIP과 EPN의 성공 가능성도 불투명한 상태에 있다.

본 장은 트럼프 행정부 시기를 중심으로 미국의 국가안보전략, 국가방위전략, 군사전략, 해군전략과 관련된 백악관, 미 국방성, 미 합참, 미 해군의 공식 보고서와 이들 보고서를 평가한 국내·외 논문, 해군력 증강 및 운용과 관련된 최신 현황 자료를 분석할 것이다. 그리고 2020년 11월 4일의 미 대선 결과에 따른 2021년 국제정세 및 미·중 관계의 향방과 한국의 대응 방향 및 전략 등을 제시할 것이다.

제2절 군사전략과 해양전략 추이

1. 군사전략

미국의 군사전략을 이해하기 위해서는 백악관이 발간하는 최상위 보고서인 『국가안보전략(NSS: National Security Strategy)』을 가장 먼저 살펴볼 필요가 있다. 트럼프 행정부의 국가안보전략과 관련해서는 두 가지 보고서가 중요하다. 하나는 2017년 12월 18일에 발간된 NSS 보고서이고[8] 다른 하나는 2020년 5월 21일에 발간된 『대(對)중국전략보고서(United States Strategic Approach to the People's Republic of

8) https://www.whitehouse.gov/wp-content/uploads/2017/12/NSS-Final-12-18-2017-0905.pdf(검색일: 2020.8.10).

China)』이다.[9] 트럼프 대통령의 임기 첫해와 마지막 해에 발간된 백악관 공식 보고서라는 점에서 이 두 가지 보고서는 트럼프 행정부 국가안보전략의 일관된 흐름과 정책적 지향점을 파악하는 데 매우 유용하다.

트럼프 행정부의 2017 NSS는 오바마 행정부가 발간한 2010 NSS[10] 및 2015 NSS[11]와 매우 차별되는 세 가지 특징을 갖고 있다. 첫째, 2010 NSS와 2015 NSS를 관통하는 키워드는 '스마트 파워를 통한 미국 리더십의 회복과 유지'였다.[12] 그러나 트럼프 행정부가 출범한 지 1년만에 작성된 2017 NSS에서는 미국 우선주의라는 키워드가 미국의 리더십을 대체했다. 이것은 미국이 지구적 공공재의 창출과 유지에 자국의 자원을 투자하지 않을 것이며 이로 인한 소프트파워의 손상을 두려워하지 않을 것이라는 일종의 엄포였다.

또한, 동맹국조차 안보 공공재에 무임승차(Free Riding)하는 것을 허용하지 않겠다는 미국의 의지를 우회적으로 표현한 것이었다. 따라서 2017 NSS는 미국이 제공하던 안보 공공재가 수혜국들의 상당한 기여도(무역 불균형 해소, 방위분담금 조정, 대중 견제연합 참여 등)를 요구하는 값비싼 안보 클럽재(Costly Security Club Goods)[13]로 변

9) https://www.whitehouse.gov/wp-content/uploads/2020/05/U.S.-Strategic-Approach-to-The-Peoples-Repubic-of-China-Report-5.20.20.pdf(검색일: 2020.8.11).

10) https://obamawhitehouse.archives.gov/sites/default/files/rss_viewer/national_security_strategy.pdf(검색일: 2020.8.12).

11) https://obamawhitehouse.archives.gov/sites/default/files/docs/2015_national_security_strategy_ 2.pdf(검색일: 2020.8.12).

12) 이상현, "트럼프 행정부의 국가안보전략(NSS)," 『국가전략』, 제24권, 제2호 (2018), pp. 31-66.

13) 클럽재는 혜택의 배제성과 소비의 비경합성이라는 특성을 갖는 재화를 일컫는다. 가령, 유선 케이블에서 방영하는 프로그램은 케이블 회사에 가입비를 납부한 사람만 혜택을 볼 수 있고, 납부하지 않는 사람은 혜택을 볼 수 없다. 이를 혜택의 배제성이라고 한다. 그리고 가입비를 납부한 한 사람이 유선 케이블에서 방영되는 프로그램을 시청했다고 해서 가입비를 납부한 다른 사람이 동일한 프로그램을 시청하는데 지장이 생기지 않는다. 이를 소비의 비경합성이라고 한다. 통행료(toll)를 내야만 사용이 가능한 고속도로가 대표적인 클럽재이며, 통행료가 비싼 도로는 값비싼 클럽재, 통행료가 저렴한 도로는 값싼 클럽재가 된다. 6개 함대를 운용 중인 미국은 전 세계의 해양수송로에서 해적 행위·해상분쟁·도서 영유권 분쟁 등을 억제함으로써 '국적을 불문한 모든 선박의' '동시적인' 안전한 항행을 보장하고 있다. 이 경우 미국은 지구적 안보 공공재를 제공하고 있다고 볼 수 있다. 그러나 안전한 항행의 보장을 동맹국 선박들로 한정 짓고 함대 운용비 분담 차원에서 미국 함대를 위한 급유 및 기항지 제공을 미국이 요구할 경우, 지구적 안보 공공재는 지구적 값비싼 안보 클럽재로 변하게 된다. 일반적으로 쇠퇴하는 패권국은 자국의 자원을 절약하기 위해 지구적 안보 공공재 대신 지구적 안보 클럽재를 제공하려는 경향성을 보인다. 이 경우 리더십은 줄어들고 소프트파워의 약화

환되고, 그러한 클럽에 가입한 동맹국 및 우호국 간의 응집력과 결속력이 매우 강화될 것임을 암시했다.[14] 보는 시각에 따라 다를 수도 있지만, 2017 NSS가 발간되기 한 달 전인 2017년 11월에 미국·일본·인도·호주로 구성된 'Quad'가 재활성된 것은 그러한 암시의 예고편으로 볼 수도 있다.

둘째, 특정 국가를 구체적으로 적시하지 않는 외교적 관행에서 벗어나 미국은 중국과 러시아를 노골적으로 '경쟁자(Competitor)' 또는 '수정주의자(Revisionist)'로 표현했다. 특히, 2010 NSS 및 2015 NSS에서는 중국이 '동반자(Partner)'로 표현되었던 것과 달리 2017 NSS에는 "중국이… 미국의 가치와 이익에 정반대되는 세계를 만들기 원한다(China and Russia want to shape a world antithetical to U.S. values and interests)."라는 문구가 명시되어 있을 만큼 미국은 중국에 대한 적대감을 드러냈다. 또한, 중국과 러시아를 협상이나 다자적 국제레짐을 통해 현존 국제 질서에 순응시키려 했던 오바마 행정부와 달리 트럼프 행정부는 2017 NSS에서 군사역량·군수역량·핵무기역량·우주역량·사이버역량·정보역량을 획기적으로 강화하는 등의 '힘을 통한 평화(Peace through Strength)'를 추구할 것이라고 천명했다.

셋째, 오바마 행정부도 아시아 재균형 정책을 전개하며, 환태평양동반자협정(TPP: Trans-Pacific Partnership)을 추진하는 등 중국을 제외한 동태평양 및 서태평양 연안 국가들의 결속을 최우선 순위로 삼고 있었으나, NSS 2017에는 중국을 포위·압박하기 위해 동태평양을 제외하고 대신 인도양을 포괄하는 인도·태평양 지역을 최우선 순위로 삼을 것이라는 내용이 명시되어 있다. 이것은 조속한 시일 내에 Quad를 기반으로 인도·태평양 지역에 무임승차 방지, 응집력 제고, 미래 행보 통제 등의 특징을 갖는 값비싼 안보 클럽재가 등장하거나 그에 준하는 바퀴살(Spoke) 간의 네트워크 강화를 위한 정지(整地)작업이 시작될 것임을 예고하는 것이었다.

다음으로, 대(對) 중국 전략보고서에서 미국은 1979년의 미·중 수교를 통해 40년간 존속해 왔던 키신저(Henry A. Kissinger) 질서의 종료를 선언하면서, 신냉전 시대를 공표했다. 이 보고서는 2017 NSS 보고서를 포함하여 그 어떤 보고서보다 중국에 대한 미국의 적대감이 잘 드러나 있다. 특히, 이 보고서를 통해 중국에 대한 트럼프 대통령의 적대감이 취임 당시보다 임기 말에 훨씬 증가했다는 점을 알 수 있다.

로 귀결된다.

14) 김지용, "세력전이와 외교전략," 『국제관계연구』, 제22권, 제1호 (2017), pp. 69-112.

이 보고서는 지난 40년간 미국이 중국을 자유주의적 국제 질서에 편입시켜 자유롭고 개방된 시민사회로 변화시키려 했지만, 그러한 질서에 무임승차하여 세계 최대 수출국이 된 중국이 자국 시장은 보호하면서 일대일로를 통해 자국의 공업규격을 강요하고 미국의 지적 재산권과 산업기밀을 탈취하는 등 약탈적인 경제 관행으로 자국 이익만을 극대화했다고 평가했다.

또한, "반드시 자본주의는 멸종되고 사회주의가 이긴다(Capitalism is bound to die out and socialism is bound to win)."라는 시진핑 주석의 2013년 내부 발언이 중국의 본심이라는 것을 부각시키면서, 중국이 수사적으로 활용하고 있는 화평굴기(和平崛起)라는 선전·선동에 속아 넘어가지 말아야 한다고 강조했다. 특히, 공산이념에 부합되는 독재적 통치모델 수출을 통해 국제 질서의 개조를 시도하는 중국에 맞서 미국은 중국공산당(CCP)을 내·외적으로 고립시킬 것이라고 천명했다. 이를 위해, 보고서는 중국 내부의 위구르 및 투르크 이슬람교도들, 티벳 불교도들, 기독교인들, 파룬궁 신봉자들, 반체제 세력들과 연대하여 CCP와 중국인을 분리하고, 자유주의적 가치를 공유하는 동맹국 및 파트너국가와의 협력을 통해 중국을 국제사회로부터 고립시킬 것임을 천명했다.

여기서 특히 주목해야 하는 대목은 미국이 중국의 내부분열을 도모하여 중국이 대외적 팽창에 전력투구할 수 없도록 만들겠다는 미국의 의중이다. 미국은 영국이 1860년대 미국 남북전쟁을 활용하지 못함으로 인해 영·미 간 세력전이를 수용해야 했던 역사로부터 귀중한 교훈을 얻었다.[15] 실제로 2014년 중국의 중앙국가안보위원

---

15) "영원한 동맹이나 영원한 적은 없으며 오직 영원한 이익만이 존재할 뿐이다."라는 격언으로 유명한 팔머스톤(Henry John Palmerston)은 1858년 6월 영국 총리로 취임했다. 취임 직전 외무장관에게 보낸 서신에서 그는 미국에 대한 극도의 적개심을 표출했다: "불쾌한 양키들과는 협상 테이블에서 마주하고 싶지도 않습니다…. 영국 내 상공업 세력은 양국 간의 무역과 평화가 지속되길 바라고 있고. 이 때문에 우리는 양키에게 조금씩 양보하게 되었고 이제 곧 아메리카 대륙 전체를 빼앗길 처지에 놓이게 되었습니다…. 양키는 우리와 같은 족속이 아닙니다…." 그에게 1861년 4월 12일에 발발한 미국 남북전쟁은 기회의 창이 활짝 열린 것이나 다름없었다. 남북전쟁이 장기화되어 미국이 분단되고 남부가 영국의 동맹국이 된다면 군사적·경제적·정치적 부담없이 미국의 부상이 저지될 수 있기 때문이다. 따라서 영국은 자국에 유리한 상황이 전개되기를 기대하며 중립적인 위치에서 사태를 관망했다. 그러나 남북전쟁은 1865년 5월 9일 북부의 완승으로 종결되었고, 노예제에 비판적인 국내 여론에 밀려 팔머스톤의 야심에 찬 구상은 좌절되고 말았다. 팔머스톤과 대다수 영국 정치인이 우려했던 상황이 초래된 것이다. 팔머스톤도 동년 10월 18일에 사망함으로써 영국을 위한 기회의 창은 빠르게 닫혀 버리고 말았다. 이후, 영국 내 두 분파 간에 논쟁이 일어났다. 한편에는 바다 너머

회가 발표한 11가지 안보의 우선순위에서 홍콩·대만·티벳·소수인종 문제는 두 번째 순위에 있을 정도로 중국의 가장 약한 고리이다.[16] 따라서 홍콩 민주화 시위, 차이잉원 총통과 라이칭더 부총통이 집권하면서 그 어느 때보다 중국으로부터의 독립을 강력하게 주창하고 있는 대만, 2020년 6월에 있었던 중국과 인도 간의 국경분쟁으로 불거진 중국 내 티벳 문제, 그리고 중국 전체 인구의 약 10%에 불과하나 중국 영토의 63.7%(5개 자치구, 30개 자치주, 120개 자치 현, 1,256개의 민족 자치량)에 거주하고 있는 55개 소수민족의 완전한 독립 요구와 인권 문제 등을 미국이 적극적으로 활용할 가능성은 매우 증가하고 있다.[17]

이제 백악관의 국가안보전략을 반영하여 국방부가 발표한 국가방위전략(NDS: National Defense Strategy)을 살펴보아야 한다. 국가방위전략과 관련해서는 두 가지 보고서가 중요하다. 하나는 2018년 1월에 공개된 NDS 요약보고서이고[18] 다른 하나는 2019년 6월 1일에 공개된 인도·태평양전략(IPS: Indo-Pacific Strategy) 보고서이다.[19] 국방부는 전술적 모호성을 유지하기 위해 주요 내용은 비공개한 채 11쪽짜리

의 친척(Kin beyond Sea)인 미국의 부상을 인정하고 편승하는 것이 영국의 이익에 부합됨을 주창한 글래드스턴(William Gladstone) 수상(재임 1892.8.16~1894.3.3)의 小영국주의가 있었고, 다른 한편에는 캐나다·호주·영국의 식민지로 제국연방 연맹(Imperial Federation League)과 공정무역연맹(Fair Trade League)을 결성하고, 미국 상품에 관세 폭탄을 퍼부어 미국을 고립시켜야 한다고 주창한 로즈베리(Archilbald Rosebery) 수상(재임 1894.3.6.~1895.6.24.)의 大영국주의가 있었다. 大영국주의 분파가 더 빠르게 움직인 결과, 건함 경쟁의 대상인 독일 및 미국과의 전쟁에 대비하기 위한 제국방위위원회(Committee of Imperial Defence)가 출범했다. 하지만 1895년 베네수엘라와 분쟁하던 영국은 미국의 중재를 수용해야 했고, 1898년 미국의 개입으로 촉발된 2차 쿠바독립전쟁을 저지해달라는 스페인의 요청을 무시해야 했으며, 1901년 미국의 파마나 운하사업 참여를 묵인해야 했다. 그리고 1901년 영국 해군성은 미국의 수상함정 총톤수, 군비지출, 군인의 수가 각각 영국의 21%, 30%, 21% 밖에 되지 않음에도 불구하고, 미국을 제압하는 것이 불가능하다는 것을 공식 인정했다. 곧이어 1907년 루즈벨트(Theodore Roosevelt) 대통령의 대백색함대(Great White Fleet)는 전 세계를 순항하며 미국의 세기를 열었다. 안두환, "19세기 영국의 대미국 인식: 적대적 공존에서 유화적 승인으로," 정재호 편, 『평화적 세력전이의 국제정치』(서울대학교 출판문화원, 2016), pp. 3-63.

16) 고봉준, 김지용 공역, 『국제안보의 이해: 이론과 실제』(서울: 명인문화사, 2019), 제25장.
17) 김지용, "21세기 미국은 19세기 영국의 실책을 반복할 것인가?," 『KIMS Periscope』, 제212호 (2020년 11월 1일).
18) https://dod.defense.gov/Portals/1/Documents/pubs/2018-National-Defense-Strategy-Summary.pdf(검색일: 2020.8.15).
19) https://media.defense.gov/2019/Jul/01/2002152311/-1/-1/1/DEPARTMENT-OF-DEFENSE- INDO-PACIFIC-STRATEGY-REPORT-2019.pdf(검색일: 2020.8.15).

짧은 2018 NDS 요약보고서만을 발표했다. 이 요약보고서에서 국방부는 11가지 국가방위전략 목표[20]를 제시하면서, 중국과 러시아가 각각 인도·태평양과 중동·유럽의 '규칙 기반 질서(Rule-based Order)'를 위태롭게 하고 있으며, 4차 산업혁명 기술을 활용하여 공중, 지상, 해양, 우주, 사이버, 전자 영역 전반에서 미국의 사활적 이익을 침해하고 있다고 평가했다.

또한, 국방부는 미군의 전쟁 수행 전략이 테러와의 전쟁에서 러시아나 중국과 같은 강대국과의 전쟁으로 전환되었음을 전제하면서, 육·해·공·해병대로 구성된 합동군 건설, 동맹 강화 및 파트너십 확대, 국방개혁이라는 3대 세부 추진전략을 제시했다. 합동군 건설과 관련해서는, 핵 3축 체계의 현대화, 우주·사이버 영역의 전장화, 미사일 방어, 합동 치명성, 자율시스템, 탄력적이고 민첩한 군수를 통해 1개 강대국의 공격을 격퇴하는 동시에 기타 지역에서 적대 세력의 공격을 억제할 수 있어야 한다(오바마 행정부의 'One Plus 전략'과 유사)고 명시했다. 동맹 강화 및 파트너십 확대와 관련해서는 인도·태평양 지역을 최우선 고려사항으로 지정하여 중국이 주요 주시 대상이라는 점을 2017 NSS에 이어 재차 강조했다.

이와 함께, 인도·태평양 국가들이 제공하는 기지와 군수 시스템이 미군의 글로벌 및 지역 접근을 가능하게 하고 미국의 안보 부담을 경감시킬 수 있음을 다시 한번 환기시키면서, 공동 방어를 위한 자원의 공동 이용과 책임 분담의 중요성(즉, 중국의 위협에 직면해 있는 인도·태평양 국가들의 상당한 기여도가 요구되는 값비싼 안보 클럽재의 필요성)을 강조했다. 국방개혁과 관련해서는, 성과 및 재정 능력 향상에 초점을 둘 것이라고 밝혔다.

2014년에 발간된 오바마 행정부의 국가방위전략인 4년 주기 『국방검토보고서(QDR: Quadrennial Defense Review)』[21]와 2018 NDS의 가장 큰 차이점은 세 가지로 요약된다. 첫째는 '잠재적인 위협'(러시아, 중국, 북한 핵)이 '임박한 실제의 위협'이 되

20) ① 적 공격으로부터 본토 방어, ② 글로벌 및 핵심지역에서 합동군의 군사적 우위 유지, ③ 적의 사활적 이익 침해 억제, ④ 미국 내 기관들의 미국 영향력 및 이의 실현 지원, ⑤ 선호하는 지역 내 힘의 균형 유지, ⑥ 동맹 방어, 동반자 관계 공고화 및 공정한 책임의 분담, ⑦ 국가 및 비국가 행위자의 대량살상무기 확보 및 확산 저지, ⑧ 국내외 테러리즘 예방, ⑨ 자유롭고 열린 공공영역의 보장, ⑩ 국방부의 사고방식, 문화, 관리 시스템 혁신을 통한 성과 향상, ⑪ 압도적인 21세기 국가안보 혁신 기반 구축이다.

21) https://archive.defense.gov/pubs/2014_Quadrennial_Defense_Review.pdf(검색일: 2020.8.15).

었다는 전략환경의 평가다. 둘째는 '잠재적인 위협에 대해 동맹국의 기여를 기대하는'에서 '임박한 실제의 위협에 맞서 동맹국의 기여를 압박하는'으로 변경된 동맹전략이다. 셋째는 One Plus 전략이라는 기본 틀은 같으나 One에 대한 다른 개념이다. 2014 QDR에서는 One이 '1개 지역에서의 군사작전'이었으나 2018 NDS에서는 '1개 강대국과의 전면전'으로 변경되었다.

다음으로, IPS 보고서에서 국방부는 다시 한번 중국이 지역적 차원의 패권을 넘어 장기적으로 세계를 장악하기 위해 군사력을 급속히 팽창하고 있다고 평가한다. 따라서 인도·태평양 지역에서 힘을 통한 평화를 어떻게 달성할 것인지를 동맹 강화 및 파트너십 확대의 측면에서 기술하고 있다. 이 보고서를 발표하기 1년 전인 2018년 5월 1일 미국은 태평양사령부를 인도·태평양사령부로 명칭을 변경하면서 인도·태평양 지역의 중요성과 인도·태평양사령부의 위상이 이전과 달라졌음을 공표했다. IPS 보고서에서 국방부는 이 지역 각국 군사력의 상호보완성에 기초한 '집합적 역량'을 강화해야 할 필요성을 역설하면서 세 개의 노력선(Line of Effort)을 제시했다.

첫째는 미국이 최고의 전투태세를 갖춘 미군을 동맹국과 우호국에 배치하여 중국이 주변국을 기습공격하여 점령한 후 기정사실화하는 것을 저지하겠다는 노력이다. 둘째는 미국과 역내 국가 간 연합훈련, 정보공유, 미국산 최신 무기 이전, 장교 위탁 교육을 강화하여 상호운용성(Interoperability)과 연합지휘통제 능력을 강화하겠다는 노력이다. 셋째는 기존의 양자 동맹 중심의 바퀴 축-바큇살(Hub-and-Spoke) 체제를 탈피한 다자안보 협력 체제를 구축하겠다는 노력이다. 즉, 미국이라는 하나의 커다란 바퀴 축만의 피로도를 누적시킨 기존의 바퀴 축-바큇살 체제 대신 Quad의 구성원인 일본, 호주 인도가 각각 동북아시아, 동남아시아, 서남아시아의 작은 바퀴 축 역할을 맡게 한다는 것이다.[22)]

이제 마지막으로, 백악관의 국가안보전략과 국방부의 국가방위전략을 반영하여 합참이 발표한 군사전략을 살펴보아야 한다. 앞서 2018 NDS에서 언급했듯이, 미 국방성은 공중·지상·해양·우주·사이버·전자 영역 전반에서 미국의 우위를 잠식하고 있는 중국과 러시아에 대해 치명적인 합동군의 건설로 대응할 것임을 천명한 바 있다. 그러나 사실 합동군 개념이 완전히 새로운 것은 아니다. 우세한 공군력을 활용하

22) 정구연·이재현·백우열·이기택, "인도·태평양 규칙 기반 질서 형성과 쿼드협력의 전망," 『국제관계연구』, 제23권, 제2호 (2018), pp. 5-40.

고자 했던 '공지전투(Air-Land Battle)', 해·공군의 합동성을 강조한 '공해전투(Air-Sea Battle)', 해·공군에 추가하여 해병대의 역량까지 활용하고자 했던 '접전이 벌어지는 환경에서의 연안작전(LOCE: Littoral Operation in a Contested Environment)', 해·공군·해병대에 육군까지 추가하여 종심 기동을 강화하고자 했던 '국제공역으로의 접근 기동을 위한 합동개념(JAM-GC: Joint Concept for Access and Maneuver in the Global Commons)', 미군 전체가 전통적인 영역을 넘나들면서 시너지 효과를 극대화하고자 했던 '합동작전접근개념(JOAC: Joint Operational Access Concept)'에서와 같이 합동군/합동성은 이전부터 미국이 발전시켜온 개념이다.[23)]

최근 들어서는 각 군 모두 별도의 합동군/합동성 개념 개발을 위해 경쟁하고 있다. 미 육군은 2017년과 2018년에 각각 발간한 '다영역전투(Multi-Domain Battle: Evolution of Combined Arms for the 21st Century 2025-2040, Version 1.0)'[24)]와 '다영역작전(The U.S. Army in Multi-Domain Operation 2028)'[25)]에 기초해 다영역작전(MDO)이라는 개념을 개발했다. 미 공군도 MDO와 유사한 '전(全)영역작전 지휘통제(JADC2: Joint All-Domain Command and Control)'라는 개념을 발전시키고 있다. 미 해병대 역시 상륙전과 지상전 역할을 하던 기존 역할에서 벗어나 중국 주변의 작은 섬들과 미사일 전력 및 기동 전력을 활용하여 중국의 함정을 공격한다는 '원정 전진기지 작전(EABO: Expeditionary Advanced Base Operation)'이라는 개념을 개발했다. 이를 위해 미 해병대는 지상전 위주의 탱크 전력을 제거하는 과감한 조치를 단행하기도 했다. 마찬가지로 미 해군도 분산해양작전(DMO: Distributed Maritime Operation)을 수립하고 있다.

이렇게 과열된 각 군 간 경쟁으로 인해 과잉 중복된 개념의 문제가 발생하자, 미 국방성은 이들을 하나로 통합하기 위한 '전(全)영역 합동작전(JADO: Joint All-Domain

23) 강석율, "트럼프 행정부의 군사전략과 정책적 함의: 합동군 능력의 통합성 강화와 다전장 영역전투의 수행," 『국방정책연구』, 제34권, 제3호 (2018), pp. 9-39; 김재엽, "중국의 반접근 지역 거부 도전과 미국의 군사적 응전: 공해전투에서 다중영역 전투까지," 『한국군사학논집』, 제75집, 제1호 (2019), pp. 125-154 및 김태형, "미국의 인도-태평양전략과 미군의 군사전략 변화," 『국방연구』, 제63권, 제1호 (2020), pp. 89-116.

24) https://www.tradoc.army.mil/Portals/14/Documents/MDB_Evolutionfor21st.pdf(검색일: 2020.9.5).

25) https://www.ncoworldwide.army.mil/Portals/76/courses/mlc/ref/Multi-Domain-Operations.pdf (검색일: 2020.9.2).

Operation)'을 제시했다. 이 개념은 강력한 군사력을 보유한 중국이나 러시아와의 대규모 전쟁을 수행하게 될 경우를 가정하고 있다. JADO는 위에서 열거한 합동군/합동성 개념들과 마찬가지로 중국의 지휘통제(C2) 및 정보감시정찰(ISR) 능력을 와해시켜 A2/AD 전력을 무력화시키고 종심을 신속하게 돌파한다는 공격적인 성격을 띠고 있다. 따라서 JADO는 전 영역 센서(Sensor)들과 공격무기(Shooter)들을 연결하여 최적의 무기를 선택해 공격하고 상대가 대응하기 전에 신속한 기동작전을 할 수 있도록 하는 자동화된 지휘통제 체계의 구축을 전제로 한다. 이 때문에 미 공군의 JADC2가 JADO의 핵심 기반이 되고 있다. 미 해군의 DMO도 JADC2에 기반한 JADO로 통합될 가능성이 크다. 그럼에도 불구하고, 2013년에 발간된 합동교리는 2017년에 부분 수정된 이후 지금까지 변경되지 않았다. 이러한 점에서 MDO, JADC2, EABO, DMO를 통합한 JADO가 미군의 새로운 합동교리로 채택될지는 아직 미지수이다.[26] 따라서 본 고는 미 해군이 독자적으로 추진하고 있는 DMO에 초점을 맞추고자 한다.

2. 해양전략

미·중 세력전이로 인한 중국의 군사적 도전은 해양에서 시작되고 있다. 이것이 국제사회 및 국제정치학계의 커다란 우려를 낳고 있는 이유는 하버드대학교의 앨리슨(Graham Allison) 교수가 주도한 투키디데스의 덫(Thucydides' Trap) 프로젝트 때문이다.[27] 그에 따르면, 지난 530년(1488-2017) 동안 세계적·지역적 차원의 세력전이가 일어난 16개 사례 가운데 12개 사례(75%)에서 전쟁이 발발했다. 특히 주목해야 하는 것은 '제해권'과 관련된 세력전이가 일어난 11개 사례 가운데 10개 사례(91%)에서 패권전쟁이 발발했고 그 10개 사례에서 전쟁을 시작한 측은 모두 도전 국가라는 사실이다. 따라서 동아시아 해양질서에 대한 중국의 현상타파 시도를 저지해야 하는 최전선에 있는 미 해군의 역할은 그 어느 때보다 커졌다.

하지만 미 해군은 미 본토와 멀리 떨어진 채 전 세계에 분산 배치된 재래식 해군 전력의 일부인 미 7함대로 중국의 앞마당에서 작전을 수행해야 한다. 이에 반해 중국

---

26) 주정율, "미 육군의 다 영역작전(Multi-Domain Operation)에 관한 연구: 작전수행과정과 군사적 능력, 동맹과의 협력을 중심으로," 『국방정책연구』, 제36권 제1호 (2020), pp. 9-41.
27) Graham Allison, *Destined for War* (New York: Houghton Mifflin Harcourt, 2017).

의 해군력은 동중국해(East China Sea)와 남중국해(South China Sea)에 집중되어 있고, 중국해군은 A2/AD 전력 및 대규모 공군력과 지상전력의 지원을 받을 수 있다. 이 때문에 미 해군이야말로 중국의 군사적 위협에 가장 많이 노출된 군대라고 할 수 있다. 따라서 MDO, JADC2, EABO와는 별개로 해군만의 시급한 생존성과 치명성을 극대화할 수 있는 당장 실현 가능한 방법이 강구되어 왔다. 그 결과가 바로 미 해군이 2017년과 2018년에 연달아 발표한 두 개의 보고서다.

하나는 2017년의 '수상함대 전략: 해양통제로의 귀환'(Surface Force Strategy: Return to Sea Control)이고[28] 다른 하나는 2018년의 '해양우세 유지를 위한 구상 2.0'(A Design for Maintaining Maritime Superiority 2.0)이다.[29] 이 두 보고서는 냉전 시기 미국의 해양전략인 해양통제로의 귀환을 선언하면서도 그 내용은 완전히 상반된 내용(집중에서 분산으로)으로 구성되어 있다. 대양에 있는 소련해군을 제압해야만 본토 공격이 가능하다는 전제 때문에 냉전 시기 미군이 소련군과 마주쳐야 하는 최초의 공간은 해양이었고 그 최전선에 미 해군이 있었다. 따라서 미 해군은 대양에서의 결전(decisive battle)에서 승리하기 위해 '전력집중의 운용 원칙'을 채택했다. 이러한 해양전략을 체계화한 것이 1986년에 공개된 '해양전략(The Maritime Strategy)'이었고 이의 실현을 위한 구상이 미국 단독의 '600척 해군' 건설이었다.

그러나 냉전 종식 이후, 미 해군의 역할은 지상전을 보조하는 것으로 재조종되었다. 이러한 재조정은 1993년에 미 국방성이 발표한 '아래로부터 위로의 전면적인 재검토'(Bottom-up Review: Forces for a New Era)라는 보고서 때문이다.[30] 이 보고서는 탈냉전 시기 미국을 위협할 주요 세력으로 다수의 불량국가(rogue regime)와 세계화에서 도태된 실패국가(failed state), 그리고 이들 국가에 은신하고 있는 비국가적 테러 집단을 지목했다. 또한, 이들 국가와 테러 집단은 미국과 대양에서 결전할 수 있는 능력은 물론 해양거부(Sea Denial) 능력도 없으므로 주요 전장이 해양이 아닌 지상이 되었다고 선언했다.

냉전 직후의 전쟁인 걸프전과 보스니아·코소보 전쟁에서 확인된 지상전과 공습

---

28) https://www.public.navy.mil/surfor/Documents/Surface_Forces_Strategy.pdf(검색일: 2020.9.10).
29) https://www.history.navy.mil/.../Design_2.0.pdf(검색일: 2020.9.10).
30) Department of Defense, *The Bottom-up Review: Forces a New Era* (Washington, D.C.: GPO, 1993).

의 긍정적인 효과도 이러한 선언의 정당성에 힘을 실어주었다. 특히, 이 시기에는 실패국가 내에서 다양한 내전(Civil War)들이 폭발적으로 증가하고 있었다. 그리고 내전 당사자인 실패국가의 비국가적 행위자들과 불량국가 간의 대량살상무기 거래 시도와 해상교통로(SLOC)에서 경제적 자원을 탈취하려는 비국가적 행위자들의 해적 활동도 증가하고 있었다.[31)]

이른바 '새로운 전쟁'(New War)[32)]에 대처하고자, 미국은 2002년에 '해군력 21: 결정적 합동군사력 투사(Sea Power 21: Projecting Decisive Joint Capabilities)'를, 2003년엔 WMD 확산방지구상(PSI: Proliferation Security Initiative), 컨테이너안보구상(CSI: Container Security Initiative) 및 화물안보구상(SFI: Secure Freight Initiative)을, 2005년엔 미국 및 동맹·우방국의 해군과 해경으로 구성된 '1,000 Ship Navy' 구상을, 2007년엔 '21세기 해양력을 위한 협력전략(A Cooperative Strategy for 21st Century Sea Power)'을 발표했다. 2015년에 발표된 해양전략 역시 2007년의 연장선에 있었다.

이들을 종합하면, 미 해군의 역할은 ① 동맹국 및 파트너국가의 해군과 연대하여 ② 지상전력 및 공군력을 불량국가와 실패국가의 연안 지역으로 신속히 투사하고 ③ 대공전, 대잠전, 대기뢰전을 수행하는 이지스 구축함과 연안전투함(LCS: Littoral Combat Ship), 항모타격단(CSG: Carrier Strike Group)으로 그 연안 지역을 봉쇄함으로써 ④ 불량국가와 테러 집단의 네트워크를 차단하여 대량살상무기의 이동을 저지하며 ⑤ 해상 범죄 및 해적 활동 같은 비전통 안보위협에 대처하는 것으로 축소되었다. 역설적으로 보면 미 해군이 냉전 승리의 최대 피해자가 된 셈이다. 설상가상으로, 미국이 테러와의 전쟁을 수행한 지난 20년 동안, 중국은 제2차 세계대전 이후 미국이 구축한 동아시아 해양질서를 세 가지 방식으로 흔들며 균열을 냈다.

첫째, 중국은 재래식 해군력을 대폭 증강해 왔다. 중국의 수상함정 총톤수는 2011년에 미국의 약 15%에 불과했지만 2019년에 두 배가 넘는 약 35%로 증가했

---

31) Martin van Creveld, *The Transformation of War: The Most Radical Reinterpretation of Armed Conflict Since Clausewitz* (Free Press, 1991) and Robert I. Rotberg, *When States Fail: Causes and Consequences* (Princeton: Princeton University Press, 2004).

32) Mary Kaldor, *New and Old Wars: Organized Violence in a Global Era* (New York: Blackwell Publication, 1998).

다. 이것은 영국, 독일, 호주 세 국가의 수상함정 총톤수보다도 많은 수치이다.[33] 중국은 이미 2척의 항모를 보유한 상태이며, 1척을 추가 건조하고 있다. 또한, 2020년 현재 항모를 제외한 호위함 이상의 수상 전투함의 수에서도 중국은 미국의 77.87%(88척/ 113척)까지 추격하고 있으며(표 1-2 및 표 2-6 참조), 초계/연안전투함까지 고려하면 중국의 수상 전투함은 미국의 2배(213척/101척)를 상회한다.[34] 더 큰 문제는 중국 앞마당에서 중국해군을 직접 상대해야 하는 요코스카에 있는 미 7함대의 함정 가운데 실제로 전진 배치된 함정은 20여 척에 불과하다는 사실이다. 심지어 개전 시 본토의 3함대가 투입되더라도 대략 15일 정도의 시간이 소요된다. 이외에도 중국은 잠수함 수에서도 미국의 91.17%(62척/68척)까지 바짝 추격하고 있다(표 1-2 및 표 2-5 참조).[35]

둘째, 중국은 살라미 접근법, 기정사실화, 대리전 같은 회색지대(Gray Zone) 전술과 해상민병대를 활용하여 2013년부터 남중국해 일대에 총 13개의 인공섬을

---

33) 김지용, "중국 전술과 미국의 대응 전략을 말한다,"『국방일보』, 2019년 12월 2일.

34) 김재호·민정훈, "트럼프 행정부의 '자유롭고 개방적인 인도·태평양': 군사전략적 목표, 방법, 수단,"『평화학연구』, 제21권, 제1호 (2020), pp. 68-69.

35) 물론 양국 간 해군력을 단순하게 척수로만 비교하는 것은 오류에 빠질 가능성이 있다. 미국의 수상 전투함이나 잠수함은 모두 장거리 작전이 가능하지만, 중국의 수상 전투함이나 잠수함은 그렇지 못하다. 항공모함, 수상 전투함, 잠수함의 개별 규모, 핵추진능력, 탑재 무기, 사출장치에서도 미국이 압도적으로 우세하다. 성능, 전투 경험, 운용능력, 항공전력 등에서도 현격한 차이가 있다. 따라서 척수로만 판단하게 되면 국내 조선업 육성 차원에서 붕어빵 찍듯이 대량 건조하고 있는 중국의 해군력을 크게 과장할 가능성이 있다. 이러한 평가가 얼마나 잘못된 것일 수 있는지를 보여주는 두 가지 중요한 역사적 사례가 있다. 아편전쟁에서 패배한 중국(청나라)은 서양의 군사기술을 도입하여 자강을 꾀하는 양무운동을 전개했고 그 결과 1884년에 북양함대, 남양함대, 복건함대를 창설했다. 그러나 동년에 발발한 청불전쟁 해전(양측이 같은 수의 전함으로 싸운 마강해전)에서 복건함대는 지휘계통 미비로 40분 만에 궤멸하고 말았다. 이에 청은 해군을 대대적으로 정비했고, 당시로서는 세계 최대인 7천 톤급 전함 2척, 최신 순양함, 포정, 어뢰정 등을 독일과 영국에서 수입했다. 이 때문에 청일전쟁 직전인 1894년 7월 16일, 영국 해군부가 외교부에 보낸『청일 군사 역량대비 비망록』에는 "함정의 톤수나 대포 문수만을 놓고 본다면 중국이 일본을 이긴다고 말할 수 있다."라고 쓰여있다. 그러나 50척으로 구성된 북양함대는 1894년 7월 25일 시작되어 6개월간 치러진 3번의 청일전쟁 해전(풍도해전, 황해해전, 위해해전)에서 궤멸당했고 함대 기지인 뤼순까지 함락당하는 수모를 당했다. 김지용, "세력전이와 해양패권 쟁탈전: 공공재·전환재 경쟁을 중심으로,"『글로벌정치연구』, 제12권, 제2호 (2019), pp. 83-114. 이러한 두 가지 역사적 사례의 현재적 함의에서 본다면 140년이 지난 오늘날에도 중국의 해군력을 크게 우려할 필요가 없다는 결론에 이를 수 있다. 하지만 '양적 변화가 결국엔 질적 변화'에 이르기 마련이고 안보는 최악의 상황을 상정해야 한다는 점에서 보면, 중국해군력의 양적 팽창을 좌시해서는 안 될 것이다.

조성했다. 그리고 이 곳에 항구(13곳), 레이다 시설(13곳), 포대(8곳 32문), 활주로 및 격납고(7곳)를 설치하여 요새함대를 구축하는 등 작은 현상변경을 누적시키고 있다. 즉, A2/AD의 최전방이 본토에서 바다 한가운데로 확장된 것이다.[36] 이러한 회색지대 전술은 개전 명분(casus belli) 및 억지의 시점과 대상을 모호하게 함으로써 미국의 군사적 대응을 매우 어렵게 하고 있다. 이 때문에 작은 현상변경이 장기간 누적될 시 전략환경에 돌이킬 수 없는 변화가 초래될 수 있다는 우려가 증폭되고 있다.[37]

셋째, 중국은 A2/AD를 통해 해양거부 능력을 크게 강화함으로써 미국의 재래식 해군력을 크게 위협하고 있다. A2/AD는 제1도련선과 제2도련선 이내로 진입하는 미 해군 수상함을 위성감시체계, 초수평선 레이더, 수중 센서, 무인 체계 등의 중층적 센서망으로 조기 탐지한 후, 항모킬러라 불리는 DF 계열(DF-21D 및 DF-26)의 지대함 탄도미사일과 정밀도가 높은 대함 순항미사일, 현재로서는 요격할 수 없는 마하 10의 극초음속 미사일(DF-17)로 격침하기 위해 구축되었다. 특히, 제2도련선 내에서 중국해군과 미 7함대 간 교전이 발생할 시 A2/AD는 7함대를 지원하기 위한 3함대의 진입을 저지하는 동시에 고립된 7함대를 중국의 볼모로 만들거나 일시에 파괴하여 교착상태(Stand-Off)를 조성할 수 있다. 이렇게 되면, 3함대는 진입하지도 방관하지도 못하는 딜레마에 빠지게 되고 중국은 교착상태를 유리하게 주도할 수 있게 된다.

2017년 '미·중 군사력 평가표'(The U.S.-China Military Scorecard)라는 보고서를 발간한 RAND 연구소는 동중국해와 남중국해에서 미·중이 핵전력을 제외한 미사일 능력, 공군력, 사이버 전력, 수상 전력 등으로 맞붙게 되었을 시의 우열을 아홉 가지 지표로 평가했는데 그 결과가 충격적이었다. 중국 본토와 가까운 동중국해에서는 두 가지 지표에서 중국이 우세하고, 네 가지 지표에서는 양국이 대등하며 세 가지 지표에서만 미국이 우세한 것으로 평가되었고, 중국 본토와 상대적으로 먼 남중국해에

36) Michael J. Mazarr, *Mastering the Gray Zone: Understanding a Changing Era of Conflict* (Carlisle: US Army War College Press, 2015) 및 정구연, "미·중 세력전이와 미국 해양전략의 변화: 회색지대 갈등을 중심으로," 『국가전략』, 제24권, 제3호 (2018), pp. 87-112.

37) 김지용, "세력전이와 해양패권 쟁탈전: 공공재·전환재 경쟁을 중심으로," 『글로벌정치연구』, 제12권, 제2호 (2019), pp. 83-114.

서도 네 가지 지표에서 대등한 것으로 평가되었다.[38] 때문에, 중국 근해로 지상군을 투사하기 위한 CSG와 대형함정 위주로 편성된 미 해군의 재래식 전력이 A2/AD의 손쉬운 고가치 표적이 되었다는 문제의식을 바탕으로 작성된 것이 바로 해양전략 서두에서 언급한 두 개의 보고서다. 이 보고서들은 전력집중을 통한 냉전 시기의 해양통제 대신 전력 분산을 통한 해양통제 또는 해양우세를 유지하겠다는 목표를 천명하고 있다. 두 보고서는 유기적으로 연결되어 있으며, 유사개념과 실천 방법을 점진적으로 업그레이드해나가는 방식으로 작성되어 있다. 주요 핵심내용은 A2/AD를 극복하는 방책인 분산 살상력(DL: Distributed Lethality)과 DMO이다. 즉, DL과 DMO 모두 수적 우위에 있는 중국해군에 맞서기 위해 '바다에 떠 있는 해군 함정은 동시에 싸운다(If it floats, it fights!)'라는 해군의 새로운 구호로 압축된다.

DL은 A2/AD에 대응하는 방안을 고심하던 미 해군 수상함 장교들이 2015년부터 고안하기 시작한 개념인데, 이것이 미 국방성과 해군본부의 호응을 얻게 되었고 2018년 12월 리처드슨 해군참모총장이 전술적 차원의 DL을 작전적 차원의 DMO로 승격시키면서 공식적인 미 해군전략이 되었다. DL의 주요 골자는 모든 수상 전투함의 공격 및 방어능력을 증강한다는 것이다. 즉, 항모항공단에 할당되어 온 해상타격의 주요 임무를 수상함도 담당하게 하는 것이다. 또한, 중국의 전파 교란으로 고립되더라도 수상함이 독립적인 공격작전을 수행할 수 있도록 기술적으로 보장하고, 현장 지휘관들이 더 많은 재량권을 갖도록 하는 것이다.

DMO는 항모, 순양함, 구축함, 기뢰전 함정 등과 같은 대형 전투함이 아닌 미사일 위주의 치명적 공격능력을 탑재한 '많은' 소형 이동플랫폼을 '넓게' 산개대형(散開隊形)으로 전개해 공격한다는 것이다. 이러한 공격은 A2/AD를 교란하고 미사일 운용에 차질이 생기게 함으로써 미 해군전력의 손실을 감소시킬 수 있다. 또한, 치명적인 공격능력을 보유한 다수의 소형 이동플랫폼이 동시에 접근하기 때문에, 정확한 감시와 표적 식별이 어렵고 어느 함정을 미사일 표적으로 삼아야 할지에 대한 우선순위를 정하는 A2/AD의 표적화 능력이 혼선에 빠지게 된다. 특히 앞서 소개한 RAND 연구소의 미·중 군사력 평가표에 따르면, 평균 시속 56km로 이동하면서 이지스함의 호위를 받는 미 해군 항공모함을 대상으로 한 중국의 지대함 탄도미사일의 적중률은 아

38) https://www.rand.org/pubs/research_reports/RR392.html(검색일: 2020.9.21).

무리 높게 잡아도 16%에 불과하다. 때문에, 산개대형으로 진입하는 소형 이동플랫폼에 대한 A2/AD의 동시다발적 미사일 공격은 식별능력 저하, 표적 오인, 표적 우선순위 혼선, 명중률 저하로 귀결될 가능성이 증가하게 된다.[39] 또한, 인공섬 군사기지에 비축된 공격능력도 제한적이기 때문에 오히려 인공섬 군사기지가 DMO에 의해 고립될 수 있다.

여기서 한발 더 나아가 미 해군은 DMO를 효과적으로 수행하기 위해 4차 산업혁명 첨단기술이 적용된 유령함대(Ghost Fleet) 건설에도 박차를 가하고 있다. 대잠전, 대수상함전, 전자전, 기뢰전, 통신 중계의 역할을 담당할 유령함대는 유도미사일 호위함 FFG(X), 무인수상함(USV: Unmanned Surface Vehicle), 무인수중함(UUV: Unmanned Underwater Vehicle), 무인항공기(UAV: Unmanned Aerial Vehicle) 등으로 구성될 예정이다. 이러한 무인체계는 A2/AD의 무차별적인 공격을 두려워하지 않고 낯설고 위험한 해역에서도 작전을 수행할 수 있다는 점에서 두려움을 느끼게 되는 쪽은 오히려 A2/AD를 운용하는 중국군과 유령함대와 맞서야 하는 중국의 재래식 해군 전력이 될 것이다. A2/AD가 미 해군의 재래식 전력을 고비용·저효율 전력으로 만들었다면, 유령함대는 A2/AD를 고비용·저효율 전력으로 만들게 될 것이다. 그 이유는 두 가지다.

첫째는 대량생산 가능성이다. 초기 개발비용이 천문학적으로 들어갈 것이고 기술적 난관이 매우 많겠지만, 시험 운용이 성공하고 생산라인이 완료되기만 하면, 무인 플랫폼을 '주조 틀에서 찍어 내듯이' 대량 생산하는 것이 가능해질 것이다. 둘째는 쉬운 운용성이다. 장비 운용에 필요한 교육 및 훈련 없이 개량된 소프트웨어를 탑재하기만 하면 곧바로 작전 투입이 가능하다는 점에서 유인플랫폼보다 운용유지비가 훨씬 저렴할 것이다. 최근 미국은 유·무인함정 및 선택적인 유인(Optionally Manned) 함정 500척을 보유할 것이라는 '미래로 향해(Future Forward)'[40] 및 '2045년 전력계획(Battle Force 2045)'[41] 같은 중장기 전력증강 구상을 수립하고 있다. 유령함대는

39) 서명환, "미·중 해양갈등과 미 해군의 전략 변화: 중국의 하이브리드전과 미국의 분산해양작전," 『해양전략』, 제186호 (2020), pp. 148-181.

40) The Guardian, "US plans big expansion of navy fleet to challenge growing Chinese sea power," September 17, 2020, https://www.theguardian.com/us-news/2020/sep/17/us-plans-big-expansion-of-navy-fleet-to-challenge-growing-chinese-sea-power (검색일: 2020.9.21).

그러한 계획들의 중요한 한 축을 구성하고 있다. 2020년대 중반까지 유지될 11척의 항모를 비롯한 재래식 해군전력과 유령함대가 기술적 어려움을 극복하고 네트워크로 통합된다면, 미 해군의 전쟁수행 전략도 바뀌게 될 것이다. 즉 유·무인함정 및 제한적인 유인함정이 DMO를 수행하여 A2/AD를 무력화시키고 난 후 재래식 해군전력이 투입되어 중국의 재래식 해군전력과 교전하는 방식이 그것이다.[42]

DL, DMO, 유령함대는 고대 전쟁의 지혜와 테러와의 전쟁 경험에서 착안한 것으로 보인다. 고대 전쟁이나 근대 이전의 전쟁에서는 근접전에서 불리한 측이 맹수나 벌을 이용하여 상대방의 최전선을 혼란에 빠트린 후 빠르게 종심 공격을 하여 승리한 사례가 종종 있다. 중국의 제갈량이 남만을 정벌할 때 맹수를 활용한 것이나 곽재우 장군이 벌을 이용하여 왜군을 섬멸한 것이 명확한 예다.[43] 가령, 말벌의 예시를 들면 2020년대 미 해군전략이 훨씬 선명하게 요약될 수 있다. 말벌 개체 하나는 매우 작고 보잘것없지만 모든 개체가 치명적인 독침을 갖고 있다. 그리고 어느 방향에서 어느 말벌이 공격해올지 가늠하기 힘들 정도로 떼를 지어 파리채를 든 사람을 공격하며(Swarmming), 죽음을 불사하고 맹목적으로 달려든다. 파리채는 A2/AD로, 말벌의 독침은 DL로, 스워밍은 DMO로, 죽음을 불사한 말벌 떼는 유령함대로 치환하면 이해가 쉽다.

미국이 테러와의 전쟁을 치르면서 고전한 이유 역시 테러리스트들이 사용한 스워밍 때문이었다. 테러리스트들은 여러 방향으로부터 동시다발적으로 다수의 목표물을 공격함으로써 미군의 대응 능력에 과부하가 걸리게 했다. 예를 들면, 160명이 사망한 2008년 11월의 뭄바이 테러 당시, 테러리스트 10명은 5개의 2인조 팀으로 분산하여 동시에 여러 지점을 공격했는데 제한된 공간에서 겨우 10명을 체포하거나 사살하는 데에만 무려 3일 이상이 소요되었다.[44] 결론적으로, DMO는 중국의 A2/AD

---

41) James Holmes, "Battle Force 2045: The U.S. Navy's Bold Plan for a 500-Ship Fleet," October 7, 2020, https://nationalinterest.org/feature/battle-force-2045-us-navy%E2%80%99s-bold-plan-500-ship-fleet-170317(검색일: 2020.9.21).

42) 정호섭, "4차 산업혁명 기술을 지향하는 미 해군의 분산해양작전,"『국방정책연구』, 제35권 제2호 (2019), pp. 27-59.

43) 이춘근 역,『전쟁의 기원』(서울: 북앤피플, 2019) 및 Claudio Cioffi-Revilla, "Ancient Warfare," in Manus I. Midlarsky (ed), *Handbook of War Studies II* (Ann Arbor: University of Michigan Press, 2000), pp. 59-89.

44) 고봉준·김지용 공역,『국제안보의 이해: 이론과 실제』(서울: 명인문화사, 2019), 제11장.

를 무력화시킬 정도로 충분히 위협적인 구상인 것만은 틀림없다. 하지만 이러한 미 해군의 중장기 계획이 실현되기 위해서는 무엇보다 국방예산이 뒷받침되어야 한다. 트럼프 행정부는 2021년 국방예산으로 전년도 대비 0.1% 증가한 약 7,500억 달러를 의회에 요구했다. 이 가운데 해군에 편성된 예산은 약 1,610억 달러(해병대를 포함하면 2,070억 달러)이다.

그러나 미 하원 해양력 소위원회(Sea-Power Subcommittee) 위원장은 "대통령의 예산안이 의회에 제출되자마자 사장되었다(Dead on Arrival)."고 언급했는데 이것은 미 해군의 중장기 계획에 막대한 차질이 생길 수 있음을 시사한다. 이에 미 해군은 2020년부터 '함수에서 함미까지'(Stem to Stern)라는 계획 하에 향후 5년간 80억 달러의 예산 절감을 추진하고 있다. 이러한 해군전력증강의 불확실성 때문에 전 세계 선박 생산량의 0.35%에 불과한 미국의 조선업 분야는 조선소 확장에 더욱 주저하고 있다. 심지어 2016년에 발표한 '355척 함대' 달성도 어렵다는 의견이 지배적이다.[45) 이것이 바로 세계 최대 조선사(중국선박공업그룹)와 다수의 조선소를 보유한 중국을 무시할 수 없는 이유다.[46) 따라서 "질적 혁신은 도외시하면서 함정을 붕어빵 찍어 내듯이 양적 팽창에만 주력한다."라는 조롱 섞인 비판은 위험천만한 발상일 수 있다.[47) 이에 추가하여, 중국해군도 DMO와 유령함대에 대항하기 위해 해양지능화작전(MIO: Maritime Intelligence Operation)을 2017년부터 수립하고 있다. 결국, 2020년대에도 미 해군이 중국해군을 계속해서 압도할 수 있을지는 미지수이다.[48) <표 1-1>은 지금까지 논의한 미국의 국가안보전략, 국가방위전략, 군사전략, 해양전략 보고서의 내용을 연대기별로 요약하고 있다.

---

45) Todd Harrison and Seamus P. Daniels, "Analysis of the FY 2021 Defense Budget," August, 2020, http://defense360.csis.org/wp-content/uploads/2020/08/Analysis-of-the-FY-2021-Defense-Budget.pdf(검색일: 2020.10.21).
46) 김상진, "만두 찌듯 군함 뚝딱…. 그 뒤엔 시진핑도 인정한 국보 기술자," 2020년 1월 24일, https://news.joins.com/article/23689689(검색일: 2020.10.14).
47) 이일우, "붕어빵 찍듯 대량생산된 중 전투함 릴레이 사고 이유 있다," 2018년 7월 24일, https://m.blog.naver. com/china_lab/221325341615(검색일: 2020.10.14).
48) 김현승·신진, "4차 산업혁명 시대 중국의 해양 지능화 작전 추진과 대응 방안," 『국방연구』, 제63권, 제2호 (2020), pp. 107-131 및 이상국, "중국군의 '지능화 전쟁' 논의와 대비 연구," 『국방연구』, 제63권, 제2호 (2020), pp. 81-106.

〈표 1-1〉 미국의 21세기 국가안보전략 및 군사전략 변화

구 분		내 용		
		오바마 행정부	트럼프 행정부	바이든 행정부(예상)
안보 전략		리더십의 회복과 유지	미국 우선주의	리더십의 회복과 유지
		• 정부, 개인과 시민사회 차원의 개입을 통해 적대국에 국제규범 준수 또는 고립의 선택을 요구 • 동맹국·우방국 및 영향력 증대 국가와의 긴밀한 협력을 강화하는 전략	• 미국 본토 안전 확보와 안정적인 경제력 구축 • 강력한 군사력 보유와 함께 동맹관계·국제기구 등을 통해 미국의 영향력 확대	• 비전통 안보에서 다자주의 복원과 동맹의 복원 • 민주주의 정상회의를 통한 5G/반도체 동맹 네트워크 • 스마트한 중국 때리기
군사 전략		재균형전략	힘을 통한 평화전략	끝없는 전쟁 종식 대규모 전쟁 대비
		• 이라크 및 아프간전 승리 • 분쟁방지 및 억제 • 적 격퇴 및 우발사태 대비 • 자원 및 병력 보존/증감	• 중국·러시아 외 북한·이란 등 전통적 위협과 비전통적 위협을 '압도적인 힘'을 바탕으로 억제 • 군사·군수·핵무기·우주·사이버·정보역량을 획기적으로 강화	• '반테러리즘 플러스' 접근법에 따라 대규모 전력배치 지양, 소규모 특수부대와 공습으로 테러집단 격멸 • MDO, JADC2, DMO, EABO를 통합한 JADO 개념의 실전 역량 강화
해양 전략	명칭	A Cooperative Strategy for 21st Century Seapower: Forward, Engaged, Ready (2015.3)	A Design for Maintaining Maritime Superiority Ver.20 (2018.12)	A Design for Maintaining Maritime Superiority Ver.20 (2018.12)
	목표	해양우세권 확보	해양우세권 유지	해양우세권 유지
	수단	• 300척 이상 해군 * 항모 12척, 상륙함 33척, SSBN 14척 등	• 355척 해군 * 항모 11척, 상륙함 33척, SSBN 14척 등	• 500척 해군, 유령함대 * 항모 8-11척, 경항모 6척, 상륙함 5-60척, SSBN 12척 등

출처: 국가안보전략서(NSS), 국방전략서(NDS), 군사전략서(NMS), 본 장 결론의 2021년 전망(바이든 행정부)을 참조하여 요약

제3절 2020년 전력증강 동향

1. 국방수권법의 『355-Ship』 계획과 새로운 대안 『Battle Force 2045』

미 해군은 2016년에 향후 30년간 함정건조 소요를 다루는 전력구조평가(FSA: Force Structure Assessment)를 실시했다.[49] 2012년에도 FSA를 실시하였고 2014년에 308척으로 목표치를 설정하였다.[50] 그러나 중국과 러시아의 해군력 증강 속도가 예상보다 빠르게 진행되었고, 미 해군에 부여되는 임무가 증가됨에 따라 전력구조에 대한 전반적인 재평가가 필요하였다. 2016년 당시 미 해군은 총 274척의 함정을 보유하고 있었다. 350척 해군 건설 공약을 내건 트럼프 후보가 대통령에 당선되자 해군은 동년 12월 15일에 정규항모(CVN) 12척과 SSBN 12척을 포함하여 총 355척의 전력을 달성한다는 야심에 찬 목표치를 발표하였다.[51] 트럼프 행정부는 2018년 회계연도(FY2018)의 국방수권법(NDAA: National Defense Authorization Act)에 이 목표치를 국가 우선 정책으로 명시하였다.[52] <표 1-2>에서 보는 바와 같이 2014년에 발표된 목표치에 비해 항모 1척 증가(총 12척), 구축함과 순양함 등 대형 수상 전투함 16척 증가(총 104척), 소형 수상 전투함 52척 유지, 상륙함 4척 증가(총 38척), 그리고 공격 핵잠수함 18척 증가(총 66척)로 수정되었다. 비록 NDAA의 1025조항에 반영되었으나 최소 355척이라는 숫자가 명시되었고 '실현 가능한 조속히(as soon as practicable)'라는 구문만 있을 뿐 목표연도와 재원 조달 방안에 관한 내용은 없었다.[53] 미 의회가 행정부의 과다한 재정적자를 줄이기 위해 2011년 입안된 예산통제

---

49) Department of Defense, *EXECUTIVE SUMMARY 2016 Navy Force Structure Assessment(FSA)* (Washington, DC.: DoD, December 14, 2016).

50) Christopher P. Cava, "New US Navy Fleet Goal: 308 Ships," *Defense News,* April 5, 2015.

51) Christopher P. Cava, "US Navy's New Fleet Goal: 355 Ships," *Defense News,* December 16, 2015.

52) *Section 1025 of the FY2018 National Defense Authorization Act (H.R. 2810/P.L. 115-91 of December 12, 2017).* (Washington, D.C.: U.S. Congress, 2017) and David B. Larter, "Trump just made a 355-ship Navy national policy," *Defense News,* December 13, 2017.

법(Budget Control Act)과 유사 취지의 법안들이 존재하는 한, 355척 계획의 실현 가능성은 애초부터 희박하였다.[54] 물가상승률을 제외하고 매년 5% 이상의 실질 예산 증액이 요구되었기 때문이다.[55] 실제로 이후 예상을 뛰어넘는 건조 및 운용비용의 가파른 상승, 중국해군력의 급격한 증강 속도,[56] 대형함 위주의 해군작전에 대한 비판 등으로 인해 355척 계획에 대한 수정 논의가 불가피하였다. 미 해군은 2020년 초 FY2021 예산안 제출 기한 내 함정 건조 예산을 도출하는 데 실패하였으며, 30년 함정 건조계획(30 Year's Shipbuilding Plan) 수립에도 실패하였다.[57]

에스퍼(Mark Esper) 미 국방장관은 해군과 해병대가 2019년에 만든 통합해군전력구조평가(IFSA: Integrated Naval Force Structure Assessment)를 보류시키고, 국방부 주도로 미래해군전력연구(FNFS: Future Naval Force Study)를 추진하도록 지시하였다.[58] 노퀴스트(David L. Norquist) 부(副)장관 주관으로 해군과 국방부장관실(OSD:

---

53) *Ibid,* "SEC. 1025. POLICY OF THE UNITED STATES ON MINIMUM NUMBER OF BATTLE FORCE SHIPS. (a) POLICY.It shall be the policy of the United States to have available, as soon as practicable, not fewer than 355 battle force ships, comprised of the optimal mix of platforms, with funding subject to the availability of appropriations or other funds."

54) Todd Harrison, "What Has the Budget Control Act of 2011 Meant for Defense?," *Center for Strategic and International Studies* (Washington D.C.: CSIS, August 1, 2016); David B. Larter, "Analyst: With ballooning costs for a smaller Navy, can it really afford 355 ships?," *Defense News,* December 7, 2017.

55) David B. Larter, "Neither Congress nor the Pentagon have a path to a 355-ship Navy," *Defense News,* October 23, 2017.

56) 미 해군정보국은 2020년 2월 6일 의회에 제출한 중국해군 전력증강에 관한 보고서에서 잠수함을 포함한 중국해군 전력이 2020년 360척에서 2025년 400척, 그리고 2035년에는 425척으로 늘어날 것으로 예상했다. U.S. Office of Naval Intelligence(ONI), *Updated China: Naval Construction Trends vis-a-vis U.S. Navy Shipbuilding Plans, 2020-2030,* February 6, 2020 (Washington D.C.: ONI, 2020); https://fas.org/irp/agency/oni/plan-trends.pdf(검색일: 2020.11.5).

57) 실패 원인은 타군 예산의 전용 불가, 법제화된 355척 목표 수치 수정 불가, 무인함정을 포함한 355척 목표에 대한 의회의 반대, 해군 내부의 잔여 예산 염출 불가 등이다. 그러나 근본 원인은 핵항모 12척 유지 등 전통적 대형함 보유를 포기하지 않으면서 급증하는 예산을 구하려 했기 때문이다. Megan Eckstein, "Pentagon Leaders Have Taken Lead in Crafting Future Fleet from Navy," *USNI News,* June 24, 2020; Mark F. Cancian · Adam Saxton, "Secretary Esper Previews the Future Navy," *Center for Strategic and International Studies* (Washington D.C.: CSIS, October 8, 2020) and "U.S. Military Forces in FY 2021: Navy," *Center for Strategic and International Studies* (Washington D.C.: CSIS, November 9, 2020).

58) 미 해군은 IFAS 결과로 390척의 유인함정과 45척의 무인/유인함정 등 435척의 목표 수준을

Office of the Secretary of Defense)의 비용평가 및 프로그램분석부서(CAFE: Cost Assessment and Program Analysis Division), 그리고 민간 싱크탱크인 허드슨연구소(Hudson Institute)가 참여하여 IFAS의 문제점들을 검토하고 해군의 미래 전력구조에 관한 연구를 진행하였다.[59] 특히, 허드슨연구소는 핵 항모가 주축이 된 고비용의 전통적인 전력구성과 작전방식에서 탈피하고 유·무인 혼합의 전력으로 DMO을 구현할 것을 주장하였다.[60]

〈표 1-2〉 미 해군의 기존 전력발전 계획 및 새로운 대안의 개요

<table>
<tr><th>구분</th><th>308척 계획
(2014년 발표)</th><th>355척 계획
(2016년 발표)</th><th>2020년
현황</th><th>Battle Force 2045
개요(2020년 발표)</th></tr>
<tr><td>항공모함
(CVN)</td><td>11</td><td>12</td><td>11</td><td>8-11</td></tr>
<tr><td>경항공모함</td><td></td><td>-</td><td>-</td><td>6</td></tr>
<tr><td>대형 전투함
(CG/DDG)</td><td>88</td><td>104</td><td>92</td><td>80-90</td></tr>
<tr><td>중형전투함
(LCS/FFG)</td><td>52</td><td>52</td><td>21</td><td>60-70</td></tr>
<tr><td>강습상륙함
(LHA/LHD)</td><td rowspan="2">34</td><td>12</td><td>10</td><td rowspan="2">50-60</td></tr>
<tr><td>상륙함
(LPD Type)</td><td>26</td><td>23</td></tr>
<tr><td>전투 군수함</td><td>29</td><td>32</td><td>29</td><td rowspan="3">70-90</td></tr>
<tr><td>원정수송 /
지원기지함</td><td>13</td><td>16</td><td rowspan="2">34</td></tr>
<tr><td>지휘/지원함</td><td>21</td><td>23</td></tr>
</table>

제시하였으나 국방부는 이를 보류시켰다. U.S. Congressional Research Service(CRS) RL32665, *Navy Force Structure and Shipbuilding Plans: Background and Issues for Congress* (Washington, D.C.: U.S. CRS, December 1, 2020), pp. 13-14.

59) *Ibid.*

60) Bryan Clark·Timothy A. Walton·Seth Cropsey, *American Sea Power at a Crossroads: A Plan to Restore the US Navy's Maritime Advantage* (Washington D.C.: Hudson Institute, October 8, 2020).

무인수상함 / 무인잠수함	-	-	-	140-240
탄도미사일 핵잠수함	12	12	14	12
순항미사일 핵잠수함	-	-	4	-
공격 핵잠수함	48	66	50	70-80
총 척수	308	355	288	500+

출처: U.S. Congressional Research Service(CRS) RL32665, *Navy Force Structure and Shipbuilding Plans: Background and Issues for Congress* (Washington, D.C.: U.S. CRS, November 11, 2020), pp. 2-7.

2020년 10월 6일 에스퍼 국방장관은 『Battle Force 2045』로 명명된 해군전력 확보의 개략적인 내용(Outlines)을 백악관과 의회에 제출하고 온라인을 통해 공개하였다. 2035년까지는 함종별 수치를 조정하여 355척의 함정을 보유하고, 2045년까지 새로운 형태의 유·무인함정을 포함하여 총 500척을 확보한다는 내용이다.[61] 국방부는 국방수권법(NDAA)에 명시된 355척의 유인함정 목표치를 준수하면서도 예산 제한을 극복하고, 중국해군의 양적 전력 팽창에 뒤지지 않겠으며, A2/AD 위협이 증가하는 작전환경에서 해양통제의 우위를 유지하겠다는 의도를 명확히 드러내었다.

『Battle Force 2045』는 전통적인 형태의 함정들로 구성된 전력구조에서 탈피하여 소수의 대형함정(항모, 이지스 순양함과 구축함, 대형 상륙함 등), 다수의 중소형함정(프리깃함, 연안전투함, 소형 군수지원 및 상륙함 등), 그리고 다수의 중대형무인함정으로 구성된 세 가지 형태의 전력구축을 밝히고 있다.[62] 이는 2014년 11월 헤이글(Chuck Hagel) 국방장관이 국방혁신을 주창하며 발표한 '3차 상쇄전략'(The Third Offset Strategy)의 핵심개념인 인공지능, 인간·기계 전투팀, 네트워크를 활용한 반(半)자율적 무기 개념에 바탕을 두고 있다.[63]

---

61) U.S. Congressional Research Service(CRS) RL32665, *Navy Force Structure and Shipbuilding Plans: Background and Issues for Congress* (Washington, D.C.: U.S. CRS, October 7, 2020).

62) *Ibid.* pp. 4-5.

63) 박준혁, "미국의 제3차 상쇄전략 추진 동향, 한반도 영향 전망과 적용방안," 『국가전략』, 제23권 2호 (서울: 세종연구소, 2017), pp. 46-48.

3차 상쇄전략의 주요 개념들을 구현하기 위한 『2017-2042 무인체계 통합로드맵(Unmanned Systems Integrated Roadmap 2017-2042)』에 의하면 2029년까지 인공지능과 기계학습에 의한 유·무인 통합의 전투수행 체계를 개발하고, 2042년까지 대규모 군집 기술개발을 추진하고 있다.[64] 국방부의 『Battle Force 2045』는 이러한 정책 로드맵을 해군에 적용해서 만든 미래 해군전력구조의 개략적인 청사진이다.

미 해군은 오래전부터 해양조사, 기뢰 탐색 및 제거, 수중 탐색의 목적으로 원격조종운반체(ROV: Remotely Operated Vehicle)를 함정에 탑재하여 운용해 왔지만, 이를 별도의 함정으로 분류하지 않고 함정 무기체계의 일부로 취급하였다. 그러나 기술발전으로 인해 대형무인함정(LUVs: Large Unmanned Vehicles)들의 내파성과 항속거리가 증가하고 탐지 및 무장 운용이 가능해짐에 따라 『Battle Force 2045』에서는 대형 무인함정들을 별개의 함정으로 분류하고 이들을 함대 조직 및 체계(Fleet Architecture)의 세 번째 구성 요소로 명시하였다.[65] 즉, 규모가 더 커지는 전통적인 형태의 함대 건설이 아니라 유·무인함정의 혼용으로 구성된 소규모 분산된 전력 건설을 지향하고 있다. 앞서 2장 2절에서 언급한 "수상함대 전략: 해양통제로의 귀환"과 "해양우세 유지를 위한 구상 2.0"의 개념을 전력 건설과 운용 차원에서 실현하는 것이다. 이는 해군전력이 기존의 항모타격단(CSG: Carrier Strike Group)이나 원정타격단(ESG: Expeditionary Strike Group) 중심이 아니라, 타격 능력을 분산하며 프리깃함 규모의 유·무인 전력이 합동작전을 수행하는 방향으로의 발전을 의미한다.

<표 1-2>에서 보는 바와 같이 『Battle Force 2045』는 함종별 목표치를 구체적 숫자보다는 범위로 표기하고 있다. 실행계획이 아니라 지향하는 바를 제시하는 개요일 뿐이다. 보유 항모 척수를 현재의 12척에서 8-11척으로 축소하고, 그 예산으로 약 140-240척의 무인수상함과 무인잠수함 건조를 제시하고 있다. 또한, 무인 전력 이외에 연안전투함 LCS와 FFG(X) 등 약 60-70척 수준의 첨단 유인 전투함, 70-90척의 군수전투지원함, 50-60척의 상륙함정 확보를 제시한다. LHA, LAD, LPD 등

64) The U.S. Department of Defense, *Unmanned Systems Integrated Roadmap 2017-2042* (Washington, D.C.: DoD, August 30, 2018), pp. 17-23 and 29-32.

65) "A new third tier of surface vessels about as large as corvettes or large patrol craft that will be either lightly manned, optionally manned, or unmanned, as well as large unmanned underwater vehicles (UUVs)," RL32665 (October 7, 2020), p. 5.

대형 상륙함들의 숫자를 줄이고 이를 경상륙함(LAW)으로 보완하는 로드맵이다.[66] 에스퍼 국방장관이 의도하는 바는 기존 대형 플랫폼 위주의 전력구성을 유지하고 무인함정을 보조 수단으로 운영하는 것이 아니라, 전력구조 자체를 유·무인함정이 복합된 형태로 혁신하는 것이다. 그가 언급했듯이 무인함정들에 대한 연구개발의 성공과 예산확보 여부를 둘러싼 논의가 요구된다. 실행계획 수립을 위해서는 재원 조달과 기술의 신뢰성이 뒷받침되어야 한다.[67]

『Battle Force 2045』는 미 해군과 국방부의 고민을 반영한다. 트럼프 대통령이 2016년 유세 기간에 공약했고 국방수권법에 명기했던 355척 계획은 건조 및 운영비용 급증이라는 난관에 부딪혀 있다. 미 해군은 비용 조달방법을 찾지 못해 자체적인 전력구조평가(FSA)를 수행하는 데 실패하였고, 국방부가 그 임무를 대신 떠맡았다. 에스퍼 국방장관은 무인함정 개발을 통해 비용을 절감하고 DMO 개념을 실현하려 한다. 그러나 백악관 예산관리국(OBM: Office of Management and Budget)은 2020년 12월 현재까지 『Battle Force 2045』에 대한 승인을 보류하고 있다.[68] 해군의 FSA와 30년 함정 건조계획 등 후속작업도 진행되지 않고 있다. 이에 따라 2020년 초와 마찬가지로 2021년에도 의회에 제출할 해군의 FY2022 예산안은 새로운 전력구조에 근거하지 않고 2019년 제출된 FY2020 30년 건조계획의 연장 선상에서 급조될 가능성이 커지고 있다. 에스퍼 국방장관은 트럼프 대통령과의 정치적 불화로 인해 대통령선거 종료 후인 11월 10일 전격 경질되었다. 향후 미 해군의 전력구조는 바이든 행정부의 국가안보전략(NSS), 국가방위전략(NDS), 가용예산, 위협내용, 기술진보 등에 따라 결정될 것이다. 그러나 『Battle Force 2045』가 지향하는 소수의 대형유인함정, 다수의 중소형함정, 대형 무인함정이라는 분산된 전력구조(Distributed Force Architecture) 구상은 다수가 공감하기 때문에 수용될 가능성이 클 것으로 예상한다.

---

66) *Ibid*, p. 6.
67) Harlan Ullman, "Battle Force 2045 raises important questions," *Proceedings*, October 2020.
68) Mallory Shelbourne and Sam LaGrone, "SECDEF Esper's 'Battle Force 2045' Plan Still Awaiting White House Approval," *USNI News*, October 21, 2020.

2. 수상함·잠수함·항공기 증강

2020년 미 해군의 전력증강은 급증하는 획득 비용에 대응하고 첨단기술을 적용하는 새로운 작전개념들에 부합하는 전력 건설 노력으로 특징 지워진다. 2020년 12월 초 시점에서 미 해군은 만재 톤수 약 10만 톤의 Nimitz급 핵 추진 항공모함 10척(CVN-68~CVN-77)을 운용하고 있으며, 2017년에 7월 22일에 취역한 Gerald R. Ford급(CVN-78) 핵추진 항모 1척은 작전 투입을 위한 시험과 자격요건 절차를 진행 중이다. Ford급 2번 함인 John F. Kennedy(CVN-79)함은 2019년 10월 29일에 진수하였으며 건조가 진행 중이다. Ford급 항모의 건조 비용은 최초에 예상했던 120억 달러-130억 달러에서 150억 달러로 증가하여 항모 보유 목표치 조정과 사업 진행 방식의 변경이 불가피하였다.

2018 국방수권법에는 12척 보유가 목표로 설정되었지만, 『Battle Force 2045』에서는 8-11척으로 제시되었다. 2019년 3월, 미 해군은 Nimitz급 항모 Harry S. Truman 함의 조기 퇴역을 발표하였다. 1998년에 취역한 이 함정은 2024년 핵연료 재보급 및 정기수리 예정이었으나 예산 절감을 위해 조기 퇴역이 결정되었다. 또한, Ford급의 건조 및 운영비 절감을 위해 2019년에 3번과 4번 함의 동시 계약을 진행하였다. 향후 항모 운용 인력축소와 순환 작전개념을 도입하여 운용비를 절감할 계획이다.[69]

세계 주요 지역에서 잠재적 적국들에 의한 A2/AD 능력이 강화됨에 따라 고가(高價)의 소수 함정보다는 저가(低價)의 다수 함정이 전장 환경에 유리하다는 주장이 정책에 반영되고 있다. 미 해군은 강습상륙함(LHA/LHD)에 항모 운용 기능을 부가하여 유사시 정규항모의 공백을 메우는 경항공모함으로 운영하려 한다. 2019년 10월에 7함대의 America(LHA-6)함에 F-35B 탑재 및 운용 평가를 했고[70] 2020년 6월에는

---

69) U.S. Congressional Research Service(CRS) RS20645, *Navy Ford (CVN-78) Class Aircraft Carrier Program: Background and Issues for Congress,* RS20645 (Washington, D.C.: U.S. CRS, November 11, 2020), pp. 5-8. 이는 각 대양과 주요 해협에 고정적으로 항모를 배치하던 개념에서 상황에 따라 2-3척의 항모를 필요시에만 동시 배치하는 개념으로 작전 소요를 줄이는 방안이다.

70) Megan Eckstein, "Marines Test 'Lightning Carrier' Concept, Control 13 F-35Bs from Multiple Amphibs," *USNI News,* October 23, 2020.

구식 Wasp급 Boxer(LHD-4)함을 경항모로 개조하기 시작했다.[71] 특히, 2020년 3월 코로나-19에 의한 Roosevelt(CVN-71) 항모의 작전 중단 및 이탈 사례는 정규 항공모함이 지닌 예상치 못한 취약성을 드러냄으로써 경항모의 필요성에 더욱 힘을 실어주고 있다.[72]

〈표 1-3〉 미 해군의 주요 수상 전투함 전력 변동현황, 1995-2020

유 형		만재 톤수	증감 현황				
			1995	2000	2010	2015	2020
항모 (CV/CVN)	Nimitz급(CVN)	106,300	7	8	10	10	10
	Ford급(CVN)	100,000	-	-	-	-	1
	기타(CV/CVN)		6	4	1	1	-
강습상륙함 (LHA/LHD)	Tarawa급	38,900	5	5	2	1	-
	America급	45,693	-			1	2
	Wasp급	41,150	4	6	8	8	8
대형전투함 (CG/DDG)	Zumwalt급	15,995	-	-	-	-	2
	Ticonderoga급	9,800	27	27	22	22	22
	Arleigh Burke급	9,000+	13	30	59	62	68
	Spruance급	8,040	31	22	-	-	-
	기타		12	-	-	-	-
중형전투함 (LCS/FFG)	Freedom급	3,500	-	-	1	3	10
	Independence급	3,104	-	-	1	3	11
	Perry급	4,200	53	40	30	-	-
	기 타		2	-	-	-	-
계			160	142	134	111	134

출처: https://en.wikipedia.org/wiki/List_of_current_ships_of_the_United_States_Navy(검색일: 2020. 11. 8) 자료 발췌 정리

71) David B. Larter, "US Navy upgrades more ships for the F-35 as the future of carriers remains in flux," *Defense News,* June 1, 2020.

72) *Ibid.*

미 해군은 2020년 10월 말 기준으로 Ticonderoga급 이지스 순양함 22척, Arleigh Burke급 이지스 구축함 68척, 2020년 4월 미 해군에 인도된 Zumwalt급 구축함 2척 등 92척의 대형수상 전투함을 현역에서 운용하고 있다. 모두 만재 톤수가 9천 톤이 넘는 대형함들이며, 수명 연장을 위한 개보수와 탄도미사일 방어능력 향상을 위한 AN/SPY-6(V) 1 레이더 탑재가 진행 중이다. 또한, 2019년부터 총 15척의 Arleigh Burke급 Flight Ⅲ 건조가 진행 중이다. 이외에 Freedom급 연안전투함 10척, Independence급 연안전투함 11척 등 만재 톤수 3,500톤급의 연안전투함(LCS) 20척을 운용 중이다. 2020년 6월에 Independence급 연안전투함 1척이 추가로 취역하여 전투 시험 중이다. 이들 연안 함정들은 태생적인 능력 제한으로 인해 현장 상황과 작전 요구에 부적합한 사례가 자주 발생하였다.[73] 미 국방성은 총 52척 건조를 목표로 추진했던 기존의 획득계획을 2015년 12월에 취소하고, 프리깃 건조사업으로 변경하였다. 2017년 7월에 차세대 프리깃함 FFG(X) 건조계획을 발표하였고, 2020년 4월 30일 Fincantieri Marinette Marine 조선소와 건조 계약을 체결하였다. 연안전투함 운용 시 발생했던 문제점과 한계를 극복하고 다양한 위협들에 대한 대응 능력 등 요구사항을 반영한 결과, 만재 톤수가 연안전투함의 두 배에 가까운 7,500여 톤으로 급상승하였다. 이지스 시스템에 수직발사기까지 탑재하여 사실상 Arleigh Burke급의 축소형이 되었다. 현재 56억 달러에 10척 건조 계약이 체결된 상태이며 2026년에 1번 함을 미 해군에 인도할 예정이다.[74]

잠수함은 2020년 12월 초 시점에서 Ohio급 SSBN 14척, Ohio급 전략순항미사일잠수함(SSGN) 4척, Los Angeles급 SSN 28척, Seawolf급 SSN 3척, Virginia급 SSN 19척 등 총 68척이 운용 중이다.[75] Ohio급 SSGN은 2026년부터, SSBN은 2027년부터 순차적으로 퇴역될 예정이다. 미 해군은 Ohio급 후속함으로 Columbia급 SSBN 12척을 건조하는 계획을 2016년에 확정지었다. 그러나 항모의 사례와 마

73) LCS는 연안에서 한 가지 작전에 집중하기보다는 대잠작전·對기뢰작전·연안경비 등 부여된 임무에 따라 모듈(module)별 탑재 장비를 바꾸어 운용하는 방식을 전제로 건조되었다. 그러나 장비 간 호환 문제에 따른 잦은 고장 발생, 성능 제한, 군수지원의 어려움, 즉응성 제한, 빈약한 무장 등의 문제들이 발생하였다.

74) Nick Childs, "US Navy's FFG(X): small(-ish) combatant, big future?" *IISS*, May 15, 2020.

75) 현역에 취역한 함정들 숫자이며 건조 또는 인도 예정인 함정들은 제외한 숫자이다. https://en.wikipedia.org/wiki/Submarines_in_the_United_States_Navy(검색일: 2020.11.10).

찬가지로 예상 건조비가 급격히 증가하고 있다. 2017년에는 척당 건조비를 약 65억 달러로 추산했으나 2019년에는 82억 달러까지 상승하여 향후 추진 여부가 불투명해지고 있다. 미국의 SSN은 기존 계획대로 노후화된 Los Angeles급과 Seawolf급 잠수함들을 퇴역시키고 Virginia급 SSN으로 채워질 예정이다. 『Battle Force 2045』에서 SSBN은 변경 없이 그대로 추진하고 SSN은 기존 66척 목표치에서 70-80척으로 상향토록 제시되었다. 항모와 대형수상함들의 목표 척수는 감소하고 잠수함의 목표 척수는 증가하였다.

〈표 1-4〉 미 해군의 잠수함 전력 변동현황, 1995-2020

유 형		만재 톤수	증감 현황				
			1995	2000	2010	2015	2020
탄도미사일 핵잠수함 (SSBN)	Ohio급	18,750	16	18	14	14	14
	Benjamin Franklin급	8,383	2	-	-	-	-
순항미사일 핵잠수함 (SSGN)	Ohio급	18.750	-	-	4	4	4
공격 핵잠수함 (SSN)	Virginia급	8,700	-	-	8	13	19
	Seawolf급	9,138		2	3	3	3
	Los Angels급	6,927	58	51	44	40	28
	기타		25	2	-	-	-
계			101	73	73	74	68

출처: *The Military Balance, 1995-2020*에 수록된 함종별 증감 현황을 연도별로 분류하여 재작성

미 해군은 2020년 2월 3일 W76-2형 저(低)위력(Low-Yield)형 핵탄두의 실전배치를 공식 발표하였다.[76] 이 핵탄두는 1978년에 개발된 100k톤급의 W76-0형을

76) Shaun McDougall, "U.S. Navy Fields W76-2 Low-Yield Sub-Launched Nuclear Warhead," *Defense & Security Monitor*, February 4, 2020. 미국의 100Kt급 이하 저위력 핵탄두는 트라이던트 탑재용으로 1978년에 개발한 100kt의 W76-0형, 2008에 개발한 90kt의 W76-1형, 그리고 2018년에 개발한 5-7kt의 W76-2형으로 분류한다. 전문가들은 W76-2형 위력이 제2차 세계대전 시 일본 히로시마와 나가사키에 투하한 핵폭탄과 유사하

5-7kt의 저(低)위력으로 감소시킨 핵탄두로서 Ohio급 SSBN인 Tennessee함에 탑재된 Trident형 SLBM에 장착되었다. 미국은 2018년 핵태세검토보고서(2018 NPR)에서 중국, 러시아, 북한, 이란 등의 전술핵위협 증가에 대응하기 위해 저(低)위력 핵탄두를 개발하여 핵잠수함, 전략폭격기 및 전술 항공기에 탑재할 것이라고 공표하였다. 저(低)위력 핵탄두의 실전배치는 전술핵무기 분야에서 '비례성'에 기반한 억제능력을 강화한 조치다.

3. 유령함대(Ghost Fleet) 건설

함정 건조를 비롯하여 첨단전력을 연구개발 및 획득하는 해군해양체계사령부(NAVSEA: Naval Sea Systems Command)의 무인·소형전투함 개발부(PEO USC: Program Executive Office Unmanned and Small Combatants)는 국방부의 전략능력개발부(SCO: Strategic Capabilities Office)와 함께 무인함정의 실현 가능성에 관한 연구를 지속해 왔다. 전투 능력을 갖춘 무인함정에 대한 개발이 가시화된 시점은 2010년 국방부 기술연구원(DARPA: Defense Advanced Research Project Agency)의 대잠전용 무인수상함(USV: Unmanned Surface Vehicle) 개발 제안이었다. DARPA는 2016년 4월에 길이 40미터, 만재 배수량 140톤, 속력 27노트, 최대 파고 6미터의 해상상태에서 약 70일간 10,000마일의 작전 지속성을 갖는 USV Sea Hunter를 건조하였다. Sea Hunter는 대잠전(ASW), 대공전(AAW), 대수상전(ASuW), 전자전, 정찰 및 감시 등 해상작전 등을 수행하기 위한 각종 모듈형 무기와 장비를 탑재하도록 설계되었다. 이지스 구축함의 1일 운영비가 약 70만 달러지만, Sea Hunter는 약 1만 5천에서 2만 달러 수준이다.[77] DARPA는 모든 기술시험을 마치고 2018년 1월, 해군연구소(ONR: The Office of Naval Research)에 선체와 기술을 인도하였다.[78] ONR은 동년 10월에 샌디에이고부터 하와이까지 5,200마일의 항해 시험을 성공적으로 마쳤으며 탐지장비 장착과 성능실험을 진행 중이다. 현재 Sea Hunter의 후속으로 개발하고

다고 평가한다.

77) https://en.wikipedia.org/wiki/Sea_Hunter(검색일: 2020.11.11).

78) DARPA, "ACTUV 'Sea Hunter' Prototype Transitions to Office of Naval Research for Further Development," January 30, 2018.

있는 Sea Hunter-Ⅱ는 AN/ AQS-20 및 AN/AQS-24 음향탐지체계를 탑재하여 본격적으로 연안 대잠전 수행능력을 갖추고 연안전투함(LCS)을 모함으로 합동작전 능력을 시험할 예정이다.

NAVSEA의 PEO USC 소속의 PMS(Program Manger, Ships 406 부서는 무인함정에 대한 연구개발을 주관해 왔다.[79] 2017년 9월, 미국 국방성 SCO와 PEO USC는 기존 선체를 활용한 대형무인수상함(LUSV) 개발계획인 『Overlord Program』을 공동으로 착수하였다.[80] 전투능력을 갖춘 중대형 무인함정들을 개발하는 계획과 연계시키는 과정에서 해군관계자들과 언론들이 '유령함대'라는 용어를 Overlord에 붙여서 사용하기 시작했다.[81] Overlord 계획은 2척의 고속물자수송 선박을 무인선박으로 개조하여 체계통합과 항해실험을 하는 것으로 2019년 9월에 1단계를 마치고 현재 2021년 종료를 목표로 2단계 실험이 진행 중이다.[82]

Sea Hunter와 Overlord 계획의 성공으로 2019년부터 미 해군의 '유령함대' 건설은 탄력을 받게 되었다.[83] 미 해군은 2020년 회계연도 예산에 2천톤급 이상 LUSV 연구 개발을 위해 4.08억 달러 예산을 투입하고 2024년까지 총 33억 달러 예산으로 매년 2척씩 10척의 무인수상함정을 획득한다는 계획을 반영하였다.[84] NAVSEA는 2019년 의회보고서에서 향후 5년간 중형무인수상함(MUSV) 10척을 확보하여 2025년부터 유령함대를 운용한다는 목표를 공식화하였다.[85] 미 해군이 구상하고 있는 유령함대의 구조(Force Architecture)는 스텔스 기능을 갖춘 Zumwalt급 구

79) PMS406은 PEO USC 예하의 7개 사업부서들 중 해양무인시스템을 관장하는 부서 명칭이다. 일부 언론에서는 유령함대 건설계획이나 사업을 지칭하는 것으로 표기하고 있으나 이는 사실이 아니다.

80) Richard Abott, "Navy And DoD Release Draft Solicitation For Overlord Unmanned Surface Vehicle Program," *Defense Daily*, September 25, 2017.

81) 유령함대라는 용어는 유사시 재취역을 위해 보관 중인 퇴역함정들을 가리키는 비공식 용어이다. 2015년에 발간된 P. W. Singer와 August Cole의 전쟁소설 제목으로도 사용되었다.

82) Martin Manaranche, "Ghost Fleet Overlord Test Vessels Continue To Accelerate U.S. Navy's USV Programs," *Naval News*, June 6, 2020.

83) Megan Eckstein, "Navy Planning Aggressive Unmanned Ship Prototyping, Acquisition Effort," *USNI News*, May 15, 2019.

84) Sam LaGrone, "Navy Wants 10-Ship Unmanned 'Ghost Fleet' to Supplement Manned Force," *USNI News*, March 13, 2019.

85) U.S. Congressional Research Service(CRS) R45757, *Navy Large Unmanned Surface and Undersea Vehicles: Background and Issues for Congress* (Washington, D.C.: U.S. CRS, December 17, 2019), pp. 8-9.

축함과 연안전투함(LCS) 등 유인함정과 중·대형무인수상함(MUSV, LUSV)들로 전대급 전력을 구성하고 작전을 수행하는 모습이다.[86)]

〈표 1-5〉 유령함대 구성 예상 전력[87)]

구분	형성	제원	무장(사거리)
줌왈트급 구축함 (DDG-1000) 지휘함		전장: 186미터 톤수: 15,995톤 최대속력: 30노트 승조원: 147명	SM-2(167km) RIM-162(55km) 토마호크(1,600km) 로켓형 대잠어뢰 6인치 함포 등
연안함(LCS) (부)지휘함		전장: 127.6미터 톤수: 3,104톤 최대속력: 45노트 승조원: 93명	RIM-116(9km) 헬파이어(8km) CIWS(1.5km) 3인치 함포 등
무인수상함 (LUSV)		전장: 60-90미터 톤수: 2,000톤 최대속력: 30노트	미 정
무인잠수정 (UUV)		전장: 15.5미터 톤수: 50톤 항속거리: 12,000km	미 정
시험용 USV (Sea Hunter)		전장: 40미터 톤수: 140톤	없 음

86) Megan Eckstein, "One Year In, SURFDEVRON Ready to Speed Up At-Sea Testing, Prototype Deliveries," *USNI News*, June 15, 2020.

87) 다수의 중대형급 무인함정들과 스텔스 형상의 줌왈트급 구축함 또는 인디펜던스급 연안전투함 1~2척이 지휘통제함 역할을 수행하며 전대급 전력을 구성할 것으로 예상한다.

무인수상함들은 연안에서 기뢰대항전과 대잠전을 수행하는 소형무인수상함(SUSV), 지휘통신(C4)과 전자전 임무를 수행할 중형무인수상함(MUSV), Mark 41 미사일 수직발사대를 갖추어 해상타격 임무를 수행할 대형무인수상함(LUSV) 등 3개 유형으로 분류되어 유인함정들과 함께 임무를 수행한다. 2019년 5월 22일 미 해군은 태평양함대 수상함사령부 예하의 Zumwalt전대를 수상개발전대(Surface Development Squadron)로 개칭하였다. 이 전대는 2025년까지 유령함대 구성을 목표로 Zumwalt 구축함(DDG- 1000), LCS, LUSV, MUSV로 구성된 전대의 작전운용개념, 전력화 요구사항, 군수지원사항 식별을 위한 연구와 실험을 진행하고 있다.[88]

미 해군은 무인수상함정과는 별개로 잠수함과 함께 운용 가능한 무인잠수정 개발도 진행 중이다. 2018년 NAVSEA는 보잉사와 협력하여 34피트 길이의 무인잠수정(UUV) 개발에 성공하였다. 2019년 2월 13일 NAVSEA는 보잉사와 길이 51-85피트, 톤수 50톤 내외, 수중속도 3-5노트, 단일 연료전지로 6,500마일 수중작전 거리, 약 3개월간의 수중작전 지속성을 갖는 대형 무인잠수정(XLUUV) Echo Voyager 건조를 약 4천 3백만 달러에 계약하였다.[89] 미국은 Columbia급 SSBN을 모함으로 운용하고 Echo Voyager XLUUV를 자함으로 운용하는 유·무인잠수함 운용개념을 정립 중인 것으로 알려졌다.

향후 유령함대 건설의 성공 여부는 예산확보와 민간 방산업체의 기술개발에 의해 결정될 것이다. 예산을 쥐고 있는 미 의회는 대형무인수상함(LUSV)의 기술적 실현 가능성과 실전에서의 효과에 대해 회의적인 시각을 보이고 있다.[90] 따라서 사업 지속을 위해서는 기술개발을 진척시키고 각종 실험을 통해 효과를 꾸준히 입증해야 한다. 2019년 12월 미 해군전력사령관(CFFC: Commander, Fleet Forces Command)은 의회를 이해시킬 만한 수준으로 가용 기술에 근거한 무인함정들의 작전 운용개념 개

88) SURFDEVRON ONE, "Navy Leadership Accelerates Lethality with Newly Designated Surface Development Squadron. Commander," *Naval Surface Force, U.S. Pacific Fleet*. May 23, 2019 and https://www.public.navy.mil/surfor/surfdevron/Pages/Navy-Leadership-Accelerates-Lethality-with-Newly-Designated-Surface-Development-Squadron.aspx (검색일: 2020.11.12).

89) U.S. Congressional Research Service(CRS) R45757, *Navy Large Unmanned Surface and Undersea Vehicles: Background and Issues for Congress* (Washington, D.C.: US CRS, November 10, 2020), pp. 15-17.

90) David B. Larter, "5 things you should know about the US Navy's plans for autonomous missile boats," *Defense News*, January 13, 2020.

발을 지시하였다.[91] 2020년 9월에 미 해군은 2024년 말까지 LUSV 운용을 목표로 Lockheed Martin 등 6개 업체와 기술개발 및 실험연구 계약을 체결하였다.[92] 또한, 2021회계연도 예산에 5.79억달러의 연구개발 및 획득 예산을 의회에 요청하였다.[93] 그러나 예산심의에서 하원군사소위원회는 LUSV 조달 예산의 전제조건으로 기술적 신뢰성에 대한 해군성 장관의 보증을 요구했다.[94] 유령함대에 대한 미 의회의 믿음은 아직까지 충분하지 않은 것으로 평가된다.

유령함대는 기존 해군전력구조가 지닌 문제들 - 가파르게 상승하는 함정건조 및 운영유지비, 제한된 무장수용 및 투사능력, 과다한 작전소요, A2/AD 환경에서의 생존성 등 - 을 해결하고 '분산된 해양작전'(DMO) 개념을 구현할 수 있는 대안이다. 미국·중국 등 강대국들은 대규모 클라우드(Cloud)를 구축하고 있으며 인공위성을 이용한 6G를 시도하고 있다.[95] 이러한 기반이 존재하기에 첨단 정보통신 기술들을 활용하여 유·무인함정들을 네트워크로 연결하는 유령함대가 가능하다. 이는 미래의 함정들이 고가의 첨단 전투체계와 소프트웨어를 탑재하지 않으면서도 우수한 전투능력을 구사할 수 있음을 의미한다. 대규모 선체와 고출력 엔진, 분야별로 특화된 승조원 등도 필요로 하지 않는 무인함정의 출현 가능성을 높여준다. 유령함대 구상이 실현될 경우 해전의 양상뿐만 아니라 해군의 전통적인 인적구조, 제도, 관습과 문화도 크게 변화하리라 예상한다.

그러나 무인함정의 발전 가능성에도 불구하고 무인함정에 대한 세 가지 우려 사항이 제기되고 있다. 첫째, 사이버·전자전 공격에 대한 취약성이다. 무인함정에 대한 지휘통제 능력이 보장되어야 무인함정의 존재가치가 유지된다.[96] 2011년 이란의 군

91) David B. Larter, "Fleet commander directs US Navy's surface force to develop concepts for unmanned ships," *Defense News,* January 2, 2020 and Nathan Strout, "Congress skeptical of Navy's unmanned vessels plans," *C4ISRNET*, July 15, 2020.

92) "US Navy contracts six for large unmanned surface vessel studies," *Defense Briefing,* September 6, 2020.

93) R45757(November 10, 2020), p. 18.

94) Michael T, Klare, "The Pentagon's AI 'ghost fleet' is more than just scary-it's unwise," *RESPONSIBLE STATECRAFT*, October 12, 2020.

95) 이현경, "中, '세계 최초 6세대(6G) 인공위성' 발사 성공," 『동아사이언스』, 2020년 11월 8일.

96) Mandy Mayfield, "Navy Bolstering Cyber Security for Unmanned Vessels," *National Defense,* August 12, 2020.

사활동을 공중정찰 중이던 미국의 무인항공기 RQ-170 Sentinel가 이란에 해킹당하여 공중 납치된 사건이 발생했다.[97] 이같은 사이버 공격이 무인함정을 대상으로 재연될 수 있다. 네트워크를 교란하는 전자파 공격은 유령함대의 작전을 마비시킬 수 있다. 미 해군은 무인함정 개발 속도에 맞추어 사이버·전자파 공격으로부터 지휘통제 능력을 유지하기 위한 방호체계 구축 노력도 병행하고 있다. 둘째, 무인함정에서 시스템 오류, 엔진 고장, 외부충격 등의 상황 발생 시 원격통제에 의한 복원에는 한계가 있다. 승조원이 승선하고 있었더라면 즉각적인 조치가 가능한 가벼운 상황임에도 불구하고, 무인함정의 임무 수행을 포기하거나 적에게 나포될 가능성이 있다. 셋째, 무인함정은 유인함정의 평시 및 위기 시 수행하는 임무들을 대신할 수 없다. 해양감시, 선박호송, 불법 선박 검문검색 및 나포, 해적퇴치, 탐색 및 구조 등 해양안보 작전과 저(低)강도 분쟁에 해당하는 활동들에서는 사람에 의한 현장 상황 판단과 섬세한 조치가 필요하다. 이러한 문제점들을 극복하기 위해 미 해군은 LUSV에 최적유인화(optionally manned)로 표현되는 수준으로 승조원을 탑승시켜 운영하는 방안이 제기되었으며, 미 해군도 이를 강구하고 있다.[98] 특히, 민간 싱크탱크인 CSBA (Center for Strategic and Budgetary Center)는 미래 해군전력에 대한 효과와 비용분석을 통해 LUSV를 포기하고, DDG와 최적유인화(Optionally manned)개념을 적용한 콜벳(Corvette) 수준의 전투함, MSUV로 구성되는 함대 건설을 강력히 주장하고 있다.[99] 무인함정·항공기·차량들은 완전한 무인화보다는 장비의 특성과 목적, 적과의 상호작용 환경에 부합하도록 최적 유인화, 최소 유인화(Minimally Manned), 무인화(Unmanned)로 구분되어 발전할 것이다. 미 해군은 평시와 위기 시 전시에 발생하는 다양한 상황과 임무, 불확실성에 대처 가능하도록 무인함정의 유인화 수준을 결정하고, 적응성(Adaptability)과 적시성(Timeliness)을 보장하며 이를 위한 작전운영개념과

---

97) Payam Faramarzi, "Exclusive: Iran hijacked US drone, says Iranian engineer," *CMS Monitor*, December 15, 2011.

98) David B. Larter, "US Navy Looks to Ease into Using Unmanned Robot Ships with a Manned Crew," *Defense News*, January 29, 2019 and James Goldrick, "Optionally-Manned Systems and the Future Naval Force," *The Maritime Executive*, February 26, 2020.

99) Bryan Clark, Timothy A. Walton, *Taking back the seas: transforming the U.S. surface fleet for decision-centric warfare,* Center for Strategic and Budgetary Center (Washington D.C.: CSBA, December 31, 2019).

군수지원 체계 구축을 위해 노력하고 있다.

4. 미 해병대의 원정전진기지작전(EABO)과 『Force Design 2030』

미 해병대는 해군과 긴밀한 협의 과정을 거쳐 2020년 3월 22일에 향후 10년간 해병대 개혁방안을 담은 『Force Design 2030』을 발표하였다.[100] 핵심은 인도·태평양 내 각 도서에서 언제든지 동시적으로 소규모 해병원정 작전을 수행할 수 있도록 기존의 사단급 주둔군 개념을 연대급의 신속대응군으로 전환하는 것이다. 이는 해군과 해병대가 중국 등으로부터 A2/AD의 위협에 대응하기 위해 2017년에 개발한 '경쟁적 환경 하 연안작전(LOCE: Littoral Operations in Contested Environment)' 개념을 충족시키고, LOCE를 해병대 차원에서 실행하기 위해 개발한 원정전진기지작전(EABO) 개념을 실현하기 위한 것이다. LOCE의 목적은 해군·해병대가 기동부대를 구성하여 합동해양구성군사령관(JFMCC: Joint Force Maritime Component Command)에게 증강된 전력과 전장 인식 및 무장능력을 제공하는 것으로서 해병대가 보유한 ISR, 대공 및 연안방어능력으로 수상전과 대공전 지휘관들의 작전을 지원한다.[101] 이를 위해 해군·해병대의 전장 인식 및 화력체계 통합, JFMCC에 해병 참모단 배치, 연안전투단(LCG)이 필요하다.[102]

DMO와 LOCE는 전방에서의 지속적인 주둔을 요구하는 작전개념이다. EABO는 합동 ISR 수행, 화력 지원, 항공차단, 미사일 방어, 해상교통로 및 병목 지역 통제, 연료나 장비 재보급 등을 위한 전방 기지를 확보하고 DMO와 LOCE 수행을 지원하는 해병대 작전이다.[103] EABO는 LOCE 채택 후 개발되었으며 그 세부내용은 비밀로 분류되어 있다. EABO 채택은 해병대가 고전적인 사단 또는 군단급 대규모 상륙작전에 특화되지 않고 연대급 해병연안부대에 의한 신속한 소규모 원정작전으로 전

100) The Department of Navy·The U.S. Marine Corp, *Force Design 2030*, March 20, 2020.

101) The Department of Navy, The U.S. Marine Corp, *Littoral Operations in Contested Environment* (2017), pp. 9-10.

102) *Ibid.*, pp. 11-12.

103) The U.S. Marine Corp, *Expeditionary Advanced Base Operations (EABO) Handbook Considerations for Force Development and Employment* (June 1, 2018), pp. 25-28.

환함을 의미한다.[104) 『Force Design 2030』은 EABO 수행에 부합하도록 부대구조와 전력 변환의 개혁방안을 담고 있다. 현재 18만 9천 명의 병력을 2030년까지 17만 명으로 감축하고 48-72시간 단위로 동중국해와 남중국해에서의 도서탈환 및 방어작전에 투입될 수 있는 50-100명의 규모 부대들로 구성된 도서 순환 해병연안연대(MLR: Marine Littoral Regiment)를 창설·운용할 예정이다. MLR은 지휘부, 연안 전투팀, 연안군수대대, 연안방공대대 등으로 구성되며 원정전진기지(EAO)를 탈취 또는 확보하고 DMO와 LOCE를 위한 해상거부 및 통제 작전을 수행한다. 해병대는 <표 1-6>에서 보는 바와 같은 EABO를 수행하고 해상거부 및 통제를 할 수 있도록 부대구조와 전력을 변환할 예정이다.

〈표 1-6〉 미 해병대 감축 및 신규/증편 내용

구 분	내 용		
감축	병력	항공기	기타
	• 병력 12,000-18,000명 감축 • 보병연대 본부(8→7) • 보병대대(24→21) • 예비군 보병대대(8→6) • 포병중대(20→5)	• 전투기대대(18→10) • 수직이착륙대대(17→14) • 중헬기대대(8→5) • 경공격헬기대대(7→5) • 중형수송헬기대대(8→5)	• 상륙장갑중대 AAV(6→4) • 해체 -전차중대(13) -군사경찰대대(3) -도하중대(3) -전투군수연대(3)
신규/증편	신규전력 도입	창설 및 증편	
	• 경강습 상륙 및 지원함 • 레이저 무기	• 연안대대(0→3) • C-130비행중대(3→4) • 방공중대(6→8) • 경장갑수색중대(9→12) • 미사일/MLRS중대 (7→21) • 상륙장갑중대ACV(0→2) • 무인기대대(4): 3개 대대 장비보강(기존 편성대비 200%)	

출처: *Ibid.*, pp. 7-10.

미 해병대는 2006년 체결된 미국과 일본 간 협정에 따라 오키나와에 주둔하고 있는 제3원정군(MEF) 중 약 9천여 명의 병력을 재배치하고 있다.[105) 2025년까지 괌

104) The Department of Navy; The U.S. Marine Corp (2020), pp. 3-4.
105) Secretary of State Rice, Secretary of Defense Rumsfeld, Minister of Foreign Affairs Aso, Minister of State for Defense Nukaga, *United States-Japan Security Consultative Committee Document: United States-Japan Roadmap for Realignment Implementation* (May 1, 2006), Ministry of Foreign Affairs of Japan.

으로 6,600명이 배치되며, 하와이로 2031년까지 2,700명이 배치될 예정이다. 호주(다윈)로 1,300명의 배치가 2019년에 종료되었고 미 본토로 1,000명의 병력을 추후 재배치할 예정이다. 이러한 재배치는 부대순환 형식으로 진행되고 있다. 이는 특정 지역에 밀집된 부대들이 중국·러시아·북한 등 가상적국들의 항공기·미사일 공격에 취약하므로 단행된 조치이다. 인도·태평양 지역의 위협에 대한 미국의 인식은 주한미군의 주둔방식에 대해서도 가까운 미래에 영향을 미칠 것으로 예상된다. 마크 밀리(Mark A. Milley) 합참의장은 12월 3일 한국과 걸프 지역에서 순환적이고 일시적인 미군 주둔을 선호한다고 주장하였다.[106)]

미 해병대의 개혁은 인도·태평양 지역의 안보환경 변화에 적응하고 나날이 강화되고 있는 가상적국들의 A2/AD 위협에 대응하는 조치이다. 미 해병대는 대규모 상륙작전과 지상작전을 수행하는 전력에서 탈피하여 소규모 분산된 작전으로 해군작전에 기여하는 전력을 지향하고 있다. 이러한 변화는 한반도 전구의 작전 요구사항과 한·미 연합작전 준비태세에 적지 않은 영향을 미치게 될 것이다. 인도·태평양의 안보환경이 요구하는 능력과 한반도 전구가 요구하는 능력 간의 마찰을 최소화하고 조화를 모색하는 정책들이 뒤따를 것으로 예상된다.

5. 기타 전력개발 및 배치

2020년 1월 26일에 미 해군은 최신예 고고도 무인정찰기 MQ-4C Triton 4대를 괌 앤더슨 공군기지에 배치하였다. 미 7함대 예하 72대잠항공전단(CTF-72)에 배속시켜 3개월간 '조기작전운용(early operational capability)' 능력 검증을 마친 후 P-3C, EP-3 및 P-8A 포세이돈과 함께 해양감시 작전에 투입되었다. 미 해군이 MQ-4C Triton 무인정찰기를 지역 함대에 배치한 것은 처음이다. 이는 동아시아 해역에서 감시정찰 소요가 급증함에 따라 해당 능력을 보강하고 유인 정찰자산들의 피로도를 경감시키려는 조치로 알려졌다.[107)]

106) 장재은, "미 합참의장, 한국 등 미군 영구주둔 재검토 필요성 주장," 『연합뉴스』, 2020년 12월 4일.

107) Ben Werner, "Navy's First MQ-4C Triton Unmanned Aircraft Deploy To Guam," *USNI News,* January 12, 2020 and Gidget Fuentes, "Navy MQ-4 Triton Flying Operational Missions From Guam," *USNI News,* May 12, 2020.

〈표 1-7〉 MQ-4C 및 P-8A 제원[108]

구 분	MQ-4C TRITON	P-8A POSEIDON
형 상		
최대 이륙중량	14.6톤	85.8톤
길이×날개폭	14.5m×39.9m	39.47m×37.64m
최고속력 / 항속거리	357노트 / 15,200 km	490노트 / 8,300 km
임무고도 / 체공시간	17,000m / 30시간	100-12,496m / 10시간+
무장	없음	대잠어뢰, 대함 미사일
승조원	없음(무인기)	9명

출처: https://en.wikipedia.org/wiki/Northrop_Gruman_MQ-4C_Triton(검색일: 2020.11.13).

2020년 3월 19일, 미 국방성은 보도자료(press release)를 통해 "미 육군과 해군이 공동으로 사용할 수 있는 '공동 극초음속 활공체(C-HGB)'시험 비행에 성공하였다."라고 발표하였다.[109] 마크 에스퍼 국방장관은 『Battle Force 2045』에서 극초음속 순항미사일을 2023년까지 실전배치한다고 밝혔다. 미 해군은 C-HGB를 Ohio급 SSGN, Virginia급 SSN, Arleigh Burke급 구축함, Zumwalt급 구축함 등에 탑재할 예정이다.[110]

108) https://en.wikipedia.org/wiki/Northrop_Gruman_MQ-4C_Triton: P_8A_Poseidon(검색일: 2020.11.13).

109) The U.S. Department of Defense, *Department of Defense Tests Hypersonic Glide Body* (March 20, 2020).

110) Megan Eckstein, "Navy Confirms Global Strike Hypersonic Weapon Will First Deploy on Virginia Attack Subs," *Defense News*, March 21, 2020.

제4절 2020년 해군력 운용과 해양안보

2020년은 동아시아에서 미·중 경쟁이 높은 수준의 군사적 견제와 대응 활동으로 나타난 해이다. 연초인 1월 3일에 중동에서 이란의 혁명수비대 지휘관인 카셈 솔레이마니(Qasem Soleimani)가 미국의 드론 공격으로 암살되었고 이란은 1월 8일 이라크 주둔 미군기지에 대한 탄도미사일 공격을 가하여 순탄치 않은 한 해가 될 것임을 예고했다. 동아시아에서는 미·중 1단계 무역 협상 타결에도 불구하고 홍콩 보안법 통과, 대만 총통 차이잉원 재선, 코로나-19 사태 발생, 남중국해 대륙붕 개발을 둘러싼 중국과 아세안 국가 간 갈등, 미국 보건복지부 장관과 경제담당차관의 대만방문, 중국·인도 국경분쟁, 미국의 對 대만 무기판매 승인 등으로 인해 긴장이 고조되었다. 미국은 갈등이 고조되는 안보환경에서 해군력을 적극적으로 운용하며 대외정책 시행을 뒷받침하였다.

1. 연합해상훈련 및 군사 외교

미 해군과 일본 해상자위대는 센카쿠열도와 오키나와 인근 해역에서 2020년 1월 12일부터 21일까지 'Iron First' 해상훈련을 실시했다.[111] 미 해군의 대형강습상륙함 America(LHA-6)함과 일본해상자위대의 대형상륙지원함 Kunisaki(LST-4003)함이 참가하여 승조원들을 교환하고, F-35B 수직이착륙에 대한 해상자위대 요원들의 항공통제 훈련을 집중적으로 실시하였다. 미국은 일본의 F-35B 운영 준비를 적극적으로 지원하고 있다. 또한, 센카쿠열도 등 남서제도에 대한 불법 기습적인 점거상황을 가정하여 오키나와에서 일본 수륙기동단과 미 해병대가 대규모로 도서탈환 상륙훈련을 실시했다. 양국은 매년 Iron First, ANNUALEX, Keen Sword 훈련을 지속하고 있다. 미·일 양국이 언론에 공개한 올해의 주요 연합훈련 내용은 다음과 같다. 2월에는 4척의 미국 이지스 구축함과 일본 구축함 Suzunami(DD-114) 및 Sawagiri

111) Gidget Fuentes, "Officials: U.S.-Japan Iron Fist Amphibious Exercise 'Extremely Important' as China's Navy Expands," *USNI News*, January 21, 2020.

(DD-157)이, 4월에는 7함대 소속 연안전투함 Gabrielle Giffords(LCS-10)이 해상자위대 Teruzuki(DD-116)함과 연합훈련을 실시했다. 6월에는 Ronald Reagan 항모타격단(CSG)이 해상자위대의 연습함 Kashima(TV-3508) 및 Shimayuki(DD-133)와 함께 해상훈련을 하고, 7월에는 미 해군의 1,400톤급 소해함 Pioneer(MCM-9) 등 2척과 일본 소해함 2척이 함께 대마도 인근에서 기뢰전 대항 훈련을 실시했다. 8월 17일에는 미국 구축함 Mustin(DDG-89)함과 일본 구축함 Suzutsuki(DD-117)함이 참가하여 탄도미사일 방어훈련을 하였고, 10월 12일에는 구축함 John S. McCain(DDG-56)함이 일본 Kaga(DDH-184) 및 Ikazuchi (DD-107), 호주의 Anzac급 프리깃함 Arunta (FFH-151)함과 함께 남중국해에서 올해 5번째의 미·일·호 3국 연합해군 훈련을 실시했다. 11월에는 미 해군과 일본 해상자위대 4만 5천 명의 병력이 참가하는 'Keen Sword' 연합훈련을 실시했다. 과거와 달리 양국은 주요 훈련을 적극적으로 언론에 공개함으로써 동맹의 결속을 과시하고 중국의 도발 가능성을 선제적으로 차단하였다.

미 3함대 Roosevelt(CVN-71)항모는 1월 중순 샌디에이고항을 출항하여 3월 5일에 베트남 다낭 항을 방문하였다. 2018년 3월 Carl Vinson(CVN-70)항모 이후 두 번째 방문이었다. 미국-베트남 국교 정상화 25주년 기념행사의 하나로 방문했으나 실제로는 남중국해에서 중국견제를 위한 양국 간 협력 증진이 목적인 것으로 평가된다. 5월 25일에는 미 해군 연안전투함 Giffords(LCS-10)함이 남중국해에서 싱가포르 해군 소속 Formidable급 스텔스 호위함 Steadfast(FFS-70)함과 연합훈련을 실시하였다. 미 7함대사령부는 훈련목적을 양국의 동맹 강화와 '자유롭고 열린 인도·태평양' 유지라고 밝혔다.

올해는 미 해군이 주관하는 환태평양훈련인 림팩(RIMPAC)훈련이 열리는 짝수해지만 코로나-19로 참가 규모와 훈련 기간이 대폭축소되었다. 중국은 2014년에 최초로 참가하였으나, 2018년에는 남중국해 문제로 미국이 초청을 취소하였고 올해도 불참했다. 훈련은 8월 17일부터 하와이 인근에서 열렸으며 한국·호주·일본 등 10개국 이 참가하여 약 2주간 진행되었다. 미국은 림팩훈련 종료 후 중국과 인접한 마리아나(Mariana) 해역에서 9월 14일부터 '용맹한 방패'(Valiant Shield) 훈련을 실시했다. 이 훈련은 2006년부터 시작된 격년제 훈련으로 미국의 육·해·공 주요 전력들이 대규모로 참가하여 약 10일간 실시하고 있다. 림팩이 해상교통로보호와 해양안보 위주로 실시되는 다국적 연합훈련인데 비해, 이 훈련은 구체적인 전쟁시나리오에 기반하여 실시하는 미국의 단독 훈련이다.[112)]

미국과 일본, 호주, 인도 등 '4자 안보 대화(Quadrilateral Security Dialogue)' 회원국들은 11월 3일부터 연례훈련인 Malabar 2020 연합해군훈련을 시작하였다.[113)] 훈련은 1부와 2부로 나뉘어 각각 벵골만과 아라비아해에서 대잠전(ASW), 대공전(AAW), 대수상전(ASuW) 등 전투훈련을 포함하여 11월 20일까지 실시하였다. 2008년 호주가 훈련에 불참한 이후 13년 만에 다시 4개국이 규합하여 훈련했다.

2. 항행의 자유 작전(FONOP) 등 對중국 견제 활동

중국은 1953년에 남해 9단선(Nine-dash-line)을 대외에 공표하였고, 2014년부터 남중국해에서 인공섬 건설을 본격화하였다. 미국은 중국의 해양관할권 주장을 무력화하기 위해 2015년 10월 27일 Lassen(DDG-82)함이 인공섬 인근에서 최초로 항행의 자유작전(FONOP)을 시작하였다. 2016년 7월 12일, 국제상설중재재판소(PCA)는 중국의 남중국해 영유권 주장에 근거가 없다고 판결했으나, 중국은 필리핀의 일방적 제소에 의한 판결이므로 무효라고 주장하며 인공섬의 군사기지화를 멈추지 않고 있다. 미국은 영유권의 기정사실화를 차단하기 위한 견제 활동을 지속하고 있다.

2020년은 2019년에 이어 동아시아에서 미국의 대중국 견제 활동이 강도 높게 진행된 한 해였다. 올해는 홍콩사태, 코로나-19위기, 대만해협 긴장 고조 등 정치적 사건들로 인해 미·중 간 군사활동과 대치의 강도가 과거 어느 해보다도 높았다.. 미국은 FONOP 실시와 함께 항모타격단(CSG)들과 원정타격단(ESG)이 참가하는 대규모 해상훈련만 세 차례 실시하였고, 역내 우방국들과 양자 및 다자훈련도 다수 실시하였다. 중국은 항모와 폭격기를 동원한 시위와 훈련으로 대응하였고 7월부터 9월까지

112) Valiant 훈련시작 전에 9월 11일부터 13일까지 괌 인근에서 한국·호주·일본 해군 등과 함께 비전통적 위협에 대응한 뱅가드 훈련을 괌 인근에서 실시하였다. U.S. Office of Naval Intelligence(ONI), *U.S., Allied Forces Conduct Exercise Pacific Vanguard 11 September 2020* (Washington D.C.: ONI, September 12, 2020).

113) 인도는 중국의 해군력이 인도양으로 팽창되자, 해양안보를 위해 1992년부터 Malabar 훈련을 미 해군과 함께 하였다. 2007년에 호주가 참가하였고 2015년에 일본 해자대가 동참하였다. https://en.wikipedia.org/wiki/Malabar(검색일: 2020.11.15).

황해, 발해만, 동중국해, 대만해협, 남중국해 등에서 육·해·공군의 합동훈련을 연이어 실시하였다. 특히, 9월 말에는 이들 해역에서 거의 동시적으로 해상훈련을 실시함으로써 긴장이 고조되기도 했다.

미국은 남중국해에서 FONOP을 2015년 2회, 2016년 3회, 2017년 6회, 2018년 5회, 2019년 9회 실시했다.[114] 올해 1월 28일 미 해군 Montgomery(LCS-8) 연안전투함이 남사군도 피어리크로스(Fiery Cross)에서 처음으로 FONOP을 실시하였고, 3월 10일 McCampbell(DDG-85)함이 서사군도 우디(Woody) 근해에서, 4월 28일 Barry (DDG-52)함이 남중국해 서사군도 우디 근해에서, 4월 29일 Bunker Hill(CG-52)함이 남사군도 가번(Gaven) 근해에서 거의 동시적으로 FONOP을 실시하였다. 5월 28일 Mustin(DDG-89)함이 서사군도 우디와 프라밋(Pyramind Rock) 근해에서, 7월 14일 Johnson(DDG-114)함이 남사군도 피어리크로스(Fiery Cross) 근해에서, 8월 28일 Mustin(DDG-89)함이 남사군도 미시치프(Mischief) 근해에서 FONOP을 실시하는 등 11월 말까지 남중국해에서 총 7차례의 FONOP를 실시하였다. 이와 별개로 1월 11일 대만총통 선거 종료 후 1월 16일 순양함 Shiloh(CG-67)함이 올해 처음으로 대만해협을 항해하였으며, 10월 14일 구축함 Barry(DDG-52)함이 올해 10번째로 대만해협을 통과하여 대만에 대한 중국의 도발을 견제하였다. 또한, 2020년에는 7함대 핵항모 Reagan(CVN-76)함에 더하여 3함대 소속 Nimitz(CVN-68)항모 및 Roosevelt (CVN- 71)항모가 번갈아 동아시아에 전개하여 Reagan(CVN-76)항모와 함께 중국의 군사활동에 대한 견제 임무를 수행하였다.[115] 6월에는 2017년 이후 처음으로 3개 항모타격전단이 남중국해에 동시에 전개된 상황이 연출되었다.

2월 17일 필리핀 근해에서 중국해군 052D형 구축함이 미 해군 P-8 초계기의 조종사에 대해 레이저 빔을 투사하는 사건이 발생했다. 미 해군은 이 사건에 대해 중국에 강력히 항의하였다. 미 3함대 Roosevelt(CVN-71)항모가 1월 17일 모항인 샌디에이고를 출항하여 일본 요코스카의 7함대 Reagan(CVN-76)항모와 함께 동아시아 해역에서 해군작전을 수행하였다. 미 해군은 제3함대와 제7함대 간 작전책임구역 구

114) https://en.wikipedia.org/wiki/Freedom_of_navigation(검색일: 2020.11.20).

115) 항모를 두 척 이상 배치하는 형태의 작전은 중동에서도 목격되고 있다. 2020년 초 이란과 위기가 고조됨에 따라 3월부터 항공모함 드와이트 D. 아이젠아워(CVN-69)와 해리 S. 트루먼(CVN-75)항모전단을 배치했다. 과거 1개 항모전단만 순환배치했던 것과 대조적이다. 이로 인해 승조원의 피로도 증가와 장비 성능 저하가 우려되고 있다.

분 없이 3함대 항모를 7함대 작전구역에 전개시켜서 인도·태평양 전략 실행 의지를 과시하고 있다. 3월에 Roosevelt(CVN-71)항모의 제9항모타격단(CSG)과 강습상륙함 America(LHA-6)함의 제7원정타격단(ESG)이 B-52 및 공중급유기와 함께 남중국해에서 대규모 해상기동훈련을 했다. 특히, 3월 16일 필리핀 동쪽 해상에서 7함대 소속 Barry(DDG-52)함과 Shiloh(CG-67)함이 SM-2 대공방어 미사일의 실제 발사훈련을 실시하였고 3월 25일에는 McCampbell(DDG-85)함이 대만해협을 지나는 항행의 자유 작전을 실시하였다.

2020년 4월부터 남중국해에는 2019년 12월 12일 중국이 유엔대륙붕한계위원회(UNCLCS)에 제출한 대륙붕 영유권 주장에 대해 베트남 등 관련국들의 대응이 본격화되었고 석유시추를 둘러싼 갈등이 발생하였다. 베트남은 2020년 4월 10일, 필리핀은 2020년 5월 6일, 인도네시아는 2020년 5월 26일, 그리고 미국은 2020년 6월 1일에 중국의 대륙붕 주장을 반박하는 자료들을 유엔 대륙붕한계위원회(UNCLCS)에 제출하였다. 중국은 4월 10-23일까지 Liaoning 항모전단을 대만과 남중국해 인근해역에 투입하여 해상훈련을 실시했다. 베트남은 6-7월에 서사군도에서 미국·프랑스·러시아·인도 회사들이 참여하는 석유개발 시추를 강행하였고, 중국은 강력히 항의하여 긴장이 고조되었다. 미 해군 항모타격단은 6월과 7월에 Reagan(CVN-76), Nimitz(CVN-68), Roosevelt(CVN-71)들이 필리핀 근해와 남중국해에서 번갈아 가며 3차례의 '쌍(雙)항모 타격단 훈련(Dual Carrier Operation)'을 실시하였다. 이는 2016년 이후 처음 실시한 복수 항공모함에 의한 타격 훈련이었다. 훈련이 진행되던 7월 13일에 폼페이오 미 국무장관은 공식성명을 통해 중국의 남중국해 해양영유권 주장이 무효이자 불법이며, 미국은 2016년 국제중재재판소(PCA) 판결을 존중하며 향후 중국이 유엔해양법협약(UNCLOS)을 이용하여 동맹국과 아세안 연안국을 괴롭히는 것을 묵과하지 않겠다고 선언하였다. 미국의 강경한 대중국 입장은 10월 6일 도쿄에서 열린 제2차 Quad 외무장관회의에서도 동일하게 표출되었다. 10월에는 Nimitz(CVN-68)항모가 올해 세 번째로 남중국해와 인도양에 전개하여 해상훈련을 실시하였다.

중국은 대규모 해상훈련을 수시로 실시하며 미 해군의 해상훈련과 전력전개에 대응하였다. 3월에 대만해협과 남중국 해역에서 다수 함정과 항공기들이 참가하는 대잠전과 대수상함전 훈련을 실시하였다. 4월 11일에는 Liaoning항모와 구축함과 프리깃 5척으로 구성된 항모전단이 오키나와와 미야코지마 사이의 해협을 왕복으로 통과하며 무력시위를 하고, 5월 초까지 동중국 및 남중국 해역에 머물며 해상훈련을 했다. 중국해군은 7월 초부터 남중국해 일대에서 실제 사격을 포함하는 강도 높은 해상훈련을 8월 말까지 여러 차례 반복하였다. 특히, 8월 23일부터 사흘간 칭다오 인근 서해 해상과 남중국해에서 거의 동시다발로 실사격을 포함한 대규모 해상훈련을 실시하였으며 9월 하순에도 동시다발 훈련을 실시했다.[116] 중국은 2014년과 2018년에도 황해-동중국해-남중국해에서의 동시다발 훈련을 한 바 있다. 8월 9일에는 1979년 미·중 수교 이후 41년 만에 미국 보건복지부 장관의 대만 방문이 이루어지고, 9월 17일 미국 경제담당차관의 대만 방문이 예고되면서 대만에 대한 무력도발 우려가 고조되었다. 중국은 8월 27일 창하이성과 저장성에서 항공모함 킬러로 알려진 DF-21D(사거리 1,800km)와 DF-26B(사거리 4,000km) 대함탄도미사일 각 2발씩을 남중국해로 발사하였고, 잠수함발사 탄도미사일인 JL-2A(사거리 11,000km)도 발사하여 긴장을 고조시켰다. 미국은 U-2와 RC-135를 사전에 전개시켜 각종 신호정보(SIGINT)를 수집한 것으로 알려졌다. 특히 미국 RC-135S 정찰기가 황해에서 필리핀 민간여객기 코드로 위장하여 중국을 정찰했던 것이 보도되어 필리핀 정부가 미국의 해명을 요구하기도 했다.[117]

중국의 미사일 발사 다음 날인 8월 28일에는 Mustin(DDG-89)함이 파라셀(Paracel)군도 미스치프(Mischief)에서 FONOP을 실시했다. 9월 2일에는 미 본토에서 남태평양 방향으로 대륙간탄도미사일인 미니트맨-III를 발사했다. 9월 17일 미 경제담당차관이 대만을 공식방문하자 중국은 18일과 19일 이틀간 폭격기와 전투기 등 총 37대를 동원하여 대만해협 중간선을 넘어 위협 비행을 했다. 대만은 F-16과 미라주 전투기들을 긴급발진시켜 대응하였다. 9월 초에는 중국해군의 두 번째 항모인 Shandong함이 해상시운전 및 훈련을 3주간 실시하였고, 1번 함인 Liaoning함이 8

---

116) 차대운, "황해서 남중국해까지… 美겨냥 군사훈련 강화하는 중국,"『연합뉴스』, 2020년 8월 23일 및 Song Zhongping, "Chinese academic: Why the PLA conducts simultaneous exercises across different territorial waters," *Think China*, September 2, 2020; 유상철, "中, 4개 바다서 동시다발 실탄훈련… 대만 겨냥 군사투쟁 준비,"『중앙일보』, 2020년 8월 25일; Song Zhongping, "Chinese academic: Why the PLA conducts simultaneous exercises across different territorial waters," *Think China*, September 2, 2020 and Reuters, "China Holds Simultaneous Military Drills in Four Seas, Again," *USNI News*, September 23, 2020.

117) Liu Zhen, "US-China tensions: USAF spy plane disguises itself as a Philippine aircraft over Yellow Sea, monitor says," *SCMP*, September 24, 2020.

월부터 실시한 남중국해 훈련을 종료하고 9월 말에 칭다오(Qingdao) 기지로 복귀하였다. 10월 15일에는 대만독립 움직임을 겨냥한 『인민일보』 논평에서 중국외교 용어 중 가장 수위가 높은 용어로 알려진 "사전에 일러주지 않았다고 말하지 말라(勿謂言之不豫也)."라는 표현이 등장하는 등 동아시아의 긴장은 지속되고 있다.[118]

3. 기타 사항

미 해군은 동아시아에서 임무 수행 중이던 항모 Roosevelt(CVN-71)함에서 3월 22일에 첫 코로나-19 확진자가 발생하였다. 항모는 작전 임무를 중단하고 3월 27일 괌에 입항하여 확진자들을 격리시켰다. 약 5,000명의 승조원 중 최초에는 230명이 확진을 받았으나 이후 총 1,156명으로 늘어났고 1,999명의 장병이 하함하여 격리되었다. 4월 3일에 처음으로 사망자가 발생하였고, 확진자들은 4월 29일까지 코로나-19 치료를 받았다.[119] 최초 확진자 발생 이후 방역 조치와 격리를 시행하는 과정에서 함장인 크로지어(Captain Brett Crozier) 대령은 직속 상관인 베이커(Stuart P. Baker) 소장을 포함하여 지휘계통상의 제독들 3명에게 모든 승조원의 조속한 하함 조치와 격리를 요청하는 서한을 발송하였다. 3월 31일 이 서한이 언론에 공개되었고, 4월 2일 모들리(Thomas Modly) 해군성장관 대행은 정보 유출과 지휘 판단 잘못을 이유로 크로지어 함장을 해임하였다. 그러나 함장의 조치가 승조원의 생명을 구하기 위한 용기가 있는 행동으로 평가되면서 해군 지휘부에 대한 여론의 비난이 쇄도했다. 4월 7일 모들리 해군장관 대행은 유출사건에 대한 조사가 미비한 상태에서 크로지어 함장을 원색적으로 비난했던 책임을 지고 사임하였다. 마크 에스퍼(Mark Esper) 국방장관은 모들리의 후임으로 미 육군성 부장관인 제임스 맥퍼슨(James McPherson)을 임명하였다.[120] 6월 19일 길데이(Mike Gilday) 해군참모총장이 발표한 조사결과에 의하면 크

---

118) 김진방, "인민일보, 대만 향해 최고 수위 경고…'전쟁 경고 수준'", 『연합뉴스』, 2020년 10월 15일.

119) "코로나-19 pandemic on USS Theodore Rooseveit," https://en.wikipedia.org/wiki/Covid-19_pandemic_on_USS_Theodore_Roosevelt(검색일: 2020.11.25).

120) Sam LaGrone and Ben Werner, "UPDATED: Modly Resigns Amidst Carrier Roosevelt Controversy; Army Undersecretary to Serve as Acting SECNAV," *USNI News,* April 7, 2020.

로지어 함장은 애초 알려진 바와 달리 코로나-19에 대한 예방조치 미비, 확진자 발생 후 조치 미준수, 상황인지 미숙 및 판단 오류, 책임 전가 행위 등 여러 잘못을 저지른 것으로 드러났다.[121]

7월 12일 샌디에이고에서 수리 중이던 Wasp급 강습상륙함 Bonhomme Richard(LHD-6)함에서 대규모 화재가 발생하였다. 화재는 4일간 지속 후 진압되었으며 63명의 승조원과 수리요원들이 부상당했다. 미 해군은 12월 현재까지 화재 원인을 계속 조사 중이며, 선체 복원에 소요되는 과다한 기간(5~7년)과 막대한 자금(25억~32억 달러)으로 인해 11월 30일 함의 조기퇴역을 공식 발표하였다.[122] Bonhomme Richard함은 제3원정타격단(ESG) 소속 함정으로 인도·태평양에서 대(對)중국 견제를 위한 중요전력 중 하나였다. 금번 사고는 제2차 세계대전 이후 경항모급 함정이 정박 중 화재 사고로 인해 손실된 최초의 사례로 기록되었다. 2020년에 발생한 Roosevelt와 Richard함의 사례는 비전통적 위협으로 인해 함대의 핵심세력들이 작전에서 이탈하고 심지어 퇴역조치까지 당할 수 있음을 보여주었다. 또한, 고가(高價)의 소수 함정이 단 한번의 지휘 실수 또는 부주의로 인해 돌이킬 수 없는 막대한 피해를 입을 수 있음을 보여 주었다. 이는 향후 한국해군의 전력건설 방향과 내용에도 적지 않은 교훈으로 작용하리라 예상한다.

제5절 결 론: 2021년 전망 및 한국의 대응 방향/전략

1. 2021년 전망

1) 바이든 행정부의 등장과 미국 리더십의 복원

제46대 미국 대통령을 선출하는 대선이 2020년 11월 4일에 실시되었다. 유권자 239,247,182명 가운데 158,381,554명이 참가한 이번 대선 투표율은 66.19%로

121) Sam LaGrone, "TR Investigation Fallout: Crozier Won't be Reinstated, Strike Group CO Promotion Delayed," *USNI News*, June 19, 2020.
122) Megan Eckstein, "UPDATED: Navy Will Scrap USS Bonhomme Richard," *USNI News*, Novemebr 30, 2020.

73.2%였던 1900년 이후 가장 높은 수치를 기록했다. 이것은 미국의 대내외 정책에 대한 미국 국민의 관심이 매우 높았음을 방증한다. 2020년 12월 16일 현재, 민주당의 바이든(Joe Biden) 후보는 유권자 투표와 선거인단 확보에서 각각 81,268,867표(51.3%)와 306표를 획득함으로써 74,216,747표(46.8%)와 232표를 획득한 공화당의 트럼프 대통령을 제치고 제46대 대통령으로 당선되었다. 하지만, 코로나-19 대응 실패 및 조지 플로이드(George Floyd) 사건으로 촉발된 인종차별 문제 등에도 불구하고, 트럼프 대통령은 2016년 대선 때보다 약 1,000만 표를 더 많이 획득하여 역대 공화당 대선 후보 가운데 최다 득표를 했다.

대선과 더불어 상·하원 선거도 진행되었는데, 하원에서는 총 435석 가운데 222석을 차지한 민주당이 다수당이 되었고,[123] 상원에서는 총 100석 가운데 50~52석을 차지할 것으로 예상되는 공화당이 다수당이 되었다.[124] 상원이 하원의 법안을 거부할 권한과 행정부의 대외정책 승인권을 갖고 있다는 점을 고려한다면, 이번 동시선거의 결과는 미국 우선주의에 대한 반대와 지지가 동시에 증가했음을 의미한다. 따라서 바이든 행정부가 출범하더라도 미국의 대외정책이 급격히 선회할 가능성은 그리 크지 않으리라고 전망된다. 다만, 바이든 대통령 당선인의 국가안보보좌관으로 임명된 설리번(Jake Sullivan)이 2019년에 공저한 "Competition without Catastrophe"[125]라는 논문과 2020년 8월에 발표된 민주당 정강(Democratic Party Platform)[126] 그리고 2020년 11월 7일 미국외교협회(Council on Foreign Relations)와 바이든 캠프 간에 진행된 외교·안보 분야 서신 인터뷰[127]로부터 트럼프 행정부와 다른 두 가지 차별성이 도출될 수 있다.

---

123) 그러나 이전보다 10석이 줄어들었다.

124) 그러나 아직 확정적이지는 않다. 조지아주 상원의원 두 명에 대한 최종 선거결과는 2021년 1월에 가서야 나온다. 그리고 두 명의 무소속 상원의원인 샌더스(Bernie Sanders)와 킹(Angus King)은 민주당으로 당적을 변경할 의사를 최근에 언급했다.

125) Kurt M. Campbell and Jake Sullivan, "Competition without Catastrophe: How America Can Both Challenge and Coexist with China," *Foreign Affairs*, Vol. 98, No. 5 (2019), pp. 96-111.

126) Democratic Party, "2020 Democratic Party Platform," August 2020. https://democrats.org/where-we-stand/party-platform/(검색일: 2020.10.10).

127) Council on Foreign Relations, "President-Elect Biden on Foreign Policy," December 7, 2020. https://www.cfr.org/election2020/candidate-tracker#defense(검색일: 2020.11.30).

하나는 비전통 안보 영역에서 다자주의를 복원하는 것이며 다른 하나는 동맹을 복원하는 것이다. 비전통 안보 영역에서 바이든 행정부는 트럼프 행정부가 탈퇴했거나 탈퇴를 선언한 세계보건기구(WHO), 파리기후협약, 유엔인권이사회(UNHRC) 등에 즉시 재가입할 것이다. 동시에 바이든 행정부는 민주적 가치를 공유한 동맹 자체의 중요성을 강조함으로써 동맹을 금전적 가치로 평가하고 거래적 입장에서 동맹 관계를 다룬 트럼프 행정부와 많은 차별성을 보일 것이다. 특히 바이든 행정부는 2021년에 '글로벌 민주주의 정상회의(Global Democracy Summit)'를 개최하여 코로나-19, 기후변화, 인권 문제 등의 문제를 민주국가들과 논의할 것이다. 그리고 이들 국가를 포함하여 민주적 가치를 공유한 동맹 및 파트너국가와 함께 다자주의 국제레짐으로 재진입하여 의제를 선점하거나 중국 및 러시아에 빼앗긴 의제를 재설정할 것이다.

2) 스마트한 중국 때리기

중국의 급부상과 영향력 확장은 자유주의 국제 질서에 균열을 냈으며 미국의 리더십을 잠식했다. 다자주의 국제레짐 및 동맹을 무시하면서 협소한 이익에만 골몰한 트럼프 행정부는 그러한 균열과 잠식을 더욱 가속시켰고, 이에 미국의 리더십이 소멸할지도 모른다는 위기감이 고조되었다. '미국이 돌아왔다(America is back)'라고 선언한 바이든 대통령 당선인은 그러한 위기감을 해소하기 위해 다자주의와 동맹을 복원하여 이들을 중국 때리기에 활용할 것이다. 중국 때리기는 홍콩사태와 코로나-19 이후 이미 초당적 정책(By Partisan Policy)으로 굳어져 있고 미 의회는 중국을 악마화(Demonize)하는 법안들을 추진하고 있다. 미국 시민 가운데 중국을 부정적으로 바라보는 이들의 비중이 15년 만에 최고치인 75%(공화당과 민주당 지지자의 경우는 각각 83%와 68%)인 것도 중국 때리기에 힘을 실어줄 것이다.[128]

바이든 대통령 당선인은 오바마 행정부 시절 부통령으로서 당시 부주석이었던 시진핑과 8차례 만나면서 신뢰를 쌓기도 했다. 그러나 그는 주석이 된 시진핑이 남중국해 인공섬을 군사기지로 만들지 않겠다는 약속을 파기한 것을 똑똑히 지켜본 인물

128) Laura Silver, Kat Devlin and Christine Huang, "Americans Fault China for Its Role in the Spread of Covid-19," July 30, 2020. https://www.pewresearch.org/global/2020/07/30/americans-fault-china-for-its-role-in-the-spread-of-Covid-19/(검색일: 2020.12.3).

이기도 하다.[129] 이러한 이유 때문에, 그는 자신만큼 시진핑을 잘 알고 다룰 줄 아는 지도자가 없음을 강조하면서 깡패(Thug)가 된 중국을 때릴 것이라고 분명히 밝혔다. 다만, 트럼프 행정부와 중국 간의 무역분쟁에서 보인 상호 보복관세처럼 미국도 다치는 자멸적인(Self-Defeating) 중국 때리기가 아닌 중국을 국제사회에서 고립시키는 스마트한 중국 때리기가 바이든 행정부의 대중국 정책이 될 것이다. 스마트한 중국 때리기는 다음의 세 가지로 요약할 수 있다.

첫째, 바이든 행정부는 WHO에 재가입하여 충분한 재정지원을 제공하고, 트럼프 행정부가 2018년도에 철폐했던 백악관 국가안보실 내 글로벌 보건안보와 바이오방위부서(Directorate for Global Health Security and Bio-Defense)를 복원할 것이다. 그리고 바이든 행정부는 동맹 및 파트너국가와 협조하여 코로나-19 백신의 개발과 보급을 주도함으로써 지구적 공공재 제공자로서의 위상을 되찾고자 할 것이다. 이를 통해 바이든 행정부는 코로나-19 사태 초기 축소와 은폐에 급급했던 중국을 문제아, 미국을 해결사의 이미지로 재설정하고, 코로나-19가 세계로 확산한 근본적 이유가 민주적 투명성이 없는 중국 시스템에 있음을 부각시킬 것이다. 즉, 바이든 행정부는 코로나-19의 문제를 정치체제의 문제로 전환하여 중국을 때릴 것이다. 선진 민주국가이면서 미국의 동맹국인 14개국 시민 가운데 코로나-19 중국책임론에 찬성하는 시민의 비중이 평균 61%(최소 49%에서 최대 79%)라는 점에서 바이든 행정부의 중국 때리기는 많은 동참을 유도할 것이다.[130]

둘째, 파리기후협약에 재가입한 직후 바이든 행정부는 화석 연료 사용에 기반한 사회간접자본시설을 권장하는 일대일로 구상이 지구적 공공재가 아닌 지구 훼손의 주범임을 환기시키는 국제여론전을 펼칠 것이다. 일대일로에 버금가는 엄청난 재원으로 다른 경쟁적인 구상을 제안하기보다 일대일로 구상을 부정적으로 재구성하는(re-framing) 것이 훨씬 효과적이기 때문이다. 이와 함께 바이든 행정부는 파리기후협약에 근거하여 동맹 및 파트너국가는 물론 국제사회와 함께 중국이 수출하는 품목 가운데 상당량을 차지하는 고탄소 제품에 관세를 부과할 것이다. 즉, 바이든 행정부

129) 김지용, 서윤정 공역, 『중국의 외교정책과 대외관계』(서울: 명인문화사, 2021), 제3장.
130) Laura Silver, Kat Devlin and Christine Huang, “Americans Fault China for Its Role in the Spread of Covid-19,” July 30, 2020. https://www.pewresearch.org/global/2020/07/30/americans-fault-china-for-its-role-in-the-spread-of-Covid-19/(검색일: 2020.12.3).

는 기후변화의 문제를 무역의 문제로 전환하여 중국을 때릴 것이다. 이렇게 되면 중국은 파리기후협약을 탈퇴하지 않고서는 미국 또는 특정 국가를 대상으로 보복관세를 취하기가 어려워질 것이다.

셋째, 2020 민주당 정강에서 '하나의 중국' 원칙이 삭제되었다. 대신 대만 민주주의 방어 강화, 홍콩 인권·민주주의 법안의 완전한 이행, 홍콩의 자치를 침해한 관료·금융기관·기업·개인에 대한 제재, 신장에서 자행되고 있는 집단학살(Genocide)과 100만 명 감금행위를 규탄하는 위구르 인권정책 법안의 이행 등이 포함되었다. 바이든 행정부의 UNHRC 재가입과 글로벌 민주주의 정상회의 개최는 이러한 정강 내용을 국제적으로 쟁점화시킬 것이다. 그리고 바이든 행정부는 중국의 국가보안법 제정, 반이상향적인(Dystopian) 하이테크 권위주의(High-Tech Authoritarianism) 및 인권탄압 관련 감시기술을 겨냥한 제재의 수위를 높일 것이다. 이를 통해 바이든 행정부는 중국이 첨단기술과 관련된 지식재산권을 탈취하여 이것을 국내 인권탄압과 민주국가의 선거 개입에 사용하는 것을 차단할 것이다. 구체적으로, 바이든 행정부는 네트워크·사이버 보안을 위한 '민주주의 5G·반도체 동맹 네트워크'를 결성할 것이다. 즉, 인권문제를 기술문제와 연동시켜 중국을 때릴 것이다.

3) 끝없는 작은 전쟁의 종식과 새로운 대규모 전쟁 대비

바이든 행정부는 '끝없는 작은 전쟁들(Forever Wars)'로 상징되는 아프가니스탄 전쟁, 테러와의 전쟁, 러시아와의 갈등, 이란 핵 문제, 북한 핵 문제 등을 비용 절감의 방식 또는 외교적으로 해결해 나갈 것이다. 무엇보다 바이든 행정부는 미국 역사상 가장 긴 전쟁인 아프가니스탄 전쟁 및 테러와의 전쟁을 종식하는 데 주력할 것이고 이를 위해 두 가지 방법을 채택할 것이다.

첫째, 2020 민주당 정강은 미군이 타국의 정권 교체를 위해 사용되는 것에 반대하는 내용을 포함하고 있다. 따라서 바이든 행정부는 외교, 첩보, 법 집행 등의 수단을 동원하여 아프가니스탄과 중동에서 정치적 안정을 도모할 것이다. 둘째, 바이든 대통령 당선인이 '반테러리즘 플러스(Counterterrorism Plus)'라고 명명한 접근법에 따라 미국은 대규모 전력배치가 아닌 소규모 특수부대 및 공습을 통해 테러 집단 네트워크를 격멸할 것이다. 그는 부통령 재직 시 이라크, 아프가니스탄, 파키스탄, 예멘, 리비아, 소말리아, 필리핀 등에 드론 전개를 명령하여 5년 동안 약 3,550여 명의 테러리스트를 제거했다. 당시에도 그는 드론이 미 지상군의 개입을 최소화하면서 테러리즘과 싸울 수 있는 효과적인 수단임을 강조한 바 있다.[131]

또 다른 끝없는 작은 전쟁의 대상국인 러시아, 이란, 북한에 대해서는 다자주의 레짐이 활용될 것이다. 조지아와 우크라이나가 '동진하던' NATO에 가입 의사를 밝히자마자 러시아는 조지아 영토의 20%에 달하는 압하지야 및 남오세티야 그리고 우크라이나의 크림반도를 점령했다. 이 때문에 NATO 유럽 회원국의 거센 반발을 불러일으킨 러시아는 주요 선진국 모임인 G8에서 축출되었고, NATO와 러시아는 흑해에서 상대를 겨냥한 대규모 지상·해상·공중 훈련을 2019년까지 지속했다. 이러한 가운데, 2020년 5월 30일 트럼프 대통령은 기자회견에서 러시아를 G7에 초대하고 싶다는 의사를 내비쳤고, 7월 30일에는 독일과 상의 없이 주독 미군의 1/3에 달하는 12,000명을 감축할 것이라고 발표했다. 이것이 NATO 유럽 회원국의 불안을 가중시켰다. 따라서 바이든 행정부는 러시아의 G7 재가입에 반대하고 주독미군 철수안을 비준하지 않도록 의회를 설득하는 등 NATO의 결속력을 다지는 데 주력할 것이다. 동시에 러시아와 New START를 갱신하고 새로운 무기통제협정을 체결할 것이다.

이란 핵 문제는 2015년 7월 14일 유엔안보리 5개 상임이사국, 독일, 유럽연합(EU)이 이란과 합의한 포괄적 공동행동계획(Joint Comprehensive Plan of Action)으로 일단락되었다. 그러나 트럼프 행정부가 2018년 5월 8일에 이 합의를 일방 파기했고 2020년 1월 3일에는 공습으로 이란의 솔레이마니(Quasem Soleimani) 장군을 제거했다. 결국, 1월 5일 이란도 합의에서 탈퇴하여 이란 핵 문제는 원점으로 돌아가고 말았다. 따라서 바이든 행정부는 기존의 다자합의를 복원하고 외교적으로 이란 핵 문제를 다룰 것이다.

북한 핵 문제와 관련해, 바이든 대통령 당선인은 김정은 위원장과의 직접적인 빅딜(Big Deal) 담판, 소위 하향식(Top-Down)이 불가함을 분명히 밝히면서, 그러한 담판은 오히려 독재자에게 힘을 실어주고 실질적인 당사국이자 동맹국인 한국을 배제하는 것이라고 일축했다. 따라서, 바이든 행정부의 대북 협상은 깐깐한 실무협상 중심의 상향식(Bottom-Up)이 될 것이다. 그리고 북한의 핵무장과 핵 능력 증강은 핵 비확산·핵군축·핵안보 등과 관련된 다자주의 국제레짐을 크게 훼손하고 동맹을 위협

131) 고봉준·김지용 공역, 『국제안보의 이해: 이론과 실제』(서울: 명인문화사, 2019), 제7장 및 제11장.

하기 때문에, 다자주의 및 동맹의 복원을 강조하고 있는 바이든 행정부는 한국과 일본이 참여하는 다자주의 레짐인 4자 혹은 6자 회담을 복원할 가능성이 크다. 다만 중국 때리기와 4자 혹은 6자 회담이 병행될 경우, 중국의 협조를 기대하기가 어려울 것이므로 북한 핵 문제는 교착상태에 빠질 가능성이 있다.

다른 한편, 바이든 행정부는 중국을 염두에 둔 강대국과의 전쟁에도 대비할 것이다. 현시점에서 바이든 행정부의 NSS, NDS, NMS를 예단하기는 어렵다. 다만 바이든 행정부의 중국 때리기가 중국의 거센 반발을 초래할 것이기 때문에 1개 강대국과의 전면전에 대비해야 함을 강조한 2018 NDS의 기조는 당분간 유지될 것으로 보인다. 따라서 1개 강대국과의 전면전을 상정한 미 육군의 MDO, 미 공군의 JADC2, 미 해군의 DMO, 미 해병대의 EABO를 통합하는 JADO 개념의 업그레이드가 지속될 것이다. 2020년 9월 14일부터 10여 일 동안 괌과 마리아나 해구 일대에서 미군 11,000명이 참가한 '용맹한 방패(Valiant Shield)' 훈련은 JADO의 실전역량을 증진해 각 군의 전쟁 수행 교리를 통합하는데 방점이 놓인 훈련이었다. 미 국방성은 이 훈련이 어떤 국가를 적성국으로 설정했는지 밝히지 않았지만, 새로운 대규모 전쟁을 대비하기 위한 작전인 것만은 틀림없다. 중부사령관을 역임한 오스틴(Lloyd Austin) 장군이 바이든 행정부의 초대 국방장관으로 지명되었지만, 전역 후 7년이 지나야 국방장관 자격이 주어진다는 현행 규정 때문에 청문회 통과가 어려울 수도 있다. 이에 오바마 행정부에서 국방차관을 지냈던 플루노이(Michèle A. Flournoy)가 지명될 수도 있다. 그녀는 미국이 남중국해에서 중국 군함들을 72시간 이내에 전몰시킬 능력을 갖춰야 한다고 언급할 만큼 초강경주의자로 알려져 있다.

2. 한국의 대응 방향/전략

1) 보편적 원칙의 강조와 2+2 회의의 복원

바이든 행정부의 다자주의와 동맹 복원은 국제적 차원에서는 환영할 만한 것일 수도 있겠지만 한국에게는 전략적인 딜레마를 일으킬 수도 있다. 한국 안보의 최우선 순위는 북한 핵 문제며 문재인 정부는 북한과 미국 간의 양자 대화를 중재하여 북한 핵 문제를 해결하기 위해 노력해 왔다. 이에 반해 바이든 행정부는 북한 핵 문제해결에 있어 양자 대화보다 4자 회담이나 6자 회담 같은 다자주의를 선호하고 있으며 여기에 중국을 참여시킬 것이다. 따라서 뉴질랜드, 베트남과 함께 Quad Plus에 참가하여 중국 때리기에 동참하라는 미국의 요구가 거세질 경우, 한국의 Quad Plus 참가와 중국 때리기 동참은 중국을 자극하여 북한 핵 문제해결에 상당한 지장을 초래할 수 있다. 이러한 문제를 해결할 수 있는 가장 현실적인 방안은 중국의 위협이 증대되었을 때를 대비해 Quad Plus에 참가하되 중국 때리기에는 소극적인 자세를 취하는 헤징(Hedging) 전략을 추구하는 것이다.

즉, 동맹국인 한국의 기여를 높이려는 바이든 행정부의 기대에 부응하기 위해 Quad Plus에는 참가하되, 중국을 노골적으로 겨냥하지 않는 보편적 원칙인 민주주의·인권의 보호, 지적 재산권 보호 및 대화를 통한 남중국해 문제의 해결 등을 강조함으로써 한중관계를 해치지 않는 것이다. 그리고 한국은 2010년부터 2년마다 진행되다가 2016년 이후 가동되지 않고 있는 한미 외교·국방 장관회의인 2+2회의를 복원해야 한다. 이 회의에서 한국은 중국 때리기에 적극적으로 동참할 경우 중국으로부터 야기될 수 있는 외교적·안보적·경제적 손실을 최소화할 수 있는 미국의 안전보장 조치를 구체적으로 요구할 수 있어야 한다. 이러한 요구는 한국이 큰 틀에서 미국의 아시아 전략에 찬성하는 동맹국임을 확신시켜줄 수 있는 동시에 향후 한국이 중국 때리기에 적극적으로 동참할 수 있는 안전한 환경을 구축할 수 있다는 점에서 한미동맹 강화에 긍정적인 역할을 할 수 있을 것으로 기대된다.

2) 방산 협력을 중심으로 한 신남방정책 2.0 추진

2020년 11월 14일, 창원 컨벤션센터에서 개최된 이순신 방위산업전(YIDEX)에서는 '신남방정책과 방산 협력'이라는 주제로 스마트네이비 포럼(Smart Navy Forum)이 개최되었다. 이 자리에는 도넬리(Michael Donnelly) 주한미해군사령관, 이상환 한국국제정치학회 회장, 최원기 국립외교원 인도·아세안센터장, 정승균 잠수함사령관, 백정한 창원산업진흥원장, 해군사관학교 국제관계학과 김지용 교수 등이 참가하여 신남방정책에 대한 평가와 향후 과제 및 인도·태평양전략과의 연계 등이 논의되었다. 이 자리에서 논의된 내용은 바이든 행정부 출범을 앞두고 한국의 대응 방향/전략을 모색하는 데 매우 유용하다. 한국은 2017년부터 사람, 공영, 평화(3Ps: Peace, Prosperity, Peace)라는 3대 비전이 반영된 신남방정책을 아세안(ASEAN)과 인도를 대상으로 추진해 오고 있다. 신남방정책의 핵심 목표는 경제 다변화, 아세안/인도와의 양자 외교 관계개선 및 새로운 지역협력의 추구이다.

신남방정책은 상당한 성과로 이어져 신남방지역은 이제 한국의 제2위 무역상대로 부상하였고 상호 방문객은 약 1,345만 명에 이를 정도로 증가하였다. 특히, 상호 방문객 수는 중국과 일본을 능가할 정도가 되었다. 이제 한국과 신남방지역은 협력의 수준을 무역, 관광, 유학 등의 하위정치(low politics)에서 방산 협력, 연합훈련 같은 고위정치(High Politics)로 승격시켜야 하는 시점에 이르렀다. 도넬리 주한미해군사령관은 인도·태평양전략의 성공 조건이 상호운용성에 있음을 강조하면서, 미국의 기술이전을 통해 방위산업에서 선도적 역할을 할 정도로 성장한 한국과 방산 수요가 급증하고 있는 신남방지역 간의 방산 협력이 인도·태평양전략의 중요한 축이 될 수 있다고 언급했다. 특히, 무기구입의 90%를 러시아에 의존하고 있는 인도와의 방산 협력이 중요함을 강조했다. 다시 말해, 한국과 신남방지역 간의 방산 협력은 중국 때리기에 적극적으로 동참하지 않으면서도 국부를 창출하고 인도·태평양전략을 간접적으로 지원할 수 있는 최적의 방안인 셈이다.

2020년 1월 6일 신남방정책 2.0의 추진을 위해 청와대 조직개편이 단행되었다. 국가안보실 1차장 산하의 국방개혁비서실에 방위산업 육성과 수출을 담당할 방위산업담당관이 신설되었다. 이것은 신남방지역과의 방산 협력을 추동할 수 있는 계기가 될 것으로 기대하고 있다. 한국해군도 신남방정책 지원 해군 과제 로드맵을 작성하여 국정과제를 선도적으로 구현하고 있다. 구체적으로, 한국해군은 해적퇴치·해양 대테러 관련 연합훈련 및 잠수함 운용능력 관련 연합훈련 확대, 말라카 해협 인근 해양항만협력기지 구축, 퇴역함정 양도, 해군 순항 훈련 신남방국가 방문 확대 시행, 신남방국가 수탁생 친한화 등을 추진하고 있다. 또한, 현재 3명 남짓에 불과한 신남방지역 해군 국방무관의 수를 늘려 방산 협력의 통로를 확대하는 것도 검토하고 있다. 북한의 서해 도발에 성공적으로 대응해 온 전투 노하우를 전수하는 것 역시 중국과 영해 분쟁을 겪고 있는 신남방지역 국가들과의 상호운용성을 증진시키고 방산 협력의 초석을 마련하는데 한몫을 할 것이다.

3) 미래 전력개발을 위한 지속적인 혁신과 투자

'공격 또는 방어에 유리한 군사기술이 국가의 행동을 결정짓는다'라는 공격-방어 이론[132]에 따르면, 공격에 유리한 군사기술은 공세적 이점(Offensive Advantage)을 활용하고자 하는 군사전략을 국가가 채택하도록 만든다. 이것은 전쟁에서 쉽게 이길 수 있다는 낙관론을 낳게 되고 상대방에 대한 강압외교(Coercive Diplomacy)를 서슴없이 행사하도록 만들며, 상대방이 순응하지 않을 시 선제공격할 유인을 증가시킨다. 또한, 시간은 부상하는 국가의 편이므로 쇠퇴하는 국가가 공격에 유리한 군사기술을 보유하게 되었을 경우, 쇠퇴하는 국가의 예방공격 유인이 커진다. 따라서, 부상하는 국가는 쇠퇴하는 국가가 그러한 군사기술을 보유하기 전에 선제공격하고자 한다. 불행하게도 이러한 이론적 시나리오가 동아시아 해양에서 전개되고 있다.

A2/AD를 극복하기 위한 유령함대 건설 및 합동군의 JADO 개념은 공격에 유리한 군사기술을 바탕으로 공격우위의 이점을 활용할 수 있는 '기회의 창(Window-of-Opportunity)'을 열어줄 것이다. 때문에, 공격-방어 이론 시나리오의 발단이 될 수도 있는 유령함대와 JADO는 그간 중국이 A2/AD로 누렸던 방어우위의 이점을 사라지게 할 것이며, 미국의 중국 때리기는 더욱 거세질 것이다. 따라서 중국은 유령함대 구축과 JADO가 합동교리로 완성되는 시점인 2020년대 말이나 2030년대 초반을 '취약성의 창(Widow-of-Vulnerability)'이 열리는 시점으로 간주하고 그 이전에 도발을 감행할 가능성이 매우 크다. 이러한 이론적 시나리오 전개에 대비해 한국은 미래 전력개발을 위한 혁신과 투자를 지속해야 한다.

2019년 1월 국방부는 '4차 산업혁명 스마트 국방혁신 추진단'을 출범시켰다. 이에 각 군은 5G, 인공지능, 무인로봇, 가상현실, 증강현실과 같은 4차 산업혁명 기술을 적용하여 자율형 무인전투체계 및 미래형 훈련·교육체계를 발전시키고 있다. 또한, 2020년 8월 국방부는 향후 5년간 100.1조를 투자하여 병력 집약적 군대를 첨단무기 중심의 기술집약적 군대로 개편할 것이라고 발표했다. 이러한 군사 부문의 투자와 혁신은 결코 지체되어서는 안 될 것이다. 코로나-19로 인해 비전통 안보의 중요성이 그 어느 때보다 강조되고 있지만, 전염병이 창궐하던 시기에도 국가간 전쟁은 발발했다. 선페스트가 창궐하던 시기에 발발한 30년 전쟁(1618-1648), 콜레라가 창궐하던 시기에 발발한 크림전쟁(1853-1856), 장티푸스가 창궐하던 시기에 발발한 보어전쟁(1899-1902) 등의 사례가 그것이다.[133]

132) Stephen Van Evera, *Causes of War* (Ithaca: Cornell University Press, 1999).
133) 고봉준·김지용 공역, 『국제 안보의 이해: 이론과 실제』(서울: 명인문화사, 2019), 제18장.

중국과 인접한 지리적 취약성을 가진 한국의 군사 혁신이 중국에 초점을 둔 미국의 군사 혁신보다 현격히 뒤처질 경우, 미국은 한국을 방기하거나 주한미군의 감축을 진지하게 고려할 수도 있다. 결론적으로, 한국은 군사 혁신을 지속해야 함은 물론 2차 보복능력을 분산시켜 대중·대북 억제능력을 강화하기 위해서라도 경항모 건조 사업의 정당성을 홍보하고 국민적 결집을 도모해야 할 것이다.

참고문헌

강석율. “트럼프 행정부의 군사전략과 정책적 함의: 합동군 능력의 통합성 강화와 다전장영역전투의 수행.”『국방정책연구』, 제34권, 제3호 (2018).

고봉준·김지용 공역.『국제안보의 이해: 이론과 실제』. 서울: 명인문화사, 2019.

김상진. “만두 찌듯 군함 뚝딱… 그 뒤엔 시진핑도 인정한 국보 기술자.” 2020년 1월 24일, https://news.joins.com/article/23689689(검색일: 2020.10.14).

김재엽. “중국의 반접근 지역거부 도전과 미국의 군사적 응전: 공해전투에서 다중영역 전투까지.”『한국군사학논집』, 제75집, 제1호 (2019).

김재호·민정훈. “트럼프 행정부의 ‘자유롭고 개방적인 인도태평양’: 군사전략적 목표, 방법, 수단.”『평화학연구』, 제21권, 제1호 (2020).

김지용·서윤정 공역.『중국의 외교정책과 대외관계』, 서울: 명인문화사, 2021.

_______. “21세기 미국은 19세기 영국의 실책을 반복할 것인가?.”『KIMS Periscope』, 제212호 (2020년 11월 1일).

_______. “세력전이와 해양패권 쟁탈전: 공공재·전환재 경쟁을 중심으로.”『글로벌정치연구』, 제12권, 제2호 (2019).

_______. “중국 전술과 미국의 대응 전략을 말한다.”『국방일보』, 2019년 12월 2일.

_______. “세력전이와 외교전략.”『국제관계연구』, 제22권, 제1호 (2017).

김진방. “인민일보, 대만 향해 최고 수위 경고… ‘전쟁 경고 수준’.”『연합뉴스』, 2020년 10월 15일.

김태형. “미국의 인도-태평양 전략과 미군의 군사전략 변화.”『국방연구』, 제63권, 제1호 (2020).

김현승·신진. “4차 산업혁명시대 중국의 해양 지능화작전 추진과 대응 방안.”『국방연구』, 제63권, 제2호 (2020).

박준혁. “미국의 제3차 상쇄전략추진동향, 한반도 영향전망과 적용방안.”『국가전략』, 제23권 2호 (2017).

서명환. “미·중 해양갈등과 미 해군의 전략 변화: 중국의 하이브리드전과 미국의 분산해양작전.”『해양전략』, 제186호 (2020).

안두환. “19세기 영국의 대미국 인식: 적대적 공존에서 유화적 승인으로.” 정재호 편.『평화적 세력전이의 국제정치』, 서울: 서울대학교 출판문화원, 2016.

유상철. “中, 4개 바다서 동시다발 실탄훈련 … 대만 겨냥 군사투쟁 준비.”『중앙일보』, 2020년 8월 25일.

이상국. “중국군의 ‘지능화전쟁’ 논의와 대비 연구.” 『국방연구』, 제63권, 제2호 (2020).
이상현. “트럼프 행정부의 국가안보전략(NSS).” 『국가전략』, 제24권, 제2호 (2018).
이일우. “붕어빵 찍듯 대량생산된 중 전투함 릴레이 사고 이유 있다.” 2018년 7월 24일, https://m.blog.naver.com/china_lab/221325341615(검색일: 2020.10.14).
이춘근 역. 『전쟁의 기원』, 서울: 북앤피플, 2019.
이현경. “中, ‘세계 최초 6세대(6G) 인공위성’ 발사 성공.” 『동아사이언스』, 2020년 11월 8일.
장재은. “미 합참의장, 한국 등 미군 영구주둔 재검토 필요성 주장.” 『연합뉴스』, 2020년 12월 4일.
정구연. “미·중 세력전이와 미국 해양전략의 변화: 회색지대갈등을 중심으로.” 『국가전략』, 제24권, 제3호 (2018).
정구연. 이재현, 백우열, 이기태. “인도태평양 규칙기반 질서 형성과 쿼드협력의 전망.” 『국제관계연구』, 제23권, 제2호 (2018).
주정율. “미 육군의 다영역작전(Multi-Domain Operation)에 관한 연구: 작전수행과정과 군사적 능력, 동맹과의 협력을 중심으로.” 『국방정책연구』, 제36권, 제1호 (2020).
차대운. “황해서 남중국해까지…美겨냥 군사훈련 강화하는 중국.” 『연합뉴스』, 2020년 8월 23일.
Ben Werner. “Navy’s First MQ-4C Triton Unmanned Aircraft Deploy To Guam.” *USNI News*, January 12, 2020.
Brian Benjamin Crisher and Mark Souva. “Power at Sea: A Naval Power Dataset, 1865-2011.” *International Interactions*, Vol. 40, No. 4 (2014).
Bryan Clark. Timothy A. Walton. *Taking Back the Seas: Transforming the U.S. Surface Fleet for Decision-centric Warfare*. Washington, D.C.: Center for Strategic and Budgetary Center, 2019.
Christopher P. Cava. “New US Navy Fleet Goal: 308 Ships.” *Defense News*, April 5, 2015.
_______. “US Navy’s New Fleet Goal: 355 Ships.” *Defense News*, December 16, 2015.
Claudio Cioffi-Revilla. “Ancient Warfare.” in Manus I. Midlarsky (ed). *Handbook of War Studies II*. Ann Arbor: University of Michigan Press, 2000.
Council on Foreign Relations. “President-Elect Biden on Foreign Policy.” December, 7, 2020. https://www.cfr.org/election2020/candidate-tracker#defense (검색일: 2020.11.30).
DARPA. “ACTUV ‘Sea Hunter’ Prototype Transitions to Office of Naval Research for Further Development.” DARPA, January 30, 2018.
David B. Larter. “Neither Congress nor the Pentagon have a path to a 355-ship

Navy." *Defense News,* October 23, 2017.

_______. "Trump just made a 355-ship Navy national policy." *Defense News,* December 13, 2017.

_______. "Analyst: With ballooning costs for a smaller Navy, can it really afford 355 ships?." *Defense News,* December 7, 2017.

_______. "US Navy Looks to Ease into Using Unmanned Robot Ships with a Manned Crew." *Defense News,* January 29, 2019.

_______. "US Navy upgrades more ships for the F-35 as the future of carriers remains in flux." *Defense News,* June 1, 2020.

_______. "5 things you should know about the US Navy's plans for autonomous missile boats." *Defense News.* January 13, 2020.

_______. "Fleet commander directs US Navy's surface force to develop concepts for unmanned ships." *Defense News,* January 2, 2020.

Defense Brief Editorial. "US Navy contracts six for large unmanned surface vessel studies." *Defense Briefing.* September 6, 2020.

Democratic Party. "2020 Democratic Party Platform." https://democrats.org/where-we-stand/party-platform/(검색일: 2020.10.10).

Gallup. "Rating World Leaders." November 1, 2019. https://news.gallup.com/reports/225587/rating"worldleaders"2018.aspx(검색일: 2020.8.12).

Gidget Fuentes. "Navy MQ-4 Triton Flying Operational Missions From Guam." *USNI News,* May 12, 2020.

_______. "Officials: U.S.-Japan Iron Fist Amphib Exercise 'Extremely Important' as China's Navy Expands," *USNI News,* January 21, 2020.

Graham Allison. *Destined for War.* New York: Houghton Mifflin Harcourt, 2017.

Guardian. "US plans big expansion of navy fleet to challenge growing Chinese sea power." September 17, 2020. https://www.theguardian.com/us-news/2020/sep/17/us-plans-big-expansion-of-navy-fleet-to-challenge-growing-chinese-sea-power(검색일: 2020.9.21).

Harlan Ullman. "Battle Force 2045 raises important questions." *Atlantic Council,* October 8, 2020.

James Goldrick. "Optionally-Manned Systems and the Future Naval Force." *The Maritime Executive,* February 26, 2020.

James Holmes. "Battle Force 2045: The U.S. Navy's Bold Plan for a 500-Ship Fleet." October 7, 2020. https://nationalinterest.org/feature/battle-force-2045-usnavy%E2%80%99s-bold-plan-500-ship-fleet-170317(검색일: 2020.9.21).

Kurt M. Campbell and Jake Sullivan. "Competition without Catastrophe: How America Can Both Challenge and Coexist with China." *Foreign Affairs*, Vol. 98, No. 5, 2019.

Laura Silver; Kat Devlin and Christine Huang. "Americans Fault China for Its Role in the Spread of Covid-19." July 30, 2020. https://www.pewresearch.org/global/2020/07/30/americans-fault-china-for-its-role-in-the-spread-of-Covid-19/(검색일: 2020.12.3).

Liu Zhen. "US-China tensions: USAF spy plane disguises itself as a Philippine aircraft over Yellow Sea, monitor says." *SCMP* September 24, 2020.

Mandy Mayfield. "Navy Bolstering Cyber security for Unmanned Vessels." *National Defense*, August 12, 2020.

Mark F. Cancian·Adam Saxton. "U.S. Military Forces in FY 2021: Navy." *Center for Strategic and International Studies*. Washington D.C.: CSIS, November 9, 2020.

Martin Manaranche. "Ghost Fleet Overlord Test Vessels Continue To Accelerate U.S. Navy's USV Programs." *Naval News*, June 6, 2020.

Martin van Creveld. *The Transformation of War: The Most Radical Reinterpretation of Armed Conflict Since Clausewitz*. New York: Free Press, 1991.

Mary Kaldor. *New and Old Wars: Organized Violence in a Global Era*. New York: Blackwell Publication, 1998.

Megan Eckstein. "Navy Planning Aggressive Unmanned Ship Prototyping, Acquisition Effort." *USNI News*, May 15, 2019.

_______. "Navy Confirms Global Strike Hypersonic Weapon Will First Deploy on Virginia Attack Subs." *Defense News*, March 21, 2020.

_______. "One Year In, SURFDEVRON Ready to Speed Up At-Sea Testing, Prototype Deliveries." *USNI News*, June 15, 2020.

_______. "Marines Test 'Lightning Carrier' Concept, Control 13 F-35Bs from Multiple Amphibious." *USNI News*, October 23, 2020.

_______. "UPDATED: Navy Will Scrap USS Bonhomme Richard." *USNI News*, Novemebr 30, 2020.

Michael J. Mazarr. *Mastering the Gray Zone: Understanding a Changing Era of Conflict*. Carlisle: US Army War College Press, 2015.

Michael T, Klare. "The Pentagon's AI 'ghost fleet' is more than just scary - it's unwise." *RESPONSIBLE STATECRAFT*, October 12, 2020.

Nathan Strout. "Congress skeptical of Navy's unmanned vessels plans." *C4ISRNET*, July 15, 2020.

Nick Childs. "US Navy's FFG(X): small(-ish) combatant, big future?." *IISS*, May 15, 2020.

RAND. "The US-China Military Scorecard: Forces, Geography, and the Evolving Balance of Power, 1996-2017." 2017. https://www.rand.org/pubs/research_reports/RR392.html(검색일: 2020.9.21).

Payam Faramarzi. "Exclusive: Iran hijacked US drone, says Iranian engineer." *CMS Monitor*, December 15, 2011.

Reuters. "China Holds Simultaneous Military Drills in Four Seas, Again." *US News*, September 23, 2020.

Richard Abott. "Navy And DoD Release Draft Solicitation For Overlord Unmanned Surface Vehicle Program." *Defense Daily*, September 25, 2017.

Robert I Rotberg. *When States Fail: Causes and Consequences*. Princeton: Princeton University Press, 2004.

Sam LaGrone. "Navy Wants 10-Ship Unmanned 'Ghost Fleet' to Supplement Manned Force." *USNI News*, March 13, 2019.

_______. and Ben Werne., "UPDATED: Modly Resigns Amidst Carrier Roosevelt Controversy: Army Undersecretary to Serve as Acting SECNAV." *USNI News*, April 7, 2020.

_______. "TR Investigation Fallout: Crozier Won't be Reinstated, Strike Group CO Promotion Delayed." *USNI News*, June 19, 2020.

Shaun McDougall. "U.S. Navy Fields W76-2 Low-Yield Sub-Launched Nuclear Warhead." *Defense & Security Monitor*, February 4, 2020.

Song Zhongping. Chinese academic: Why the PLA conducts simultaneous exercises across different territorial waters." *Think China*, September 2, 2020.

SURFDEVRON ONE. "Navy Leadership Accelerates Lethality with Newly Designated Surface Development Squadron Commander." *Naval Surface Force, U.S. Pacific Fleet*, May 23, 2019.

Todd Harrison and Seamus P. Daniels. "Analysis of the FY 2021 Defense Budget." August, 2020. http://defense360.csis.org/wp-content/uploads/ 2020/08/Analysis-of-the-FY-2021-Defense-Budget.pdf(검색일: 2020.10.21).

US Army Training and Doctrine Command. "The U.S. Army in Multi-Domain Operations 2028." 2018. https://www.ncoworldwide.army.mil/Portals/76/courses/

mlc/ref/Multi-Domain-Operations.pdf(검색일: 2020.9.2).

US Army Training and Doctrine Command. "Multi-Domain Battle: Evolution of Combined Arms for the 21st Century 2025-2040 Version 1.0." December 2017. https://www. tradoc.army.mil/Portals/14/Documents/MDB_Evolutionfor 21st.pdf(검색일: 2020.9.5).

U.S. Congress. *Section 1025 of the FY2018 National Defense Authorization Act (H.R. 2810/P.L. 115-91 of December 12, 2017)*, Washington, D.C.: U.S. Congress, 2017.

U.S. Congressional Research Service(CRS) RL32665. *Navy Force Structure and Shipbuilding Plans: Background and Issues for Congress.* Washington, D.C.: U.S. CRS, October 7, 2020.

--------. R45757. *Navy Large Unmanned Surface and Undersea Vehicles: Background and Issues for Congress.* Washington, D.C.: U.S. CRS, November 10, 2020.

--------. RL32665. *Navy Force Structure and Shipbuilding Plans: Background and Issues for Congress.* Washington, D.C.: U.S. CRS, November 11, 2020.

--------. RS20645. *Navy Ford (CVN-78) Class Aircraft Carrier Program: Background and Issues for Congress.* Washington, D.C.: U.S. CRS, November 11, 2020.

--------. R45757, *Navy Large Unmanned Surface and Undersea Vehicles: Background and Issues for Congress*, December 17, 2019. Washington, D.C.: U.S. CRS, 2020.

--------. RL32665. *Navy Force Structure and Shipbuilding Plans: Background and Issues for Congress.* Washington, D.C.: U.S. CRS, December 1, 2020.

U.S. Department of Defense, *Unmanned Systems Integrated Roadmap 2017-2042.* Washington, D.C.: DoD, August 30, 2018.

--------. *Department of Defense Tests Hypersonic Glide Body.* March 20, 2020. Washington, D.C.: DoD, 2020.

U.S. Department of Defense. "Indo-Pacific Strategy Report: Preparedness, Partnerships, and Promoting a Networked Region." June 1, 2019. https://media.defense.gov/2019/Jul/01/2002152311/-1/-1/1/DEPARTMENT-OF-DEFENSE-INDO-PACIFIC- STRATEGY-REPORT-2019.PDF(검색일: 2020.8.15).

U.S. Department of Defense. "Summary of the 2018 National Defense Strategy of the United States of America: Sharpening the American Military's Competitive Edge." January 2018. https://dod.defense.gov/Portals/1/Documents/pubs/2018-

National-Defense-Strategy-Summary.pdf(검색일: 2020.8.15).
U.S. Department of Defense. “Quadrennial Defense Review 2014.” March 4, 2014. https://a rchive.defense.gov/pubs/2014_Quadrennial_Defense_Review.pdf(검색일: 2020.8.15).
U.S. Department of Defense. *The Bottom-up Review: Forces a New Era.* Washington, D.C.: GPO, 1993.
U.S. Department of Navy. The U.S. Marine Corp. *Littoral Operations in Contested Environment*, 2017.
_______. The U.S. Marine Corp, *Force Design 2030.* March 20, 2020.
U.S. Marine Corp, *Expeditionary Advanced Base Operations (EABO) Handbook Considerations for Force Development and Employment*, June 1, 2018.
_______. Department of Navy, *Force Design 2030*, March 20, 2020.
U.S. Navy Chief of Naval Operation. “A Design for Maintaining Maritime Superiority 2.0.” December 2018. https://www.history.navy.mil/.../Design_2.0.pdf(검색일: 2020.9.10).
U.S. Office of Naval Intelligence(ONI), *Updated China: Naval Construction Trends vis-a-vis U.S. Navy Shipbuilding Plans, 2020-2030*, February 6, 2020. Washington D.C.: ONI, 2020.
_______. *U.S. Allied Forces Conduct Exercise Pacific Vanguard 11September 2020.* Washington D.C.: ONI, September 12, 2020.
U.S. Surface Force Command. “Surface Forces Strategy: Return to Sea Control.” 2017. https://www.public.navy.mil/surfor/Documents/Surface_Forces_Strategy.pdf(검색일: 2020. 9.10).
Stephen Van Evera. *Causes of War.* Ithaca: Cornell University Press, 1999.
Todd Harrison. “What Has the Budget Control Act of 2011 Meant for Defense?.” *Center for Strategic and International Studies.* Washington D.C.: CSIS, August 1, 2016.
White House. “United States Strategic Approach to the People's Republic of China.” May 21, 2020.
_______. “National Security Strategy of United States of America.” December 18, 2017.
_______. “National Security Strategy.” February 2015.
_______. “National Security Strategy.” May 2010.
https://en.wikipedia.org/wiki/List_of_current_ships_of_the_United_States_Navy(검색일: 2020.11.8).

https://en.wikipedia.org/wiki/Submarines_in_the_United_States_Navy(검색일: 2020.11.10).

https://en.wikipedia.org/wiki/Sea_Hunter(검색일: 2020.11.11).

https://www.public.navy.mil/surfor/surfdevron/Pages/Navy-Leadership-Accelerates-Lethality-with-Newly-Designated-Surface-Development-Squadron.aspx(검색일: 2020.11.12).

https://en.wikipedia.org/wiki/Northrop_Grumman_MQ-4C_Triton(검색일: 2020.11.13).

https://en.wikipedia.org/wiki/Malabar(검색일: 2020.11.15).

https://en.wikipedia.org/wiki/Freedom_of_navigation(검색일: 2020.11.20).

https://en.wikipedia.org/wiki/코로나-19_pandemic_on_USS_Theodore_Roosevelt(검색일: 2020.11.25).

http://www.icasualties.org/(검색일: 2020.7.16).

제2장

중국의 해양전략과 해군력 증강 동향

김덕기(동아대학교 특임교수)

제1절 서 론

2020년은 중국이 코로나-19와 함께 미국과 남중국해를 포함한 인도·태평양에서 해양패권 경쟁을 지속한 해였다. 장기집권 체제를 갖춘 중국 시진핑 주석의 '중국민족주의(中華思想)'를 바탕으로 한 과거 '일양(一洋: 태평양)전략'에서 인도양까지 촉수를 뻗치는 '양양(兩洋: 태평양과 인도양)전략'이 트럼프 행정부의 '미국 최우선 정책(America First Policy)'에 기초한 '인도·태평양전략'과 충돌하고 있다. 특히 2020년 시작과 함께 미국이 20세기 초부터 인도·태평양에 구축한 해양질서에 중국이 해양굴기를 기치로 새로 건조한 항모 Shandong함을 남중국해에 현시하는 등 미국에 대한 노골적인 도전[1])으로 인도·태평양에는 격랑의 파도가 일고 있다.

2020년대는 미국의 인도·태평양전략과 시진핑 주석이 2013년에 발표한 '일대일로전략'으로 남중국해를 포함한 인도양에서의 충돌은 불가피하다. 중국은 '중국몽(夢)(중화민족의 위대한 부흥)' 실현을 군사적으로 뒷받침하기 위해 '강군몽(夢)'을 추진

1) IISS, *Strategic Survey: Assessment of Geopolitics* (London: IISS, October 2019), pp. 26-36.

중이며, 강군몽의 핵심은 해군력 증강이다. 중국의 해군력 강화를 위한 '해양굴기전략'은 지부티기지와 같은 해외기지 확보는 물론, 서해를 포함한 남중국해의 내해화(內海化)를 통한 해양주권 확대를 포함한다. 그러므로 미·중 패권 경쟁에 따른 군사 분쟁은 중국이 인공섬을 건설하고 군사기지화를 추진 중인 남중국해에서 점화될 가능성이 크다.[2)]

최근 중국은 미국이 2017년 6월, 16년간 중단되었던 미국·대만 방산업체 간 교류 재개와 무기 판매를 시작하자 대만에 대한 불만 표시로 전투기·초계기 등으로 대만해협을 침입하는 등 강압외교(Coercive Diplomacy)의 수단으로 해군력을 투사하고 있다. 2020년은 중국이 1958년 대만 소유인 진먼다오(金門島/Quemoy)·마쭈다오(馬祖島/MatSu)를 무력으로 점령하기 위해 위기를 일으킨 지 62년이 되는 해다. 그 당시 연안해군 수준이었던 중국해군은 미국이 위기관리를 위해 3개의 항모전단을 전개하여 성공적으로 해상통제권과 제공권을 장악함으로써 정치적인 목적 달성에 실패했다. 1958년 대만해협 위기는 오늘날 중국이 '근해방어·원해호위'전략을 바탕으로 미국에 도전할 수 있는 해군력을 건설하는 계기를 제공했다. 그리고 1993년 재집권한 리덩후이(李登輝) 대만총통의 독립정책 추진으로 발발된 1995-1996년 중국의 대만해협 위기[3)]관리 실패의 교훈이 중국의 반접근/지역거부(A2/AD: Anti-Access/Area Denial)[4)]전략 발전에 큰 영향을 미쳤다.

21세기 중국이 미국에 대응하기 위해 추구하는 A2/AD전략과 해군력 강화는 역사적으로 미국의 항모전투단을 포함한 해군력 개입으로 강압외교 수행에 실패했던 1958년 위기와 1995-1996년 대만해협 위기가 가장 큰 영향을 미쳤다. 최근 많은 중국 군사전문가들은 중국의 해군력 증강과 장거리 작전능력 향상으로 대만해협을 포함한 주요 해역에서의 위기 발생 시 미국의 인도·태평양전략과 중국의 A2/AD전략

---

2) Graham Allison, *Destined for War* (Boston: Mariner Books, 2017), pp. 152-153.

3) 3차 대만해협 위기 발생원인과 교훈에 대한 자세한 내용은 Robert S. Ross, "The 1995-96 Taiwan Strait Confrontation: Coercion, Credibility, and the Use of Force," in Robert J. Art and Patrick M. Cronin(eds), *The United States and Coercive Diplomacy* (Washington, D.C.: US Institute of Peace Press, 2003), pp. 255-274 참조.

4) 중국은 대만해협 위기 이후 미국해군 전개를 차단하기 위해 A2/AD 작전능력을 향상시켜야 하며, 해군 현대화가 중요하다는 것을 깨달았다. US Department of Defense(DoD), *Annual Report to Congress on Military and Security Developments Involving the People's Republic of China 2011 (hereinafter 2011 CMSD)* (Washington, D.C.: DoD, 2011), p. 57.

은 충돌이 불가피할 것으로 보고 있다.

그리고 제1차 세계대전 이후 미국 주도의 세계 질서가 테러 등 지정학적인 긴장과 분쟁 고조로 무너지면서 2025년경에는 신(新) 지정학(New Geo-politics)이 대두될 것으로 예측된다.[5] 본 장의 목적은 중국의 군사전략과 해양전략 추이를 분석하여 2021년을 전망하고 한국의 대응 방향을 도출하는데 있다.

제2절 군사전략과 해양전략 추이

1. 군사전략

1) 국가안보정책 기조와 국방정책

과거 중국의 외교는 세로와 가로로 연대해 자신을 위협하는 상대에게 맞서는 전략인 합종연횡(合從連橫)과 먼 곳과 유대를 맺어 가까운 적에게 대응하는 방식인 원교근공(遠交近攻)이었다. 이러한 외교전략은 유연한 시야로 멀리 내다보는 장점이 있으며, 줄 것은 주고 받을 것은 받으며 주변과 느슨하게 교류하는 기미(羈縻)의 방식 또한 그 노력의 산물이었다. 중국은 개혁·개방 이후 독립자주와 평화라는 원칙으로 외교의 틀을 구성했다. 시진핑 집권 전까지 중국이 유지해 온 외교전략의 근간은 실용적이었던 덩샤오핑(鄧小平)이 내세운 도광양회(韜光養晦)였다. 즉, 자신이 가진 장점의 예리한 빛을 감추고, 자신의 약점을 잘 보완하자는 흐름이었다. 그러나 시진핑이 등장하면서 외교전략이 '제가 할 일을 주도적으로 한다(主動作爲)'에서 '떨쳐 일어나 뭔가 이루자(奮發有爲)'로 바뀌더니 이제는 미국과의 패권 경쟁에 도전하면서 역내 안보의 불안정성이 높아지고 있다.

시진핑 주석과 중국 지도부는 국가목표인 소강사회(小康社會) 건설 등 중국몽(中國夢) 실현을 목적으로 국가전략과 국가안보전략을 설정하고 대규모 조직 개편을 단

5) European Strategy and Policy Analysis System(ESPAS), *Global Trends to 2030: Challenges and Chances for Europe* (April 2019); U.S. National Intelligence Council(NIC), *Global Trends 2025: A Transformed World* (December 2008); and U.S. NIC, *Global Trend 2020: Mapping the Global Future 2020* (December 2004).

행했다. 국가안보의 최상위 조직으로 중앙국가안전위원회를 설치하고 새로운 안보정세 변화와 도전에 대처하기 위한 중국 공산당의 국가안보전략으로 아시아 신안보관과 총체국가안보관(總体國家安保觀)을 제시하였다. 시진핑의 국가안보전략은 서방의 전통적 안보개념과 상당히 다른 특징을 보이고 있다.

〈표 2-1〉 중국의 21세기 국가안보전략 및 군사전략 변화

구 분		내 용		
		장쩌민(1989-2002)	후진타오(2002-2012)	시진핑(2012-현재)
국가발전전략		유소작위(有所作爲)	화평굴기(和平崛起)	분발유위(奮發有爲)
		• 3개 대표론(三個代表論) ① 자본가: 선진 생산력 발전 - 개혁개방, 생산력 극대화 ② 지식인: 선진문화발전 - 중국특색의 사회주의 문명 건설 ③ 인민(노동자·농민) - 인민의 생활 수준 향상	• 화해사회(和谐社会) - 개혁개방 후 발생한 문제점 해결 - 조화를 이루어 발전하는 사회건설 • 과학적 발전관 - 인간 중심의 발전, 균형적 발전 - 지속 가능한 발전	• 신 안보관 및 총체국가안보관(總體國家安保觀) - 중국몽(中國夢) - 강군몽(强軍夢)
군사전략		첨단기술 조건하 국부전쟁	정보화 조건하 국부전쟁	신시대 적극방어 전략 (정보화 조건하 국부전쟁)
		• 첨단 기술(핵포함) 억제·대응 • 군구 중심의 전쟁 수행 * 배경: 걸프전 후 첨단전쟁 판단, 선진국 군대와 격차 최소화	• 정보화 전투력 활용 • 기습과 충격으로 적 제압 • 적 전쟁의지 우선 마비 * 배경: 이라크전을 통한 미래전 양상 확인	• 국방 현대화를 위한 중국 특색의 강군 지속 추구 * 배경: 미국의 아태지역 군사동맹 강화, 군사력 증강
해양전략	명칭	근해방어	근해방어	근해방어·원해호위
	목표	근해 해양통제권확보	근해 해양통제권확보	• 완벽한 근해 해양통제 달성 • 원해활동범위 확대 보장
	수단	• 제1-3선 방어 전력 * 잠수함, 구축함, 호위함, CDCM, 항공기 등	• 제1-3선 방어 전력 * 잠수함, 구축함, 호위함, CDCM, 항공기 등	• 핵억지력: SSBN • 원양함대: 항모, 구축함, 강습상륙함, 항공기 • 인공섬(군사시설)·해외 군사기지 건설
	특징	근해작전능력 확보 및 원해 작전기반 구축기	현대화 및 원해작전능력 향상기	대양해군 건설기

출처: 『중국 국방백서』 등을 토대로 저자 작성

중국은 중국몽을 구현하기 위해 견고한 국방과 강력한 군대의 건설 등 강군몽(强軍夢)을 국가 현대화의 전략적 임무로 규정하고 있다. 국방정책의 목표와 임무로 국가의 주권·안전·발전의 이익 보호, 사회의 조화와 안전 보장, 국방개혁과 군대의 현대화 추진, 세계의 안정과 평화 확보 등을 언급하고 있다. 특히, 중국은 <표 2-2>에서처럼 국방과 군 현대화 건설 3단계 발전전략을 추진 중이며, 2050년까지 세계 일류 군대를 육성한다는 목표를 수립하여 실천하고 있다. 특히 시진핑 시기 중요한 국방 현대화 목표 중의 하나로 중국은 '지능화 군대'를 추구하고 있다.

군사적 측면에서 중국은 지난 20여 년간 높은 국방비 증가율을 유지하면서 군사력을 강화하고 있다. 특히, 중국은 홍콩의 민주화 운동을 적극적으로 관리하면서 대만 문제를 국가 주권과 관련 핵심사안으로 중시하고 군사력 강화의 명분으로 활용해 왔다. 또한, 중국군은 합동작전 능력 향상, 원거리에 대한 전력투사 능력 강화, 실전적인 훈련, 고도의 정보화 능력을 갖춘 인재 확보·육성, 중국 내 방위산업기반의 향상 및 법에 입각한 군 통치를 관철하기 위해 노력하고 있다.

최근 중국은 동중국해와 남중국해의 해역 및 공역에서 활동을 확대하고 있다. 특히, 해양에서 이해대립 문제를 둘러싸고 힘에 의한 현상 변화을 시도하는 등 고압적인 대응을 지속하고 있으며, 자국의 일방적인 주장을 타협 없이 실현하려는 자세를 보이고 있다. 이러한 중국군 동향은 군사·안보의 투명성 결여와 함께 역내 국가들의 우려 요소가 되고 있으며, 향후 큰 관심을 가지고 이를 주시해 나갈 필요가 있다.

〈표 2-2〉 중국의 국방과 군 현대화 건설 3단계 발전전략

단 계	연도	내 용
1단계	2020년	정보화 및 기계화 기본적 실현
2단계	2035년	국방 및 군 현대화 실현
3단계	2050년	세계 일류 군대 육성

2) 군사전략

중국 군사전략 사상의 핵심은 적극방어(積極防禦)다. 적극방어전략은 '전쟁 초기에는 전략적 방어로 지구전(持久戰)을 수행하면서 점차적으로 적의 우세한 전투력을

소모시키고, 결정적 시기를 선택해 방어를 공격으로 전환함으로써 최종적인 승리를 거두는 전략'을 말한다. 중국은 1956년부터 지금까지 일관되게 '적극방어'를 군사전략의 핵심사상으로 채택해 오면서, 국제정세와 전쟁 양상의 변화, 국가발전전략의 필요에 부응하기 위해 군사대비 중점을 수정했다. 장쩌민 주석은 1993년 걸프전의 교훈을 바탕으로 '일반 조건하에서의 국지전 승리'를 '첨단 기술 조건하에서의 국지전 승리'로 수정했다. 그리고 후진타오는 '정보화 조건하에서의 국지전 승리'로, 시진핑 주석은 '정보화 국지전 승리' 사상을 이어오고 있다.

중국은 미국 군사력의 남중국해를 포함한 서태평양으로의 접근 및 거부를 위해 A2/AD전략을 추진하고 있다. 반접근(A2: Anti-Access)전략은 중국이 본토로부터 원거리에 있는 오키나와 등 미국의 전진기지나 항모강습단 공격 능력을 확보하여 미군 전력이 인도양을 포함하는 서태평양 해역으로 접근하는 것을 지연시키거나 원하는 장소에서 작전하는 것을 방해하여 원거리에서 기동하도록 강요하는 것이다. 중국의 이러한 전략적 의도는 미국 태평양 사령관 키팅 제독이 2007년 5월 중국 방문 시 중국군 고위급 장교가 '향후 하와이를 경계로 태평양을 양분(하와이 동쪽은 미국이, 하와이 서쪽은 중국이 관리)하자'[6]는 제의에서도 알 수 있다.

지역거부(AD: Area Denial)전략은 대만해협이나 동·남중국해 등에서 분쟁 시 중국이 미국 동맹·우방국의 '행동의 자유(Freedom of Action)' 또는 '자유로운 군사행동(Freedom of Military Action)'을 차단함으로써 일정한 지역에 개입하지 못하도록 거부하는 것이다.[7]

2012년 집권한 시진핑 주석은 중국 특색의 사회주의·국가이익·평화발전 노선

---

6) Keating 제독은 2008년 3월 미국 의회 상원공청회에서 상기 내용을 언급함. Ken Moriyasu, "For U.S. Pacific showdown with China a Long Time Coming," *Nikkei Asian Review*, October 29, 2015.

7) A2/AD전략은 중국이 사용한 전략 용어가 아니며, 중국은 외부세력에 부당한 간섭(Intervention)을 저지한다는 의미에서 '반개입(反介入)'이라는 표현을 종종 사용하였다. A2/AD전략 개념은 미국 내 중국 전문가들이 미국의 전력투사에 대한 중국의 대응전략을 연구하는 과정에서 사용하였으며, 이란에 대해서도 A2/AD전략 용어를 사용 중이다. A. F. Krepinevich, *Why AirSea Battle?* (Washington, D.C.: Center for Strategic and Budgetary Assessments, 2010), pp. 8-11; Jan van Tol, et al., *AirSea Battle: A Point-of-Departure Operational Concept* (Washington, D.C.: Center for Strategic and Budgetary Assessments, 2010), pp. 17-48; Ronald O'Rourke, *China Naval Modernization: Implications for U.S. Navy Capabilities-Background and IsSues for Congress* (Washington, D.C.: Congressional Research Service, 2011), p. 89 등을 참조.

에 맞추어 적극방어전략을 지속 견지하고 발전시켜 나가는 가운데 군사전략의 세 가지 중점을 하달했다. 첫째, 군사대비태세의 중심점을 조정한다. 전쟁 양상의 변화와 안보 상황 변화에 맞추어 전쟁 준비의 중심점을 '정보화 국지전 승리'에 두고 해상 및 공중을 포함한 전군 준비태세를 유지하며, 위기를 효과적으로 통제하면서 국가의 영토주권과 안보를 수호한다.

둘째, 기본작전사상을 혁신한다. 각 분야별 안보위협과 군대의 실질적인 능력에 근거해 '민첩한 기동·자주적 작전' 원칙을 견지하고, 각 군 및 각 병과의 통합 작전 역량을 운용하는 '정보주도 → 정밀타격 → 합동작전 승리'의 체계적인 작전을 실행한다.

셋째, 군사전략의 내용 구성은 ① 중국의 지정학적 전략환경, 직면한 안보위협, 군대와 전략 임무에 근거해 '전체 총괄·권역별 책임·상호협업·상호일체'가 되는 전략 배치 및 군사력 운용 방침을 수립하고, ② 우주와 사이버 공간 등 새로운 안보 영역에서의 위협에 대응해 공동의 안전을 수호하며, ③ 해외이익과 관련된 국제안보 협력을 강화해 영토 외에서의 이익과 안전을 수호하는 것이다.

시진핑 주석은 2015년 5월 중국 국방백서인 『중국의 군사전략(원제: 中國的軍事戰略)』을 통해 '적극방어 군사전략' 하에서의 군사대비 중점을 '정보화 국지전 승리'로 전환했다.[8] 이것은 현대전의 양상이 '정보화' 전쟁으로 변했다는 점을 고려한 조치이며, 향후 중국의 국방·군대건설에 있어서 지표를 제시한 것으로 평가된다. 그리고 2019년 7월 10번째 국방백서인 『신시대의 중국국방(원제: 新時代的中國國防)』을 발표했는데 이것은 2015년 말부터 진행되고 있는 군 개혁이 어느 정도 성공을 이룬 것으로 평가된다.[9] 특히 중국은 새로운 강군 목표 실현과 정보화전에서 승리하기 위해 군사개혁을 추진하면서 각 군에게 새로운 역할을 요구하고 있다.

또한, 2019년 국방백서는 시진핑 주석이 군을 장악하고, G2로 부상한 중국의 위상을 대내적으로 과시하며 미·중 무역분쟁이 지속되는 시점에서 중국의 군사력을 과시하려는 목적 등을 지닌 것으로 보인다. 21세기 중국의 방어적 국방정책의 근본 목표는 주권과 안보, 경제발전 이익의 수호이다. 이를 위해 중국은 영원히 패권을 추구하지 않고 영토확장을 도모하지 않으며 군사적 세력균형을 추구하지 않을 것이라

8) 中國人民共和國國務院新聞辦公室, 『中國的軍事戰略』, 2015年 5月 26日.
9) 中國人民共和國國務院新聞辦公室, 『新時代的中國國防』, 2019年 7月 24日.

언급하였고, 적극방어 개념의 '신시대 군사전략방침'을 수립하여 국방 및 군 현대화를 위한 중국 특색의 강군의 길을 지속적으로 추구하고 있음을 밝혔다.

〈표 2-3〉 정보화전 승리를 위해 각 군에 요구되는 새로운 역할

구분	과거 역할	새로운 역할
육 군	지역방어(군구 중심)	• 전략 기동군 • 입체적 작전 수행(군구 파괴)
해 군	근해방어	• 근해방어 • 원해호위 및 반격 능력 제고
공 군	국토방어	• 방어와 공격력 겸비 • 우주전력 확대 강화
로켓군	핵무기, 미사일, 로켓 운용	• 정밀 타격력 제고 • 정예화/효율화 실현

2. 해양전략 추이

현재 중국의 해양전략은 '근해방어(近海防禦)·원해호위(遠海護衛)'이다. 즉, 중국 해양전략은 근해에서 적극적으로 해양을 통제하고, 원해에서는 더 확장된 해양권익을 보호하며 근해분쟁 시 제3국의 개입을 거부하는 것이다. 따라서 중국의 해양전략은 다음 두 가지 목표를 가지고 있다. 첫째, 대만과의 분쟁 발생에 대비하는 것이다. 중국은 1996년 대만해협 위기 시 미국의 개입으로 위기관리 실패에서 많은 교훈을 얻었다. 최근 중국의 전략 목표는 동중국해와 남중국해에서 도서 분쟁 발생시 미국의 군사적 개입을 지연 또는 거부하는 능력을 갖추는 것이다. 둘째, 지역해군을 건설하기 위해 자국의 해상교통로를 보호하고 해외에 진출한 기업 및 자국민의 이익을 보호하는 데 목표를 두고 있다.10)

특히, 중국은 2015년 국방백서에서 '근해방어·원해호위'전략을 강조하였는데 그 내용은 다음과 같다. 첫째, 지상군 중심의 전략사고에서 벗어나 해양경영과 제해권 유지를 중시해야 한다. 둘째, 국가안전 및 발전이익에 부합하는 현대 해상 군사역량체계를 건설하고, 국가주권 및 해양권익을 수호한다. 셋째, 해양 국제협력에 참여

10) 2020 CMSD, pp. 47, 164-166.

하여 해양강국 건설에 전략적 뒷받침을 제공해야 한다. 그리고 중국은 해군의 8대 임무를 통하여 근해를 적극방어하고, 제1도련선 내측을 내해화하며, 해양기반의 새로운 국가발전 전략을 추구하고 있다. 아울러 미국이 그동안 지배해 온 해양질서를 타파하고 해양강국의 위상을 확보하는 것이다.

최근 중국은 미국의 인도·태평양전략에 대응하기 위해 '양양(인도양·태평양)전략'을 추진하면서 바다와 육지로 영향력을 확대하는 중이다. 중국의 팽창은 일대일로전략을 바탕으로 서쪽으로 진출하고, 북쪽으로 화해하는 '서출북화(西出北和)'와 동쪽으로 입지를 다지고 남쪽으로 내려가는 '동립남하(東立南下)'전략을 구사하고 있다. 즉 북쪽의 러시아와는 냉전 시대에 쌓였던 모든 것을 화해하고 인도양에서 연합훈련을 하는 등 군사협력을 강화하고 있다. 서쪽으로는 미국이 인도양과 남중국해에서의 해상교통로 차단에 대비하여 카자흐스탄과 투르크메니스탄, 파키스탄을 관통하는 송유관을 건설 중이며, 동쪽으로는 남중국해와 동중국해 섬들에 대한 영유권과 해상교통로를 확보하기 위해 노력 중이다. 특히 남쪽으로는 미얀마, 스리랑카, 파키스탄 등에 항구를 확보하면서 남하하여 인도양 진출을 위한 교두보를 확보 중이다. 그리고 중국은 2015년에 발표된 국방백서에 '적극적 방어전략' 개념을 명시하고 기존의 방어위주 군사전략에서 중국의 해외이익과 권리확보를 위해 공세적 군사전략을 구사할 것을 천명하였다. 그러나 중국은 2019년 국방백서에서 중국 위협론을 일축하기 위해 국제사회에 공헌하고 있음을 강조하고 있으나,[11] 향후 미국과의 패권 경쟁에서 이기기 위해 적극적으로 군사력을 운용할 것이다.

중국은 미국이 동·남중국해 문제에 개입하지 못하도록 주요 전략을 수립 추진 중이다. 먼저, 중국은 미국의 제1·2도련선 접근 차단을 위해 제1·2도련선 방어개념을 보다 구체화한 해양방어권(Maritime Defense Layer)을 운용 중이다.[12] 제1해양방어권은 연안으로부터 540-1,000해리, 즉 제2도련선을 연하는 해역이다. 이 방어권은 말레이시아와 필리핀, 일본, 대만이 포함되는 해역이며 대함탄도미사일 '둥펑(東風·DF)-2과 핵잠수함이 주된 방어 수단이다.

제2해양방어권은 연안으로부터 270-540해리, 즉 제1도련선을 연하는 해역이다.

---

11) 박응수, "2019 중국국방백서 평가와 함의," 『해양전략』, 제183호 (2019년 9월), pp. 3-7.
12) U.S. Office of Naval Intelligence(ONI), *The PLA Navy: New Capabilities and Missions for the 21st Century* (Washington, D.C.: ONI, April 2015), pp. 6-7.

이 방어권은 베트남과 일본의 오키나와를 잇는 해역이며 잠수함, 수상함, 항공전력이 주요 수단이다. 제3해양방어권은 연안으로부터 270해리 떨어진 해역이다. 이 방어권은 한국으로서는 민감할 수밖에 없는 한국과 대만을 잇는 해역이다. 이 해역에서는 수상함과 잠수함, 항공기, 해안방어 순항미사일(CDCMs: Coastal Defense Cruise Missiles) 등이 효율적인 방어 수단이다.

〈그림 2-1〉 중국해군의 해양방어권 개념도

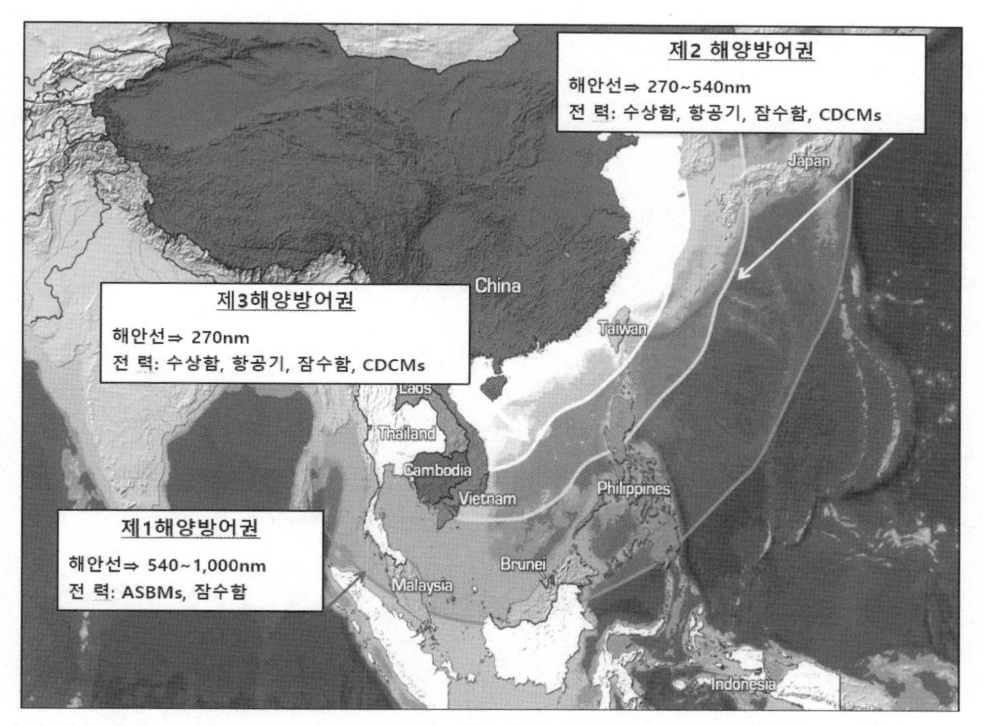

출처: U.S. Office of Naval Intelligence(ONI), *The PLA Navy: New Capabilities and Missions for the 21st Century* (Washington, D.C.: ONI, April 2009), p. 8.

중국해군의 해양방어권 개념은 미국해군의 다층방어 개념과 유사하나 현 중국해군의 능력을 고려하면 모든 방어권 내에서의 동시 작전 수행은 아직도 한계가 있다. 그러나 중국의 해군력 현대화 계획이 어느 정도 마무리되는 2020년 이후가 되면 미국 해군정보국에서 제시한 제1·3해양방어권을 동시에 방어한다는 전략이 현실화될 가능성이 있다.

중국은 미국의 인도·태평양전략을 견제하기 위해 해외기지 확보는 물론 남태평양으로도 적극 진출 중이다. 특히 중국은 2017년 8월 지부티기지 건설 후, 동 기지는 '국제평화를 위한 인도주의 목적으로 사용될 것'이라고 밝혔다. 중국은 지난 2년 동안 지부티기지에 헬기 계류장, 군용부두 등을 건설했고, 최근에는 보류 중인 Liaoning항모가 전개될 수 있도록 부두를 400m로 확장 중이며, 군용기 이착륙을 위한 활주로를 건설할 것으로 알려졌다. 특히 지부티기지는 미국 레모니어기지로부터 약 13km 떨어져 있어 전략적 요충지인 지부티가 강대국의 각축장이 되고 있다.13)

중국은 오랫동안 인도양에 진출하기 위한 전진기지 확보를 위해 노력해왔다. 최근에는 일대일로전략과 연계하여 부두는 물론 인공섬까지 건설 중이다. 이러한 중국의 해외기지 확보로 미국의 인도양 전진을 견제하는 것은 물론, 경쟁국인 인도의 해군력 증강 대비 목적도 강하다. 현재 중국은 과거부터 진주목걸이전략을 바탕으로 파키스탄·방글라데시·스리랑카·바누아투 등에 군사 목적으로 쓰일 부두를 확보했거나 건설 중이다.

〈그림 2-2〉 중국이 미국을 견제하기 위해 설계 중인 제3·4·5도련선

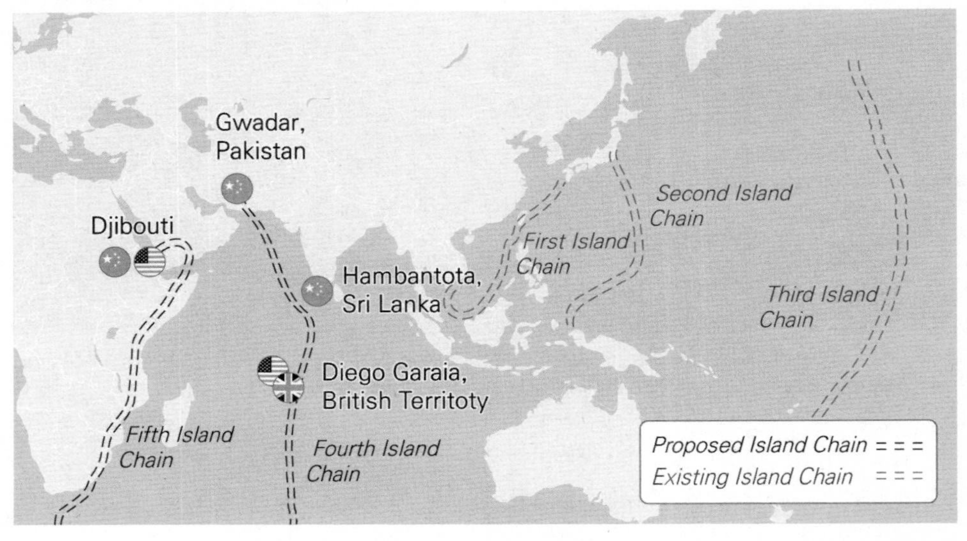

출처: Wilson Vorndick, "China's Reach has grown," *Asia Maritime Transparency*, October 22, 2018.

13) "중, 첫 해외기지 지부티에 항모 수용 군항 건설," 『국방일보』, 2019년 12월 13일.

최근 일부 중국 전문가들은 중국이 <그림 2-2>에서처럼 미국의 서태평양으로의 진출을 견제하기 위해 남태평양으로 진출하면서 제3도련선을, 그리고 미국이 인도양을 거쳐 아프리카로 전진하는 것을 차단하기 위해 제4·5도련선 전략을 추진 중이라고 분석하고 있다. 제4도련선은 파키스탄의 과다르항부터 인도의 서쪽 연안-스리랑카의 함반토타(Hambantota)-영국령 디에고 가르시아의 미군기지를 연결하는 선이다. 특히 제4도련선은 중동에서 분쟁 시 중요한 요충지인 디에고가르시아의 미군기지를 견제하겠다는 전략적 의도가 있다. 제5도련선은 지부티의 타주라(Tadjoura)해로부터 아덴만을 거쳐 Horn of Africa로 연하는 선으로 지부티에 있는 미군기지와 미군의 사우디 지원을 견제하려는 의도다.

제3절 2020년 전력증강 동향

1. 전력증강 방향

최근 중국해군은 서태평양에서 미국해군의 자유로운 해양활동을 차단하고 해상통제권 장악은 물론, 필요시 대만해협에 대한 강압외교를 수행하기 위해 항모전투단, 해군의 비대칭전력인 대(對)위성무기체계(ASAT: Anti-Satellite),[14] 전략핵잠수함(SSBN), 공격핵잠수함(SSN), 로켓군에서 운용하고 있는 DF-21 ASBM 등의 전력을 강화하고 있다.[15] 중국의 이러한 전력증강은 1995-1996년 대만해협 위기시 미국이 항모전투단을 전개시켰다는 점을 고려하여 시·공간적 제한사항 속에 미국 군함과 항공기의 항행의 자유 작전 등을 차단하는데 있다. 미국 국방성은 중국이 제1도련선 내에서 미국해군을 차단할 수 있는 능력을 갖추었으며, 서태평양으로 그 능력을 확대하고 있는 것으로 분석하고 있다.[16]

14) 중국의 ASAT 계획에 대한 자세한 내용은 "Chinese Anti-Satellite[ASAT] Capabilities," http://www.globalsecurity.org/space/world/china/asat.htm(검색일: 2019.5.12) and "Submarine ASAT," *The Washington Times*, January 18, 2008 등을 참조.

15) US Congress US-China Economic and Security Review Commission, *Hearing on China's Military Reforms and Modernization* (February 15, 2018), pp. 181-182.

16) *2019 CMSD*, p. 54.

중국해군은 1980년대 덩샤오핑과 류화칭 제독[17](해군사령원/한국해군의 참모총장과 동일 직책)이 제시한 '근해적극방어(Offshore Active Defense)전략'의 큰 틀 안에서 발전하고 있다. 초기, 즉 중화인민공화국이 탄생한 1949년부터 1991년 소련 붕괴 전까지 소련의 지상군 위협에 대응하면서 해군은 연안방어에 중점을 두었다. 최근 중국은 <표 2-4>에서처럼 3단계 계획에 따라 해군력을 발전시키고 있다.

〈표 2-4〉 중국해군의 3단계 발전계획

기 간	발전개념	세부내용/주요 전력
제1단계 (1985-2000)	제1도련 선내 해역 '근해적극방어' 능력확보	• 해군 현대화를 통해 작전반경을 확대, 남사군도와 같은 주권분쟁 해역에 대비 • 근해의 해상교통로 보호 능력 확보 ※ 주요전력: Luda급 구축함, Kilo급 잠수함
제2단계 (2001-2020)	제2도련 선내 해역 A2/AD 능력확보	• 경(輕)항모 확보, 항모전단을 창설·운용 • 작전 범위를 제2도련선까지 확대 ※ 주요전력: Jin급 SSBN, Shang급 SSN, Kilo·Song· Yuan급 SS, Liaoning항모, Luyang-III급 구축함, Renhai급 순양함 등
제3단계 (2021-2050)	제2도련 선밖 해역 '원해호위' 능력확보	• 근해·원해호위 능력을 바탕으로 원거리 해상교통로 보호 • 미국에 대응하는 해양국가로 성장 ※ 주요전력: Jin급·096형(신형) SSBN, Shang급 SSN, Yuan급 SS, Shandong함 등 자체 건조 항모,[18] Luyang-III급 구축함, 055형 순양함 등

첫 번째 단계는 류화칭 제독(1916-2011년)이 해군사령원을 마치고 중앙군사위원회 위원으로 임명된 1988년부터 2000년까지의 기간으로, 제1도련선(First Island Chain)에 포함된 서해·동중국해·남중국해를 근해(Near Seas)로 구분[19]하고 '근해적

17) 류화칭(劉華淸) 제독은 해군사령원으로 재직 시 중국의 해양전략을 보다 적극적인 개념으로 발전시켰으며, 항공모함 확보의 기반을 마련했다. 류제독의 전략사상에 대한 자세한 내용은 그의 자서전을 참고할 수 있다. 劉華淸, 『劉華淸回憶錄』(北京: 解放軍出版社, 2004).

18) 중국해군은 영토와 해외이익을 보호하기 위해 서태평양과 인도양에 각각 2개의 항모강습단이 필요한 것으로 인식하고 5-6척의 항모를 건조할 것으로 보인다. Liu Xin and Liu Caiyu, "China Eyes Building more Aircraft Carriers," *Global Times*, April, 2017 및 "중국, 두 번째 항공모함 진수 예정," 『국방과학기술정보』, 제64호 (2017년 5-6월), pp. 64-65.

19) 중국은 해양영역을 근안(近岸)(inshore), 근해(近海)(offshore 또는 near seas), 중해(中

극방어전략'을 추구하던 시기다. 특히, 중국은 1990년대 이후 미국이 수행한 이라크전 등 주요 전쟁의 교훈을 통해 추진하고 있는 군사혁신과 군의 첨단화 흐름을 지켜보면서 중국군에 대한 '정보화'와 '비접근전(Non-Contact Warfare)'이라는 개념을 받아들였다. 중국군은 동 기간에 장거리 타격이 가능한 현대식 군사력 구축에 주안점을 두기 시작했다.[20]

두 번째 단계는 제2도련 선내 해역에 대한 'A2/AD' 능력을 확보하는 시기이다. 중국해군은 이미 운용 중인 Liaoning항모는 물론 자체 설계·건조한 Shandong항모를 확보한 시기다. 아울러 Jin급 SSBN, Shang급 SSN, Kilo·Song·Yuan급 SS 등이 주 전력으로 중요한 역할을 하고 있다. 동 단계에서 중국은 해군력을 증강하면서 가까운 바다에서의 해양분쟁(영토분쟁 포함)과 같은 전통적인 안보 문제와 경제발전에 따른 해양활동 증가에 따라 해상교통로(SLOC) 보호가 중요시되는 원해에서의 해적활동과 같은 비전통적인 안보위협 대비는 쉽지 않다는 것을 인식하게 되었다. 중국은 이러한 노력을 통해 작전 범위를 현재 분쟁 중인 남중국해를 포함한 필리핀해와 인도네시아 해역까지 확대하기 위해 노력하고 있다.

마지막 단계는 제2도련선 밖의 해역에 대한 '원해호위' 능력을 확보하는 시기이다. 이 시기에 중국해군은 자체 건조한 Shandong함 등 항모전투단을 이용하여 자국의 해양이익 보호를 위해 보다 적극적으로 활동하게 될 것이다. 그리고 현재 건조 중인 중국형 이지스함(055형)(서양에서는 순양함 또는 대형 구축함으로 명명)[21]과 Shang급 SSN 등이 항모전투단을 보호하게 될 것이다.

海)(middle seas)와 원해(遠海)(far seas 또는 more-distant waters)로 구분하여 사용하고 있다. 여기서 근해는 제1도련선에 포함되는 서해, 동중국해, 남중국해를 포함하는 해역이다.

20) 중국해군의 해양전략 개념 발전에 대한 자세한 내용은 김덕기, 『21세기 중국해군』(서울: 한국해양전략연구소, 2000), pp. 73-121 참조.

21) 055형함은 10,000-12,000톤으로 미사일탑재 구축함보다는 순양함으로 평가받고 있다. 보다 자세한 내용은 Jeffrey Lin and P. W. Singer, "China's Largest Surface Warship Takes Shape," *Popular Science*, October 20, 2016; *2016 CSMD*, p. 26; Ronald O'Rourke, *China Navy Modernization: Implications for U.S. Navy Capabilities* (Washington, D.C.: US Congressional Research Service, 2017), pp. 31-32; and 양욱, "거함거포시대 부활?: 동북아 최대의 수상 전투함, 055형 진수," 『해군』, 제419호 (August 2017), pp. 20-21 참조.

2. 전력증강 동향

최근 중국은 미국 항행의 자유 작전과 전방 세력 전개를 통한 인도·태평양에서의 영향력 차단을 위한 대칭·비대칭 전력을 강화하고 있다. 중국은 미국이 제1·2도련선 중간해역에서 우세한 전력을 현시하고 있다는 점을 고려하여 시·공간적 제한사항 속에 미국 군함과 항공기의 항행 자유 작전 등을 차단하기 위해 A2/AD전략의 핵심 수단인 잠수함, 수상함과 항공기, 대(對)수상함 순항미사일, 대(對)함탄도미사일 등과 같은 대칭/비대칭 수단을 강화하고 있다.[22)]

1) 잠수함 전력

중국이 A2/AD 구현의 핵심으로 증강 중인 전력은 잠수함이다. 중국의 SSN/SSBN 능력은 미국해군과 비교해 20년 정도 뒤져있으나 기술적인 격차는 조금씩 줄어들고 있다. 그러나 미국이 보유하지 못한 재래식 잠수함 전력은 장점이다. 최근 중국은 <표 2-5>에서처럼 2020년에는 70여 척을 보유 중이며, 그 중에서 약 80%인 60여 척이 현대식 잠수함이다.

핵추진공격 잠수함의 경우, Han급 후속으로 제2세대 SSN인 Shang급 7척을 보유하고, 개량형 Shang급 SSN은 건조 중이며, 총 8척을 건조할 계획이다. 그리고 Shang급 후속함인 제3세대 SSN인 095형도 건조 예정이다. 중국은 2020년 5월 Jin급 SSBN 2척을 건조하여 총 6척을 운용 중이며, 2척을 추가로 건조할 예정이다.[23)] 중국은 2030년까지 신형 JL-3 SLBM을 장착할 차기 SSBN인 096형을 포함하여 총 8척의 SSBN을 운용할 것이다.[24)]

재래식 잠수함의 경우, 1990년대 중반부터 2010년까지 러시아로부터 Kilo급 잠수함을 도입하고, 자체 설계한 Song급과 AIP를 장착한 Yuan급 잠수함을 건조하면서 재래식 잠수함 전력은 미국해군에 위협이 되기 시작했다. Yuan급은 현재 17척

---

22) 미국 해군정보국(Office of Naval Intelligence)이 하원군사위에 보고한 자료. U.S. ONI, "UPDATED China: Naval Construction Trends vis-à-vis U.S. Navy Shipbuilding Plans, 2020-2030," February 6, 2020.

23) Peter Suciu, "China Now Has Six Type 094A Jin-Class Nuclear Powered Missile Submarines," *National Interest*, May 6, 2020.

24) *Ibid.*

운용 중이며, 2025년까지 25척이 더 건조될 예정이다.[25)]

〈표 2-5〉 중국해군의 잠수함 전력증강현황, 1995-2020

구분(척수)		유형	톤수(수중)	보유 척수					ASCM/SLBM	사거리(km)
				1995	2000	2010	2015	2020		
전략 잠수함 (6)	SSBN (6)	Jin(晉)	8,000	-	-	2	4	6	• JL-2 (SLBM)	• 7,400-8,000
전술 잠수함 (62)	SSN (7)	Shang(商)	7,000	-	-	2	2	7	• YJ-82 • YJ-18	• 40 • 540
		Han(漢)	5,500	5	5	4	3	0	• YJ-82	• 40
	SSK (55)	Song(宋)	2,250		3	13	13	13	• YJ-82	• 40
		Ming(明)	2,113	10	19	19	19	13	-	
		Kilo	3,076	2	4	12	12	12	• SS-N-27	• 300
		Yuan(元)	3,600	-	-	2	12	17	• YJ-82	• 40
소 계				17	31	54	65	68		

참고: YJ는 Ying Ji(鷹擊), JL은 Julang(巨浪), SS-N-27 Sizzler는 3M-54E1(러시아제)을 의미. 대함순항미사일 ASCM은 Anti-Ship Cruise Missile, 잠수함발사탄도미사일 SLBM은 Submarine-Launched Ballistic Missile의 약어

출처: *Jane's Fighting Ships 2020*; *The Military Balance 1996-2020*; and Ronald O'Rourke, *China Naval Modernization* (2017-2020) 등.

중국은 2020년 총 68척(6 SSBN, 7 SSN, 55 SS)에서 2030년에는 76척(8 SSBN, 13 SSN, 55 SS)의 잠수함을 운용할 예정이다.[26)]

2) 항공모함 등 수상함

가. 항공모함

잠수함 다음으로 A2/AD전략 수행의 핵심전력은 항공모함, 중국형 이지스 구축함·순양함 등 수상함이다. 특히, 중국은 1995-1996년 대만해협 위기 이후 미국에

25) *2020 CMSD*, p. 45.

26) U.S. ONI(2020), *op. cit.*, p. 1.

대응하기 위해 항공모함이 절실하다는 것을 인식했다. 그러나 항모는 예산 등 국내 여건으로 수상함 중에서 가장 늦게 설계·건조되고 있는 전력이다.

〈표 2-6〉 중국해군의 수상함 전력증강현황, 1995-2020

유 형		톤 수	증강현황					ASCM	사거리(km)
			1995	2000	2010	2015	2020		
항모	Liaoning	67,500				1	1		
	Shandong	67,500					1		
순양함	Renhai[27]	12,000					7	• YJ-18A	• 537[28]
구축함	Luhu	4,600	1	2	2	2	2	• YJ-8 • YJ-83	• 40 • 120
	Hangzhou[29]	7,940	-	2	4	4	5	• SS-N-22	• 120 또는 • 240(개량형)
	Luhai	6,000	-	1	1	1	1	• YJ-8 • YJ-83	• 40 • 120
	Luyang-I	7,000	-	-	2	2	2	• YJ-83	• 120
	Luyang-II	7,000	-	-	2	5	6	• YJ-62	• 280
	Luyang-III	7,000	-	-	-	1	11	• YJ-18A	• 537
	Luzhou	7,000	-	-	2	2	2	• YJ-83	• 120
호위함	Jianghu	1,702	33	37	30	16	10	• HY-2	• 80
	Jiangwei	2,250	4	12	14	14	8	• YJ-8 • YJ-83	• 40 • 120
	Jiangkai	3,900	-	-	8	20	32	• YJ-83	• 120
	Luda	3,250	-	-	-	-	2	• YJ-8 • YJ-83	• 40 • 120

출처: *The Military Balance 1995, 2000, 2010, 2015 and 2020*; *Jane's Strategic Weapon System* 등 다수의 자료 이용 작성

27) 현재 7척 운용, 1척 건조 중임. "China's New Type 055 Warship Poses A Big Problem For America's Asian Allies," *The National Interest*, August 6, 2020.

28) YJ-18은 러시아제 SS-N-27을 모방해 만들었으며, 사거리가 약 540km로 종말단계(약 40km)에서는 마하 2.5-3의 속도로 수상함 표적에 접근하므로 대응이 어렵다. YJ-18은 중국

현재 중국해군이 운용 중인 Liaoning항모는 1998년 우크라이나로부터 구매한 후 2002년부터 다롄조선소에서 개보수를 거쳐 2012년에 실전 배치되었다. 중국은 2019년 12월 17일 최초의 독자 기술로 Liaoning항모를 모방하여 설계·건조한 두 번째 항모 Shandong함(002형)은 2020년 10월 전력화를 마무리하고, 2020년 말에 실전 배치될 예정이다.[30] 그리고 Liaoning함은 J-15 함재기를 26대, Shandong함은 40여 대의 항공기(전투기 36대 포함)를 탑재할 수 있어 공격력이 크게 향상된 것으로 알려져 있다. 또한, 세 번째 항모(003형)는 재래식 추진으로 현재 건조 중이며, 2024년에 배치될 것으로 보인다.[31] 동 항모는 만재톤수가 8-8.5만톤으로, 함재기의 작전 거리 및 무장 중량을 키우기 위해 전자식 사출장치(EMALS: Electromagnetic Aircraft Launch System)가 장착될 예정이다.

그리고 네 번째 항모(004형)는 만재 톤수 9-10만톤으로, 핵추진이며[32] 2021년 초에 건조가 시작될 예정이었으나, 예산과 기술적인 문제로 지연될 것 같다.[33] 중국은 2030년까지 4-6척의 항모를 건조할 계획이며, 4-6개의 항모전투단을 운용할 예정이다.

나. 구축함 등 수상함

중국해군은 1990년대 초부터 새로운 형의 수상함을 건조해 왔으며, 그 중에서도 중국형 이지스함인 Luyang-III 구축함, Renhai급(055형)(1번 Nanchang(南昌)함) 순양함이 주 전력으로 운용되고 있다.[34] 특히, 서양에서 전함 또는 순양함으로 부르고 있

해군의 대(對)수상함전 능력을 크게 향상시켰으며, 중국형 이지스함인 Luyang-III 구축함에 탑재되어, 현재 건조 중인 055형 이지스 순양함에도 장착되었다. Ronald O'Rourke, *China Naval Modernization* (2020), p. 9.

29) 중국이 러시아로부터 도입한 Sovremenny급 구축함을 중국식으로 명명함. Sovremenny-I은 사거리 120km SS-N-22A, Sovremenny-II는 사거리 240km인 개량형 SS-N-22B를 장착함.

30) Leng Shumei, “China's 2nd Aircraft Carrier Shandong Completes Testing, Training Mission, to be Combat-Ready by Year-End,” *Global Times*, October 27, 2020.

31) U.S. ONI(2020), p. 4.

32) Jeffrey Lin and P.W. Singer, “A Chinese Shipbuilder Accidentally Revealed Its Major Navy Plans,” *Popular Science*, March 15, 2018.

33) Minnie Chan, “Chinese Navy Set to Build Fourth Aircraft Carrier, but Plans for a More Advanced Ship Are Put on Hold,” *South China Morning Post*, November 28, 2019.

34) 중국형 이지스 구축함에 대한 자세한 내용은 김덕기, “중국 북해함대에 이지스 구축함 최초 배치가 주는 전략적 함의,” 『한국해양안보포럼 E-저널』, 2017년 4월, pp. 2-3.

는 Renhai급 순양함은 만재톤수 1-1.3만톤으로 미국의 Ticonderoga급 순양함 10,100톤 및 Arleigh Burke급 구축함 9,300톤 보다 크며, 3척을 보유 중인 Zumwal t급(DDG-1000) 15,600톤 보다는 작다.[35] 현재는 총 8척을 건조할 예정이며, 1번함은 2020년 1월 12일 취역된 후 작전 운용 중이며, 현재 7척이 시운전 중이거나 건조 중이다. 7번함은 2020년 5월 해군에 인도되었고, Renhai급 Flight I의 마지막 함인 8번함은 2020년 8월 30일 진수되어 건조 중이다.

〈표 2-7〉 한국-미국-일본-중국해군의 이지스함 능력 비교

구 분	전장(m)	만재 톤수	레이더	VLS
중국, Luyang-III급(구축함)	157	7,500	Type 346A	64
중국, Renhai급(순양함)	180	13,000	Type 346A	112
일본, Atago급	164.9	10,000	SPY-1D(V)	96
일본, Maya급	169.9	10,250	SPY-1D(V)	96
일본, Kongo급	161	9,637	SPY-1D	90
미국, Arleigh Burke(IIA)급	155.3	9,426	SPY-1D(V)	96
한국, Sejong the Grea t급	165.9	10,000	SPY-1D(V)	128

출처: *The Military Balance 2020* and other sources.

중국형 이지스 구축함인 Luyang-III(052D형)는 7,500톤(만재톤수)으로 면배열 레이다와 수직발사대를 장착한 최초의 구축함이다. 2020년 8월 30일 25번째 Luyang-III Flight I의 마지막 함이 진수되었다. 따라서 향후 4-5년 내에 중국은 39척의 중국형 이지스 구축함을 운용할 예정이다.[36]

프리깃(Frigate)함으로는 1990년대 초부터 다양한 유형의 프리깃함을 건조해 왔다. 최신형 Jiangkai-II급(054A형) 프리깃함은 4천 톤으로, 2008년부터 2019년까지 3척이 건조되어 작전 운용 중이다.[37] 그리고 신형 콜벳(Corvette)함인 Jiangdao

35) Sidharth Kaushal, "The Type 055: A Glimpse into the PLAN's Developmental Trajectory," *Royal United Services Institute (RUSI)*, October 19, 2020.

36) Rick Joe, "The Chinese Navy's Destroyer Fleet Will Double by 2025. Then What?," *Diplomat*, July 12, 2020 and Kris Osborn, "Double the Destroyers: China Will Soon Have Almost 40 of These Modern Warships," *National Interest*, July 17, 2020.

급(056형)은 1,500톤으로 4개의 조선소에서 다수의 함정을 건조 중이다. 2013년에 1번함이 건조된 이후 2019년까지 42척 이상 건조되어 실전 배치되었으며, 약 70여 척이 건조될 것으로 예상된다. 42·43번 콜벳함이 작전 배치되었으며, 15척이 건조되고 있다.

3) 항공전력 증강

중국은 서태평양에서 미국의 접근 차단을 위해 해군 항공기의 장거리 작전능력을 지속 발전시켜 왔다. 중국의 또 다른 해군의 A2/AD 전력인 항공전력은 두 가지 임무, 즉 ① 공중우세와 ② 대(對)수상함전으로 구분된다.[38] 중국해군의 항공모함 탑재 함재기는 미국과 많은 수준 차이가 난다.

중국해군은 1996년까지 전술항공기의 75%가 제2세대였으나, 2010년에는 전투기의 85%가 제3세대, 2020년에는 제3세대인 JH-7이 주력이지만 절반 이상이 제4세대 전력이다. 향후 중국해군은 러시아 Su-33기를 기초로 J-15기와 Su-30MK2를 기반으로 개발한 J-16기가 주요 전력으로 운용될 것이다.[39]

중국의 함재기 최초 버전은 J-15(Flying Shark)로 러시아의 Su-33 Flank기를 모방하였으며, 사출기보다는 스키점프를 이용하여 이륙하는 항공기다. 중국은 J-15 함재기의 제한사항을 극복하기 위하여 제5세대 J-20 스텔스 전투기 또는 제5세대 J-31 스텔스 전투기를 개발 중이다.[40] 그리고 항모 탑재용 조기경보기로 미국해군의

---

37) Rick Joe, "What Will the Chinese Navy's Next Frigate Look Like?," *The Diplomat*, May 15, 2020.

38) H-6G 폭격기는 중국공군에서 운용 중인 H-6K로 대체될 것이다. *Jane's All the World's Aircraft* (October 2014); "Xian H-6," https://en.wikipedia.org/wiki/Xian_H-6(검색일: 2017.9.2); and "H-6D Bomber," http://www.globalsecurity.org/military/world/china/h-6d.htm(검색일: 2020.9.2).

39) Mike Ywo, "No SLowdown for China's Navy Aspirations," *Defense News*, January 23, 2018; "PLA Navy to Streamline Pilot Training as More Aircraft Carriers Expected," *Global Times*, January 8, 2018; and Minnie Chan, "Chinese Navy Trains More Fighter Pilots for Expanded Aircraft Carrier Fleet," *South China Morning Post*, January 2, 2018.

40) Kris Osborn, "Is China Building Its Own F-35 Fighter Jets for its Aircraft Carriers?" *National Interest*, July 3, 2020; Caleb Larson, "FC-31: China's Next Carrier Jet is Stolen and Stealthy," *National Interest*, April 18, 2020; Sebastien Roblin, "China's New Aircraft Carriers Are Getting Stealth Fighters," *National Interest*, October 26, 2019; Rick Joe, "Beyond China's J-20 Stealth Fighter,"

E-2 Hawkeye AEW와 유사한 KJ-600기와 스텔스 드론 등도 개발 중이다.

〈표 2-8〉 중국과 미국해군의 신형 함재기 성능 비교

구 분	중국	미국	
	J-20	F-35B	F-35C
형 상			
기장×기폭×기고	20.4×13.5×?m	15.61×10.67×4.36m	15.7×13.1×4.5m
최대속도	마하 2.55	마하 1.6	
최대 이륙중량	37,013kg	27,220kg	31,752kg
무장탑재 능력	8,165kg	6,804kg	8,185kg
작전반경	1,200nm(약 2,000km)	450nm(834km)	600nm

출처: 미국 의회보고서 등 다양한 자료 이용 비교 작성

4) 강압외교 수단으로 전술·탄도미사일 능력 강화

중국은 2015년 말부터 추진되고 있는 군사개혁으로 재탄생된 제4군종인 로켓군도 육군 및 공군과 함께 강압외교의 주요 수단으로 해군지원이 가능한 전력이다. 로켓군은 해양우세권 장악을 지원하기 위해 지상에서 방공미사일을 운용하거나 1995-1996년 대만해협 위기 때처럼 중·단거리 미사일로 해상의 핵심표적 타격 임무를 수행할 수 있다.

로켓군은 <표 2-9>에서처럼 함정과 지상표적 공격이 가능한 중·단거리 순항·탄도미사일을 개발·배치하고, 해양분쟁 시 대만해협 등 중국의 관심해역으로 진입하는 적대국 함정과 도서기지도 타격할 수 있다. 특히, 중국이 개발·완료하여 실전 배치한 것으로 알려진 DF-21D ASBM은 최대 사거리가 약 1,700~2,000km로 해상에서 이

Diplomat, September 20, 2019; and Minnie Chan, "China's Navy 'Set to Pick J-20 Stealth Jets for Its Next Generation Carriers'," *South China Morning Post*, August 27, 2019.

동하는 항공모함을 공격할 수 있다.[41]

〈표 2-9〉 중국의 로켓군 보유 전력

보유미사일	발사대수	미사일보유수	사정거리(예측)(km)
ICBM	100	100	≫5,500
IRBM	200	200+	3,000-5,500
MRBM	150	150+	1,000-3,000
SRBM	250	600+	300-1,000
GLCM	100	300+	≫1,500

출처: *2020 CMSD,* p. 166.

중국해군이 수상함에 장착하고 있는 일부 순항미사일은 미국해군이 보유하고 있는 Harpoon 대함미사일보다 사정거리가 길고 비행 속도도 빠르다. 특히, 중국이 2000년부터 러시아로부터 도입한 Sovremenny급 구축함은 러시아에서 개발한 SS-N-22 Sunburn 대함미사일을 장착하고 있으며, 최대속도는 마하 3으로 최대 사거리는 220km/240km(개량형)이다. 만약 중국이 미국과 남중국해에서 항행의 자유 작전으로 분쟁이 발생한다면 수상함에 장착된 대함미사일을 항모전투단 위협 전력으로 운용할 것이다.

최근 건조된 구축함과 호위함은 성능이 크게 향상된 YJ-83와 YJ-62 미사일을 장착하고 있다. Luyang-II 구축함에 장착된 YJ-62는 미 해군의 Harpoon 미사일 사거리(약 150km)의 약 두 배인 280km이다. 특히 중국형 이지스함으로 불리는 Luyang-III 구축함[42]의 수직발사대에 장착된 YJ-18은 적의 공대공 또는 함대공 미사일로부터 요격을 피하기 위해 초음속으로 비행하며, 사정거리가 약 540km나 된다.[43] 미국해군이 자국 수상함에서 적 수상함을 공격하기 위해 운용 중인 Harpoon

41) Andrew Erickson, "Chinese Anti-ship Ballistic Missile Development and Counter-Intervention Efforts," *Testimony before Hearing on China's Advanced Weapons* (February 23, 2017).

42) 중국형 이지스 구축함에 대한 자세한 내용은 Michael McDevitt, "The Modern PLA Navy Destroyer Force," in Peter A. Dutton and Ryan D. Martinson (ed), *China's Evolving Surface Fleet* (Newport, RI: U.S. Naval War College, 2017), pp. 61-62.

43) U.S. Office of Naval Intelligence(ONI), *The PLA Navy: New Capabilities and*

은 아음속이지만, YJ-18은 순항속도가 마하 0.8로, 최종 공격단계에서는 속도가 초음속인 마하 2.5~3으로 요격이 쉽지 않다.

또한, Sovremenny, Luyang-I/II/III, Luzhou 구축함과 Jiangkai-II 호위함은 초수평선에 있는 표적 탐지를 위한 3차원 다기능 위상배열레이더(344형)(러시아제 Mineral-ME)를 장착하고 있다.44) 중국해군은 중국형 이지스함인 Luyang-III를 건조하면서 2014년부터 중국형 이지스 순양함인 난창(南昌: 055형)급도 건조 중으로, Flight-I은 6-8척이 건조될 예정이다.45)

중국해군이 미국해군의 수상함에 위협을 줄 수 있는 또 다른 무기는 항공기에 장착된 공대함(空對艦)순항미사일이다.46) 중국해군은 지난 20년간 ASCM의 성능을 크게 향상시켰다. <표 2-10>에서처럼 비록 속도가 음속 이하이나 사정거리가 긴 YJ-62와 초음속이면서 사정거리가 긴 YJ-12 미사일을 동시에 공격하면 미국 항모전투단에 위협적일 수밖에 없다.47) 지난 20년간 중국해군 항공기의 작전반경이 크게 확대되었다. 일례로 1996년 Q-5 전투기의 전투행동반경은 약 600km였고, 장착된 YJ-81 미사일의 사거리는 70km로 전투 수행 가능 거리는 670km에 불과했다. 반면 1997년 러시아제 Su-30MK2를 중국형으로 개조한 J-16기는 4세대 전투기로 전투행동반경은 약 1,500km이며, 사거리가 280km인 YJ-62를 장착하면서 작전 거리가 약 1,800km까지 확대되었다.

미국해군은 이지스 구축함이 DF-21D, 초음속 순항미사일 등의 위협을 종말단계에서 효과적으로 대응할 수 있도록 SPQ-9B(X-band) 레이더를 장착하여 탐지능력을 강화함과 동시에 SM-6 미사일을 추가 장착시켜 요격 능력을 강화하고 있다.

Missions for the 21st Century (Washington, D.C.: ONI, April 2015), p. 13 and "YJ-18," https://en.wikipedia. org/wiki/YJ-18(검색일: 2020.1.21).

44) Norman Friedman, *The Naval Institute Guide to World Naval Weapon System* (Annapolis, Md.: Naval Institute Press, 2006) 참조.

45) Liu Zhen, "Five Thins to know about Home-Build Type 055 Destroyer, Guardian of the Next Generation Aircraft Carrier," *South China Morning Post*, August 6, 2018.

46) 중국해군의 순항미사일 능력과 위협에 관한 내용은 Dennis M. Gormley; Andrew S. Erickson; and Jingdong Yuan, "A Potent Vector: Assessing Chinese Cruise Missile Developments," *Joint Force Quarterly*, No. 75 (September 30, 2014) and Gormley; Erickson; and Yuan, *op. cit.*, 참조.

47) "Storm Force Warning China's Anti-Ship Missile Range Spreads Its Wings," *Jane's International Defense Review* (April 17, 2013).

〈표 2-10〉 중국해군 항공기의 공대함 순항미사일 현황

종 류	사정거리 (km)	속력(마하)		비행고도(m)		탑재 항공기
		비행	최종	비행	최종	
YJ-81	70	0.9	0.9	20	6	• Q-5
YJ-82K	130	0.9	0.9	20	6	• JH-7
YJ-83	250	0.9	1.4	20	5	• J-16
YJ-91	50	2.5	2.5	20	7	• J-11B
YJ-62	280	0.8	0.8	30	8	• J-16
YJ-12	300-400	0.9	3.0	-		• H-6, H-6G • Su-30, JH-7B, J-10/11/16

출처: Eric Heginbotham et al., *The U.S.-China Military Score Card: Forces, Geography, and the Evolving Balance of Power 1996-2017* (Santa Monica, CA: RAND, 2015), p. 175 and Gormley; Erickson; and Yuan, *op. cit.*

5) 해군육전대

1957년에 해체되었다가 1980년 5월에 다시 창설된 해군육전대(PLAN Marine Corps)(이하 육전대)는 한국을 포함한 서방국가의 해병대에 해당된다. 2020년 10월 19일 시진핑 주석은 광동성에 있는 육전대를 방문한 자리에서 육전대는 영토, 해양이익과 국가 핵심이익 보호를 위해 전천후 어떤 지역이든 신속하게 전개되어 다양한 임무를 수행할 수 있는 군이 되어주길 당부하면서 최근 미국과 해양패권 경쟁을 하는 가운데 육전대의 중요성을 강조했다.[48] 시진핑 주석이 군을 개혁하면서 지상군은 30만 명까지 감축하고, 육전대는 현재 약 2만 명에서 10만 명까지 증편하는 이유도 동중국해, 남중국해의 섬에서 분쟁이나 위기 발생시 육전대를 신속하게 전개해 대응하겠다는 전략적인 의지의 표현으로 보인다.[49]

48) Jamie Seidel, "Xi Jinping tells China marine corps to prepare for war," https://www.news.com.au/technology/innovation/military/xi-jinping-tells-china-marine-corps-to-prepare-for-war/news-story/2adfa20da8edf1b601fcaf46747860f5(검색일: 2020.12.10).

49) Michael A. Hanson, "China's Marine Corps Is on the Rise," *US Naval Institute Proceedings*, Vol. 146 (April 2020).

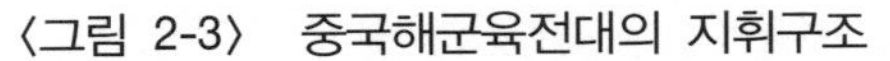
〈그림 2-3〉 중국해군육전대의 지휘구조

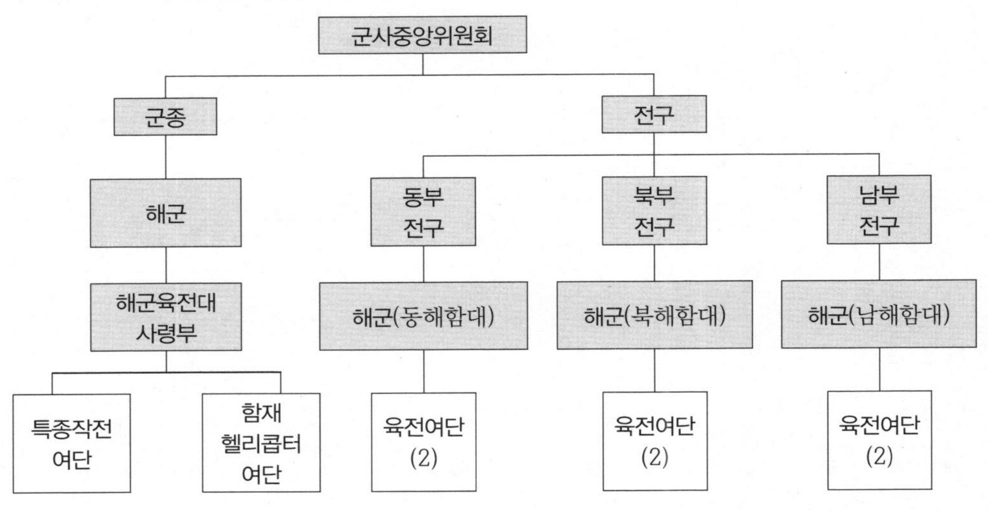

그리고 중국은 유사시 한반도와 만주지역인 헤이룽장성과 내몽골 자치구까지 담당하고 있는 북부전구 사령부는 3개의 집단군을 가지고 있는데, 그 중에서 북해함대가 있는 산둥반도에 있는 제79집단군은 북해함대의 육전여단과 함께 한반도 유사시에 영향을 미칠 수 있는 전력으로 우리가 북해함대 전력증강과 함께 관심을 가져야 한다.

또한, 중국해군은 2000년 초부터 육전대 병력을 신속하게 이동시키기 위한 수단으로 상륙함정을 증강하고 있다. 주 상륙함정으로는 미국의 San Antonio급(LPD)과 유사한 도크형 수송상륙함(071형, 075형), 전차 상륙함(LST)(072형), 중형 상륙함(073A형), 범용 상륙함(074형/074A형), 에어쿠션형 상륙정(726, 26A형/Pomornik형) 등이 있다.

최초의 강습상륙함인 Yushen함(075형)은 만재톤수 3.5-4만톤(미국 강습상륙함 4.1-4.5만톤)이며,[50] 2020년 말까지 전력화 예정이다. 2020년 4월 20일 진수되었으며, 3번함도 건조 중이다.[51] 2020년 7월 중국은 신형 강습상륙함(076형)을 건조 중이

50) Rick Joe, "The Future of China's Amphibious Assault Fleet," *Diplomat*, July 17, 2019; Sebastien Roblin, "Bad News: China is Building Three Huge Helicopter 'Aircraft Carriers,'" *National Interest*, July 27, 2019; Tyler Rogoway, "China's New Amphibious Assault Ship Is A Monster," *The Drive*, August 22, 2019; and Mike Yeo, "Photos Reveal Progress on China's Largest Amphibious Assault Ship," *Defense News*, August 23, 2019.

51) H. I. Sutton, "New Intelligence Shows China Is Building More Type-075 Assault Carriers," *Forbes*, August 7, 2020.

며, 동 함정에는 함재기의 작전 거리와 무장 중량을 크게 하고, 유사시 항모처럼 운용하기 위해 미국 Ford급 항모처럼 전자식 사출기(EMALS)를 장착할 예정이다.[52] 강습상륙함은 중국의 남중국해, 동중국해 분쟁 시 영유권 주장 지원, 재해/재난 지원, 해양안보작전 지원, 해외에 거주하는 중국인 구호 등의 임무를 수행할 것이다. 그리고 정치적으로 강습상륙함은 항구 방문 등을 통한 포함외교, 분쟁지역에 해군력 투사

〈표 2-11〉 미국과 중국해군의 강습상륙함 능력 비교

구 분	America급 LHA(미국)	Yushen급 LHD(중국)
형 상		
톤 수 (경하/만재)	-/44,450톤	-/3.5-4만톤
길이×폭	260.7m ×36m	237m ×43m
항공기 운용 능력	• 해양통제: F-35B 20대, 헬기 2대 • 표준임무(상륙작전): F-35B 6대, 헬기 13대, MV-22(오스프리) 12대	• 헬기: 30대
격납고/ 항공유	2,406㎡/4,000톤	1,809㎡/1,492톤
Well Deck	• 1/2번함은 미보유 • 3번함(건조중)은 보유	• 보유

* 약 어
LHA: Landing Helicopter Assault LHD: Landing Helicopter Dock
출처: *Jane's Fighting Ship 2019-2020, CRS Report* 등 다양한 자료 이용 작성

52) H. I. Sutton, "Stealth UAVs Could Give China's Type-076 Assault Carrier More Firepower," *Forbes*, July 23, 2020; Kathrin Hille, "China Plans Hybrid Assault Vessel to Strengthen Overseas Power," *Financial Times*, July 24, 2020; Minnie Chan, "Chinese Shipbuilder Planning Advanced Amphibious Assault Ship," *South China Morning Post*, July 27, 2020; and Rick Joe, "Whispers of 076, China's Drone Carrying Assault Carrier," *The Diplomat*, August 21, 2020.

등의 역할도 할 것으로 보인다.[53)]

중국은 남중국해 및 동중국해 도서분쟁 시 상륙작전을 위한 강습상륙함 외에 상륙함도 건조 중이다. 신형 상륙함(LPD) Yuzhao급(071형)은 약 2.5만톤(만재)으로, 미국의 약 2.5만톤(만재) San Antonio급(LPD-17)과 유사하며, 상륙작전의 기함으로 운용 중이나 강습상륙함이 전력화되면 기함 임무를 넘겨줄 것으로 보인다.

6) 해상민병대

중국은 미국 항행의 자유 작전 차단 시 군사적인 충돌 예방을 위해 비대칭 수단, 즉 제3해상전력으로 해상민병대를 양성 중이다. 중국정부는 해상민병대를 "생산인력에서 차출하지 않은 대체 불가한 집단적 무장조직으로 해양권익보호를 위한 행동에서 중국의 해양방어세력을 구성하는 한 요소로서 상대를 쉽게 자극시키지 않고 동시에 매우 유연하게 행동할 수 있는 조직"[54)]으로 간주하고 있다.

중국은 2천만 명에 이르는 어업 종사자와 70만 척 이상의 어선 등 세계 최대 규모의 어업 능력을 보유하고 있다.[55)] 현재 중국의 정확한 민병의 규모는 밝혀지지 않고 있지만, 1978년도 발간된 문헌에 따르면 해상민병대의 규모는 약 750,000명, 정식 민병조직으로 등록된 선박은 140,000척으로 알려져 있다.[56)] 2010년도 중국의 국방백서에서는 전국적으로 약 8백만 규모의 민병이 있다고 밝혔다.[57)] 최근 중국은 해상관할권 강화에 필요한 해상민병대 강화를 위해 어업 종사자 일부를 연안 민병대로 전환하고 있다.[58)]

중국은 수년 전부터 해양관할권 강화를 위해 남중국해를 중심으로 분쟁수역에 어선으로 무장시킨 해상민병대를 동원하고 있다. 중국은 1970년대 중반부터 군사화

53) Grant Newsham, "China's Amphibious Force Emerges," *Asia Times*, November 5, 2019.

54) 曾鹏翔·傳志刚·连荣华, "科学构建海上民兵管控体系,"『国防』, No. 12 (2014), pp. 68-70.

55) 이서항, "중국의 새 어민세력 '해상민병'을 경계하자,"『KIMS Periscope』 제76호 (2017년 3월 21일), pp. 1-2; Andrew S. Erickson and Conor M. Kennedy, "Meet the Chinese Militia Waging a 'People's War at Sea'," *The Wall Street Journal*, March 31, 2015.

56) Stephen Uhalley, "China in the Pacific," *Oceans* (May 1978), p. 33; David G. Muller, Jr., *China as a Maritime Power* (Boulder, CO: Westview Press, 1983), p. 90.

57) 中國人民共和國國務院新聞辦公室,『中國的國防 2010』(北京: 國務院新聞辦公室, 2010).

58) 戴佳辰·耿跃亭, "海上维权民船动员需求与对策研究,"『国防』, No. 10 (2015), pp. 41-44.

된 조직을 갖춘 해상민병대를 정부 정책수행의 수단으로 활용해 왔다. 특히, 1974년 당시 월남의 점유지인 서사군도 서부 쪽을 장악했을 때 해상민병은 핵심적인 임무를 수행했다. 특히, 이들의 활동은 동중국해에서뿐만 아니라 2009년 남중국해를 항해하던 미국해군 소속 과학조사선 Impeccable함의 항로를 방해하였고, 2012년 Scarborough Reef 주변에서의 필리핀 대응 시위, 2014년 베트남과 석유 탐사를 둘러싼 해상대치 등에 투입되었다.[59] 중국의 해상민병대는 미국의 항행의 자유 작전은 물론, 2016년 10월 서해에서 중국의 불법 조업을 단속하던 우리 해경정의 고속단정을 침몰시킨 사건에도 해상민병대가 관여했던 것으로 알려져 있다.

향후 중국의 해상민병대는 미국 항행의 자유 작전은 물론, 남중국해의 관할권 분쟁과 대만해협 위기 발생 시에도 지속적으로 개입할 것이다. 미국은 중국과 해상분쟁 시 해상민병대 개입에 어떻게 대응할 것인가에 대한 교전규칙 등 대응 전략을 고민 중이다.[60]

제4절 2020년 해군력 운용과 해양안보

1. 해군력 투사 및 현시

중국해군은 일대일로전략을 지원하고, 미국의 인도·태평양전략을 견제하기 위한 주력 전력으로 운용되고 있다. 따라서 중국의 해군력 현시 및 투사활동도 소말리아 해역에서의 대해적작전, 재해/재난 발생 시 인도적 지원/구호활동, UN 평화유지활동과 지원작전 등 다양하다.

중국해군은 2008년부터 해군함정이 중동, 유럽, 아프리카, 남아시아, 동남아시

59) Andrew S. Erickson and Conor M. Kennedy, "China's Daring Vanguard: Introducing Sanya City's Maritime Militia," *Center for International Maritime Security*, November 5, 2015.

60) Conor M. Kennedy and Andrew S. Erickson, *China's Third Sea Force, The People's Armed Forces Maritime Militia: Tethered to the PLA*, China Maritime Report No. 1 (Newport, RI: US Naval War College, China Maritime Institute, March 2017).

아, 오세아니아와 남미를 방문하면서 포함외교에 힘써 왔다. 그리고 인도양으로 진출하기 위해 잠수함을 지속 전개하고 있으며, 이러한 전력 전개를 통해 잠수함의 원거리 작전과 해외 전개 능력을 강화시켜 왔다. 특히, 2020년은 중국이 Liaoning항모와 Shandong항모를 동중국해는 물론 남중국해에 투사하고, DF-21/26 대함탄도미사일과 JL-2A SLBM을 남중국해에 발사하는 등 미국과의 해양패권 경쟁에 노골적으로 도전한 한 해였다.

1) 남중국해와 태평양 진출을 위한 해군력 투사 강화

2020년 중국은 남중국해의 인공섬 건설을 단계적으로 마무리해 가면서 미국의 남중국해에서의 항행의 자유 작전을 함정 등을 전개해 방해하는 등 남중국해에 전력을 적극적으로 전개시켰다. 특히, 중국은 미국과 직접적인 군사적 충돌을 피하려고 해경과 해상민병대를 남중국해 분쟁에 적극 투입 중이다. 이에 대응하기 위해 미국은 항모를 추가 전개해 대응했다.

중국은 남태평양으로 진출하기 위한 교두보 확보를 위해 남태평양 국가들과의 관계를 강화하면서 일본 남서제도를 통한 태평양으로의 진출을 위해 전력을 적극 투사하였다. 2020년 3월 18일, Luyang-III급 미사일 구축함 1척, Jiangkai-II급 프리깃함 2척, Fuchi급 군수지원함 1척 등 수상함 전단은 미야코해협 남동 약 80km 해역에서 태평양으로 진출을 시도하면서 동시에 훈련도 했다.

그리고 중국은 미국과의 충돌로 남중국해의 해상교통로가 차단을 우려하여 일본 남서제도를 통과하여 태평양 진출을 위해 노력 중이다. 일례로 2020년 6월 18-20일 중국 잠수함이 영해와 영해 간 폭 10km의 좁은 해역인 아마미오시마(大島) 해상을 잠항하여 항해한 것으로 확인되었는데 이것은 2018년 1월 이후 2년 6개월 만에 일어난 일이다.

그리고 2020년은 중국이 남중국해에서 미국과의 해양패권 경쟁을 위해 해군력을 적극적으로 투사한 한 해였다. 일례로 Liaoning항모전단은 5월 한달간 대만해협을 통해 동·남중국해로 항해 중 기동훈련을 하였으며, 8월 26일 중국은 미국 정찰기가 남중국해에서 중국이 선포한 비행금지구역을 진입했다고 비난하면서 이에 대한 강력한 대응 조치로 DF-21/26 대함탄도미사일, JL-2A SLBM을 남중국해를 향해 발사했다. 중국 전문가들이 중국이 남중국해에 인공섬을 건설한 후 서사·동사·남사군도를 포함

한 남중국해에 ADIZ를 선포할 것으로 전망하면서 주변국의 우려가 커지고 있다.[61]

2) 대만해협 해군력 투사 강화

중국은 1995-1996년 대만해협 위기관리의 교훈을 바탕으로 기회가 있을 때마다 해군력 투사와 미사일 발사 등을 통해 대만을 위협하고 있다. 최근 미국이 대만과 국방협력을 강화하고 무기를 판매하면서 중국은 대만에 대한 강압외교 수위를 높이고 있다. 중국의 대(對)대만정책은 대만과 문화·경제·정치적 교류 확대, 국가통일을 위해 군사력을 포함한 강압외교를 할 수 있다는 정당성 유지, 대만의 남태평양 등 서방국가와의 외교관계 견제, 대만의 독립론에 대한 경고, 미국·대만 협력 강화 및 대만의 실체를 인정하려는 국제사회에 대한 경고에 초점을 두고 있다.

2020년은 양안 갈등이 격화되는 가운데 중국은 10월 대만을 군사적으로 위협하기 위해 마하 10의 속도를 가진 극초음속 미사일 'DF-17'을 대만과 마주 보고 있는 남동부 푸젠(福建)성에 실전 배치했다.[62] 존 하이튼 미국 합참차장조차 '현재로선 요격할 방법이 없다'고 평가한 최신식 무기이기 때문에 중국과 대만 간 무력충돌 가능성이 높아지는 것 아니냐는 우려가 제기되고 있다. 그리고 2020년 중국은 항공모함 전단과 수상함 전단을 이용하여 대만해협은 물론 동중국해에도 적극적으로 세력을 투사했다. 일례로 4월 10-12일간 대만해협, 동중국해, 미야코해협, 바시해협에서 동시다발적인 해상훈련을 통해 미국에 대응할 수 있는 능력을 검증하였고, 중국 폭격기와 전투기가 수시로 대만 ADIZ를 침범한 한해였다.

한편, 미국은 중국이 군사력으로 대만을 지속 위협하면서 대만의 군사력 강화를 지원하고 있다. 2020년 10월 21일, 국무부가 대만에 18억 달러(약 2조 400억 원)에 달하는 고속기동 포병로켓시스템(HIMARS) 11기, 장거리 공대지 미사일 슬램이알(SLAM-ER) 135기 등의 무기 수출을 승인하였고, 이어서 10월 26일 23억 7천만 달러(약 2조 6천 781억 원)에 달하는 보잉사의 '하푼 해안방어시스템(HCDS)' 100대(발사체 1

---

61) Minnie Chan, "Beijing's plans for South China Sea air defence identification zone cover Pratas, Paracel and Spratly Islands, PLA source says," *South China Morning Post*, May 31, 2020; Patricia Lourdes Viray, "China's planned air zone in South China Sea illegal, violates international law-Lorenzana," *Pilstar.COM*, June 26, 2020.

62) "Facing down China's threat to invade Taiwan," *New York Post*, October 20, 2020.

대당 하푼 블록II 지대함미사일 4기: 총 400기)를 수출 승인하였다. 그리고 11월 3일에는 6억 달러(약 6천 800억 원) 규모의 공격용 무인기(드론) MQ-9 4대 등을 승인하였다.

특히 2020년은 미국이 중국과 갈등 속에 대만과의 관계를 강화하고 무기를 판매하면서 중국이 해군력을 이용하여 강압외교를 강화한 한 해였다. 중국은 2020년 4월 10일 대만을 위협하기 위해 Liaoning항모전단이 대만해협을 통과하였으며, 4월 10일 미야코해협을 거쳐 바시해협을 통과하면서 훈련하였다. 동 항모전단은 Liaoning항모와 수상함의 팀워크를 향상하고 무력 투사 등 강압외교를 통해 대만이 미국과 가까워지는 것을 방해하여 미국으로부터 신형 무기도입을 차단하려는 전략적 의도가 있다고 본다.[63]

3) 한반도 주변 해역 해군력 투사

중국은 한반도 주변 해역을 내해화하기 위해 서해와 이어도를 포함한 동중국해에 해군력을 적극 투사 중이다. 중국은 2009년 11월 1일 중국 인민군공군 60주년 창건기념일 『인민일보』에 '푸른 하늘에 만리장성을 만들자(蓝天筑长城)'라는 제목의 기사에서 이미 '하늘의 만리장성(Great Wall in the Sky)'을 피력한 바 있다.[64] 특히, 이어도가 포함되는 동중국해와 서해 그리고 동해에 함정은 물론 항공기를 이용하여 수시로 한국방공식별구역(KADIZ)을 침범 중이다.

특히, 중국은 이어도가 자국의 EEZ와 대륙붕 경계에 포함되어 있다며 개발과 함께 내해화 또한 시도 중이다. 2011년에는 한국의 마라도 서남쪽 81해리에 위치한 수중 암초인 이어도[65] 부근에서 침몰 선박 인양작업 중이던 한국 선박에 대하여 중국 측은 자국의 EEZ에서 허락 없이 작업하고 있다며 작업중단을 요청한 바 있다. 중국이 주장하는 대륙붕 수역에는 1974년 한·일 대륙붕 공동개발협정(발효: 1978년)에

63) 김덕기, "중국의 대(對)대만 강압외교(Coercive Diplomacy) 수행을 위한 해군력 운용에 관한 연구," 『군사논단』, 제98호 (2019 여름), pp. 77-80.

64) Jun Oswa, "China's ADIZ over the East China Sea: A 'Great Wall in the Sky?'," *Brookings*, December 17, 2013. https://www.brookings.edu/opinions/chinas-adiz- over-the-east-china-sea-a-great-wall-in-the-sky/(검색일: 2020.9.18).

65) 한국 외교통상부는 2008년 8월 11일자 대변인 브리핑에서 2006년 12월 이어도가 수중 암초이므로 한·중 양국 간 영토분쟁은 없다고 합의한 바 있으며, 이어도가 마라도 남단으로부터 149km인 반면 중국 서산다오로부터 287km에 위치해 우리 측에 훨씬 가까우므로 한·중 간 해양경계획정 이전이라도 명백히 우리 측 EEZ에 속하는 수역이라는 것이 우리 정부의 일관된 입장이라고 하였다.

포함된 공동개발수역을 포함하고 있다. 중국의 주장은 한반도에서 자연적으로 연장된 대륙붕이 오키나와 해구까지 뻗어나간다는 한국 정부의 견해와 충돌하는 것이다. 실제로 2012년 12월 14일 중국이 제출한 동중국해 대륙붕 경계안(案)은 당시 한국이 추가 규정한 대륙붕을 거의 모두 자국 대륙붕에 포함하고 있다.

중국은 한반도 주변 해역 관련 정책을 다음과 같이 추진 중이다. 첫째, 중국은 서해와 남해를 포함한 동중국해를 위한 해상부표 설치 및 감시정찰 활동을 강화 중이다. 현재도 중국해군은 암묵적으로 동경 124도선을 자신의 작전권(AO: Area of Operation)으로 여기고 있다. 특히 한·미 연합훈련에 민감한 중국은 서해상에서 한·미가 연합훈련 시 124도선 인근까지 접근해 감시정찰을 한다. 중국이 동경 124도선을 주장하는 것은 1962년 북·중 해상 경계선을 124도선으로 합의한 것을 근거로 하고 있다. 동경 124도선은 압록강 하구 끝단 선이다. 북한과 중국이 맺은 동경 124도선의 효력은 NLL 북쪽 해상까지만 유효한데 중국은 이 선의 연장선을 우리 해상까지 적용하려 하고 있다.

중국은 <그림 2-4>처럼 2014-2018년 한반도 주변 해역에 해상용 부표(부이)를 설치하였다. 통상 자국의 영해에 해상용 부표를 설치하는 것이 통례다. 그런데 중국이 공해상에 그것도 이어도 인근 해상에 부표를 설치했다는 것은 향후 자국의 해상영역 주장을 위한 선제적 조치로 볼 수 있다는 것이 전문가의 견해다.[66] 남중국해에서 중국의 '막무가내식' 행동을 보면 서해도 위태로운 지경이다. 그리고 우리가 더 눈여겨볼 것은 북한 급변사태 시 중국군의 동향이다. 현재 중국은 한반도 주변의 북부전구사령부에 제78·79·80집단군이 전개되어 있고, 특히, 제79집단군은 북해함대와 공중 전력을 이용하여 한반도에 신속하게 전개될 수 있다.[67] 따라서 한·미는 중국군이 휴전선 넘어 북한으로 접근하는 차단할 수 있는 전략을 세워야 한다.

둘째, 중국은 최근 서해의 동경 124도선을 따라 남북으로 해상초계기와 수중 탐사선을 이용한 해저지형 조사를 집중적으로 실시 중이다. 이것은 잠수함 운용 등에 필요한 군사정보 확보용으로 의심된다.[68]

66) 전현석, "韓·美 잠수함 탐지? 중국, 한국 쪽 서해에 대형 부표 9개 띄워," 『조선일보』, 2018년 9월 14일 및 "韓媒臆測中國在黃海公海設海上浮標搞監控," 『中國評論新聞網』, 2019年 9月 16日.

67) 김태호, "[차이나 인사이트] 한반도 유사시 출동할 중국군 북부전구 실제 전투력은?," 『중앙일보』, 2018년 9월 23일.

〈그림 2-4〉 중국의 서해 및 이어도 근해 부표 설치 현황

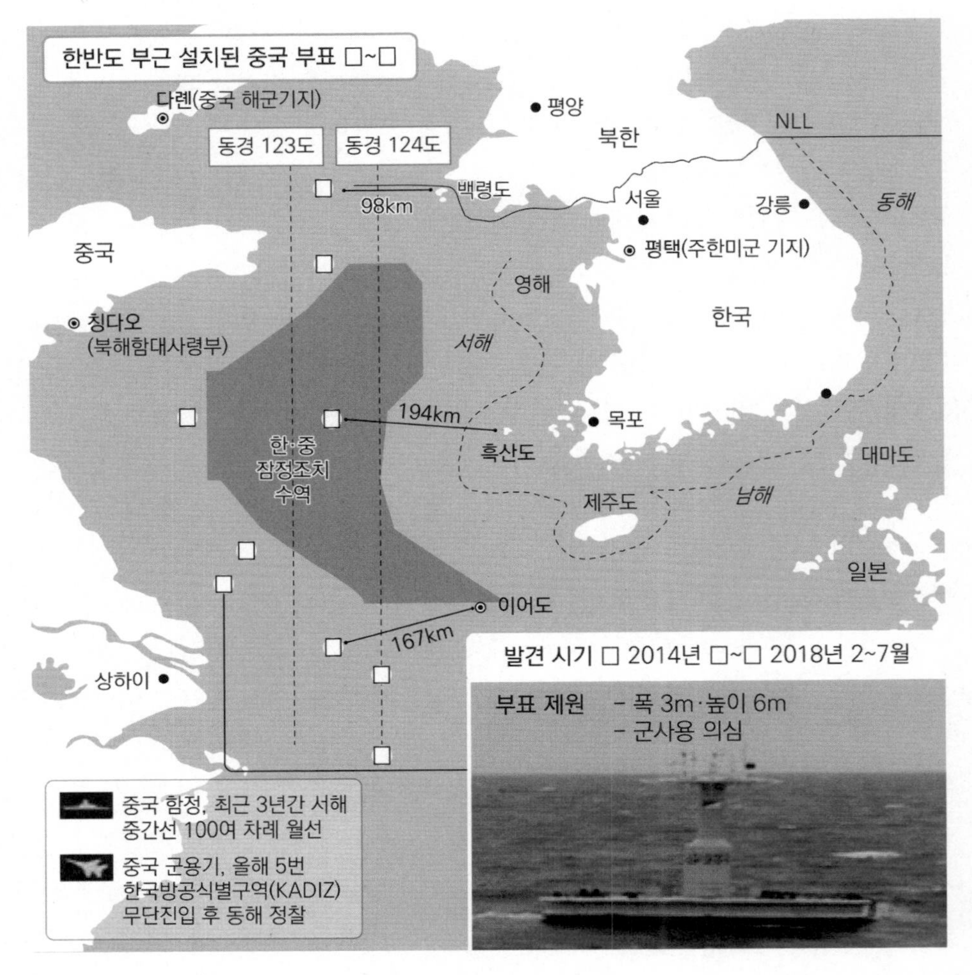

출처: 전현석, "韓·美 잠수함 탐지? 중국, 한국 쪽 서해에 대형 부표 9개 띄워," 『조선일보』, 2018년 9월 14일.

마지막으로 중국은 한국의 방공식별구역을 무력화하기 위해 동중국해에서 동해까지 무력 침범을 계속하고 있다. 중국과 러시아는 최근에도 과거와 유사한 형태로 KADIZ를 계속 침범하고 있다. 중국은 주로 폭격기와 조기경보기를 이용한 침범에서 자국 무기 시험은 물론 한반도 주변 해역의 정보를 획득하기 위한 목적으로 보인다.

68) 안두원, "中 잠수함·초계기, 서해바다 샅샅이 훑었다," 『매일경제』, 2019년 9월 23일.

2020년 3월 25일 이후, 중국은 Y-9 정보수집기 등을 이용하여 동중국해→남해→동해로 비행 후 복귀하는 등 KADIZ 침범을 지속 중이다. 그리고 2020년 8월 28일부터 9월 4일까지 서해와 보하이만 일대에서 수상함 전단과 항공기가 참가하는 군사훈련을 하였다. 그러나 코로나-19로 러시아와 동해 및 서해에서 실시해 오던 연합훈련은 하지 못했다.

2. 다른 국가와의 해양협력 동향

1) 러시아와의 연합해상훈련

중국은 러시아와 '전략적 협조 동반자관계'를 통해 미국의 인도·태평양에서의 영향력 확대를 견제하고 있다. 특히, 중국은 양국간 연합훈련을 통해 유사시 작전수행에 있어 즉응성 및 상호운용성 향상이라는 군사적 측면은 물론, 미국 등 기타 국가와 위기상황이 발생했을 때, 마치 러시아가 중국과 연합하여 대응할 것이라는 정치적 측면에서 대외적인 메시지를 주는 효과를 기대하고 있다.

한편, 중국 시진핑 정권의 '일대일로전략,' 러시아 푸틴 정권의 '강한 러시아 재건'으로 드러난 양국의 패권 추구 양상으로 볼 때, 일반적으로 중·러 관계가 밀월관계인 것으로 표현하는 학자들도 많기는 하지만, 양국 간에는 이해가 일치하는 부분과 갈등 요소가 함께 내재되어 있다는 것도 주시해 볼 필요가 있다.

그러나 중·러 간 연합훈련에 있어 두드러진 변화는 양국이 2012년 처음으로 실시한 연합해상훈련 'Joint Sea-2012'에서 시작되었다. 2012년 4월 22일부터 27일까지 중국 산둥반도 칭다오 해상에서 실시된 연합해상훈련에는 러시아 태평양함대의 함정 7척, 중국 북해함대에서 잠수함 2척을 포함한 함정 18척이 참가하였다. 러·일 전쟁 시 일본의 도고 연합사령관이 이끄는 연합함대에 대패하였던 러시아 극동함대의 후예인 태평양함대가 대규모 함정을 서해로 파견하여 중·러간 최초로 최대 규모의 연합해상훈련을 실시한 것이다.

'Joint Sea'로 불리는 연합해상훈련은 2012년부터 매년 1-2회씩 서해, 동해, 표트르 대제만, 오호츠크해, 동·남중국해, 지중해, 발트해 등으로 훈련 해공역을 넓혀가며, 총 11회 실시되었는데 훈련내용과 규모가 확대되고 있고, 이를 계기로 중·러

해군간 상호 신뢰관계는 물론, 연합해상 작전능력이 점진적으로 향상되고 있다고 평가할 수 있다. 특히, 특이한 것은 지금까지 중·러 양국이 실시한 연합해상훈련이 한반도 주변 해공역에서 7회나 실시되었다는 것이다.

〈표 2-12〉 최근 중·러의 'Joint Sea' 연합해상훈련 실시 현황

연도	훈련장소	참가전력 등
2017년 (2회)	• 발틱해(7.22-28일)	• 러시아: 발틱함대 다수 전력 • 중 국: 남해함대(3척: 구축함 2척, 보급함 1척) - 052D 최신형 구축함 1척, 최초 해외 파견훈련 참가 - 해남도 싼야기지-말라카해협-수에즈운하-지브롤터해협-영국해협을 통과, 총 항정 19,000km 장거리 원양항해 능력 배양(편도 30일 항해) - 발틱해 훈련 최초 참가: 함정·탑재헬기·지휘통신분야의 신뢰성 및 승조원 임무 수행 역량 향상 * 내용: 연합 해상수송로 방어 및 연합방어훈련
	• 표트르 대제만/오호츠크 해역(9.21-26일)	• 러시아: 태평양함대(수상함·잠수함·잠수함구조함 등 다수) • 중 국: 수상함 4척(구축함·프리깃함·보급함·잠수함구조함 각 1척) • 훈련내용 - 대함·대잠·대공훈련, 잠수함구조훈련(최초) 등 - 중·러 해군 최초로 소야해협을 통과, 오호츠크해 남부 해·공역에서 연합해상훈련 실시 - 중국해군의 원해행동능력 향상에 적극적인 촉진작용 * 내용: 잠수함 구조와 해상교통로 보호 훈련
2018년 (1회)	• 산둥반도-칭다오해역	• 세부 관련내용 확인 불가 • 중국 『青島日報』(2018.4.27.일자)에서 중·러 양국이 칭다오 근해에서 연내 실시하는 것으로 보도되었으나, 결과는 확인되지 않음.
2019년 (2회)	• 산둥반도-칭다오해역 (4.29-5.4)	• 참가전력: 함정 15척, 항공기, 상륙부대 등 - 중국: 함정 10척(수상함 9척, 잠수함 1척), 항공기 - 러시아(태평양함대): 함정 5척(수상함 4척, 잠수함 1척)/잠수함구조함도 참가 • 훈련내용 - 대잠·대공훈련, 잠수함구조훈련, 상륙훈련 등 - 홍군 2개 단대, 청군 1개 단대로 편성 훈련 * 내용: 해상연합방어훈련

출처: The National Institute for Defense Studies, "Outlook for China-Russia Military Cooperation: Based on an Analysis of China-Russia Joint Exercises," *NIDS Commentary*, No. 57 (January 11, 2017) 등 다양한 자료 이용 종합 작성

특히, 최근 중·러 간 밀월관계가 깊어지면서 한반도 주변 해공역에서 새로운 긴장 고조 요인으로 나타난 것이 2019년 7월 23일 발생한 중·러 양국의 폭격기 4대 및 조기경보기 1대를 포함한 군용기 5대가 동북아시아 지역에서 최초로 '연합전략적 비행훈련'을 실시하면서 한국의 KADIZ를 무단 진입 및 러시아 조기경보기 1대가 독도 영공을 2차례나 침범하여 KF-16이 경고사격을 실시하는 등 긴장이 고조된 바 있다. 중국 외교부 대변인은 정례브리핑을 통해 "방공식별구역은 영공이 아니다."라는 입장을 반복하였고, 러시아 국방부는 "러시아 군용기들의 비행은 철저히 국제법 규정에 따라 이루어졌으며, 제3국 영공침범은 없었다."라며 사실 자체를 부인한 바 있다.

이와 관련하여 일본 방위성 관계자는 "중·러가 연대하여 항공기를 운용할 수 있다는 것을 미국 및 일본 등 주변국에 과시하려는 의도가 있다."라고 언급하였고, 외무성 간부는 "(양국 간) 긴밀한 관계를 과시하여 미국을 견제하기 위한 것"이라고 분석하였다.[69)]

한반도 주변 해역을 포함한 아시아태평양 해공역에서 중·러 양국의 연합훈련 횟수 및 훈련 규모 등이 확대되는 등 복잡해지고 있는 동북아 정세와 미·중을 중심으로 고조되고 있는 갈등 상황 등을 고려해 볼 때, 앞으로 더욱 빈번하게 이러한 사태가 발생할 가능성이 크다.

2) 다른 국가와의 연합해상훈련과 지원

중국은 러시아와 연합훈련을 하면서, 이란을 포함하는 3국 연합해상훈련을 인도양과 오만해로 확대하고 있다. 중국과 러시아는 동 훈련을 통해 미국의 인도양 진출을 견제하고, 이란의 핵무기 개발로 미국 주도 제재를 완화하려는 의도가 있어 보인다. 일례로 2019년 12월 중국은 러시아 및 이란과 미국과 이란이 핵 갈등으로 긴장이 고조되고 있는 호르무즈해협 입구의 오만해에서 연합훈련을 했다.[70)]

그러나 2020년은 코로나로 중국은 러시아와 지상 훈련은 실시하였으나, 해상 훈

69) "中露, 日米韓の「防衛体制」試す? 竹島·東シナ海で空軍共同飛行," 『毎日新聞』, 2019年 7月 24日.
70) "China, Russia and Iran to hold joint naval drills from Friday," *Reuters*, December 26, 2019.

련은 실시하지 못했다. 더군다나 미국과 패권 경쟁이 심화되면서 미국 주도로 매년 짝수년에 실시하는 2020년 RIMPAC에도 참가하지 못했다. 이번 RIMPAC 훈련은 10개국 함정만 참가한 가운데 실시되었다.[71]

<그림 2-5>에서처럼 중국은 여러 나라와 무기를 거래하고 있다. 그러나 해군함정 수출은 이란, 방글라데시, 태국, 파키스탄, 나이지리아 등에 한정되어 있다.[72] 최근 중국은 중국형 이지스함 등 신형 함정 수출을 제한하고, 상륙함과 재래식 잠수함 수출에 집중하고 있어 한국과 경쟁 중이다. 2020년 중국은 2019년 9월 태국에서 주문한 071형 상륙함(LPD) 1척을 건조 중이며, 말레이시아와 협상 중이다. 또한, 2017년 태국은 Yuan급 잠수함 3척을 주문하였고, 2018년 9월 4일 Steel Cutting 후 2020년 현재 건조 중이다. 한편 파키스탄도 2015년 개량형 Yuan급 8척 주문으로, 2020년 현재 건조 중이며, 4척은 2023년까지, 나머지 4척은 2028년까지 인도될 예정이다.

〈그림 2-5〉 중국이 무기를 거래하고 있는 국가들

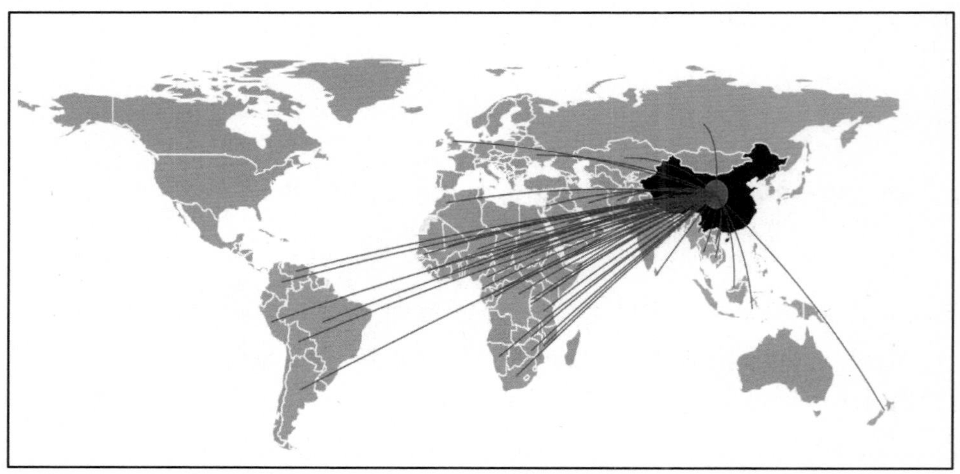

출처: UNROCA, “Transparency in the global reported arms trade,” https://www.unroca.org/(검색일: 2020.12.3).

---

71) Tom Bowman and John Ruwith, “10 Countries Participate In Biennial Naval Exercises Off Hawaii,” *NPR*, August 26, 2020.

72) UNROCA, *op. cit.*

제5절 결 론: 2021년 전망 및 한국의 대응 방향/전략

1. 2021년 전망

1) A2/AD 능력을 바탕으로 남중국해에 해군력 투사 강화

2021년에도 중국은 미국이 동중국해와 남중국해에서 해양통제권을 갖는 것을 견제·차단하기 위해 공세적으로 A2/AD 능력을 강화하면서 향후 다음과 같은 전략을 추진할 것이다.

첫째, 중국은 미국이 제2도련선 내, 특히 남중국해에서 해양우세권을 갖지 못하도록 군사력을 적극 전개시킬 것이다. 특히, 자체 기술로 새로 건조한 항모 현시를 강화할 것으로 보인다. 또한, 2020년 8월처럼 수시로 미사일 발사훈련 등을 실시하여 남중국해 영유권을 주장하는 국가를 위협할 것이다. 그리고 제1·2해양방어권 내로 미군의 진입 차단을 위해 A2/AD 전력을 지속 강화할 것이다. 그러나 항모는 아직 미국 항모와 비교 시 전반적인 전투 수행능력이 부족해 당분간 남중국해에서 A2/AD전략의 전초 전력으로 운용되기는 힘들 것이다.

둘째, 중국은 남중국해에 방공식별구역을 선포하고,[73] 미국 등 다른 국가의 군용기 접근을 차단할 것이다. 그리고 중국은 2018년 이미 건설된 남중국해 인공섬에 배치한 지대함미사일과 지대공미사일을 이용하여 미국의 항행의 자유 작전을 수행하는 전력을 지속적으로 위협할 것으로 보인다.[74]

마지막으로, 중국은 인공섬을 중심으로 200해리 EEZ를 선포할 것이다. 그리고 중국은 남중국해 영유권을 주장하는 국가들이 중국이 선포할 남중국해 내 EEZ에서의 경제활동을 저지할 것이다. 중국은 2016년 7월 필리핀과의 남중국해 분쟁시 필리핀이 제소한 상설중재재판소 판정 결과를 지속 부정하면서 남중국해에 선포할 EEZ

---

73) 박선미, "중국, 남중국해 방공식별구역 구축… 미국과 충돌 불가피," 『아시아경제』, 2020년 6월 1일.

74) "Spratly Islands dispute: China deploys missiles in South China Sea," *The Week*, https://www.theweek.co.uk/93378/spratly-island-dispute-china-deploys-missiles-in-south-china-sea(검색일: 2020.10.4).

유효성을 주장할 것이다. 중국은 인접 국가들의 어선이 EEZ 내에 접근 또는 조업하면 해상민병대를 활용하여 적극대응할 것이다.

2) 미국과 남중국해 해양패권 경쟁 지속

남중국해에서 미국과의 해양패권 경쟁은 이러한 상황에서 남중국해 해양통제권을 확보하려는 중국과 이를 저지하려는 미국 간의 대결이다. 시간은 중국 편으로 보인다. 중국이 인공섬을 군사화하고 이를 거점으로 남중국해 전역을 통제할 경우 중국은 이 지역에 대한 영유권을 기정 사실화할 수 있다. 그러나 미국도 가만히 있지는 않을 것이다. 미국은 중국이 남중국해에 대한 통제를 강화할수록 군사적 개입의 수위를 높일 것이다. 그리고 미국은 중국이 고압적으로 행동할수록 베트남과 필리핀이 미국이 추구하는 인도·태평양전략에 참여하도록 유도할 수 있다.

결국, 남중국해에서 진행되고 있는 미·중 경쟁은 시간이 흐를수록 긴장의 수위가 높아질 것으로 보인다. 남중국해 인공섬에 중국 군용기와 함정이 배치되고 본격적으로 군사활동이 이루어질 경우 미국은 이에 상응하여 FONOP와 군사훈련을 강화할 것이다. 양측 군 간의 접촉과 대치가 빈번해지고 긴장이 고조되어 임계점에 도달하게 되면 군사적 분쟁으로 치닫게 될 수 있다. 이 경우 중국은 미국을 직접 공격할 수도 있고 과거 사례가 증명하듯이 베트남이나 필리핀을 공격하여 미국에 모종의 메시지를 전달하려 할 수도 있다.

2021년은 미국과 군사적 충돌 가능성이 높아지면서 한국이 연루될 위험이 커질 수도 있다. 2020년 7월 23일 폼페이오 장관은 닉슨 도서관 연설에서 중국공산당을 바꾸기 위해 인도·태평양지역 민주국가들의 노력과 정력이 필요하다고 언급했다. 자유민주주의 가치를 공유하는 국가들과의 반중연대를 결성하려는 의지를 밝힌 것이다.[75] 남중국해에 전운이 짙어질 경우 미국은 2015년 6월 대니얼 러셀 미 국무부 차관보가 그랬던 것처럼 동맹국인 한국이 남중국해 문제에 대해 미국의 편에 서서 입장을 밝힐 것을 요구할 것이다. 또한, 미국이 주도하는 인도·태평양전략, 경제번영네트워크(EPN), G12에 한국이 참여하여 중국을 압박하는 대열에 동참할 것을 요구할 것이다.

---

75) Michael R. Pompeo, "Communist China and the Free World's Future," Address at the Richard Nixon Presidential Library and Museum, July 23, 2020.

3) 남태평양 적극 진출

중국은 미국의 동맹국인 호주 등이 남태평양에 미치는 영향력을 견제·차단하기 위해 외교·경제·군사적인 지원과 영향력을 확대해 나갈 것이다. 첫째, 중국은 남태평양에 적극적으로 진출하면서 미국, 호주, 뉴질랜드 등의 영향력을 최소화하기 위해 친중(親中)화 정책을 지속할 것이다. 피지 등 일부 경제적으로 어려운 태평양 국가가 차관을 지속 요구할 경우 중국은 개입과 확대 정책을 이어갈 것이다.[76]

둘째, 남태평양 지배권을 둘러싼 미·중 간 전략경쟁은 더욱 치열해질 것으로 전망된다. 특히 일본, 호주, 영국, 프랑스 등이 미국 지원을 강화하고, 중국은 일대일로 전략 기조 하에 경제적인 지원을 더욱 확대해 나갈 것이다. 중국의 남태평양국가에 대한 군사·경제적 영향력이 커지며 해당 지역에 존재감을 과시하고 있었던 미국과 힘겨루기가 시작됐다.

마지막으로, 남태평양에서의 중국과 미국 및 미국 우방국인 일본, 호주와의 군사적 대결도 커질 것으로 전망된다. 향후 미국은 남태평양에서 중국의 군사적 영향력 견제를 위해 팔라우 정부의 군사기지 제공 제의를 검토[77]하는 등 남태평양에서의 군사기지 건설이나 호주에 전방 전개 전력을 강화할 것이다. 현재 인도·태평양지역 패권을 놓고 미국과 중국의 경쟁이 깊어가는 가운데 남태평양국가들의 우려도 커지고 있다.[78]

2. 한국의 대응 전략

1) 중국의 A2/AD 능력 강화와 투사에 대한 대응 전략

최근 중국해군이 제1·2해양방어권에 전력을 투사하고 남중국해에 대한 영유권 주장으로 미국의 항행의 자유 작전은 물론, 남중국해의 해양분쟁 당사국과 인접 국가

76) U.S.-China Economic and Security Cooperation Review, *China's Engagement in the Pacific Islands: Implications for the United States* (June 14, 2018).

77) Solange Reyner, "Palau Offers US New Bases as Hedge Against China," *NEWMAX*, September 8, 2020. https://www.newsmax.com/newsfront/palau-defense-south-china- sea-freedom-of-operation/2020/09/08/id/985916/(검색일: 2020.9.21).

78) Kathrin Hille, "Pacific Islands: A New Arena of Rivalry between China and the US," *The Financial Times*, April 9, 2019.

들은 촉각을 곤두세울 수밖에 없다. 2013년 11월 23일 중국이 이어도가 포함된 방공식별구역을 선포하고 한국의 사드(THAAD) 전개에 대한 민감한 반응은 한반도가 제3해양방어권의 최종 방어권으로, 한국의 동맹국인 미국의 '아시아 재균형 전략'과의 불가피한 충돌 가능성 때문이라고 본다. 향후 중국의 A2/AD 전력이 강화되면서 미국과 중국은 동중국해나 남중국해에서 충돌할 가능성이 크다. 따라서 한국은 미국과 중국이 분쟁시 우리의 해상교통로가 직접 영향을 받을 수밖에 없다는 점을 명심하고 미리 대응 방안을 마련해 놓아야 한다.

또한, 중국은 군 개혁을 추진하면서 한반도를 책임지는 북부전구사령부에 A2/AD 전력을 바탕으로 3개 집단군을 배치했다. 그 중에서 제79집단군이 한반도 유사시 북해함대 전력과 항공 수단을 이용하여 서해를 통해 북한으로 개입할 것으로 보이며, 이를 차단할 수 있는 전략과 전술이 필요하다.

2) 중국의 남태평양 적극적 진출에 대한 대응 전략

한국은 남태평양에 대한 미·중의 전략경쟁 속에서 다음과 같은 방향으로 대응 방안을 마련하여 국익 극대화에 힘써야 한다. 첫째, 한국은 체계적이고 지속적인 원조를 계속해야 한다. 우선 한국과 남태평양국가와의 관계강화에서 가장 중요한 부분은 역시 경제원조로, 한국의 남태평양국가 원조의 체계성 및 지속성, 효과성, 그리고 가시성을 높여야 할 필요가 있다. 따라서 중요 사안이 있을 때만 집중하여 원조하는 경향을 벗어나 일정한 규모로 꾸준한 원조, 그리고 장기 계획하에 체계적이고 지속적인 원조가 필요하다. 둘째, 실질적인 협력을 증진하고 고위급 외교를 강화해야 한다. 중국이 남태평양국가와의 관계에서 고위급 외교를 통해 가시성을 높인 것처럼 한국 정부도 남태평양국가와의 비중 있는 관계임을 인식시키기 위해 고위급 외교를 강화해야 한다. 현재 2011년부터 3년마다 개최되는 외교장관회의와 매년 고위급 관리 회의를 개최 중이며, 이를 내실있게 운영하여 장기적으로 한국과 남태평양국가와 다양한 방면에서 실질적 협력 및 교류 증진이 이루어지도록 해야 한다.

마지막으로 남태평양 도서지역 내 거점 국가를 확보해야 한다. 남태평양국가는 다양한 조건과 환경, 그리고 지향성을 가진 국가들로 구성되어 있는 바 전체를 동일하게 한국의 주 협력 대상으로 할 수는 없으며, 이들 국가 중에서 한국의 입장을 지속 지지할 수 있는 거점 국가를 확보하는 것이 바람직하다. 이 지역에서 한국의 거점

국가 선정조건으로 경제 규모, 국토의 크기와 인구의 규모, 지역에서의 영향력 등의 측면을 고려함과 동시에 국내에서 비교적 잘 알려진 국가를 대상으로 삼는 것이 유리할 것이다. 이런 조건에 따라 남태평양지역 중 대상으론 멜라네시아지역이며, 이 중에서 피지의 경우 국내정치 상황의 문제가 있고, 파푸아뉴기니는 이미 여러 국가와 광산개발 등을 통해 거점화된 국가이므로 한국과 어업 관련으로, 어항 건설을 추진 중인 솔로몬제도가 가장 바람직할 것으로, 차제에 솔로몬에 공관[79]을 설치하는 것도 고려해 볼 필요가 있다.

3) 미국과 패권 경쟁 속에서의 중국의 대응 전략

최근 미국과 중국은 한국에게 자기편에 설 것을 요구하고 있다. 그러나 한국이 미국 주도의 'Quad Plus'에 참가하든지 아니면 중국 주도의 일대일로전략을 지지하면서 중립국도 아닌 애매한 전략을 택하는 경우 다음과 같은 장단점이 예상된다. 먼저 미국이 주도하는 'Quad Plus'에 참가하는 등 미국의 입장을 지지할 경우, 전략적으로는 한미동맹은 더욱 견고하게 되고, 북한의 비핵화를 주도적으로 이끌어 갈 수 있으며 경제적으로는 삼성이 미국 5G 시장에 진입할 기회를 잡은 것처럼 경제적 이익도 극대화할 수 있는 장점이 있을 수 있다. 반면 중국은 지난 사드 배치 때처럼 경제적인 보복은 물론 군사적으로 동해는 물론 이어도가 포함되는 동중국해에 군사력을 더 강하게 투사하면서 압박할 것이다.

한편, 중국의 일대일로를 지지하는 애매한 중립국의 입장을 표할 경우, 전략적으로 한반도 평화를 위해 기여할 수 있는 이점은 없다. 또한, 중국으로부터 경제적인 보복은 없을지 몰라도 경제적으로 현재보다 더 이익을 볼 수도 없다. 현재 중국은 필요 때문에 한국으로부터 반도체 등 많은 한국산 제품을 수입해 왔다.

그러나 장기적으로 중국이 이 분야에서 기술적으로 삼성 등 우리 기업을 능가할 경우 중국 경제의존도는 크게 줄어들 것이다. 예를 들면 현재 미·중의 무역 충돌로 인해 이미 삼성 등의 대중국 반도체 수출은 제한을 받고 있다. 또한, 한국이 중국을 지지한다고 해서 중국이 UN 대북제재 등을 통해 한반도 평화 문제를 적극적으로 해결할 가능성은 낮다(표 2-13 참고).

79) 현재 파푸아뉴기니와 피지에는 대사관이 있다.

〈표 2-13〉 한국이 미국이나 중국 선택시 장단점 비교

구 분		미국지지	중국지지
전략적 측 면	장점	• 한·미동맹 강화, 북 비핵화 지속 추진 • 아세안과의 관계 강화, 신남방정책 추진 용이 * 아세안을 주도하는 인도네시아, 말레이시아 등이 미국지지 가능	• 없 음 * 한국이 지지해도 한반도 주변에 대한 군사력 투사 증가 전망
	단점	• 중국의 한반도 주변 군사력 투사 강화 • 미국 주도 북한 비핵화 문제 등 소극적 지원	• 한국의 방기에 대한 우려로 디커플링[80] 가능성이 커짐 • 한국을 제외한 새로운 안보라인 설정 가능 * 한반도를 제외한 새로운 안보(애치슨) 라인 설정 가능 • 중국주도 일대일로 가입 압력
안보적 측 면	장점	• 한·미동맹 하 한반도 평화유지 * 방위비 분담 협상 용이 등 • 한반도 주변을 둘러싼 위기관리 적극 개입	• 없 음
	단점	• 중국의 한반도 주변 해역 군사력 투사 강화 * 한·중 간 우발적 군사력 충돌 가능성 증가	• 한·미동맹 완화 - 방위비 분담 증가 - 주한미군 철수 논의 가능
경제적 측 면	장점	• 한국기업의 미국 진출 용이 * (예) 삼성 미국 5G 시장 진출	• 현재 수준의 경제 무역 유지
	단점	• 중국의 경제 보복 - 희토류 등 희귀자원 - 관광, 문화, 유학생 등	• 한국기업의 미국 진출 제한 • 미국의 기술특허 사용 제한 등으로 경제적 어려움 도래
전략적 대안		○	×

따라서 이제 우리는 국가가 적용할 수 있는 실제적 대전략 수립의 문턱 앞에까지 다가왔다고 판단된다. 전문적 식견을 가진 분야별 전문가들을 모아 대전략 기획단을 편성하고 합리적 절차에 따라 장기적인 국가정책과 전략을 만들어내는 작업이 필요하다.

80) 방기(abandonment)는 동맹 상대국에 대한 배반으로써 동맹의 책임을 회피하고, 동맹을 탈퇴하거나 동맹 상대국에 지원이 필요할 때 이를 제공하지 않는 등의 행위를 일컫는다. 탈동조화(decoupling)는 동맹 상대국의 방기에 대한 우려로 동맹이 분리되는 현상.

4) 중국의 한반도 주변 해역 내해화에 대한 대응 전략

중국은 한반도 주변 해역을 내해화하기 위한 노력을 지속할 것으로 전망된다. 특히 중국은 한반도 유사시 미국의 개입 차단을 위해 A2/AD 전력을 강화하며, 새로 획득하는 항공전력을 이용하여 한국의 KADIZ를 계속 침범할 것이다. 그리고 이어도가 포함된 동중국해와 서해에서는 함정을 지속 전개하여 우리를 위협할 것이다.

따라서 한국은 다음과 같은 방향으로 대응해야 한다. 첫째, 중국의 이어도가 포함된 서해와 동중국해에서의 대륙붕 경계 주장에 대해 중국대륙에서 흘러나온 황토가 덮여 있다는 근거로 서해와 동중국해가 중국의 대륙붕이라고 보는 견해는 대륙붕의 법리를 도외시한 결과로 "1982년 UN해양법협약 제76조에서뿐만 아니라 과거 육지영토의 자연연장원칙 하에서도 전혀 근거가 없는 자의적 법 해석에 불과하다."[81]는 것을 강조해야 한다.

둘째, 중국 항공기의 우리 KADIZ 침범에 대해 한·중 공군기 핫라인을 통해 위기상황으로 확대되지 않도록 관리하여야 한다. 그리고 우리 공군 및 해군전력으로 적극적 식별로 대응해야 한다. 중국 항공기가 우리 KADIZ 침범시마다 주한 중국 대사나 무관을 불러 조치하는 것은 큰 의미가 없다.

셋째, 중국이 서해 내해화 시도를 위해 함정 전개 등 군사적 활동에 대해 우리군은 우리가 주장하는 123도 30분을 중간선으로 작전구역을 설정하고 지속적 추적·감시 경계활동을 강화해야 한다. 그러나 동경 124도선은 백령도 바로 옆 해상으로 분명 한국해군의 작전권에 속한다. 따라서 중국이 요구하는 동경 124도선은 절대로 수용할 수 없다.

마지막으로, 한·중 간 동·서·남해 해상 및 공중에서 우발적 충돌을 예방할 수 있도록 협의해야 한다. 이를 위해서는 한국과 중국이 이미 역내 협의체에 참가하여 합의한 바 있는 규범을 따르도록 해야 한다. 해상에서는 2014년 WPNS에서 합의한 '해양에서의 우발적 충돌을 방지하기 위한 행동규칙(CUES: Code for Unplanned

81) 과거 자연연장이 대륙붕경계획정의 대원칙이었을 때에도 지질적 지형적 요인이 육지의 자연연장을 차단할 수 있느냐는 정도로 해석되었을 뿐 해저 및 하층토의 지질적 형성과정과는 전혀 무관한 것이었다. 백진현, "해양경계획정 원칙의 변천과 한반도 주변 해역의 경계 문제," 『해양정책연구』, 제6권 1호 (1991년 3월), p. 43.

Encounters at Sea)'을, 그리고 공중에서는 2019년 10월 아세안 국방장관 회의(ADMM)에서 회원국 간에 합의한 '공중에서 군사적 조우시 기본원칙(GAME: Guideline for Air Military Encounters)'을 따르면 된다.

최근 한·중 간 또 다른 이슈는 서해에서 중국 불법어선의 조업 단속이다. 우리 해경이 중국 불법 조업 단속 시 중국이 해상민병대를 투입해 대응에 어려움이 많다. 최근 중국은 동중국해 센카쿠열도는 물론 남중국해에서도 분쟁시마다 해상민병대를 전초 부대로 활용 중이다. 미국도 남중국해에서의 중국 민병대 대응에 많은 어려움을 겪고 교전규칙 등을 수립하여 대응 중이다. 우리도 해군과 해경청이 협력하여 서해 불법조업 어선 단속 때 교전규칙을 포함한 중국 해상민병대에 대한 대응 방안을 마련해야 한다. 그리고 정부 차원에서 나포한 중국어선의 신변처리 문제에 대해서도 국제법과 국내법 등을 바탕으로 명확히하여 현장에서 대응하는 해경과 해군의 어려움을 최소화해야 한다.

참고문헌

김덕기. "중국의 대(對)대만 강압외교(Coercive Diplomacy) 수행을 위한 해군력 운용에 관한 연구."『군사논단』, 제98호 (2019 여름).

--------. 『21세기 중국해군』, 서울: 한국해양전략연구소, 2000.

김태호. "[차이나 인사이트] 한반도 유사시 출동할 중국군 북부전구 실제 전투력은?."『중앙일보』, 2018년 2월 27일.

--------. "[차이나 인사이트] 한반도 유사시 출동할 중국군 북부전구 실제 전투력은?."『중앙일보』, 2018년 9월 23일.

박선미. "중국, 남중국해 방공식별구역 구축 … 미국과 충돌 불가피."『아시아경제』, 2020년 6월 1일.

박응수. "2019 중국국방백서 평가와 함의."『해양전략』, 제183호 (2019년 9월).

백진현. "해양경계획정 원칙의 변천과 한반도 주변 해역의 경계 문제."『해양정책연구』, 제6권 1호 (1991년 3월).

안두원. "中 잠수함·초계기, 서해바다 샅샅이 훑었다."『매일경제』, 2019년 9월 23일.

양욱. "거함거포시대 부활?: 동북아 최대의 수상 전투함, 055형 진수."『해군』, 제419호 (August 2017).

이서항. "중국의 새 어민세력 '해상민병'을 경계하자."『KIMS Periscope』, 제76호 (2017년 3월 21일).

전현석. "韓·美 잠수함 탐지? 중국, 한국 쪽 서해에 대형 부표 9개 띄워."『조선일보』, 2018년 9월 14일.

A. F. Krepinevich. *Why AirSea Battle?.* Washington, D.C.: Center for Strategic and Budgetary Assessments, 2010.

Andrew Erickson. "Chinese Anti-ship Ballistic Missile Development and Counter-Intervention Efforts." *Testimony before Hearing on China's Advanced Weapons* (February 23, 2017).

Andrew S. Erickson and Conor M. Kennedy. "China's Daring Vanguard: Introducing Sanya City's Maritime Militia." *Center for International Maritime Security*, November 5, 2015.

------- and --------. "Meet the Chinese Militia Waging a 'People's War at Sea'." *The Wall Street Journal*, March 31, 2015.

Caleb Larson. "FC-31: China's Next Carrier Jet is Stolen and Stealthy." *National*

Interest, April 18, 2020.
Christian Davenport. "Why the Pentagon Fears the U.S. is losing the Hypersonic Arms Race with Russia and China." *Washington Post*, June 8, 2018.
Conor M. Kennedy and Andrew S. Erickson. *China's Third Sea Force, The People's Armed Forces Maritime Militia: Tethered to the PLA.* China Maritime Report No. 1. Newport, RI: US Naval War College, China Maritime Institute, March 2017.
Dennis M. Gormley; Andrew S. Erickson; and Jingdong Yuan. "A Potent Vector: Assessing Chinese Cruise Missile Developments." *Joint Force Quarterly*, No. 75 (September 30, 2014).
European Strategy and Policy Analysis System(ESPAS). *Global Trends to 2030: Challenges and Chances for Europe* (April 2019).
Graham Allison. *Destined for War.* Boston: Mariner Books, 2017.
Grant Newsham, "China's Amphibious Force Emerges." *Asia Times*, November 5, 2019.
H. I. Sutton. "New Intelligence Shows China Is Building More Type-075 Assault Carriers." *Forbes*, August 7, 2020.
_______. "Stealth UAVs Could Give China's Type-076 Assault Carrier More Firepower." *Forbes*, July 23, 2020.
Harry Kazianis. "China's Anti-Access Missile." *The Diploma,* December 29, 2011.
IISS. *Strategic Survey: Assessment of Geopolitics.* London: IISS, October 2019.
Jan van Tol, et al. *AirSea Battle: A Point-of-Departure Operational Concept.* Washington, D.C.: Center for Strategic and Budgetary Assessments, 2010.
Jeffrey Lin and P. W. Singe. "China's Largest Surface Warship Takes Shape." *Popular Science*, October 20, 2016.
Kathrin Hille. "China Plans Hybrid Assault Vessel to Strengthen Overseas Power." *Financial Times*, July 24, 2020.
_______. "Pacific Islands: A New Arena of Rivalry between China and the US." *The Financial Times*, April 9, 2019.
Keith Button. "Hypersonic Weapons Race." *Aerospace America,* June 2018.
Ken MoriyaSu. "For U.S. Pacific showdown with China a Long Time Coming." *Nikkei Asian Review* (October 29, 2015).
Kris Osborn. "Double the Destroyers: China Will Soon Have Almost 40 of These Modern Warships." *National Interest*, July 17, 2020.
Kris Osborn. "Is China Building Its Own F-35 Fighter Jets for its Aircraft

Carriers?." *National Interest*, July 3, 2020.

Liu Xin and Liu Caiyu. "China Eyes Building more Aircraft Carriers." *Global Times*, April, 2017.

Liu Zhen. "Five Thins to know about Home-Build Type 055 Destroyer, Guardian of the Next Generation Aircraft Carrier." *South China Morning Post*, August 6, 2018.

Michael McDevitt. "The Modern PLA Navy Destroyer Force." in Peter A. Dutton and Ryan D. Martinson (ed). *China's Evolving Surface Fleet*. Newport, RI: U.S. Naval War College, 2017.

Michael R. Pompeo. "Communist China and the Free World's Future." Address at the Richard Nixon Presidential Library and Museum, July 23, 2020.

Mike Yeo. "Photos Reveal Progress on China's Largest Amphibious Assault Ship." *Defense News*, August 23, 2019.

_______. "No SLowdown for China's Navy Aspirations." *Defense News*, January 23, 2018.

Minnie Chan. "China's Navy 'Set to Pick J-20 Stealth Jets for Its Next Generation Carriers'." *South China Morning Post*, August 27, 2019.

_______. "Chinese Navy Set to Build Fourth Aircraft Carrier, but Plans for a More Advanced Ship Are Put on Hold." *South China Morning Post*, November 28, 2019.

_______. "Chinese Navy Trains More Fighter Pilots for Expanded Aircraft Carrier Fleet." *South China Morning Post*, January 2, 2018.

_______. "Chinese Shipbuilder Planning Advanced Amphibious Assault Ship." *South China Morning Post*, July 27, 2020.

Norman Friedman. *The Naval Institute Guide to World Naval Weapon System*. Annapolis, MD: Naval Institute Press, 2006.

Peter Suciu. "China Now Has Six Type 094A Jin-Class Nuclear Powered Missile Submarines." *National Interest*, May 6, 2020.

Rick Joe. "Beyond China's J-20 Stealth Fighter." *Diplomat*, September 20, 2019.

_______. "The Chinese Navy's Destroyer Fleet Will Double by 2025. Then What?." *Diplomat*, July 12, 2020.

_______. "The Future of China's Amphibious Assault Fleet." *Diplomat*, July 17, 2019.

_______. "What Will the Chinese Navy's Next Frigate Look Like?." *The Diplomat*, May 15, 2020.

_______. "Whispers of 076, China's Drone Carrying Assault Carrier." *The Diplomat*, August 21, 2020.

Robert S. Ross. "The 1995-96 Taiwan Strait Confrontation: Coercion, Credibility, and the Use of Force." in Robert J. Art and Patrick M. Cronin (eds). *The United States and Coercive Diplomacy.* Washington, D.C.: US Institute of Peace Press, 2003.

Ronald O'Roureke. *China Navy Modernization: Implications for U.S. Navy Capabilities.* Washington, D.C.: US Congressional Research Service, 2011-2020.

Sebastien Roblin. "Bad News: China is Building Three Huge Helicopter 'Aircraft Carriers'." *National Interest*, July 27, 2019.

_______. "China's New Aircraft Carriers Are Getting Stealth Fighters." *National Interest*, October 26, 2019.

Sidharth Kaushal. "The Type 055: A Glimpse into the PLAN's Developmental Trajectory." *Royal United Services Institute (RUSI),* October 19, 2020.

The National Institute for Defense Studies. "Outlook for China-Russia Military Cooperation: Based on an Analysis of China-Russia Joint Exercises." *NIDS Commentary,* No. 57 (January 11, 2017).

Tom Bowman and John Ruwith. "10 Countries Participate In Biennial Naval Exercises Off Hawaii." *NPR*, August 26, 2020.

Tyler Rogoway. "China's New Amphibious Assault Ship Is A Monster." *The Drive*, August 22, 2019.

U.S. National Intelligence Council (NIC). *Global Trends 2025: A Transformed World* (December 2008).

U.S. NIC. *Global Trend 2020: Mapping the Global Future 2020.* December 2004.

U.S. Office of Naval Intelligence (ONI). *The PLA Navy: New Capabilities and Missions for the 21st Century.* Washington, D.C.: ONI, April 2009-2015.

_______. "UPDATED China: Naval Construction Trends vis-à-vis U.S. Navy Shipbuilding Plans, 2020-2030." February 6, 2020.

U.S.-China Economic and Security Cooperation Review. *China's Engagement in the Pacific Islands: Implications for the United States* (June 14, 2018).

US Congress US-China Economic and Security Review Commission. *Hearing on China's Military Reforms and Modernization* (February 15, 2018).

US Department of Defense(DoD). *Annual Report to Congress on Military and Security Developments Involving the People's Republic of China 2011-2020.*

Washington, D.C.: DoD, 2011-2020.
Wilson Vorndick. "China's Reach has grown." *Asia Maritime Transparency*, October 22, 2018.
戴佳辰·耿跃亭. "海上维权民船动员需求与对策研究."『国防』, No. 10 (2015)
劉華清.『劉華清回憶錄』. 北京: 解放軍出版社, 2004.
中國人民共和國國務院新聞辦公室.『新時代的中國國防 2019』. 北京: 國務院新聞辦公室, 2019年 7月 24日.
中國人民共和國國務院新聞辦公室.『中國的軍事戰略 2015』. 北京: 國務院新聞辦公室, 2015年 5月 26日.
中國人民共和國國務院新聞辦公室.『中國的國防 2010』. 北京: 國務院新聞辦公室, 2010.
曾鹏翔·傳志刚·连荣华. "科学构建海上民兵管控体系."『国防』, No. 12 (2014).
"중국, 두 번째 항공모함 진수 예정."『국방과학기술정보』, 제64호 (2017년 5-6월).
"PLA Navy to Streamline Pilot Training as More Aircraft Carriers Expected." *Global Times*, January 8, 2018.
"중, 첫 해외기지 지부티에 항모 수용 군항 건설."『국방일보』, 2019년 12월 13일.
"中露、日米韓の「防衛体制」試す? 竹島·東シナ海で空軍共同飛行."『毎日新聞』, 2019年 7月 24日.
"韓媒臆測中國在黃海公海設海上浮標搞監控."『中國評論新聞網』, 2019年 9月 16日.

제3장

일본의 해양전략과 해상자위대 증강 동향

김기호(해군사관학교 교수)

제1절 서 론

2020년 시작과 함께 세계를 혼돈 속으로 빠져들게 한 것은 두말할 필요도 없이 코로나-19에 의한 팬데믹 사태로, 이것은 미·중 양국 간 갈등을 격화시키면서 인도·태평양지역의 안보 구도를 일변시킨 주요 요인 중의 하나가 되었다. 또한, 불확실성을 잉태하고 있는 미·중 간의 경쟁적 관계를 비롯하여 일본 남서제도를 중심으로 한 동중국해와 남중국해를 둘러싼 군사적 긴장과 갈등이 주변국들의 시급한 안보 현안으로 부상하고 있다.

이러한 정세를 배경으로 최근 일본 정부는 '자유롭고 열린 인도·태평양(FOIP: Free and Open Indo-Pacific) 비전' 하에 법의 지배 및 항행의 자유에 기초한 열린 해양질서의 유지를 명분으로 내세우며, 대외적으로 적극적인 자세를 견지하고 있다. 방위성과 자위대도 '자유롭고 열린 인도·태평양' 비전을 일본의 국가적 위상 강화와 자위대의 역할 확대를 위한 기회로 삼아, 독자적인 작전 임무 수행능력을 확충해 가고 있다. 특히, 일본은 평화헌법에 입각한 전수방위 틀 내에서 운용되어 온 자위대의 임무와 역할이 제2차 아베 정권출범 이후, 북한의 핵·탄도미사일 및 중국의 급속한 해군력 증강에 따른 해양활동 활발화를 주요 위협과 불안정 요인으로 상정하면서 자위대의 군사력 운용 범위가 일본 주변 해공역을 벗어나 세계 어느 곳이든지 군사력을 투사할 수 있도록 활동 범위를 확대해 가는 것은 물론, 이에 상응하여 자위대의 능력을 지속적으로 증강해 가고 있다.

전후 70년이 지난 현재, 일본 자위대는 2015년 미·일 방위협력지침의 개정과 2016년 집단적자위권(Right of Collective Self-Defence) 행사를 용인한 안보법 시행에 따라 한반도 및 일본 주변 해역을 벗어나 세계 어디에서든 군사력을 운용할 수 있는 절호의 기회를 맞이하고 있다. 또한, 일본 정치권 내에서 오랜 기간 이슈화되어 왔던 적기지 공격능력 보유에 대한 최근의 적극적인 의지 표명은 현재 이루어지고 있는 새로운 국가안전보장전략의 개정 결과에 따라 역내 군비경쟁을 부추기는 불씨가 될 가능성이 농후하며, 자위대가 적극적·공세적 작전 운용으로 변모해 가는 또 하나의 전환점이 될 것이다. 무엇보다도 일본 정부는 해상자위대의 적극적인 활동을 기반으로 인도·태평양지역에서의 위상과 외교·안보 측면의 영향력을 점진적으로 확대하면서, 자국의 전략적 이익을 추구해 갈 것으로 예상된다.

따라서 본 장에서는 일본의 해양전략과 해상자위대 전력증강 동향을 분석하는 데 있어 먼저 일본 국가전략의 근간이라 할 수 있는 국가안전보장전략과 자위대의 활동 보장을 지탱하기 위해 추진되어 온 법적 기반 구축 실태를 살펴보고자 한다. 이어서 일본 방위 안보정책의 기본문서라 할 수 있는 『방위계획대강』의 주요 내용과 해양전략의 변화 추이, 이를 구현하기 위해 다양화되고 있는 해상자위대의 임무·역할 및 해상교통로 보호를 명분으로 최근 십여 년간 일본 주변 해·공역을 벗어나 남중국해 인도양, 아프리카에 이르기까지 미·일동맹을 기축으로 확대일로에 있는 주요 국가와의 연합훈련 등, 급속히 활동 범위를 확대해 가고 있는 해상자위대의 움직임에 초점을 맞추어 기술하였다.

일본 자위대 가운데서도 특히 적극적·공세적인 활동 양상으로 변모해 가고 있는 해상자위대는 한국의 해상교통로를 중심으로 한 해양권익 보호에 있어 중요한 협력 대상이기도 하지만, 자국 우선주의가 팽배해지고 있는 국제 안보 환경을 고려할 때 전략적 협력과 견제, 경계의 시선으로 주시해야 할 세계 최고 수준의 해군력을 갖춘 군사조직이라는 점을 간과해서는 안 될 것이다.

마지막으로 일본이 추구하는 방위 안보정책 실현에 있어서 핵심적인 무력수단이라 할 수 있는 자위대의 능력, 무엇보다 해상자위대의 해상방위력 증강 동향과 활발해 지고 있는 해상자위대 주도의 연합해상훈련 등에 대한 실질적인 평가를 바탕으로 가까운 장래에 예상되는 위협요인을 도출함으로써 역내 및 한반도의 평화와 안정에 기여할 수 있는 대응 방향성을 제시해 보았다.

제2절 군사전략과 해양전략 추이

1. 국가안보전략

1) 국가안전보장전략(NSS)

일본 정부가 2013년 12월 국가안전보장회의(NSC: National Security Council)를 거쳐 각의에서 승인한 '국가안전보장전략(NSS: National Security Strategy, 이하 '국가안보전략)'은 일본의 외교·방위정책을 중심으로 한 국가안전보장의 기본방침이다. 태평양전쟁 패전 이후, 최초로 책정 공표된 국가안보전략은 1957년에 일본 각의에서

〈표 3-1〉 일본의 「전략」·「방위대강」·「중기방」의 관계

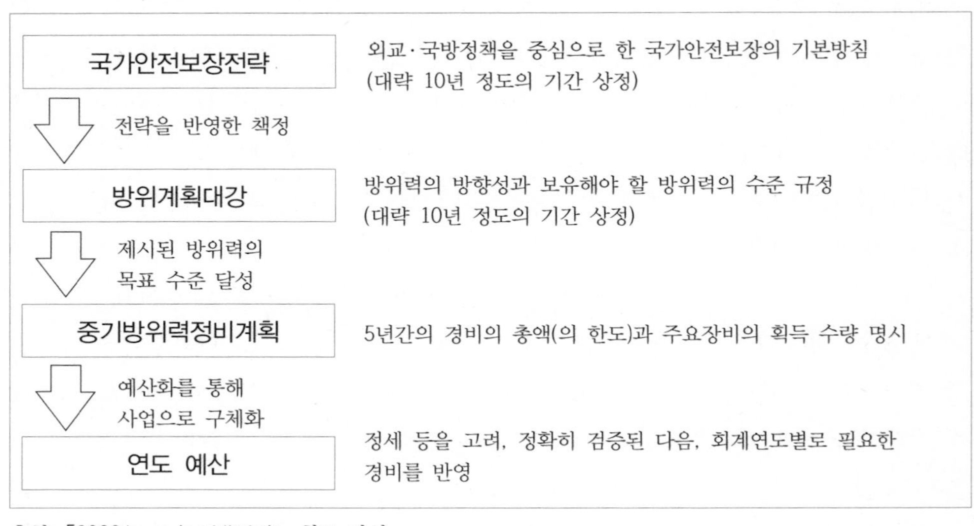

출처: 「2020年 日本 防衛白書」 참조 작성

결정된 전략'으로 일본의 외교·방위정책을 중심으로 한 국가안전보장의 기본방침이다. 태평양전쟁 패전 이후, 최초로 책정 공표된 국가안보전략은 1957년에 일본 각의에서 결정된 '국방 기본방침'을 대체한 공식문서로, 2012년 말, 제2차 아베 내각이 출범하면서 '전후체제의 탈각'을 통해 '전쟁이 가능한 보통국가화'로 나아가기 위한 첫걸음으로서 2013년 9월 일본판 NSC를 창설하면서 작성하게 되었다.

〈표 3-2〉 일본의 국가안보전략 개요

<table>
<tr><th colspan="3">국가안전보장의 기본이념 = '국제 협조주의'에 입각한 '적극적 평화주의'</th></tr>
<tr><td colspan="2">국 익</td><td>• 일본의 평화와 안전을 유지하여 그 존립을 완수함
• 일본의 평화와 안전을 더욱 강고히 함
• 보편적 가치 및 법에 입각한 국제 질서를 유지·옹호함</td></tr>
<tr><td colspan="2">목 표</td><td>• 필요한 억지력을 강화하여 일본에 직접 위협이 미치는 것을 방지
• 미·일동맹의 강화, 역내 외 파트너와의 신뢰·협력관계 강화 등에 의해 아시아·태평양지역의 안전보장환경을 개선하여, 위협의 발생을 예방·저감
• 세계적인 안전보장환경을 개선하여 번영하는 국제사회 구축</td></tr>
<tr><th colspan="3">일본이 취해야 할 국가안전보장상의 전략적 접근방식</th></tr>
<tr><td>1</td><td>일본의 능력·역할 강화·확대</td><td>• 외교 강화, 통합적인 방위체제 구축, 영역 보전·해양안전보장 확보, 사이버안보·국제테러대책·정보기능·기술력 강화
• 방위 장비·기술협력, 우주 공간 안정적 이용, 안보분야 활용</td></tr>
<tr><td>2</td><td>미·일동맹 강화</td><td>• 미·일의 안전보장·방위협력 관계 강화
• 안정적인 미군 Presence 확보</td></tr>
<tr><td>3</td><td>국제사회의 평화와 안전을 위한 파트너와 외교·안전보장 협력 강화</td><td>• 호주, ASEAN 국가, 인도, 한국 : 협력관계 강화
• 중국 : '전략적 호혜 관계'의 구축, 지역 파트너와 협력 강화</td></tr>
<tr><td>4</td><td>국제사회의 평화와 안정을 위한 국제적 협력 적극적 기여</td><td>• UN 외교 강화, 법의 지배강화, 국제평화협력 추진, 국제테러에 대한 국제협력 추진, 군축·확산방지 관련 국제협력 추진</td></tr>
<tr><td>5</td><td>지구 규모 해결을 위한 보편적 가치를 통한 협력 강화</td><td>• 보편적 가치의 공유, 개발문제 등 대응(인간의 안전보장)과 실현, 개발도상국 인재육성에 대한 협력, 자유무역체제의 유지·강화, 에너지·환경문제 대응 등</td></tr>
<tr><td>6</td><td>국가안전보장을 지탱하는 국내기반 강화와 국내외에 대한 이해 촉진</td><td>• 방위생산·기술기반의 유지·강화
• 정보발신의 강화, 사회적 기반, 지적 기반의 강화</td></tr>
</table>

출처: 『日本 國家安全保障戰略』, 『2020年 日本 防衛白書』 참조 작성

일본 정부가 국가안보전략을 책정하여 공표한 날, 이를 구체적으로 실현하기 위한 하위문서로서 새로운 『방위계획대강(이하 '방위대강')』과 『중기방위력정비계획(이하 '중기방')』을 함께 발표하였는데, 국가안보전략, 방위대강과 중기방의 핵심 단어는 '보통국가화'였다. 이는 전쟁과 군대 보유를 금지하고 있는 평화헌법에서 벗어나 전쟁을 할 수 있는 국가로 회귀하겠다는 것을 의미한다. 국가안보전략은 기본 이념에서 '국제 협조주의'에 입각한 '적극적 평화주의'를 내세우고 있지만, 이것은 국제평화와 미·일동맹 강화를 앞세워 자위대의 집단적자위권 행사 용인과 임무·역할은 물론, 활동범위 확대를 통해 '전후체제의 탈각'을 위한 절차를 밟아 가고 있다고 할 수 있다.

2) 국가안보전략 시현을 위한 법적 기반 구축

(1) 집단적자위권 행사 용인(안보법제 시행)

일본의 보통국가화 추진 즉, 다른 국가들처럼 군대를 보유하여 전쟁할 수 있는 국가가 되기 위한 제도화 작업은 2012년 말에 출범한 제2차 아베 정권 하에서 가속화되었다고 할 수 있다. 미·일동맹의 강화를 앞세운 아베 정권(당시)은 2014년 7월에 각의 결정을 통해 집단적자위권 행사를 용인하는 헌법 해석변경을 단행하였고, 2015년 9월 안보법제 관련 법안이 국회 심의를 통과함으로써 일단락되었다.[1] 일본 정부가 강행 처리한 11개의 안보 관련 법안의 핵심내용은 종래에 용인되지 않았던 집단적자위권 행사에 초점이 맞춰져 있다. 집단적자위권 행사 용인 방침을 반영한 무력공격사태법에는 제3국에 대한 무력공격일지라도 '일본의 존립이 위협받고 국민의 권리가 근저로부터 뒤집힐 명백한 위협이 있는 경우'를 '존립 위기사태'로 규정하여 자위대가 무력행사를 할 수 있도록 하였다.

또한, 한반도 유사시 미군의 후방지원을 상정하고 책정되었던 종래의 주변사태법을 대체하는 중요영향사태법은 '방치할 경우 일본에 중대한 영향을 줄 수 있는 사태' 시에는 전 세계 어디에서나 자위대가 미군 등 외국 군대를 후방 지원할 수 있도록 하였다. 즉, 종래의 주변사태법에서는 한반도와 대만 유사시, '일본 주변'에 제한되던 후방지원의 지리적 제약이 완전히 없어졌다는 것을 의미한다.

---

1) 2015년 4월 말 미·일 양국은 미·일 방위협력지침(가이드라인)을 개정하였으며, 그다음 달에 일본 정부는 11개의 안보 관련 법안 재·개정안을 각의 결정한 이후, 자민·공명 연립 여당은 7월과 9월 중의원과 참의원에서 이 법안들을 강행 처리함.

이처럼 일본은 현행 헌법을 그대로 두면서 집단적자위권에 대한 해석을 변경하고, 미·일 방위협력지침(이하 '가이드라인') 개정에 이어 안보법제를 개정 법제화함으로써 군사적 의미에서 '보통국가(Normal State)'로 가는데 필요한 틀이 정비된 것이다. 즉, 자국이 직접 공격받지 않더라도 미군을 위시하여 주요 우방국 군대를 지원하기 위해 자위대를 파견하는 등 무력을 사용할 수는 법적 기반이 마련되었다.

(2) 미·일 가이드라인 개정

아베 총리는 2015년 4월, 워싱턴에서 버락 오바마 미국 대통령과 이루어진 정상회담에서 가장 큰 주목을 받았던 것은 18년 만에 개정된 미·일 방위협력지침(이하 ''15 가이드라인')이었다. 이를 위해 정상회담 바로 전날 뉴욕에서 양국 정부의 외무·국방장관이 안전보장협의위원회(2+2)를 개최하여 미·일 양국이 새롭게 합의한 '15 가이드라인에 서명하였다.

1997년에 합의되었던 종래의 가이드라인이 한반도 유사시 등 일본열도를 둘러싼 주변사태에 중점을 두고 작성된 것이었다면, 2015년 개정된 '15 가이드라인은 미일동맹의 글로벌화 및 중국의 군비 증강과 해양 진출에서의 대응을 염두에 두고, 일본의 집단적자위권 행사 용인을 전제로 하여 미군과 자위대 간의 역할 분담을 재조정하는 데 중점을 두고 책정된 것이라 할 수 있다. 즉, 2014년 집단적자위권 행사를 용인한 각의 결정을 바탕으로 새롭게 합의된 '15 가이드라인은 '일본 이외의 국가에 대한 무력공격'에의 대처에 있어 일본이 직접 공격을 받지 않더라도 자위대가 미군과 함께 무력을 행사할 수 있도록 한 것이다.

즉, '15 가이드라인은 자위대가 전 세계적으로 미군에 협력할 수 있는 발판을 마련한 것으로, 미군과 자위대 간의 군사적 협력 범위를 '아시아·태평양지역 및 이를 넘어선 지역'으로, 사실상 전 세계에서 미군에 대해 자위대의 후방지원은 물론, 탄약 제공도 가능하도록 개정하였다. 또한, 글로벌 차원의 미·일 협력으로서, ① UN의 평화유지활동(PKO: Peace Keeping Operation) 등에서 협력 강화, ② ASEAN 등 제3국의 군사력 확충 지원에 대한 협력, ③ 미국, 일본, 호주 3개국 및 기타 다자간 안보협력 강화는 물론, 미·일 간 전략적 협력 영역에 우주와 사이버 대책도 포함하였다.

이와 같은 일본 방위 안보정책의 근본적 변화 배경에는 아시아·태평양지역의 안보 비용 부담을 동맹국에게 강하게 요구하고 있는 미국의 '인도·태평양 전략'과 보통국가로 거듭나려는 일본의 '적극적 평화주의'와 이해관계가 일치하고 있기 때문이다. 미국은 아시아태평양지역에서 지속적 패권 유지를 위해 인도·태평양 전략의 연장선에서 미·일동맹 강화를 통한 일본의 역할 분담 확대를 바라고 있고, 일본은 보통국가화로 탈바꿈해 가는 주요 수단으로써 미·일동맹 강화를 지역 및 국제 안보에 기여한다는 명분을 앞세워 적극적으로 활용하고 있다.

2. 일본의 방위대강

1) 역대 방위대강의 변천 과정

일본 정부는 1976년 최초로 『방위대강』(이하 ''76 방위대강')을 발표한 이후, 현 『방위대강(2018년 12월 말 책정, 이하 '18 방위대강)』을 발표하기까지 총 다섯 차례에 걸쳐 방위대강을 개정해 왔다. 방위대강의 개정 작업은 일본 방위정책의 방향성을 제시하는 기준이 되는 만큼, 기존 방위대강으로 일본 자신을 둘러싸고 새롭게 대두된 위협에 대처하는 것이 미흡하다고 하는 정치적 판단을 근거로 이루어져 왔다. 특히, 2010년 방위대강(이하 '10 방위대강)부터는 새로운 방위구상이 제시되면서 자위대의 방위력 증강 방향성이 전수방위개념에서 조금씩 벗어나기 시작하면서 주변국으로부터 우려의 목소리가 대두되기 시작하였다. 방위대강 개정시마다 제시된 핵심 방위구상은 일본이 독자적 방위력을 건설하기 위한 방향성을 제시하고 있는 동시에 평화헌법하, 전수방위개념을 고수해 갈 것이라는 정치적 레토릭을 반복하면서도 방위력 증강에 따른 자위대의 임무·활동 범위를 확대할 수 있는 여건을 조성해 온 것이다.[2)]

'76 방위대강에서 처음 제시되었던 '기반적 방위력' 개념은 일본이 '힘의 공백이 되어 주변 지역에 불안정 요인이 되지 않도록, 자주 국가로서 필요한 최소한의 방위력을 보유'한다는 사고에서 제시된 구상이었다. 이후 두 차례 개정된 '95 및 '04 방위대강은 다양한 상황에 유연하게 탄력적으로 대응할 수 있는 방위력의 필요성이 요구되고 있다는 인식을 드러내기는 하였지만, 기존의 '기반적 방위력'을 계승해 왔다.

---

2) 안보법제 시행(2016년 3월), 미·일 가이드라인(2015년 4월), 방위계획대강(2018.12월)의 책정으로 일본이 주창하고 있는 전수방위의 개념은 퇴색(의미 상실).

〈표 3-3〉 일본 역대 방위대강의 개정 추이

구분	'76 방위대강	'95 방위대강	'04 방위대강	'10 방위대강	'13 방위대강	'18 방위대강
상위 문서	국방의 기본방침 (1957년 5월, 책정)				국가안전보장전략 (2013년 12월, 책정)	
안보 정세 평가	냉전, 미·소 데탕트	냉전 종결	테러, WMD 등 새로운 위협	• 힘의 균형 변화 • 북한 핵·미사일 위협	• 중국 군사력 증강 • 북한 핵·미사일 위협 • 미국 재균형정책	• 주요 강대국간 경쟁 심화 • 북한 핵·미사일 위협 증대 • 그레이존 사태
방위력 구상	기반적 방위력			동적 방위력	통합 기동방위력	다차원 통합방위력

출처: 日本 역대 「防衛白書」 참조 저자 작성

그러나 '기반적 방위력' 구상은 '10 방위대강 개정시 '동적 방위력' 구상으로 대체되었다. 당시 일본 민주당 정부는 중국, 인도, 러시아 등 신흥강국이 등장하고 미국의 영향력이 상대적으로 약화하고 있던 정세 속에서 세계적인 힘의 균형(Power Balance) 변화를 전제로 일본 역시 적극적인 방위력이 필요하다고 평가하였다. 즉, 필요 최소한의 방위력이라 할 수 있는 '기반적 방위력'에 의한 평시의 억제, 회색지대(Gray Zone) 사태시의 즉각적 대응, 유사시 대처 기능이라고 하는 세 가지 요소를 구비한 '동적 방위력' 개념으로 전환한 것이다.

'10 방위대강에서 '동적 방위력' 구상이 제시되었지만, 이것도 이전 방위대강의 연장 선상에서 개정이 이루어졌다고 할 수 있는데, 앞서 책정·개정된 방위대강 모두 1957년에 책정된 '국방의 기본방침'이라는 상위문서를 근거로 방위정책의 방향과 방위력 증강 목표를 제시한 것이기 때문이다.

그러나 2012년 12월 재집권한 제2차 아베 정권의 출범은 이전의 방위대강과는 근본적인 변화를 가져왔다. 가장 큰 변화는 일본 정부가 2013년 12월 태평양전쟁 패전 이후 최초로 '국가안보전략'을 책정·발표하면서 방위대강과 중기방을 그 하위문서로 체계화한 것이다. 이를 계기로 일본은 국가안보전략, 방위대강, 중기방이라는 세 가지 문서의 관계를 정립함으로써 국방정책 즉, 일본 방위정책의 체계를 새롭게 구축하게 되었다.

국가안보전략을 토대로 개정된 『방위대강(이하 '13 방위대강)』은 안보정세 평가 및 방위정책의 방향성에서 이전의 방위대강과 연속성을 보이기는 하지만, 중국의 해양활동 활발화에 따른 위협 증대에 기동적·실효적으로 대응하기 위해 즉응력이 뛰어난 기동력과 경계감시능력 등 기동운용을 중심으로 한 '통합기동방위력' 구상으로 대체되었다.

이것은 국가안보전략의 기본이념인 '국제 협조주의'에 입각한 '적극적 평화주의'를 구현해 가는 데 필요한 자위대의 역량을 통합 기동적 운용개념으로 전환해 가기 위한 방위구상이다. 즉, 중국의 부상이 지역적 차원의 세력균형을 넘어서 미·중 간 갈등 구도로 이어질 것이라는 인식 하에, 미·일동맹을 기축으로 자위대에 의한 독자적인 방위력 강화에 중점을 둔 것으로 평가할 수 있다.

이러한 일본의 방위정책 변화가 새로운 위협에 대해 적극적으로 대응하겠다는 의도일 수도 있지만, 이것은 사실상 최소한의 방위력을 보유하겠다는 평화헌법에 입각한 전수방위개념에서 벗어나 보통군대화로의 전환을 통해 보통국가화로 나아가겠다는 일련의 과정으로 보아야 할 것이다.

2) 2018 방위대강

(1) 안보환경 평가

2018년 말 책정된 '18 방위대강은 '13 방위대강이 제시하고 있던 '통합기동방위력' 구상에서 새롭게 '다차원통합방위력(多次元統合防衛力)' 구상을 제시하면서, 향후 10년을 응시한 구체적인 방위력 증강 방향성을 대내외에 공표하였다. '18 방위대강은 일본을 둘러싼 안보환경이 다음과 같이 급변하고 있다고 평가하면서, 과거와는 차원이 다른 방위력의 질적·양적 증강이 긴요하다고 주장하였다.

첫째, 중국의 군사력 증강 등에 의해 힘의 균형(Power Balance) 변화가 가속화·복잡화되고 있을 뿐만 아니라, 정치·경제·군사면에서의 강대국 간 경쟁이 심화되면서 기존의 질서를 둘러싼 불확실성이 증가하고 있다. 둘째, 첨단 군사기술의 진보로 전장 영역이 새로운 영역으로 확대되어 가고 있다. 즉, 종래의 육·해·공 영역을 넘어 우주·사이버·전자전이라는 새로운 영역에서 국경의 틀을 벗어난 다양한 위협이 출현하고 있으므로, 첨단 군사기술을 기반으로 장비체계 측면에서 우위를 달성할 필요성을 강조하였다.

셋째, 국제 안보환경이 국제적 규칙 및 규범에 따라 유지되기 어려워지고 있다는 것이다. 우주·사이버 영역에서는 국제적 규범이 정립되어 있지 않고, 해양질서에서도 한 국가가 일방적인 원칙을 주장하고 있다. 넷째, 중국의 '강군몽(强軍夢)' 실현을 위한 강력한 군사력 건설과 동중국해를 둘러싼 군사적 활동, 군사적 불투명성이 우려 사항이 되고 있다. 중국이 기존의 국제 질서와는 달리 자국의 주장을 관철하기 위해 영해를 침입하거나, 남중국해에서 군사거점화를 지속 구축해 가고 있으며, 특히 중국은 첨단기술을 기반으로 A2/AD 능력을 강화하면서 군사력 투사능력을 확대해 가는데 국가적 역량을 집중해 가고 있다고 평가하였다.

결론적으로 일본 정부는 세력 균형의 변화, 기존 국제 질서의 불확실성, 새로운 전장 영역의 확장, 그리고 주변국 정세가 안보환경을 변화시키고 있어 기존의 정책으로는 대응이 힘들다고 평가하였다. 이것은 아베 전 총리가 '18 방위대강 책정 발표 직후, "기존의 연장 선상이 아닌 진정 실효적인 방위력을 구축할 수 있도록 방위력의 양과 질을 필요한 만큼 충분히 확보할 필요가 있다"[3]고 강조한 것과 맥락을 같이 하는 것이다.

(2) 방위목표 달성을 위한 수단

따라서 '18 방위대강은 새로운 안전보장환경에 대응하기 위한 방위목표의 달성 수단으로써 다음의 세 가지 수단을 제시하였다.

첫째, 일본 자신의 방위체제 강화를 위해 진정 실효적인 방위력으로서 '다차원통합방위력' 구축을 명시하였다. '13 방위대강에서 제시되었던 '통합기동방위력'이 육·해·공자위대의 통합운용에 의한 작전수행능력을 향상하여 억제 및 대응력을 강화해 가는 개념이었다면, '다차원통합방위력'은 기존의 육·해·공 영역에 우주·사이버·전자전 능력을 포함한 다차원영역(Multi-Domain)에서의 작전 수행능력을 강조하고 있다. 즉, 다차원영역에서 통합방위력을 융합하여 그 상승효과를 통해 평시부터 유사시까지 결점이 없는(Seamless) 방위태세를 구축해 가겠다는 것이다.

둘째, 미·일동맹의 강화이다. 미·일 안전보장조약에 근거한 미·일 안전보장체제는 일본 자신의 방위체제와 함께 일본 안전보장의 기축으로, 일본뿐만 아니라, 인

---

3) 日本 首相官邸, "安倍内閣総理大臣 年頭 記者会見," 2019年 1月 4日, https://www.kantei.go.jp/(검색일: 2020.9.3).

도·태평양지역, 나아가 국제사회의 평화와 안정은 물론, 번영에 큰 역할을 수행하고 있다고 평가하고 있다. 특히, 미·일동맹은 안보법제 시행으로 새롭게 가능해진 활동 등을 통해 부단히 강화되었지만, 일본을 둘러싼 안전보장 환경의 불확실성이 증가하는 정세 속에서 일본의 방위목표를 달성하기 위해서는 미·일 가이드라인에 명시된 역할 분담을 근간으로 자위대의 임무를 더욱 강화해 나가겠다는 것이다. 특히, 우주·사이버 영역 등에서의 협력, 통합방공미사일방어(IAMD: Integrated Air Missile Defense), 연합훈련·연습, 공동 ISR 활동 및 미·일 공동협력을 통해 유연하게 선택된 억제 조치의 확대·심화, 공동계획의 책정·갱신을 추진해 가는 동시에 미군의 활동을 지원하기 위한 후방지원 및 미군 함정·항공기 방호 등의 대처를 지금까지 이상으로 더 적극적으로 실시해 갈 것으로 전망된다.

셋째, 안전보장 협력의 강화로, 아베 정권은 '자유롭고 열린 인도·태평양' 비전과 지역의 특성 및 상대국의 실정을 고려하면서 다각적·다층적인 안전보장 협력을 전략적으로 추진해 가겠다는 것이다. 더욱이 미·일동맹을 기축으로 미·일·호, 미·일·인과의 3자 협력관계 강화를 강조하였다. 더불어 영국 및 프랑스와는 인도·태평양지역에서의 해양질서 안정 등을 위해 외교·국방장관회담(2+2) 등의 틀도 활용하면서 보다 실천적인 연합훈련·연습, 방위장비·기술협력, 양자간 연대에 의한 제3국과의 협력 등을 추진하면서 자위대의 역할을 확대해 가고 있다.

일본 정부가 방위목표의 달성 수단으로 제시하고 있는 상기 세 가지 수단에서 유추해 볼 수 있는 것은 일본 본토방위를 위해 '다차원통합방위력'을 구축하겠다는 목적 이외에 미·일동맹을 기축으로 인도·태평양지역을 포함한 폭넓은 지역에서 자위대의 임무·역할을 확대함으로써 국제안전보장문제에 적극적으로 관여해 가겠다는 의도가 잠재되어 있다. 특히, 주목해야 할 것은 주요 해양국가인 일본의 안정과 방위목표 달성을 위해 가장 중요한 방위력인 해상자위대를 실효적 무력수단으로 한 해양전략의 방향성으로, 향후 해상자위대의 활동 동향에 대해 예의 주시할 필요가 있다.

3. 해양전략

1) 해양전략 기조

일본의 해양전략을 살펴보는 데 있어 사면이 바다로 둘러싸인 해양국가라는 지리적 조건이 매우 중요한 고려 요소이다. 즉, 일본의 국경선이 주변국과 바다를 사이에 두고 설정되어 있을 뿐만 아니라, 동아시아지역 국가의 입장에서 주요 해상교통로가 통과하는 관문이기도 하다.

일본이 해양과 관련하여 과거부터 현재까지 대내외에 공표해 온 관할권은 1977년 12해리 영해법, 1977년 200해리 배타적 어업수역, 1996년 200해리(약 370km) EEZ[4]이다. EEZ는 타국을 배제하고 경제적인 이익이 인정되는 해역으로 EEZ의 선포는 세계 각국의 자국 영유권 및 관할권에 대한 인식을 크게 바꾸었다. 일본은 한국, 중국, 북한, 러시아, 대만, 필리핀, 미국을 포함하여 7개국과 EEZ를 접하고 있다. 또한, 자국의 EEZ를 결정하는데 기점이 되는 도서를 중심으로 주변 국가들과 영토분쟁이 존재하며, 이러한 문제는 주변 국가들과 정치, 역사, 해양자원 개발 등에 있어 복잡한 갈등 관계를 형성해 왔다. 더욱이 일본은 2017년 4월, 일본의 해양권익과 깊이 연관된 해양기본법을 최초로 제정(7월 20일 시행), 총리를 본부장으로 한 종합해양정책본부를 설치하여 정부 주도로 해양정책을 추진하고 있다.[5]

일본은 해양국가로서의 지리적 특성에서도 이해할 수 있듯이 세계 어느 국가와 비교하더라도 바다를 통한 수출입 물동량의 교역에 크게 의존하고 있다. 따라서 일본 방위성은 '안전하고 자유로운 해양교통로를 확보하는 것이야말로 일본의 생존과 직결될 뿐만 아니라, 유사시 대응 능력을 유지하고 동맹국인 미국으로부터의 지원전력을 내원(來援) 받을 수 있는 지름길'이라는 점을 명시하고 있다.

이러한 지정학적 특성과 일본의 해양전략을 최전선에서 구현하고 있는 해상자위대의 주요 임무는 해양을 통한 침략으로부터 일본 영토를 방어하고 일본의 해상교통

---

4) UN해양법협약에 의거 연안으로부터 최대 200해리(약 370km)까지 EEZ를 인정, ① 해저자원의 조사·개발, ② 해양의 조사·이용, ③ 어업관할권의 3가지에 대해 경제적인 권익을 인정하고 있음.

5) 일본 해양전략의 법적 근거인 해양기본법의 기념이념은 ① 해양개발 이용과 해양환경의 보전과 조화, ② 해양안전의 확보, ③ 과학적 지식의 충실, ④ 해양산업의 건전한 발전, ⑤ 해양의 종합적 관리, ⑥ 국제적 협조로 명시되어 있음.

로를 안전하게 유지하는 것이다. 또한, 일본은 1970년대 이후 급속한 경제발전에 따라 해상교통로 안전 확보의 중요성이 일본 정부 내에서도 주목받기 시작하면서, 1981년 5월 미국을 방문한 스즈키 총리는 레이건 대통령과의 정상회담 후, 내셔널 프레스클럽의 연설에서 "해상교통로에 대해서는 1,000해리를 헌법상 자위의 범위로서 방어해 갈 것이다"라고 밝힌 이후, '1,000해리 해상교통로 방어'를 일본 정부가 공식적으로 사용하기 시작하였다.

특히, 스즈키 총리의 후임인 나카소네 총리도 1983년 1월 미국을 방문하여 1,000해리 범위의 방위계획을 재확인하고, 특히 "해양에 관한 한 일본의 방어영역은 수백 해리 더 확대해야 하며, 괌과 대만해협을 연결하는 선의 범위까지 해상교통로를 방어하는 것이 바람직하다."고 밝힘으로써, 1983년부터 '1,000해리 해상교통로 방어'가 일본의 공식적인 해양전략으로 정착화되었다. 이를 배경으로 한 일본의 해양전략 기조는 첫째, 해상교통로 방어를 중심으로 하면서, 둘째, 러시아 및 중국 등 가상적국의 군사력 확장 견제와 봉쇄, 셋째, 평화시 외교정책 수단으로의 활용 등 전통적인 임무를 위주로 하고 있다.

앞에서 기술한 바와 같이 일본의 해양전략에 있어 해상교통로 방어가 가장 중요시되고 있는 이유는 일본 경제활동을 지탱하는 모든 교역량 대부분이 해상을 통해 운송되기 때문이다. 예를 들면, 원유의 100%는 모두 해상을 통해 수입되고 있으며, 이 가운데 70% 이상이 중동으로부터 인도양(Indian Ocean)-말라카해협(Malacca Strait)-남중국해를 거쳐 일본으로 수송되고 있다. 해상수송을 통해 공급되는 원유뿐만 아니라, 기타 자원의 수입이 봉쇄될 경우, 일본 경제는 치명적인 손해를 입을 수밖에 없으므로 해상교통로의 자유로운 항해에 영향을 미칠 수 있는 위협에 대해 가장 민감하게 대응하고 있다.

일본의 해상교통로에 대한 위협요인은 첫째, 특정국의 군사력 운용 또는 국가 간의 무력충돌에 따른 해상교통로 위협이다. 일본을 둘러싼 주변국 간의 무력충돌 가능성이 상존하기 때문에 군사적 요인에 의한 해상교통로의 위협 발생은 항시 잠재되어 있다. 둘째, 해상교통로의 전략적 가치를 점유하고 있는 관련 연안국의 해양관할권 해역에 대한 통항 제한 위협이다. 즉, 해상교통로 상에 인접하고 있는 연안국이 영해의 기준선을 변경하여 관할권의 범위를 지나치게 확장하거나, 정치적 이유로 항해에 이용되고 있는 국제해협 및 통항로를 봉쇄하거나, 남중국해 등 특정해역을 영해화할 경우 자유로운 항해에 지대한 영향을 미치게 될 것이다. 셋째는 해적 행위, 밀수, 불법 난민의 해상수송 등 새로운 해상범죄 등도 해상교통로의 안전 항해를 위협하는 요인이 되고 있다. 일본 해양전략의 핵심은 해상교통로 방어와 함께 중국 및 러시아의 해군 활동에 대한 경계감시와 대처이다. 과거 냉전기 일본 해상자위대의 주요 임무는 구소련 태평양함대 소속 해군함정이 일본의 주요 3개 해협인 소야해협(일본 홋카이도와 러시아 사할린 사이의 해협), 쓰가루해협(일본 홋카이도와 혼슈 아오모리현 사이의 해협), 대한해협을 통항하는 것을 경계 감시하고 견제하는 것에 집중되었다.

그러나 2010년대 초부터 해상자위대의 임무는 중국의 해양활동이 활발하면서 위협 중심축이 남서제도로 전환되기 시작하였다. 최근 수년간의 동향을 보더라도 현재 중국해군은 질적·양적인 측면에서 동아시아 최대의 해군으로 발전하였고, 지금도 막대한 국방비를 투입하여 항모 및 최신예 함정을 건조하는 등, 세계에서 그 전례를 찾아볼 수 없을 정도의 급속한 속도로 해군력을 증대해 가고 있다. 일본은 중국의 해군력 부상을 아시아·태평양지역의 해양안보에 있어 가장 심대한 위협으로 상정하고 있다. 따라서 앞으로 일본의 해양전략은 해상을 통한 침략으로부터의 영토방어와 해상교통로 방어를 가장 우선시하겠지만, 전통적인 해군의 임무인 외교·정책 수단으로써의 역할 수행은 물론, 중국해군의 급속한 부상을 최대 위협으로 상정하여 미·일동맹 강화와 해상교통로 보호를 명목으로 동중국해-남중국해-인도양을 거쳐 아프리카 아덴만 해상에 이르기까지 해상자위대 전력의 주기적인 파견활동을 통해 그 활동범위를 확대하며, 위상을 더욱 강화해 갈 것이다.

2) 해상교통로 방어 범위 확대

미국의 9·11테러에 기인한 테러와의 전쟁이 개시되기 전까지 일본의 해양전략은 평화헌법에 입각한 전수방위개념에 안주하고 있었다고 할 수 있다. 이러한 일본의 해양전략의 범위가 일본 주변 해역을 벗어나 확대되기 시작한 배경에는 테러와의 전쟁과 지역분쟁 등 국제 안보 정세의 불안정이 가장 큰 영향을 미쳤다고도 볼 수 있다. 테러와의 전쟁 발발로, 1991년 6월 해상자위대 소해부대가 페르시아만(Persian Gulf)으로 파견된 것이 일본의 해양전략이 확대되기 시작한 실마리가 되었다. 이후, 테러대책 특조법에 근거, 2001년 11월부터 2010년 1월까지 실시된 해상자위대 호위함과 보급함의 인도양 파견에 의한 미 해군과 각국 해군함정에 대한 군수지원 임무는 일본의 해상교통로 보호 개념을 1,000해리 방어 범위인 대만해협에서 인도양까지 확대한 것은 물론, 상시적인 평시 임무로 인식시키는 계기가 되었다.

특히, 일본의 해양전략을 일변시킨 일대 전환기는 2009년 3월부터 시작된 소말리아·아덴만 해상에서의 해적 대처 활동으로, 자국의 상선대 보호 즉, 해상교통로 보호라는 목적에 100% 부합되는 임무 수행을 통해 일본의 위상 강화와 해상자위대의 해상교통로 보호 활동이 평시 임무로 자리매김하는 계기가 되었다. 더욱이, 전후, 일본 자위대 최초의 지부티 해외 영구기지의 확보와 2016년도부터 매년 실시하고 있는 경항모급 함정을 중심으로 한 인도·태평양 해역으로의 장기파견훈련은 남중해-인도양 연안국들과의 안보 네트워크 강화와 전략적 기항을 통해 일본의 해양전략을 확대·정착해 가는데 크게 기여하고 있다.

이와 관련하여 수년 전부터 일본의 주요 안보전문가들은 일본이 종래의 '1,000해리 해상교통로 방어' 개념에서, 2013년 3월 소말리아·아덴만 해적대처 활동을 시작으로 "인도·태평양해역(남중국해-말라카해협-인도양-아덴만) 해상교통로 보호가 해상자위대의 통상적인 임무로 인식."되었다고 평가하고 있다. 따라서 일본은 해상교통로의 자유로운 항행과 안전 확보를 표면적인 일차적 목표로 하면서도, 이를 완수해 가는데 가장 큰 위협이라 할 수 있는 중국의 위협에 실효적으로 대처를 위해 해상자위대를 전략적으로 활용하고 있다. 이와 더불어 일본 해상막료장(Chief of Staff, Maritime Self Defense Force)은 "이를 추동하는 정치적인 수단인 방위력 건설에 있어 게임 체인저(Game Changer)가 될 수 있도록 최첨단 기술을 활용한 무기 개발을 추진해 가겠다."는 의지를 밝힌 바 있다.[6)]

일본 해상자위대는 앞으로도 평시·유사시를 불문하고 세계 어디에서나 '적극적 평화주의' 기치 하에 일본의 위상과 해양전략 구현을 위한 가장 실효적인 무력수단으로써 최전선에서 임무를 수행할 것이다.

---

6) 日本 海上自衛隊, "海上幕僚長 海将 村川 豊 '年頭の御挨拶(年頭新年辭)'," 2019年 1月, https://www. mod.go.jp/msdf/(검색일 2020.9.2).

제3절 2020년 전력증강 동향

1. 전력증강 방향

1) 방위대강·중기방

'18 방위대강은 일본을 둘러싼 안전보장환경이 급속히 엄중해지고, 불확실성이 증가하고 있다고 평가하고, ① 육·해·공의 종래 영역뿐만 아니라, 우주·사이버·전자파라는 새로운 영역을 포함한 모든 영역에서의 능력을 유기적으로 융합하여 그 상승효과에 의해 전체적인 능력을 증폭시키는 영역횡단(Close Domain)작전을 할 수 있고, ② 평시부터 유사시까지 모든 단계에서 유연 또는 전략적인 활동의 상시 계속적인 실시를 가능토록 하여, ③ 미·일동맹의 억지력·대처력 강화 및 다각적·다층적인 안전보장 협력을 추진할 수 있는 진정 효과적인 방위력으로서 '다차원통합방위력'을 구축하는 것을 명시하고 있다.[7)]

따라서 일본 자위대의 전력증강 방향성을 '18 방위대강·중기방에 기술된 '방위력 강화 우선 사항' 및 '자위대의 체제 강화' 가운데, 자위대의 전력증강과 직접 관련이 있는 '영역횡단작전에 필요한 능력 강화 우선 사항'에 초점을 맞추어 정리해 보면 <표 3-4>와 같다.

〈표 3-4〉 영역횡단작전에 필요한 능력 강화를 위한 우선 사항

구분		주요 우선 사항
우주·사이버·전자파 영역	우주영역	• 우주작전대 신편('20.5.18. 신편) • 우주 상황 감시시스템 획득
	사이버영역	• 사이버방어대 등 체제 충실 • 자위대 지휘통신시스템 및 네트워크의 생존성 향상
	전자파영역	• 방위성 내부 부국 및 통합막료감부에 전문부서 신편 • 전자파 정보수집기 및 지상전파 측정장치 등의 정비

7) 日本 防衛省 編, 『전계서』, p. 215 및 防衛省, "我が国の防衛と予算(令和3年概算要求の概要)," pp. 8-9.

종래 영역	해공영역	• 신형 호위함(FFM), 잠수함, 초계함, 고정익 초계기(P-1), 초계헬기 (SH-60K, SH-60 능력 향상형), 함재형 무인기 획득 • F-35A 증강, F-35B 도입, 이즈모급 항모화 개조, F-15 능력 향상
	Standoff 방위능력	• Standoff 미사일(JSM, JASSM, LRASM) 획득 • 도서방어용 고속활공탄 등의 연구개발 촉진
	IAMD	• 이지스함, 지대공유도탄 페트리어트 능력 향상
	기동·전개능력	• 수송기(C-2), 수송헬기(CH-47J) 획득, 신형 다용도 헬기 도입 • 육자대 Ospery(V-22) 도입·배치 추진
지속성·강인성 강화	계속적인 운용 확보	• 대공미사일, 어뢰, Standoff 화력, 탄도미사일 방어용 요격미사일 우선 획득 • 자위대 운용에 관한 기반 등의 분산, 복구, 대체 등 추진

출처: 日本 防衛省編, 『전게서』, p. 218 참조 저자 작성

2) 전력증강 목표

일본은 2012년 말 제2차 아베 정권의 출범과 함께 방위정책의 일대 전환을 추진하기 시작하였고, 이를 지탱하는 자위대의 방위력을 증강하기 위해 연도별 방위예산 역시 8년 연속으로 증액되었다.

〈그림 3-1〉 일본 방위예산의 연도별 추이

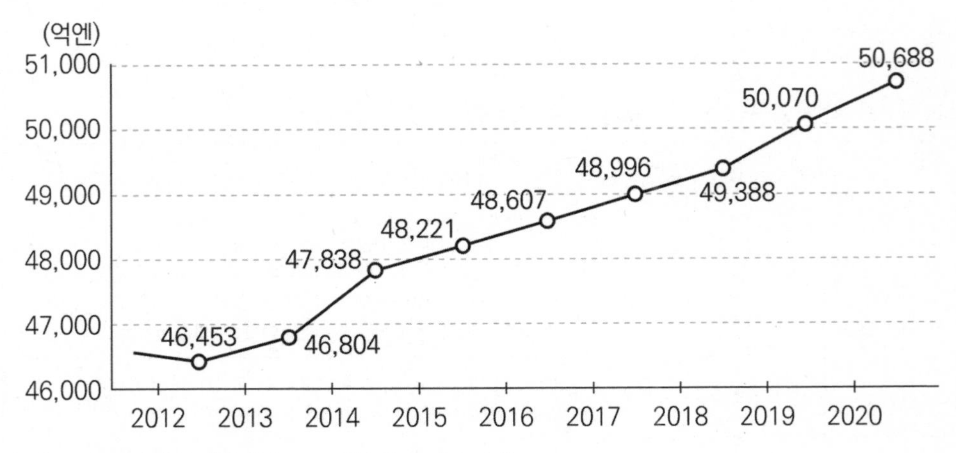

출처: 日本 防衛省編, 『전게서』, p. 227 참조 저자 작성

그 이유는 <표 3-5> 및 <표 3-6>에서 정리한 바와 같이 해상자위대가 목표로 하는 전력은 '18 방위대강이 제시하고 있는 새로운 방위구상인 '다차원통합방위력을 구축을 통해 육·해·공자위대의 통합작전능력의 상승효과는 기대 이상으로 강화될 것이다.

〈표 3-5〉 '18 방위대강에 명시된 해상자위대 전력증강 목표

주요 부대·전력명	목표 부대·척수	보유하게 될 능력
• 수상함정부대 - 호위함부대 - 호위함·소해함정부대	4개 군(8개 대) 2개 군(13개 대)	• 4개 호위대군(해상기동부대) - 이즈모급 2척 항모화 개조 - F-35B 탑재, 해상항공작전능력 강화 • 지방대 배치 및 기뢰전/상륙전부대로 특화 - 신형 다목적호위함(FFM) 획득, 기뢰전 등 다양한 해상전 임무 수행
• 호위함 - 이지스함 - DD, FFM	54척 8척 46척	
• 초계함(약 1,000톤급)	12척	• 연해역 경계·감시 임무 전담
• 잠수함부대 - 오야시오급 - 소류급 - 신형 3천톤급	6개 잠수대 : 22척 3척(2척) 12척 7척(1척)	• 소류급 및 신형 3천톤급 잠수함 획득, 수중작전능력 지속 강화 - 22척 체제 이외, 연습잠수함 2척, 시험잠수함 1척 태세 구축시, 잠수함 25척 체제 유지
• 초계기부대 - P-1/P-3C - OP-3/UP-3/EP-3 - SH-60K 능력향상형	9개 항공대 (190대)	• 신형 초계기(P-1) 지속적 조달, P-3C 교체 - P-1 약 70대(+) 체제 유지 목표 • 회전익 초계기 SH-60K 의 능력 향상형 헬기 개발 획득 • 함재형 체공형 무인기 도입 추진
* 초계 헬기와 함재형 무인기의 상세 내역은 '18 방위대강 완성시에 유인기 75대, 무인기 20대를 기본으로, 총 95대 범위 내에서 현중기방 기간 중에 검토		

출처: 日本 防衛省編, 『전게서』, p. 227 참조 저자 작성

〈표 3-6〉 통합작전능력 강화 관련 육·공자위대 전력증강 동향[8)]

구분	관련 부대	통합작전능력 향상 분야
공동 부대	• 사이버부대(1개 방위대) • 해상수송부대(1개 수송대)	• 공세적 사이버전 능력 강화 • 전력투사능력 향상
육 상 자 위 대	• 기동운용부대 - 3개 기동사단 / 4개 기동여단 - 1개 수륙기동단	• 도서탈환작전 능력 향상 • 억제적·공세적 전력투사 능력 강화 • 해상수송·전개능력 강화
	• 지대함유도탄부대(5개 연대) * 미·일 공동, 중거리 지대함유도탄 배치 추진	• 해상우세 달성 기여 • Standoff 능력 강화

	• 도서방어용 고속활공탄부대(2개 대대)	• 해상우세 달성 기여 • Standoff 능력 강화
항공자위대	• 항공경계관제부대(E-2D, E-767 등) • 전투기부대(F-35A/B, F-15의 능력 향상) - F-15의 전자전 공격능력 부여 포함 • 공중급유·수송부대(KC-767, KC-46A 등) • 우주영역 전문부대(정부수집 위성 등) - 레이더 5(+예비 1)·광학 3 : 총 7기 운용 중 • 체공형 무인기부대(글로벌호크) • 장거리 미사일(JSM, JASSM, LRASM)	• 조기경계·감시능력 향상 • 해상항공작전 능력 강화 • 해상기동부대 공세적 작전 수행능력·작전 범위 확대 • 전투지속능력 향상 • Standoff 능력 강화
	• 전투기(약 290대)	• 해상우세·항공우세 달성 기여 • 해상 항공작전능력 강화 - F-35B, 이즈모급 항모 탑재기 운용
	* 중기방('19-'23년): F-35A 45대 도입 대수 중, 18대는 F-35B 도입 * 방위대강('19-'28년): 최종적으로 F-35A 147대 도입 대수 중, 42대는 F-35B 도입	

2. 전력증강 동향

1) 조기경보 및 경계감시능력

우주·사이버·전자파라는 새로운 영역에 대한 방위력 강화는 해상자위대의 임무영역과 활동 범위가 한반도 주변 해공역은 당연한 일이지만 동중국해, 남중국해에 이르기까지 확대되어 간다는 것을 의미한다. 즉, 목표로 하는 해당 임무해역에서 회색지대(Gray Zone) 사태를 포함한 우발상황이 발생하더라도 정보수집 위성과 주변국과 비교해서 상대적 우위에 있는 해상초계기(P-1/P-3C), 협동교전능력(CEC: Cooperative Engagement Capability)을 갖춘 E-2D를 포함한 경계 감시자산을 활용한 실시간 정보공유와 통합작전수행 차원의 사이버·전자전 능력 강화를 통해 공세적·적극적으로 임무를 완수할 수 있는 기반을 구축하는 것이다.

2) Izumo급 항모화

'18 방위대강 책정 이전부터 세간의 관심이 집중되었던 Izumo급에 대한 항모화

8) 일본 육·해·공자위대의 통합작전능력 강화를 위한 전력증강은 적기지 공격능력 및 일본판 A2/AD 구축과 연계하여 추진 중임.

개조가 이루어지고 있다. Izumo급 1번함(Izumo함)의 항모화 개수공사비는 2020년도 방위예산에 31억 엔이 반영되어 '20년 3월부터 개수공사가 개시되었다. Izumo함의 항모화 개수공사는 한 번으로 끝나는 것이 아니라, 1차 개수공사는 F-35B의 운용이 가능한 정도(비행갑판 내열 강화 및 유도등 설치 등 전원 설비 증설 등)에 머무를 방침이다. 차기 정기검사(OVHL, 2025년 초) 시에 2차 개수공사를 실시하여 항모화 개조를 마무리할 예정이다.

다만, '21년도 말부터 계획되어 있는 2번함(Kaga함)의 항모화 개수공사 시에는 함수 비행갑판의 사각형 개조를 포함하여 이즈모함이 실시한 비행갑판 내열 강화, F-35B가 사용할 무기 및 제트 연료탱크의 새로운 증설, 격납고 개량, F-35B의 정비 환경 정돈 등 대규모 공사가 계획되어 공사 기간이 길어질 것으로 예상한다. Izumo급에 탑재되는 F-35B 조달 예산은 '20년도부터 반영(6대분 반영 완료), 실제 인도 시기가 최소한 4-5년 소요되고, 이어서 실시되는 F-35B의 탑재 전력화에 필요한 기간을 고려하면, Izumo급 항모의 실전배치 시점은 빠르면, '26-'27년이 될 것으로 전망된다.

따라서 2020대 후반, 일본의 Izumo급 항모전투단이 실전 배치되면, CEC를 탑재한 E-2D에 의한 뛰어난 조기경보 능력은 물론, 최첨단 스텔스 전투기인 F-35A/B 등 다차원통합방위력의 발휘와 오키나와를 포함한 남서제도의 지정학적 우위를 십분 활용하여 동중국해 및 서태평양에서 해양·공중우세를 추구해 갈 것으로 전망된다.

3) BMD 능력

일본이 오랜 기간 심혈을 기울여 구축해 온 BMD 3단계 체계(해상 이지스함 - 육상 이지스어쇼어 - PAC-3) 구축이 2020년 6월 중순 일본 정부의 육상배치 이지스어쇼어의 배치 중단 결정으로 새로운 전환기를 맞이하게 되었다. 이후, 이지스함 추가 건조, BMD 전용함 건조 등 몇 가지 안이 검토되었지만, 일본 정부는 2020년 12월 8일 이지스함 2척을 추가 건조하는 것으로 결정하였다.

현재 해상자위대를 중심으로 한 BMD 전력증강 동향은 기존의 콩고급 이지스함 4척, 아타고급 2척에 추가하여 최신 이지스시스템을 탑재한 Maya급 1번함(Maya함)이 2020년 3월 19일 취역하였고, 2번함인 Haguro함이 2021년 3월 취역하게 되면,

일본 해상자위대 이지스함은 8척 체제를 유지하게 될 것이다.

특히, Maya급 이지스함은 처리능력이 뛰어난 상용 컴퓨터를 채용함으로써 방공과 탄도미사일 대처를 동시에 수행하는 IAMD 능력을 보유하고 있다. 즉, 탄도미사일 대처 임무 수행 중에도 우군 대공임무 함정을 별도로 수반할 필요가 없다. 그뿐 아니라, 탄도미사일 대처 임무에 한정하지 않고, 일본 주변에 전개하여 미 해군과 연합 방공 네트워크를 구축할 경우, 탄도미사일, 순항미사일, 대공 목표(대함미사일, 항공기)에도 동시에 대응할 수 있다. 또한, 항공자위대가 새롭게 도입하고 있는 E-2D에는 CEC가 탑재되어 있어, 미·일 연합작전뿐 아니라, 해·공자위대 통합작전에 의한 MD 체계도 구축할 수 있게 되었다.

그리고 일본은 2018년부터 미·일이 공동개발한 SM-3 BlockⅡA와 SM-3 BlockⅠB 요격미사일의 취득예산을 반영해 오고 있으며, 현시점 미국 DSCA[9]에서 일본용으로 매각이 승인된 상세 내역은 <표 3-7>과 같다.

〈표 3-7〉 일본의 SM-3 요격미사일 도입계획

DSCA 승인 일자	종류(발수)		예산
	SM-3 Block II A	SM-3 Block I B	
2018. 1. 9	4발	-	1억 3천만 달러
2018. 11. 19	13발	8발	5억 6천만 달러
2019. 4. 9	-	56발	11억 5천만 달러
2019. 8. 27	73발	-	33억 달러
도입 예정 발수	90발	64발	
* 콩고급 이지스함 4척에는 SM-3 BlockⅠA 32발이 탑재되어 있음(함정별 8발)			

출처: "JAPAN-STANDARD MISSILE-3(SM-3) BLOCKⅡA MISSILE," August 27, 2019, www.dsca.mil(검색일: 2020.10.1).

일본은 앞으로 SM-6 미사일의 도입도 검토하고 있어 Maya급 이지스함은 향후 일본 주변의 대공위협 증대를 고려할 경우, 통합·연합의 방공시스템 네트워크를 확립하여 탄도미사일 대처뿐만 아니라, 다양한 대공위협 대처 국면에서도 크게 활약하

9) DSCA(Defense Security Cooperation Agency): 미국 국방안보협력국.

게 될 것이다.

4) Standoff 능력

일본 방위성은 '18 방위대강에서 일본으로 침공을 시도하는 함정 및 상륙부대 등에 대해 자위대의 안전을 확보하면서 침공을 효과적으로 저지하기 위해 상대방의 위협권 밖에서 대처 가능한 스탠드오프 미사일(JSM, JASSM, LRASM) 도입 추진과 도서 방어용 고속활공탄, 새로운 도서 방어용 장거리 대함유도탄 및 극초음속미사일의 연구개발 추진을 명시하였다.

또한, 일본의 최첨단 과학기술을 기반으로 한 로켓 기술, 미·일 공동연구 개발된 SM-3 BlockⅡA 개발·취득[10]과 여당인 자민당 내에서 검토가 이루어지고 있는 토마호크 순항미사일 등을 포함한 장거리 미사일 도입이 성사될 경우, 일본의 적기지 공격능력 확보는 가까운 장래 한반도 및 지역 안보 정세를 불안정하게 하는 위협요인이 될 가능성을 배제할 수 없다.

특히, 미 의회가 가결한 『2021년 국방수권법』에 '일본과 중거리 순항미사일 공동개발 추진'이 포함된 것은 대중국 견제에 우선적인 목적이 있기는 하지만, 일본 자위대가 공세적·독자적 능력을 구축해 가는 데 있어 새로운 전환점이 될 것이다.

5) 최첨단 잠수함 능력

일본 해상자위대는 태평양전쟁 패전 이후, 70년 이상 동안 미국을 대신하여 극동지역에서 구소련의 잠수함 위협 경계감시 및 억제를 위해 최전선에서 실전적 임무를 수행해 왔고, 이를 통해 뛰어난 잠수함 건조기술과 대잠전 운용능력을 구축해 왔다고 할 수 있다. 이에 따라 세계 주요 해군국 중에서 특히, 재래식 잠수함 분야에서 일본이 축적하고 있는 기술은 세계 최고 수준이라 평가할 수 있다.

'13 방위대강에 명시된 잠수함 22척 체제의 완성은 현재의 잠수함 건조 속도를 고려할 때 2020년 3월에 최신형 3천톤급 시험잠수함인 Taigei함이 먼저 취역한 후, 2023년경에 달성[11]될 것으로 예상하지만, 잠수함 총 척수는 현역 잠수함 22척, 연습

10) 미국 국방성 미사일 방어국(MDA)은 2020년 11월 17일(현지 시각), "미·일 양국이 공동 개발한 요격미사일 'SM-3 BlockⅡA'를 탑재한 이지스함이 ICBM으로 묘사된 표적을 요격하였다."라고 발표함.

잠수함 2척, '18 방위대강에 명시된 시험잠수함 1척을 포함하면 총 25척 체제라는 막강한 잠수함 전력을 보유하게 된다. 중국이 앞으로 보유하게 될 핵잠수함 및 재래식 잠수함과는 양적인 측면에서 비교할 수는 없지만, 잠수함의 정숙성을 포함한 기술적 우수성과 잠수함에 의한 수중작전능력 등 질적인 측면에서 중국과 비교할 수 없을 정도로 뛰어난 능력을 갖추고 있다고 할 수 있다.

〈표 3-8〉 일본 해자대의 잠수함(SS) 전력증강현황(2020년 11월 기준)

유형 (Class)	기준 톤수 (만재 톤수)	연도별 증강현황					탑재 무장
		'16	'17	'18	'19	'20	
Oyashio	2,750톤 (3,500톤)	10	10	9	9	9	• 533mm 어뢰발사관 • 89식 중어뢰 • 하푼 USM
Soryu	2,900톤 (4,200톤)	7	8	9	10	11	• 533mm 어뢰발사관 • 89식 중어뢰 • 하푼 USM
Taigei (29 SS)	3,000톤 (4,200톤+)	-	최초 계획	1·2·3번함 건조 중 (1번함·Taigei함 '20.10.14일 진수)			• 18식 어뢰('22년 도입 예상)/ 1번함 취역 시기('22년 3월) 고려 탑재 예상
참고사항		'13 방위대강 개정시 잠수함 16척 → 22척 체제로 증강 명시 (매년 1척 건조 속도 고려시, 2022년경 22척 체제 완료 예상)					

출처: 日本『防衛白書』2016-2020年 (資料6-主要艦艇の就役数), *Jane's Fighting Ships 2019-2020*; *The Military Balance 2016-2020* 등 참조 저자 작성

또한, 2020년 3월 5일, 리튬이온전지를 최초로 탑재한 Soryu급 11번함(SS-511)의 취역으로 일본 해상자위대 잠수함은 기존 잠수함과 비교하여 수중항해 지속능력 향상을 통해 작전운용능력이 크게 향상될 것이다. 리튬이온전지 탑재 잠수함은 SS-511에 이어 Soryu급 12번함(SS-512: 2017년 기공, 2021년 3월 취역 예정)이 건조 중이고, Soryu급 차기 잠수함인 신형 3,000톤급 잠수함도 2020년 예산까지 총 4척(SS-513/514/515 기공, SS-516 예산 반영)이 계획되어 있는 등 매년 1척의 건조 속도로 잠수함 전력을 증강해 가고 있다.

11) "海上自衛隊、新型艦艇と航空機," 『世界の艦船』(2021年 1月号), p. 127.

〈표 3-9〉 일본 해자대의 주요 수상함 전력증강현황(2020년 11월 기준)

유형 (Class)		만재 톤수	연도별 전력 현황					탑재 무장(능력)
			'16	'17	'18	'19	'20	
항모급	Izumo	26,000톤	1	2	2	2	2	• 항모화 개조 공사 중 • F-35B 탑재 예정
	Hyuga	19,000톤	2	2	2	2	2	• 헬기 11대(최대) • ESSM, SuM
이지스함 (BMD함)	Kongo	9,485톤	4	4	4	4	4	• SM-3 Block I A 운용 • SM-3 Block I B/II A 도입 중
	Atago	10,000톤	2	2	2	2	2	
	Maya	10,250톤	-	-	-	-	1	• 2번함, '21년 취역 예정 • CEC 기능 탑재
구축함	Hatakaze	5,900톤	1	1	1	1	1	• SSM, SAM, ASROC SuM
	Asagiri	5,200톤	8	8	8	8	8	• SSM, SAM, SuM
	Murasame	6,200톤	9	9	9	9	9	• SSM, ESSM SAM, SuM
	Takanami	6,300톤	5	5	5	5	5	• SSM, SAM, SuM
	Akizuki	6,800톤	4	4	4	4	4	• 방공 중시함 • SSM, ESSM SAM
	Asahi	6,800톤	-	-	1	2	2	• 대잠 중시함 • SSM, ESSM SAM, SuM
프리깃함	Abukuma	2,500톤	6	6	6	6	6	• SSM, ASROC SuM • FFM과 축차적 교체 예정
총 척수			42	43	44	45	46	

* 신형 다목적 호위함(FFM) '18년부터 매년 2척씩 건조 예산 반영(현시점, 6척 예산 반영 완료)
  - 2018년도 계획함(2척): '19.10월 기공, '20.11월 진수(11.19일 1척), '22.3월 취역 예정
  - 2019년도 계획함(2척): '20.7월 기공, '23.3월 취역 예정
  - 2020년도 계획함(2척): '21년 기공, '24.3월 취역 예정

출처: 日本『防衛白書』2016-2020年, "資料6-主要艦艇の就役数," *Jane's Fighting Ships 2019-2020*; *The Military Balance 2016-2020* 등 참조 저자가 작성

일본 해상자위대가 건조하고 있는 리튬이온전지 탑재 잠수함은 앞에서도 설명한 바와 같이 수중항해 지속시간 및 고속기동 시간이 크게 향상되어 기존 잠수함과 비교하여 ① 장거리 작전 전개 가능, ② 유사시 전역(Theater) 내에서의 이동 용이, ③ 공격 기회의 증가(接敵 가능 범위 확대) 등에 의해 해자대 잠수함의 임무 및 활동 범위가 남중국해까지 확대되어 갈 것이다.

특히, 신형 3,000톤급 잠수함 이후의 차기 잠수함은 중국의 잠수함 전력증강 동향과 북한의 SLBM 위협 등에 효과적으로 대응하겠다는 명분이 국민적 이해를 얻게 될 경우, 핵추진잠수함 확보로 이행되어 갈 가능성도 주시해 보아야 할 것이다. 이것은 현재 한국 내에서 제기되고 있는 핵추진잠수함 보유 필요성과 동일한 사상이 근저에 자리잡고 있을 뿐만 아니라, 일본은 이미 1962년에 원자력선(무츠호: Mutsu)을 건조하여 1992년까지 운항한 바 있는 등, 핵추진기관에 대한 기술력을 보유하고 있기 때문이다.

〈그림 3-2〉 일본의 신형 다목적 호위함(FFM)의 진수식 모습

출처: 일본 해상자위대(2020.11.19. 진수식)

제4절 2020년 해군력 운용과 해양안보

1. 해군력 현시 및 투사 기반 조성

1) 「자유롭고 열린 인도·태평양(FOIP)[12]」 비전

2016년 아베 총리가 주창한 「자유롭고 열린 인도·태평양」 비전의 세 가지 핵심 내용은 ① 법의 지배, 항행의 자유, 자유무역 등의 보급·정착, ② 경제적 번영의 추구(연결성 향상 등), ③ 평화와 안정확보다.

〈그림 3-3〉 일본 방위성·자위대의 FOIP 대처 주요 지역·국가 분포도

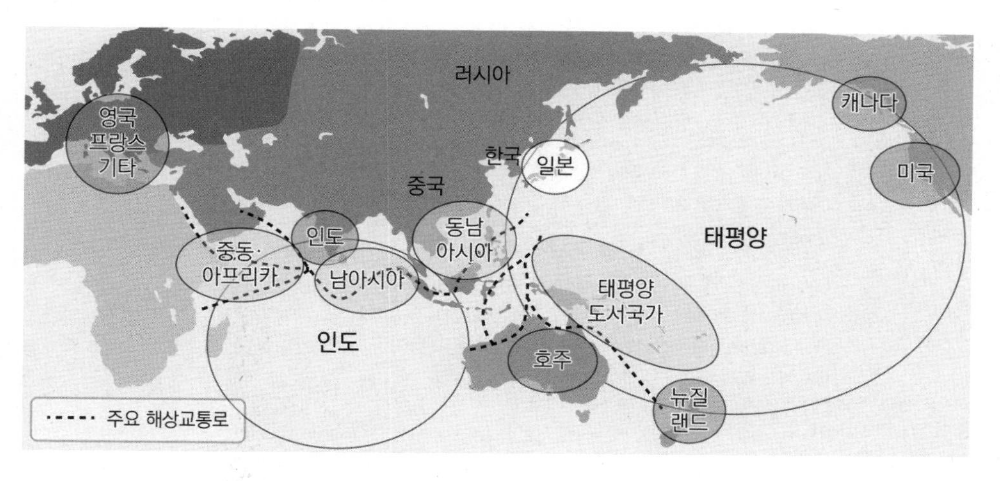

출처: 日本 防衛省編, 『防衛白書』, "第3章 安全保障協力"(東京: 防衛省, 2020), p. 345 참조 저자 작성

일본 방위성·자위대는 이를 구현하기 위해 ① 방위협력·교류를 활용한 주요 해상교통로의 안정적인 이용 확보, ② 신뢰 양성 및 상호 이해를 증진하여 예상치 못한

12) Free and Open Indo-Pacific: 2016년 8월 아베 총리가 케냐에서 개최된 TICAD VI 기조연설에서 '자유롭고 열린 인도·태평양' 구상을 제창. '자유롭고 열린 인도·태평양'과 연계하여 아시아와 아프리카의 연결성을 향상시켜, 지역 전체의 안정과 번영을 촉진하는 것으로 목표로 하였다.

사태 회피, ③ 관계 각국과 협력하여 지역의 평화와 안정에 공헌하겠다는 방향성을 제시하였다.

일본 정부의 '자유롭고 열린 인도·태평양' 비전의 세 가지 핵심내용 및 방위성·자위대가 추진하고자 하는 방향성은 일본의 주요 해상교통로가 통과하는 지역의 연안국과 방위협력·교류 증진을 우선시하고 있어, 육·해·공자위대 가운데 특히, 해상자위대가 수행해야 할 역할이 가장 중요하다는 것에 대해서는 의문의 여지가 없다.

〈표 3-10〉 일본 방위성·자위대의 주요국과 FOIP 주요 추진현황

구분	주요 활동 내용
미국	• 미·일 양국, 인도·태평양 전략과 FOIP 비전의 공통목표로 인식 공유 • 미·일 연대에 의한 베트남으로의 능력구축지원사업(잠수의학 등) 실시, 인도·태평양방면파견훈련(IPD)[13] 일환으로 미·일 연합훈련 상시화 • 주기적인 해상자위대 전력의 인도·태평양해역 현시를 통해 미국의 '항행의 자유 작전'에 기여
호주	• 미·일·호, 남중국해(South China Sea)·서태평양에서 연합해상훈련 상시화 • 미·일·호, 'COPE North', HD/AR 'Christmas Drop' 실시 • 호주 주최, 동티모르에 대한 능력구축지원사업(Harii Hamutuk) 참가
인도	• 미·일·인 'Malabar' 연합해상훈련을 통해 해자대 활동 범위 인도양으로 확대 • 일본 육·공자위대도 일·인 양국간 연합훈련 개시, 임무·역할 확대
영국·프랑스	• 2019년, 미·일·불·호 4국 인도양해공역에서 연합해상훈련 'La Perouse' 실시 * 일본 해상자위대의 활동 범위 확대에 기여 • 일·영 양국간 2016년 연합공군훈련 'Guardian North,' 2018년 연합지상훈련 'vigilant isles' 최초 시행 이후, 정례적으로 교호 방문(일본은 영국의 아시아태평양지역으로의 관여 적극 찬성)

출처: 日本『防衛白書』 참조, 저자 작성

따라서 일본 방위성·자위대는 ① 동남아시아, 남아시아, 태평양 도서국은 주요 해상교통로가 통과하는 지역, ② 중동, 아프리카는 에너지 안전보장상 중요 지역으로 설정하여 FOIP 실현을 위해 협력을 강화해 가고 있으며, 그 최전방 현장에 해상자위대의 함정·항공기들이 상시, 주기적으로 파견되어 임무를 수행하고 있다는 것은 주

13) 일본 해상자위대의 인도·태평양방면파견훈련(IPD: Indo-Pacific Deployment) 명칭은 2018년부터 ISEAD18(Indo Southeast Asia Deployment 18)으로 사용하였으나, 실질적으로 해상자위대는 2016년 휴가급 2번함인 경항모 이세함의 동남아시아지역을 대상으로 한 장기 항해 훈련이 시초라고 할 수 있으며, 이후 활동 범위를 확대해 가며 실시해 가고 있음.

지하고 있는 사실이다.

2) ACSA 및 GSOMIA 체결 국가 확대

일본 정부는 해양국가로서의 권익을 증진하고, 보다 강력한 지역 파트너십을 구축하기 위해 해상교통로에 접하고 있는 주요 연안국과 안보분야에서의 교류협력을 장기적인 관점에서 전략적이며 효과적으로 추진해 가고 있다.

더욱이 방위안보분야에서 국제협력의 필요성과 잠재성이 전례 없이 중시되고 있는 가운데, 해상자위대 또한 '국제 협조주의'에 입각한 '적극적 평화주의'를 구현해 가기 위해 미·일동맹 강화를 기축으로 ① 양자·다자간 연합해상훈련, ② 해적대처활동, ③ 국제사회의 대규모 재해/재난 대응, ④ 중동해역 파견 등, 국제 안전보장문제 해결에 적극적으로 참여하고 있다.

〈표 3-11〉 일본의 ACSA(물품·용역상호지원협정) 체결 추진현황

체결 국가	서명 일자	발효 일자 (국회승인)
미국	최초 : '96.6월	'96.10월
	3차 개정 : '16.9.26일 (평시부터 탄약·출격대기 전투기 급유 등으로 지원범위 확대)	'17.4월
호주	최초 : '10.5월	'13.1월
	1차 개정 : '17.1.14일 (외국에서 긴급사태시 자국민 등의 수송시 보호조치, 탄약 제공 등 추가)	'17.9월
영국	'17.1.26일	'17.8월
캐나다	'18.4.21일	'19.7월
프랑스	'18.7.14일	'19.6월
인도	'20.9.9일	미발효

출처: 日本 防衛省, "多國間條約·協定," https://www.mod.go.jp(검색일: 2020.9.15).

특히, 일본 정부는 자위대의 폭넓은 활동 증가에 맞추어 이를 지원할 수 있는 제도적 기반을 마련하기 위해 정부 주도로 주요 우방과 ACSA(Acquisition and Cross Servicing Agreement: 물품용역상호지원협정), GSOMIA(General Security of Military

Information Agreement: 군사정보보호협정)를 적극적으로 체결해 가는 등, 자위대가 해외에서 안정적인 활동을 하는데 필요한 체제를 구축해 가고 있다.

〈표 3-12〉 일본의 GISOMIA(군사정보보호협정) 체결 추진현황

체결국가	서명 일자	비 고
미국	'07.8.10일	• 서명과 동시에 발효 • 1년마다 자동 갱신 협정 파기(종료) 시에는 갱신 3개월 전 상대국에 통고해야 함
NATO	'10.6.25일	
프랑스	'11.10.24일	
호주	'12.5.17일	
영국	'13.5.7일	
인도	'15.12.12일	
이탈리아	'16.3.19일	
한국	'16.11.23일	

출처: 日本 外務省, "國·地域," https://www.mof.go.jp(검색일: 2020.9.15).

일본 정부가 ACSA와 GSOMIA의 체결을 적극적으로 추진하고 있는 것은 확대되어 가고 있는 자위대의 활동 지역을 중심으로 안정적인 후방지원 거점을 구축해 가기 위한 것이다. ASEAN·인도양 연안국을 대상으로 한 해상자위대 함정의 지속적인 전략적 기항 또한, 유사시를 대비하여 관련국 등과 우호관계 증진을 통해 안정적인 활동거점을 구축하기 위한 노력이라 할 수 있다.

2. 주요 국가와 해양협력 동향

1) 미·일동맹 중심의 연합훈련 확대

미·일동맹은 세계 유례가 없는 군사 강대국 간의 동맹으로서 전술면에서는 물론, 장비 운용면에서 가장 상호운용성이 뛰어난 연합훈련 체제를 갖추고 있다. 즉, 미·일 양국이 오랫동안 실시해 온 연합훈련의 성과는 유사시 연합작전 수행에 있어 중·러와는 비교할 수 없는 정도의 시너지 효과를 발휘하게 될 것이다.

미·일 안전보장체제를 중핵으로 한 미·일동맹은 일본뿐만 아니라, 아시아태평양지역의 평화와 안정을 위해 불가결하며, 동맹에 기초한 미·일 간의 긴밀한 협력관계가 세계 안전보장 상의 과제를 효과적으로 대처하는 데 있어서 중요한 역할을 해왔다고 양국은 자평하고 있다. 일본 자위대는 1985년도 이후, 일본 영토방어를 목적으로 미군과 Keen Edge(CPX) 및 Keen Sword(FTX)의 격년제 시행을 비롯하여 평소부터 육·해·공자위대가 다양한 분야에서의 연합훈련을 통해 실전적인 연합작전 수행능력을 숙달해 왔다.

특히, 자위대는 핵을 포함한 전략무기를 제외하면, 미군과 거의 동일한 수준의 최신무기로 무장되어 있을 뿐만 아니라, 미국의 주요 동맹국 가운데 연합작전 수행에 있어서 상호운용성이 가장 뛰어난 군사조직으로 평가받고 있는 사실을 보더라도 그 능력을 충분히 가늠해 볼 수 있다.

여기에서는 미·일 중심의 연합훈련 중에서 자국 영토방어, 친선·기회훈련, 인도적 재해구난훈련 등은 제외하고, 아시아태평양지역에서 양국이 상정하고 있는 안보위협에 대한 억지력 향상과 실효적 대처를 목적으로 시행해 오고 있는 연합훈련을 중심으로 정리하였다. 2020년 코로나 사태에도 불구하고 일본 해상자위대는 미·일동맹 중심의 연합해상훈련을 변함없이 시행하고 있다.

〈표 3-13〉 미·일동맹 중심의 주요 연합해상훈련 현황

훈련명	훈련장소/기간	참가전력/훈련내용 등
미·일 연합해상훈련	이세만 (2.1-10)	• 참가전력 - 일본: 소해모함 1척, 소해함정 16척, 소해관제정 2척, 수송함 1척, 항공기(MCH-101) 2대 - 미국: 제5기동수중처분대 제501소대(10명) • 훈련내용 - 기뢰부설훈련, 소해훈련 및 EOD 잠수훈련
	무츠만 (7.18-7.30)	• 참가전력 - 일본: 소해모함 2척, 소해함 2척, 소해정 2척 MCH-10 3대, P-3C 3대, P-1 2대 - 미국: 제7대기뢰전전대 소해함 2척 • 훈련내용 - 기뢰부설훈련, 소해훈련 및 EOD 잠수훈련

	시코쿠(四國)해상 (2.17-21)	• 참가전력 - 일본: 잠수함 2척, 구축함 4척, 항공기 다수 - 일본: 잠수함 • 훈련내용: 연합대잠전훈련
	미해군대학· 지휘소연습 (2.24-3.5)	• 참가전력 - 일본: 자위함대사령관 외 약 40명(해상막료감부, 자위함대 사령부, 간부학교 등) - 미국: 제7함대사령관 외 50명(제7함대사령부, 주일미군사령부, 태평양함대사령부, 미해군대학 등) • 미·일 연합지휘소연습(미국파견훈련)은 1988년도부터 실시하고 있으며, 올해가 32회임
	관동 남방-괌 북방 해공역 (2.29-3.5)	• 참가전력 - 일본: 구축함 2척 - 미국: 이지스순양함·구축함 각 2척 • 훈련내용: 각종 전술훈련을 통한 연합작전수행능력 및 상호운용성 향상
	안다만해 (4.2)	• 참가전력 - 일본: 구축함 1척(해자대 비행간부 원양항해연습) - 미국: 연안전투함(LCS) 1척 • 훈련내용: 전술훈련 등
	남중국해 (6.23)	• 참가전력 - 일본: 연습함 2척(카시마함, 시마유키함) - 미국: 연안전투함(LCS) 1척 • 훈련내용: 전술훈련 등을 통한 항행의 자유 작전
	남중국해 (7.7)	• 참가전력 - 일본: 연습함 2척(카시마함, 시마유키함) - 미국: 로널드 레이건 항모강습단 • 훈련내용: 전술훈련 등을 통한 항행의 자유 작전
	남중국해 (8.15-17)	• 참가전력 - 일본: 구축함 1척 - 미국: 이지스구축함 1척 • 훈련내용 : 각종 전술훈련을 통한 연합해상작전수행능력 및 상호 운용성 향상
	오키나와 남방 해공역 (8.15-18)	• 참가전력 - 일본: 구축함 1척 - 미국: 로널드 레이건 항모강습단 • 훈련내용 : 각종 전술훈련을 통한 연합해상작전수행능력 및 상호 운용성 향상

미·일·호 연합해상훈련	남중국해-필리핀동 방-괌주변 해공역 (7.19-7.23)	• 참가전력 - 일본: 구축함 1척 - 미국: 로널드 레이건항모강습단 - 호주: 강습상륙함 1척, 구축함 1척, 프리깃함 2척, 보급함 1척 • 훈련내용 - 각종 전술훈련을 통한 연합해상작전능력 및 상호운용성 향상 * 미해군 주도의 '항행의 자유 작전'에서의 연대 강화
2020 RIMPAC	일본-하와이 해공역 (7.23-9.18)	• 참가전력: 경항모 이세함 1척, 구축함 1척 • RIMPAC 종료 후, 9.12-13일간 한·일·일·호 4국간 연합해상 훈련 실시 - 일본: 경항모 이세함 1척, 구축함 1척 - 미해군: 보급함 1척 - 호주: 프리깃함 2척 - 한국: 이지스구축함 1척, 구축함 1척
2020 Malabar 미·일·인·호	뱅갈만 (1단계 : 11.3-6, 2단계: 11.17-20)	• 참가전력(1단계) - 미국: 이지스구축함 1척 - 일본: 구축함 1척 - 인도: 구축함·프리깃함·보급함 각 1척(총 3척) - 호주: 프리깃함 1척(최초 참가) • 훈련내용 - 대잠전·대공전·대수상전 등 전술훈련 - 미·일·인·호 4국에 의한 Quad 추진 일환

출처: 日本 海上幕僚監部(https://www.mod.go.jp/msdf/) 참조, 저자 종합 작성

2) 일본 해상자위대의 연합훈련 확대 동향

한반도를 둘러싼 주변국 가운데, 중·러 양국 이상으로 활발한 군사적 움직임을 보이는 국가는 일본이라 할 수 있다. 특히, 일본 자위대는 제2차 아베 내각 출범 및 '15 가이드라인의 개정에 따라 종래에는 '집단적자위권 행사' 불가로 미군의 후방지원에 머물러 있던 자위대의 역할이, 헌법 재해석을 통한 2016년 안보법제 시행으로 '집단적자위권 행사'가 가능하게 되었다. 이에 따라 미·일 양국은 실질적인 작전계획 작성에 의한 역할 분담을 통해 일본 주변 해역을 벗어나 세계 어디에서든 임무를 수행할 수 있는 체제 구축을 위해 양자·다자간 연합훈련을 확대해 가고 있다. 대내외적으로 '국제 협조주의'에 입각한 '적극적 평화주의'를 표방하고 있지만, 일본 정부의 속내는 국제사회의 평화와 안정을 명분으로 내세워 자위대의 역할과 임무 확대를 통

해 보통국가로서의 입지를 강화하면서 국제안보 현안에 적극적으로 관여해 가겠다는 의도가 강하게 잠재되어 있다.

일본 자위대가 참가하고 있는 연합훈련은 2013년 이후 국내에서 약 20%, 해외에서 약 40% 이상으로 증가하였으며, 특히 해상자위대가 중심이 되어 동·남중국해는 물론, 인도양, 태평양, 아프리카해역에 이르기까지 연합해상훈련을 적극적으로 실시하고 있다. 해상자위대가 주로 참가하고 있는 연합해상훈련은 일본이 생명선이라 할 수 있는 주요 해상교통로를 중심으로 크게 3개 지역에서 이루어지고 있다.

첫 번째 지역은 중국과 영유권 분쟁으로 상시 긴장이 유지되고 있는 센카쿠열도(중국명: 댜오위다오) 및 북한의 탄도미사일 대처를 위해 설정된 '동중국해·서태평양해역'이다. 이를 위해 일본은 미·일동맹을 기축으로, 미·일·호, 미·일·인 3국간 안전보장체제 강화에 심혈을 기울이고 있다. 또한, 2013년도부터 해상자위대의 호위대군급 전력을 필두로 한 육상자위대 수륙기동단 등 육·해·공 통합부대가 참가하고 있는 미 해병대 주최의 돈 블리츠(Dawn Blitz) 연합상륙훈련은 일본 자위대의 원거리 해외전력투사능력을 새로운 단계로 끌어올리는 계기가 되었다. 두 번째 지역은 중국이 힘에 의한 현상변경을 시도하고 있는 남중국해에서의 대중국 억지력 유지와 해상교통로 안전 확보를 목적으로 한 '남중국해 해역'이다. 중국과 남중국해 영유권 분쟁 중인 ASEAN 연안국으로의 함정·항공기를 비롯한 경계·감시자산 공여 및 수출 등 능력구축지원사업을 통해 영향력을 확대해 가는 동시에 미 해군 중심의 '항행의 자유 작전(FONPs)'에 해상자위대 함정·항공기를 정기적으로 파견하며, 중국을 견제하고 있다.

특히, 일본 해상자위대는 2016년부터 경항모 Ise함(Hyuga급 2번함)이 남중국해를 중심으로 약 2개월간 장기파견훈련 후, 2017년부터는 일본 최대급 함정인 Izumo급 경항모를 중심으로 인도·평양방면으로 장기파견훈련을 통해 미 해군을 비롯하여 가치관을 공유한 남중국해 연안국들과 적극적으로 연합훈련을 실시하고 있다. 이것은 아시아·태평양 국가들과 연대를 강화해 가겠다는 의지를 중국에 명확히 보여주는 것이다.

세 번째 지역은 아시아·태평양지역을 벗어나 지역분쟁 및 해상교통로 안전 확보를 목적으로 한 '인도양·아프리카 권역'이다. 일본 정부는 소말리아해역·아덴만 해적대처 활동을 계기로 전후(戰後) 최초로 아프리카 지부티공화국에 해외 영구기지를 확보한 것을 자위대의 역할 확대에 가장 크게 기여하는 것으로 평가하고 있다. 앞으로 해상자위대는 이 해역을 중심으로 한 해적 대처 활동과 중동파견, 장기간의 인도·태평양 방면 파견훈련(IPD)을 통해 일본 자위대의 해외투사능력과 독자적인 작전 임무 수행능력의 강화를 도모해 갈 것이다.

〈표 3-14〉 일본 해상자위대 경항모에 의한 인도·태평양 방면 파견훈련 추진현황

연도/기간	행동해역	참가전력/훈련내용 등
2016년 장기 항해훈련 (4.6-5.29)	남중국해	• 참가전력: 경항모(Ise함: Hyuga급 2번함) 1척 • 주요행동 - 인도네시아 '국제관함식'/파당 해·공역 - 인도네시아 주최 'KOMODO 2016' - 미·일·호 연합훈련: 파당-브루나이 해공역 - 필리핀 슈빅기지 기항, 필리핀군과 훈련 - ADMM+ 해양안전보장훈련 * 일본 해자대 최초의 경항모 함정 남중국해 장기파견훈련
2017년 장기 항해훈련 (5.1-8.9)	남중국해	• 참가전력: 경항모(Izumo함) 1척, 구축함 1척 • 주요행동 - ASEAN 해군장교 파견승조 협력 프로그램(1회) - 미·일·인 3국 'Malabar-2017' 연합훈련 - 미·일 연합순항훈련(미해군 Ronald Regan항모강습단)/3회 - 미·일·호·캐 4국 간 연합순항훈련 - 미·일 연합훈련(미해군 연안전투함) - 싱가포르 주최 국제관함식, 다국간 해상훈련 * 자위대의 역할을 확대하는 안보법을 적용한 최초의 작전행동 (과거 최대·최장 100일간 장기행동)
2018년 인도·태평양방면 파견훈련부대 (ISEAD18) (8.26-10.30) * ISAD:Indo South Asia Deployment	남중국해-인도양	• 참가전력: 경항모(Kaga함) 1척, 구축함 2척 • 방문국: 인도, 인도네시아, 싱가포르, 스리랑카, 필리핀 등 전략적 기항 실시 • 주요행동 - 대잠훈련 등 각종 전술훈련(사격훈련 포함), 헬기 이착함 훈련, 선박임검훈련 등 - 일·인 연합훈련(JIMEX18) / 3회째 연합훈련 - 일·필리핀 / 스리랑카 / 인니와 수색구난훈련 및 친선훈련 - 미·일 연합훈련(미해군 연안전투함) - ASEAN 해군장교 파견승조 협력 프로그램(2회) - 싱가포르 주최 국제관함식, 다국간 해상훈련
2019년	남중국해-	• 참가전력: 경항모(Izumo) 1척, 구축함 2척

인도·태평양 방면 파견훈련부대 (IPD19) (4.30-7.10) * IPD: Indo Pacific Deployment	인도양	• 방문국: 브루나이, 말레이시아, 필리핀, 싱가포르, 베트남 등 전략적 기항 실시 • 주요행동 - 대잠훈련 등 각종 전술훈련(사격훈련, 임검 포함) - ASEAN 해군장교 파견승조 협력 프로그램(3회) - 일·필리핀 연합훈련(팔라완 주변 해공역) - 일·말련/일·베트남/일·브루나이 해군 친선훈련 - 일·인/일·캐나다 연합훈련 - 미·일 연합훈련(Ronald Regan 항모강습단)/2회 - 일·호·프랑스 연합훈련(Charles de Gaulle 항모 등) - 일·미·인·필리핀 연합순항훈련 - ADMM+ 해양안전보장훈련
2020년 인도·태평양 방면 파견훈련부대 (IPD20) (9.7-10.17)	남중국해-인도양	• 참가전력: 경항모(Kaga) 1척, 구축함 1척, 탑재 헬기 3대 • 방문국: 스리랑카, 인니, 베트남 등 • '20년 IPD는 코로나-19 사태로 기항지 등의 문제로 파견 기간 축소된 것으로 판단됨

출처: 日本 海上幕僚監部(https://www.mod.go.jp/msdf/) 참조, 저자 종합 작성

〈표 3-15〉 일본 해상자위대의 해상교통로를 중심으로 한 주요 협력활동 현황

구분	지역별 주요 협력 내용
동남아시아	• 해상자위대는 인도·태평양 방면 파견훈련(IPD)을 통해 동남아시아 국가들 간 연합해상훈련, 전략적 기항, 능력구축지원사업 등 협력 추진 • 필리핀: 해상자위대 불용품 무상양도: TC-90 연습기 5대(2017-18년) - '20.8월, 일본 정부 '방위장비 이전 3원칙' 시행 이후, 최초로 완성장비품 수출(고정식 경계관제 레이더 FPS-3 3기, 이동식 레이더 TPSP-14 1기) - TC-90, UH-1H 부품 등 무상 양도 - 함정·항공기(P-3C)의 지속적인 방문을 통해 필리핀군과 연대 강화 도모 • 베트남: 수중불발탄 처리 워크숍/세미나 지원 등
남아시아	• 남아시아 국가(스리랑카·파키스탄·몰디브·방글라데시)로의 함정·항공기에 의한 전략적 기항 적극 추진 • 해상자위대의 인도·태평양 방면 파견훈련(IPD), 소말리아·아덴만 해적대처파견부대(함정·항공기), 중동파견부대(함정)를 중심으로 추진
태평양 도서국가	• 미군 주최의 'Pacific Partnership'에 일본 해자대 함정 및 의료요원(NGO 포함) 파견을 통해 도서국가를 대상으로 의료활동, 시설보수 등 국제 재해구원활동의 원활화 도모(일본 2010년부터 부대 파견)

중동	• 오만, UAE, 사우디아라비아, 바레인으로의 함정·항공기에 의한 전략적 기항·방문 적극 추진 • 해상자위대의 소말리아·아덴만 해적대처파견부대(함정·항공기), 중동파견부대(함정) 전력을 중심으로 추진
아프리카	• 지부티 자위대 해외기지(P-3C, 함정) 영구기지화 및 기지 기능 확대 추진 - 중동·아프리카지역의 주요 활동거점으로 장기적·안정적 활용 추진 • 일본은 '20.9월 지부티 특명전권대사로 정보본부장 출신의 해자대 예비역 중장을 임명한 것은 지부티에 파견된 해자대 전력 운용에 대한 이해도가 뛰어나고 군사기지를 확충해 가고 있는 대중국 견제·대처를 위한 결정으로 판단

출처: 日本『防衛白書』 참조, 저자 작성

제5절 결 론: 2021년 전망 및 한국의 대응 방향

1. 2021년 전망

1) 외교안보정책 및 방위정책

일본 아베 총리가 지병을 이유로 전격 사임을 발표한 이후, 2020년 9월 16일, 스가 요시히데 일본 자민당 신임 총재가 제99대 일본 새 총리로 취임하였다. 스가 총리는 취임 후 총리 관저에서 열린 기자회견에서 '아베 전정권의 주요 정책을 계승한다는 점'과 '자유롭고 열린 인도·태평양 비전'을 전략적으로 구축해 갈 것을 강조하였다.

스가 총리가 강조한 바와 같이 '자유롭고 열린 인도·태평양 비전'은 당연히 미국이 주창하고 있는 '인도·태평양 전략'과 공통의 목표로 대중국 견제를 위한 동맹·우방국 간 안보 네트워크 강화를 위해 일본 해상자위대가 중심이 되어 가장 중요한 임무를 수행해 가리라는 것은 의문의 여지가 없다. 더욱이, 일본은 미국이 주도하고 있는 아시아판 NATO라고 불리는 미·일·인·호(Quad)를 중심으로 안전보장협력체제의 적극적 추진과 해상교통로를 중심으로 한 우방국과 안보 네트워크 강화는 물론, 일본이 앞장서서 아시아·태평양으로의 적극적인 관여를 환영하고 있는 영국, 프랑스와의 해양안보협력도 더욱 강화해 나갈 것으로 예상된다.

2020년 코로나 사태에도 불구하고 일본 주변 해역 및 아시아·태평양지역을 중심으로 한 해상자위대의 활동은 예전과 변함없이 적극적으로 시행되었고, 2021년도에도 일본의 외교·안보정책과 방위정책은 아베 전 정권이 추진해 왔던 기본 틀에서 벗어나지 않을 것이다. 또한, 2020년 6월 중순, 육상배치형 이지스 요격시스템인 이지스어쇼어의 배치 추진 중단 결정 이후, 재차 부상한 적기지공격능력 보유 검토를 포함한 '국가안전보장전략'의 개정 추진은 2021년 1월 출범한 바이든 신정권과 미·일 외교안보정책의 조정 필요성 등을 고려하면, 늦어질 것으로 예상되기는 하지만 앞으로 일본 방위정책은 자위대의 독자적인 역량 강화를 중심으로 더욱 선제적·적극적인 방향으로 변모해 가는 것은 변함이 없을 것이다.

2) 방위성·자위대

2020년 12월 21일, 일본 스가 내각이 각의에서 결정한 '2021년도 일본 방위예산 안'은 지난 9월 30일 방위성에서 제출한 예산요구액(5조 4,898억 엔)이 재무성과의 협의 과정을 통해 1,476억 엔이 감액되기는 하였지만, 전년 대비 1.1% 증액된 5조 3,422억 엔(한화 약 56조 9천억 원)으로 2012년 이후 9년 연속으로 증가한 역대 최대 규모이다. '18 방위대강·중기방 책정 이후 변함없이 '우주·사이버·전자파라는 새로운 영역의 능력 획득·강화'와 각종 사태에 효과적으로 대처하기 위해 '해·공역에서의 능력, Standoff 방위능력, 통합방공미사일방어 능력, 기동·전개능력 강화'를 중심으로 전력증강 목표가 계획대로 추진되어 갈 것이다.

〈표 3-16〉 2021년도 일본 방위예산요구안 주요 내용

구 분	주요 내용
우주·사이버·전자파영역의 능력 획득·강화	• SSA 위성(우주설치형 광학망원경) 정비 - '26년도 목표로 발사 예정인 SSA 위성 검토 착수 * SSA(우주 상황감시): Space Situational Awareness • 우주작전군 신편: 우주영역 지휘통제를 담당하는 부대 신편 • MD를 위한 '위성 콘스텔레이션(Satellite Constellation)' 활용 검토 - 위성 콘스텔레이션으로 HGV(Hypersonic Glide Vehicle: 극초음속 활공무기) 탐지·추적시스템 개념 검토
	• 공동부대로 사이버방어대의 신편('21년 말 목표) - 사이버 기능 일원화 착수

	• Standoff 전자전기 개발 - 효과적인 전파방해 실시, 자위대 항공작전 수행 지원 • 함정, 전파탐지·방해능력 연구 - 항공기·미사일 전파탐지·무력화를 위한 전파탐지방해장치 능력 향상 • 전자파영역에서 게임체인저가 될 수 있는 기술 연구 - 드론 대처의 레이저시스템 및 고출력 마이크로파(HPM) 발생장치 연구 • 차기 전파정보 수집기의 정보수집시스템 연구 - 해자대: P-1을 이용, 전자정보·화상정보 정찰기 및 조기경보형 연구 중
종래 영역의 능력 강화	• 상시 경계감시태세 강화 - 고정익 초계기(P-1) 취득(3대): 총 24대 배치 완료, 15대 조달 예산 반영 - 신형 다목적 호위함(FFM) 건조(2척): 7·8번함, 총 8척(최종 22척 체제) - 잠수함 건조(1척): 리튬이온전지 탑재 신형 3,000톤급 4번함
	• 해상·항공우세 획득·유지 - Izumo급 2번함(Kaga함)의 항모화 개조 공사(203억 엔) * 1번함이 실시한 비행갑판 내열도장 포함, 함수 형상을 사각형으로 변경 - F-35A(4대): 기반영된 43대 포함, 총 47대 예산 반영 완료(최종 105대) - F-35B(2대): 기반영된 6대 포함, 총 8대 예산 반영(최종 42대)
	• Standoff 방위능력 - Standoff 미사일 취득(149억엔): F-35A에 탑재 가능한 JSM - 12식 지대함미사일 능력 향상형(장사정화) 개발(335억엔) - 도서방어용 고속활공탄 연구(150억엔): '25년 시험 완료 예정
	• 통합방공미사일방어 능력 - FC(Fire Control) 네트워크와 CEC의 연동 실현성 관련 연구 * 국산 범용호위함에 탑재 예정인 FC 네트워크와 Maya급 이지스함에 탑재된 CEC와의 연동 실현성을 기술적으로 검증 - PAC-3 MSE 취득 * 탄도미사일 방어와 순항미사일·항공기 대처 가능 및 사거리 연장 미사일 - 신형 이지스시스템 탑재함의 검토 관련 기술지원
	• 기동·전개 능력 - PFI[14] 선박 활용 통합수송태세 강화 * 현재 민간고속페리 2척(1만 톤급 1척, 1만 7천톤급 1척) 장기임대 운용 중 - 상속적인 육자대 전개훈련 구상(CPEC: Continuous Projection Exercises Concept) * 높은 전비태세를 유지한 육자대 부대(기동사단·여단·수륙기동단)를 남서지역 ↔ 홋카이도 등으로 기동전개, 훈련실시를 통해 억제력·대처능력 향상 - 미국, 호주, 인도·태평양 방면 등, 해외(장거리) 기동전개훈련 실시

출처: 日本 防衛省, "我が国の防衛と予算-令和３年度概算要求の概要," 2020年 12月 21日, https://www.mod.go.jp/j/ yosan/yosan_gaiyo/2020/yosan_20200930.pdf(검색일: 2020.12.21).

14) PFI(Private Finance Initiative): 공공서비스를 제공할 때, 공공시설이 필요한 경우 종전과 같이 공공이 직접 시설을 정비하지 않고, 민간에 시설 정비와 공공서비스의 제공을 맡기는 방법.

3) 해상자위대

앞에서 살펴본 바와 같이 방위성·자위대는 '다차원통합방위력' 구축을 위해 우주·사이버·전자파 영역과 종래의 육·해·공 영역에서의 영역횡단작전 능력 구축을 위해 2021년도에도 꾸준히 그 역량을 강화해 나갈 것이다.

일본의 안전보장에 있어 가장 큰 위협이라고 할 수 있는 중국 대처를 목표로 한 일본의 '자유롭고 열린 인도·태평양 비전'과 미국의 '인도·태평양전략'의 실효적 역량 구축을 위해 2021년에도 해상자위대의 임무·역할과 활동 범위가 동중국해는 물론, 평시 임무로 인식되고 있는 남중국해-인도양-아프리카에 이르는 해상교통로를 중심으로 인도·태평양방면파견부대(IPD), 해적대처 파견부대, 정보수집을 명목으로 2020년도부터 파견되고 있는 중동파견부대 등 다수의 함정·항공기부대를 통해 더욱 활발하게 이루어질 것이다. 또한, 2020년 7월 14일 『The Sunday Times』가 보도한 대로 영국해군의 최신형 퀸 엘리자베스(Queen Elizabeth) 항모전단이 2021년 초에 미·일 연합해상훈련을 위해 인도·태평양해역으로 전개하게 될 경우, 일본 해상자위대는 더욱 적극적·공세적인 활동 양상을 보일 것이다.

이와 관련하여 일본 방위성·자위대는 먼저, 일본 규슈-오키나와-대만-필리핀으로 이어지는 중국의 제1도련선에 대해서는 유사시 중국군의 자유로운 서태평양으로의 진출을 저지하기 위해 오키나와 남서제도를 중심으로 구축해 가고 있는 일본판 A2/AD 전력(E-2D 등 경계감시자산, 중거리 지대함미사일, 수중전력 배치·추진 등)을 더욱 확충해 가면서 억제력을 강화해 갈 것이다. 특히, 해상자위대는 2021년 초에 1차 항모화 개조가 완료되는 Izumo 항모의 F-35B 탑재를 위한 전력화 작업을 시작으로 오랜 기간 염원해 왔던 해상항공작전능력 구비에 심혈을 기울여 갈 것이며, 이를 통해 습득된 노하우는 Izumo급 2번함인 Kaga함의 항모화 개조공사에 그대로 반영될 것으로 예상된다. 따라서 2020년대 후반에는 중국과 일본의 막강한 항모전투단이 한반도 주변 해역 및 아시아·태평양해역에서 자국의 해양·항공우세 확보를 위해 더욱 치열한 경쟁을 벌일 것이다.

또한, 일본 해자위대는 2020년 10월 1일, '해상작전센터'를 발족하여 정보수집·분석 및 지휘체계의 일원화에 의한 부대운용 효율화와 중·러 등 주변국의 해양활동에 실효적으로 대처하기 위해 즉시적·공세적 작전수행능력 기반을 구축하였다.

2. 한국의 대응 방향/전략

1) 대응 방향(전략)

한반도를 둘러싼 안보정세가 코로나 사태 이후, 미·중 간의 전방위에 걸친 충돌 양상으로 긴장이 고조되고 있다. 이것은 2021년 1월 20일 미국의 제46대 대통령으로 바이든 정권이 출범하게 되더라도 큰 변화가 없을 것으로 예상된다.[15] 더구나 현재 동중국해와 남중국해를 중심으로 이루어지고 있는 양국 간의 지속적이고 공세적인 군사활동은 현장 지휘관의 오판을 유발하여 우발적 충돌로 이어질 가능성도 배제할 수 없는 상황이다.

또한, 미·중 갈등을 기회로 군사적 영향력을 확대해 가고 있는 국가 중의 하나가 바로 일본이다. 더욱이 일본 자위대는 미군이 수행해 왔던 역할의 일부를 인계받으면서 활동 범위를 확대해 가고 있으며, 이것은 태평양전쟁 패전 이후 유지해 왔던 전수방위 틀에서 자연스럽게 벗어나 지역의 안보문제에 적극적으로 관여하는 기회로 활용되고 있다.

특히, 일본 정부는 '자유롭고 열린 인도·태평양' 비전 추진을 미국과 공동목표로 설정하고 있을 뿐만 아니라, 2020년 8월 31일 스티븐 미 국무부 부장관이 '미국·인도 전략적 파트너십 포럼'이 주최한 토론회에서 다자안보체제인 아시아판 NATO 'QUAD 플러스 동맹'을 공식 기구로 만들겠다는 뜻에 적극적인 자세를 견지하고 있고, 이러한 동향은 '2021년 방위예산 요구안'에도 여실히 드러나 있는 것처럼 자위대의 전력투사능력 강화를 위한 방위력 증강에도 영향을 미칠 것이다.

지금까지 우리는 한반도의 평화와 안정을 유지하고 국익을 보장하기 위해 미국은 안보, 중국은 경제라는 태도를 유지해 왔다고 할 수 있다. 그러나 한반도를 둘러싼 주변 강대국 간 전방위에 걸친 경쟁, 특히 군사적 경쟁이 격화되는 엄중한 상황 속에서 우리의 대응 방향(전략)을 개인적 의견을 전제로 크게 세 가지를 제언해 보고자 한다.

---

15) 바이든 당선인이 2020년 11월 23일(현지시간) 국무장관으로 내정한 안토니 블링컨은 2020년 5월 폭스뉴스와의 인터뷰에서 "트럼프 대통령은 중국 정부에 대해 말은 거칠게 하지만, 아무런 의미 있는 행동을 취하지 못했다. 그래서 중국의 지도자들이 트럼프 대통령이 4년 더 대통령직에 있기를 바라고 있다는 사실은 전혀 놀라운 일이 아니다."라고 언급한 바 있음.

첫째, 한반도의 외교안보정책 결정에 있어 군사동맹이 핵심이라 할 수 있는 한미동맹의 가치를 핵심으로, 정부 차원의 현명한 선택이 긴요한 시기이다. 즉, 한미동맹을 기축으로 한 안보체제는 한반도의 평화와 안정을 담보할 수 있는 불가결한 요소이며, 특히 한반도를 둘러싼 엄중한 안보 상황 속에서 무엇보다 중요한 것은 '이기는 편에 서는 것이 국제관계의 섭리'라는 것이다. 한·일간의 안보협력 또한 이러한 맥락에서 한·미·일 3국간 안보협력체를 중심으로 전략적 안보협력관계를 유지해 갈 필요가 있을 것이다. 특히, 한·미·일 3국간 안보협력을 강화해 가는 데 있어 북한 핵미사일 위협 대처를 포함하여 해군간 군사교류협력이 중심적 역할을 수행해 가야 한다. 또한, 힘에 의한 현상변경 시도 등 전랑외교(Wolf Warrior Diplomacy: 戰狼外交)[16]의 행태를 보이며, 국제 규범을 무시하는 국가에 대해서는 2020년 8월 27일 에스퍼 미 국방장관이 언급한 것처럼 "마음이 같은 모든 나라는 함께 뭉쳐야 한다."는 것을 주지할 필요가 있다.

둘째, 현재 아시아·태평양지역에서의 갈등은 해양을 중심으로 고조되고 있으므로, 우리는 해양권익을 보호하기 위해 국력에 걸맞는 해·공군력에 의한 현시를 확대해 가야 한다. 특히, 지금까지 한반도 주변 해공역을 중심으로 한 해양활동은 운신의 폭을 우리 스스로 좁혀 온 것으로, 최소한 EEZ와 우리의 관할권이 미치는 이어도를 중심으로 해·공군에 의한 경계·감시활동을 상시화해 가야 한다. 또한, 비전통위협 대처를 포함한 다국적연합훈련 및 해적대처 활동에 참가하는 해외파견 부대를 이용하여 동중국해-남중국해-인도양으로 이어지는 해상교통로가 국제 규범에 따라 자유롭고 열린 항로라는 것을 주기적인 현시를 통해 국제사회와 인식을 공유해 가는 것이 중요하다. 더욱이 이러한 현시 기회를 이용하여 평시부터 해상교통로 주변 우방국으로의 전략적 기항에 의한 신뢰 양성을 통해 주요 거점을 확대해 갈 필요가 있다.

셋째, 평시부터 동맹·우방국과 군사적 신뢰 관계를 구축해 가는 것도 중요하지만, 강대국 간 힘의 논리에 의해 강요받게 될 미래 위협에 대처하기 위해서는 일정 수준의 독자적인 군사역량을 갖추어야 한다. 군사적 행동은 기본적으로 정치에 종속될 수밖에 없다. 한국은 2017년 사드 배치로 야기된 중국의 일방적인 경제보복, 위안

16) LUKE PATEY, "Europe Can Afford to Fight With China," Foreign Policy, 28 April 2020. https://foreignpolicy.com/2020/04/28/europe-china-economic-bullying/(검색일: 2020.9.2).

부·강제징용 갈등 등에 의한 2019년 일본 정부의 수출 규제와 이에 이은 한·일 초계기 사건 등을 경험하면서 정치 논리에 따라 안보 분야는 물론, 전방위 분야로 그 영향이 파급될 수 있음을 경험하였다. 정치·외교·경제적 압박으로 의도된 목표가 달성되지 않았을 경우, 가장 실효적인 수단이 군사력이라는 것은 역사가 준 교훈임을 다시 한번 되새겨야 할 것이다.

2) 전력증강 방향 제언

한반도를 둘러싼 주요 강대국 간 첨단무기 경쟁은 세계에서 그 전례를 찾아볼 수 없을 정도로 빠르게 진행되고 있어, 한국 또한 이러한 경쟁에서 벗어나고 싶어도 벗어날 수 없는 지정학적 숙명을 안고 있다. 무엇보다 다행스러운 일은 2020년 7월 28일 청와대에서 발표한 한·미 간 미사일협정 개정 결과는 개인적으로 현 정부의 가장 큰 치적으로, 한국군이 킬체인 구축에 있어서 가장 중요한 감시자산 즉, 정찰위성을 중심으로 한 ISR을 독자적으로 구축할 수 있는 새로운 발판이 마련되었다고 평가한다.

우리가 독자적인 군사역량을 갖추어 가는 데 있어 전력증강의 첫 번째 우선순위는 평시·유사시를 불문하고 북한은 물론, 주변국의 군사적 활동을 경계·감시할 수 있는 '독자적인 정보 능력'을 갖추는 것이다. 특히, 주변국에 대한 군사적 동향 감시는 미국에 의존할 수 없을 뿐만 아니라, 미국 또한, 결코 우리가 원하는 정보를 주지 않을 것이다. 자국 우선주의와 수정주의가 팽배해지고 있는 한반도를 둘러싼 안보정세를 고려할 때 독자적 정보 능력 구축은 우리에게 가장 사활적이며 긴요한 작전 요소이다.

두 번째는 실시간성이 보장된 독자적 C4I 시스템을 구축하는 것이다. 한국은 세계를 선도하는 첨단 상용정보기술력과 인재를 보유하고 있는 세계에서 손꼽히는 국가 중의 하나로, COTS 기술을 적극적으로 활용한다면, 사이버·전자전 하에서도 보안 유지와 생존성이 뛰어나고, 차별화된 독자적 C4I 시스템을 구축할 수 있을 것이다. 더욱이 미 해군이 운용하고 있는 협동교전능력(CEC)과 유사한 한국형 CEC를 연구·개발하고, 이를 기반으로 미군의 NIFC-CA(Naval Integrated Five Control-Counter Air) 및 IAMD를 모델로 한 통합적인 킬체인을 구축한다면, 대북을 포함하여 주변국의 유사시 대처에도 크게 기여하게 될 것이다.

세 번째는 Standoff 능력을 구축하는 것이다. 북한과 주변 강국들의 극초음속 미사일을 포함한 장거리 탄도·순항미사일의 등장으로 기존에 유지되었던 국경선의 의미가 유명무실화되었다. 즉, 상대보다 먼저 더 멀리 보고 더 빠른 의사결정으로 상대의 Key Node를 더 멀리에서 타격할 수 있는 수단, 즉 정밀도가 높은 Standoff 능력을 갖출 수 있다면 우리의 실효적 억지력은 더욱 증대할 것이다.

이와 관련하여 일본 정부는 2020년 6월 중순 육상배치형 이지스 요격체계인 이지스어쇼어의 배치를 중단하였다. 이를 중단한 가장 중요한 이유 중의 하나가 요격미사일인 SM-3 BlockⅡA의 부스터가 지상에 낙하할 위험성이 크다는 것이었다. 더욱이 북한이 개발을 서두르고 있는 잠수함발사탄도미사일(SLBM)을 포함한 핵·탄도미사일 위협과 주변국의 대함탄도미사일(ASBM) 위협 등에 대한 억지력을 유지하기 위해 일본의 이지스어쇼어 배치 중단 사례를 반면교사로 삼을 필요가 있다.

따라서 가까운 장래 한반도의 평화와 안정에 기여할 주요 핵심전력이라 할 수 있는 경항모와 차기 이지스 구축함 획득 시기에 맞추어 탄도미사일 요격(Mid Course Phased) SM-3와 대공·대함·탄도미사일 요격(Terminal Phased)도 가능한 SM-6에 준하는 해상요격체계를 연구개발·획득해 간다면, 국방중기계획에 명시된 "한반도 전역의 탄도미사일 위협에 대한 복합다층방어"에 크게 기여할 것이다. 즉, 이러한 Standoff 무기체계를 지상·해상·공중·수중 주요 플랫폼에서 운용할 수 있다면, 우리의 군사적 억지력·대처력은 주변국이 무시할 수 없는 수준이 될 것으로 확신한다.

특히, 우리의 생명선인 해상교통로의 안전 확보는 한국경제의 지속적인 발전과 보장을 위해 필수 불가결한 최중요 안보 현안으로, 이를 위해 국력에 걸맞은 해양력을 구축해 가는 것은 무엇보다 우선시되어야 한다. 다행스러운 일은 2020년 8월 9일 우리 국방부에서 발표한 「'21-'25 국방중기계획」에 미래 위협 대처를 중심으로 한 주요 전력증강 방향성이 어느 정도 구체적으로 제시되어 있다는 것은 대단히 고무적인 일로서 앞으로 정부 주도 하에 계획대로 추진되어 가기 바란다.

참고문헌

국방부. 『2018 국방백서』. 서울: 국방부, 2019년 1월 15일.

-----. 『'21-'25 국방중기계획』. 서울: 국방부, 2020년 8월 10일.

김기호. "일본의 新방위계획대강 개정에 따른 한국해군의 대응 방향." 대전: 해군본부, 2019년 12월 10일.

조원일. "포스트 아베 시기 일본의 안보방위정책 전망." 서울: KIDA, 2020년 9월 21일.

DoD. "Indo-Pacific Strategy Report." Washington, D.C.: DoD, June 1, 2019.

U.S. Marine Corps. "Force Design 2030." Virginia: The Pentagon, March 22, 2020.

-----. "United States Strategic Approach to the People's Republic of China." Washington, D.C.: DoD, May 20, 2020.

-----. "Military and Security Developments Involving the People's Republic of China 2020." Washington, D.C.: DoD, September 20, 2020.

Luke Patey. "Europe Can Afford to Fight With China." Foreign Policy, 28 April 2020.

"Japan Standard Missile(SM)-3) Block-ⅡA Missile." August 27, 2019, www.dsca.mil(검색일: 2020.10.1).

日本 內閣官房. 『國家安全保障戰略』. 東京: 防衛省, 2013年 12月 17日.

日本 防衛省. 『平成31年度以降に係る防衛計画の大綱について及び 中期防衛力整備計画（平成31年度-平成35年度）について』. 2013年 12月 17日.

日本 防衛研究所. 『東アジア戦略概観 2020』. 2020年 3月.

日本 防衛省. 『令和２年版防衛白書』. 2020年 7月 14日.

日本 防衛省. 『我が国の防衛と予算(令和3年概算要求の概要)』. 2020年 9月 30日.

日本 首相官邸. "安倍内閣総理大臣 年頭 記者会見." 2019年 1月 4日. https://www.kantei.go.jp/(검색일: 2020.9.3).

日本 海上幕僚監部. "海上幕僚長 海将 村川 豊 '年頭の御挨拶(年頭新年辭)'." 2019年 1月. https://www. mod.go.jp/msdf/(검색일: 2020.9.2).

日本 防衛省. "多國間條約·協定." www.mod.go.jp(검색일: 2020.9.15).

日本 外務省. "國·地域." www.mof.go.jp(검색일: 2020.9.15).

日本 海上幕僚監部. "訓練·演習." https://www.mod.go.jp/msdf/operation/training/(검색일: 2020.9.5).

제4장
러시아의 해양전략과 해군력 증강 동향

정재호(국제관계학 박사)

제1절 서 론

러시아해군은 올해로 324년의 역사를 자랑한다.[1] 러시아의 강대국 열망과 강한 해군력 부활은 갑자기 생겨난 일시적 현상이 아니라는 것은 이미 러시아 역사를 통해 알 수 있다. 서구 열강의 해상무역로 확보를 위한 해양 개척과 신대륙 발견으로 야기된 식민지 쟁탈전이 한창이었던 17세기 말에 표트르 대제의 해군을 향한 강력한 의지로 발틱해(Baltic Sea)에 해군도시를 건설하며 해군력을 발전시켜 나갔다. 이후에도 러시아해군은 수세기 동안 외세의 침략으로부터 국가를 수호하기 위한 버팀목이 되었다. 1812년 對나폴레옹전쟁, 1905년 러일전쟁, 1917년 러시아혁명, 1945년 제2차 세계대전 등 고난의 시기마다 국운(國運)과 함께 했다. 러시아인들의 마음속에 남아있는 쿠즈네초프(Kuznetsov) 제독, 고르쉬코프(Gorshkov) 제독은 국가의 위기에 나타난 해군의 영웅이었다. 두 제독은 지정학적으로 유라시아 대륙을 둘러싸고 있는 연안해군에서 탈피하여 대양해군의 기틀을 마련하며, 냉전(Cold War) 시대 미 해군과 동등

1) Военно-морской (Андреевский) флаг, "러시아는 표트르 대제(1세) 때인 1693년에 아르한겔스크에 러시아의 첫 조선소를 건설했으며 1696년에 해군을 창설했다." https://flot.com/symbols/flag.htm(검색일: 2020.9.5).

한 해양력을 구축하여 소련을 초강대국의 반석 위에 올려놓았다. 그러나 세계역사는 상승곡선만을 만들게 하지 않았다. 1991년 공산주의와 자본주의로 상징되는 이데올로기가 무너지고 소련이 해체되면서 심각한 경제난은 러시아 해군력을 80%까지 감소하게 했다. 그러나 냉전시대 세계 강대국의 대열에 있었던 러시아해군의 저력은 쉽게 무너지지 않았으며, 2000년 새롭게 등장한 푸틴(Putin) 대통령에 의해 강대국 지위를 다시 유지하며 해군력도 다시 성장해 나가는 계기를 마련하였다.

1998년 국방위원회에서 국방력 강화를 위해 제시한 국방비전은 2000년 푸틴의 '강한 러시아'를 목표로 현재까지 꾸준히 성장과 발전해가는 버팀목이 되었다.[2] 당시 전략핵잠수함을 포함한 핵전력을 유지하자는 주장은 현실적으로 실현되고 있다. 2012년 러시아 푸틴 대통령은 국방정책회의에서 2020년까지 러시아 해군력 증강을 위해 약 4조 루블을 투입하고, 최신예 Borei급 전략핵잠수함 전력화를 완료하는 원대한 계획을 발표하는 등 해군력 강화를 추진하여 올해 국방 현대화 사업 달성의 해에 러시아 국방력의 80%를 달성한 것으로 알려진다. 해군력 또한 이러한 수준에 도달한 것으로 평가되고 있다.

최근 러시아에 있어서 해군의 중요성은 에너지 자원의 보고 북극의 부각으로 더욱 선명해졌다. 2014년 12월 1일 '북극합동전략사령부(Север)(Arctic Joint Strategic Command)'는 러시아 해군력 증강의 필요성을 단적으로 보여주고 있다. 무르만스크 지역 북양함대(СФ: Северный флот)[3] 모기지를 중심으로 북극의 해양안보를 강화하고, 북극지역 안보의 중요성 증대는 결국 북부군관구를 형성하는 결정적인 계기를 마련하였다. 나토의 동진정책으로 야기된 동유럽국가의 MD(Missile Defense)구축으로 인해 지상군 중심의 방어력을 강화하고는 있지만, NATO 국가의 발틱해로부터 해양세력의 접근을 차단하려는 의도가 강하게 반영되어 있다. 일본의 쿠릴열도(The Kuril Islands) 영토반환 주장에 대항하는 러시아의 강력한 의지는 결국 태평양함대를 중심으로 해군력을 증강하는 모티브를 제공하고 있다. 러시아 남부지역으로 시각을 돌려

---

2) 니콜라이 에피모프 저, 정재호 외 역, 『러시아 국가안보 Политико-военные Аспекты Национальной Безопасности России』(서울: 한국해양전략연구소, 2011), p. 106.

3) 러시아 북양함대(СФ: Северный флот)는 영어식으로 'Northern Fleet'로 번역되면서 국내 일부 서적에 '북방함대', 혹은 '북해함대(North Sea: 대서양 동북부 연해)'로 번역되어 사용되고 있으나, 정확한 표현으로는 '북빙양(Arctic Ocean)'을 모두 관할하는 함대를 상징하며 실제 해상작전 영역이 북극해까지 해당되므로 '북양함대'로 표기하는 것이 타당함(저자 주).

서 바라보면 크림(Crimea)반도의 러시아로의 반환으로 발생한 우크라이나와의 경쟁 구도를 생각해 볼 수 있다. 우크라이나 함정의 아조브해(Sea of Azov) 출구 케르치(Kerch) 해협 접근을 거부하는 러시아해군의 역할이 더욱 강화되며 이 지역의 긴장감 고조와 이에 대응하는 해군력 현시도 두드러지게 나타나고 있다.

최근 러시아는 '강한 러시아 회복' 및 '역내 영향력 확대를 위한 해양력 강화'를 정하고서 해양분쟁의 무력 충돌 방지를 위한 암묵적인 무시(Implicit Neglect), 그리고 전략적 전방위 외교를 통한 실리추구의 전략 기조를 내세우고 있다. 동북아 지역을 책임지는 러시아 태평양함대사령부의 역할은 미국의 인도·태평양 전략의 맞대응으로 전력확보 노력을 하고 있고, 북극으로 이어지는 항로의 중간 기착지로서 그 역할의 중요도는 더욱 증대되고 있다. 그리고 러·일 갈등을 야기하는 쿠릴열도 반환 문제는 해양을 통한 문제로 귀속되고 있다. 또한, 동해(East Sea)에서 러시아 군함의 활동증대는 우리가 러시아해군에 관심을 가져야 하는 이유이기도 하다.

러시아는 푸틴 집권 4기[4)]를 거치면서 한반도 주변 안보환경의 급격한 변화를 맞이하며, 주변국의 전략적 경쟁이 더욱 심화되고 있어 지역 안보의 불확실성은 더욱 증대되고 있다. 이에 더하여 코로나-19가 대유행하는 2020년을 보냈다. 세계적 팬데믹(Pandemic)에도 불구하고 5월 9일 모스크바 붉은광장에서 거행된 전승기념 군사퍼레이드, 7월 26일 상트페테르부르그(Saint-Petersburg) 시 네바강(River Neva)에서 펼쳐진 해군창설기념일 해상퍼레이드 등은 러시아가 안보의 중요성을 중시한다는 모습을 서방에 보여주며 대규모로 진행되었다

이러한 국제정세 변화 속에서도 러시아는 군사전략과 해양전략의 분명한 목표 아래 흔들리지 않고 안보위협에 대한 전략을 수립하고 전력을 강화해 나가고 있는 것으로 보인다. 지금 필요한 것은 러시아를 포함하여 주변국의 해군력 변화를 직시하며, 해군력 증강에 대한 올바른 이해가 더욱 필요한 때다. 주변 4강 중에서 한반도 안보에 언제든지 영향력을 행사하는 데 간과되고 있는 러시아해군의 과거·현재·미래 모습에 대한 깊이 있는 연구가 필요하다. 이는 곧 우리 해양안보의 명확한 방향성

---

4) 2014년 우크라이나의 크림반도 병합을 이유로 오늘날까지 국제사회의 대러 경제제재로 인해 경제적 위기를 겪고 있고, 최근까지 미 트럼프 정부의 보호주의 무역, 미·중 간의 무역전쟁 등 여파로 글로벌적 경제위기를 초래했으며, 전통적인 자원수출 의존형 국가였던 러시아의 경제·안보적 위기에도 적지 않은 영향을 주었다. 이와 더불어 국내외적 안보위기에도 불구하고 러시아 해양력을 중심으로 군사안보를 위한 대응 및 확대를 추진 중에 있음.

을 설정할 수 있는 나침반이 될 수 있기 때문이다. 본고에서는 러시아의 군사전략과 해양전략 추이를 고찰해 보고, 러시아 해군력의 최신 동향을 살펴볼 것이다. 그리고 러시아 해양전략과 해군력의 2021년을 전망하고, 우리 해군의 대응 방향과 전략을 모색해 나갈 것이다.[5]

제2절 군사전략과 해양전략 추이

1. 구소련·러시아 연방의 군사전략

이데올로기의 냉전 종식과 구소련 붕괴 이후 러시아는 국가안보 시스템뿐만 아니라 군사전략에도 심각한 위기를 초래하였다. 오랫동안 러시아 군수뇌부는 국가안보의 명확한 목표를 정할 수 없었다. 당시 군의 임무와 국가안보 시스템의 상태를 점검하고, 군사전략을 개발하기 위한 정치적 시스템은 결여되어 있었다고 해도 과언이 아니다. 1990년대 국가의 존망까지 흔드는 경제 위기 속에서 군대의 경제적 기반을 논의해야 했다. 당시 군대를 발전시키기 위한 군의 인적자원 확충, 군사기술 기반이 추락하기 시작하였고, 군사력 건설을 위한 국가의 지시나 명령은 전무하였다.

1992년에 방위산업기업 수치를 보면 국방의 요구가 없으니 당연히 방산기업은 1,500개에서 500개까지 감소했다. 결국 국방생산품을 유지하기 위한 노력은 국영기업을 민간 생산으로 전환해야 했고, 당시 러시아 국가경제부의 통계에 따르면, 1991년부터 1995년까지 5년 동안 국방 분야 전문인력 약 250만 명이 자리를 떠나야 했다.[6]

국방연구개발 R&D는 최소 수준으로 축소되었다. 공식보고서에 따르면 1990년

---

5) 2020년은 한러 수교 30주년을 맞이하는 해이다. 그동안 러시아의 정치·경제적, 인문·사회과학적 연구가 주를 이루었다. 러시아가 한때 세계 최강의 국방력과 해군력을 보유한 국가임을 전제하여 진화과정을 관찰하고 한반도에 미치는 영향력을 모색하는 것은 또 다른 특별한 의미가 있다. 최근 30년의 역사를 볼 때, 대러시아 전략을 '대응'과 '협력'의 관점에서 연구할 필요가 있다.

6) Hull A. Markov D., "A Changing Market in the Arms Bazaar," *Jane's Intelligence Review*, (March 1997), p. 140.

대 초에 175종의 군사무기 및 장비생산은 멈추었다.[7] 정부의 예산 부족으로 21세기 초까지 새로운 군사전략은 물론이고 새로운 무기 및 군사장비를 공급할 수 없는 수준이었다. 러시아 전투기 Su-30 수출은 중국과 인도에만 국한되었다. 군사개혁에 대한 논의에도 불구하고, 누구도 이의를 제기하지 않았다. 군사 개발 목적과 우선순위와 관련하여 군대의 구조, 군사력 지수, 인력 및 장비 개혁을 추진했지만 실제로 국방개혁은 단순한 감소로 끝났다.

1991년 말부터, 다시 말해 독립국가연합(CIS : Commonwealth of Independent States)[8] 생성 시기부터 1992년 초까지 국가의 정치적 리더십은 다음과 같은 관점으로 점철되었다. 독립적인 러시아 군대는 필요하지 않고 모스크바 총참모부에 의한 독립국가연합(CIS) 통제가 가능한 군대가 필요하다고 판단하였다. 이러한 이유로 인해 러시아 국방부는 1992년 5월 마침내 CIS 국가들과의 집단안보조약기구(CSTO: Collective Security Treaty Organization)를 형성했다. 쉽지만은 않았지만 이러한 상황에서 새로운 러시아의 군사전략을 만들어야 했다.[9]

1) 러시아 군사전략의 군사·정치적 기반, 「군사독트린(Military Doctrine)」

러시아 연방의 군사전략은 1992년부터 군사·정치적 환경을 배경으로 군사독트린(Military Doctrine)에 대한 논의가 진행되면서 러시아 연방의 국가안전보장 토대 위에서 형성되었다. 1993년 최초로 기록된 러시아 연방 군사독트린 주요 내용에는 러시아를 향한 10가지 군사안보위협을 강조했다. ① 외세로부터 러시아 연방과 그 동맹국에 대한 영토 요구, ② 러시아 영토에 대한 현존하거나 잠재적인 무력 충돌, ③ 외부로부터 러시아에 대항하는 잠재적인 핵 및 대량살상무기(WMD)의 사용, ④ 대량

7) Независимая газета, 15 апреля 1995г.

8) 독립국가연합(CIS)은 1991년 소련(소비에트 연방)의 해체로 독립한 10개 공화국의 연합체 혹은 동맹이다. 러시아, 몰도바, 벨라루스, 아르메니아, 아제르바이잔, 우즈베키스탄, 카자흐스탄, 키르기스스탄, 타지키스탄이 공식 회원국으로 참여하고 있으며 투르크메니스탄, 몽골, 아프가니스탄은 비공식 참관국으로 참여하고 있다. 본부는 벨라루스 민스크에 있다.

9) 집단안보조약기구(CSTO)는 1992년 5월 15일 러시아, 아르메니아, 카자흐스탄, 키르기스스탄, 타지키스탄, 우즈베키스탄 등 독립국가연합에 예속된 소련 이후 6개국 간의 집단안보조약에 서명되어 형성된 기구이다. 현재 회원국은 러시아, 벨라루스, 아르메니아, 카자흐스탄, 키르기스스탄, 타지키스탄 6개국이다. 이 기구의 형성 과정에서 몰도바, 아르메니아, 아제르바이잔, 타지키스탄 국가들과의 군사적 마찰이 있었다. 또한 그루지아(지금의 조지아)는 압하지야와 남오세티아와의 무력충돌 상황에 놓여있었고, 1993년에야 가입했으나 탈퇴하였다.

살상무기(WMD)의 확산, 이러한 무기의 이동수단 및 이와 관련된 기술의 테러리스트 집단의 시도, ⑤ 무장통제 영역에서 기존 제도의 위반과 특정한 국가의 군사잠재력의 양적 증가, ⑥ 러시아 연방의 내정을 방해하려는 시도, ⑦ 러시아 연방 시민의 권리 침해, 박해 및 차별, ⑧ 국경에 위치한 러시아 연방의 군사시설에 대한 공격, ⑨ 러시아 안보를 위협하는 군사동맹 확대, ⑩ 국제 테러리즘, 이상의 군사안보위협 기반 위에 군사독트린이 형성되었다.[10)]

문서의 특별 부록에는 러시아에 대한 현실적인 5가지 군사적 위협 요인을 설명하는 데 집중했다. ① 힘의 균형을 위반하는 러시아 국경에서의 무력 증강, ② 러시아와 동맹국의 국경에서의 군사 목표공격 및 군사도발, ③ 러시아와 동맹국에 대항하여 외국 영토에서의 군사훈련, ④ 우주를 포함한 러시아 전략 핵군의 통제시스템을 위반하는 외국의 행위, ⑤ 러시아 영토에 외국 군대의 배치(만일 UN 안보리 또는 러시아와의 합의에 관한 지역기구의 결정에 의해 이루어지지 않은 경우).[11)]

러시아의 군사안보에 대한 외부위협과 함께 군사독트린에는 내부 위험요인 7가지를 강조했다. ① 러시아의 내부상태를 불안정하게 하는 것을 목표로 하는 민족주의자와 분리주의자의 불법적 행위와 무기사용 활동, ② 러시아 연방의 헌법 체계를 전복하려는 시도, ③ 원자력 시설, 화학 및 바이오산업 등 기타 위험한 산업에 대한 공격, ④ 불법 무장 단체의 생성, ⑤ 조직범죄 및 밀수 등 사회의 기초를 위태롭게 하는 행위, ⑥ 군사기지, 방산업체 등에 대한 공격 활동, ⑦ 러시아 영토에서 파괴적이거나 테러리스트 활동을 목적으로 무기, 군사장비 및 탄약의 불법 밀매였다.[12)]

러시아의 '군사독트린'은 군사적 행동방책을 구체화하는 데 있어서 근거를 제공하는 군사학상의 헌장이자 원리였다. 다시 말해 군사전략의 기반을 제공하며 현대전에 대한 견해 및 군사력 사용원칙 등을 포함하는 국방전략지침으로 설명된다.[13)] 1993년 11월은 옐친 정부시기 군사독트린을 발표한 이후, 2000년 4월 푸틴 집권시

---

10) "Основные положения военной доктрины Российской Федерации," Извести, 18 ноября 1993г; Красная звезда, 19 ноября 1993г.

11) 『상게서』, 참조.

12) 『상게서』, 참조.

13) 미국 『국방검토보고서(QDR)』 및 우리나라의 『국방기본정책서』와 유사한 성격의 문서이며, 미국의 『국방검토보고서(QDR)』는 국방부가 작성하지만, 러시아의 『군사독트린』은 상급기관인 '국가안보위원회'가 작성하여 위상면에서는 러시아의 『군사독트린』이 상위개념으로 볼 수 있음.

기 군사분야를 구체화한 군사독트린을 발표한 바 있다.[14] 2010년 2월 메드베데프 집권시기에 또다시 국제안보환경 변화에 적극 대응하면서 새로운 군사안보전략 전개의 토대를 마련한 군사독트린을 발표하였다.[15] 지금의 군사독트린은 2014년 12월 푸틴이 재집권하면서 우크라이나 사태, 중동 정세 등 세계 안보정세의 변화와 미래 전쟁양상의 발전 추세, 러시아 군사력 및 군구조 변화 등을 고려하여 기존의 내용을 근간으로 위협 및 대응책을 완전 수정한 '新군사독트린'을 발표하였다. 1993년 최초로 군사독트린을 발표한 이후 2010년까지 세 번에 걸친 기존 독트린과는 다르게 2014년 '新군사독트린'에서는 주요 대·내외 위협의 8가지 확대와 3가지 군사위협 대응 방향에 집중하였다.

(대외 군사위협) ① NATO의 강화 및 러시아 국경으로 인프라 확대, ② 전략균형을 방해하는 미사일방어(MD: Missile Defense) 체계 추진, 글로벌신속타격(PGS: Prompt Global Strike) 개념 현실화, 우주에 무기 배치, 비핵정밀무기 발전, ③ 주권·독립·영토적 완전성을 침해할 정치적 목적으로 정보통신기술 사용, ④ 러시아 주변국가에서 러시아의 이익을 위협하는 정권교체 활동.

(대내 군사위협) ⑤ 헌법 질서의 강제적 변경, 국내 불안정, 국가 및 군사시설의 기능 와해 등을 기도하는 활동, ⑥ 주권과 영토적 완전성을 침해하는 테러조직 활동, ⑦ 국민, 특히 젊은 층의 정신적·애국적 전통을 침해할 목적으로 정보적 영향을 가하는 활동, ⑧ 국제적·사회적 긴장, 극단주의, 인종 및 종교적 혐오 등을 조장하는 활동.

(군사위협 대응 방향) ① 내부적으로는 핵무기를 기반으로 군사력 준비태세 완비, 동원준비태세 유지, 국가적 노력 통합 등을 추진, ② 외부적으로는 집단안보조약기구(CSTO),[16] 상하이협력기구(SCO: Shanghai Cooperation Organisation),[17] 브릭스

---

14) 1993년 『군사독트린』에서는 러시아가 핵무기를 먼저 사용하지 않을 것이라 했지만, 2000년 『군사독트린』에서는 언급하지 않음으로써 핵무기의 선제사용을 인정하고 있는 것이 특징임.

15) 2010년 『군사독트린』에서는 러시아의 국가안보가 위기에 처할 경우, 소규모 국지전이라도 핵 선제공격을 배제하지 않는다고 명시함으로써 잠재적 침략국을 상대로 예방적 개념의 핵무기 사용 공격을 허용함.

16) Collective Security Treaty Organization. 2002년 10월 7일에 창설된 구소련 6개국의 집단안보보장조직. 회원국은 러시아, 벨라루스, 아르메니아, 카자흐스탄, 키르기스스탄, 타지키스탄이며, 준회원국으로는 세르비아, 아프가니스탄이 포함됨.

17) Shanghai Cooperation Organization. 러시아, 중국, 카자흐스탄, 키르기스스탄, 타지키스탄 5개국이 1996년 4월 26일 결성한 상하이 파이브(Shanghai Five)가 전신이며, 거기에 우

(BRICS: Brazil, Russia, India, China, South Africa),[18] 유럽안보협력기구(OSCE: Organization for Security and Cooperation in Europe),[19] UN 등과 협력 강화, 아시아·태평양 지역 집단안보체제 구축, 평화유지활동 강화 추진, ③ 군사력 현대화 추세와 관련해 항공우주방어체제, 정밀무기의 발전, 화생방·무인기·로봇 등 신무기의 발전 등을 강조했다.

2) 통수권자의 집권시기별 「군사전략」[20]

(1) 구소련(1917-1991)의 군사전략

1917년 러시아혁명 초기 국내 불안정과 어려운 경제 사정, 그리고 농민의 동요로 인한 내전 가능성 등으로 외부의 위협보다는 내부의 위협이 중시되었던 시기에는 방어적 전략개념을 중시하였다. 당시 혁명운동가 레온 트로츠키(Leon Trotsky)와 군사이론가 알렉산드르 스베친(Aleksandr Svechin) 등은 외부 침공이 거세어질 경우를 대비하여 평시에 준비된 군사력을 기초로 전쟁을 수행해야 하기 때문에 방어 위주의 지구전을 중시하는 군사전략을 세웠다.

1931년 이오시프 스탈린(Joseph Stalin)이 집권하자 공격적인 종심작전 중심의 개념을 채택하여 적의 군사력을 궤멸시켜야 한다는 전략이 지배적이었다. 이후 스탈린 말기에는 제2차 세계대전의 경험을 바탕으로 재래식 무기 위주의 방어전략으로 전환하게 되었다. 미국의 핵무기 개발에 따른 전략적 열등감이 상존하여 전략 방위태세와 재래식 무기에 의한 방어의 중요성을 강조하는 군사전략을 채택하게 되었다.

1954년 니키타 흐루시초프(Nikita Khrushchyov)가 등장하면서 전략의 대대적인

즈베키스탄이 2001년에 가입하면서 상하이협력기구로 명칭이 변경됨.

18) Brazil, Russia, India, China, South Africa를 통칭하는 말이며, 골드만삭스가 처음으로 쓰기 시작, 골드만삭스의 경제학자 짐 오닐(Jim O'Neil)은 이 나라들이 2050년에 세계 경제를 주도하는 가장 강력한 나라가 될 잠재력이 있다는 설을 발표함. 2002년 상호무역과 협력조약을 체결함.

19) Organization for Security and Cooperation in Europe. 정치·군사, 경제·환경, 인간 범주를 종합적으로 고려한 포괄적인 안보 개념에 기초한 유럽국가간의 안보협력기구, 회원국은 총 56개국으로 전 유럽지역 국가를 비롯해 미국과 캐나다가 회원국으로 등록, 그 밖에 협력 동반자국가로서 한국 등 12개국이 참여함.

20) 시대별 주요 국방부장관은 옐친 집권기 '파벨 그라초프(1992-1996)', 푸틴 집권기 '세르게이 이바노프(2001-2007)', '아나톨리 세르듀코프(2007-2012)', '세르게이 쇼이구(2012-현재)'. 러시아 국방부장관의 평균 임기는 최소 5년 이상으로 국방정책을 추진할 수 있는 기간을 보장해 주었다.

변화가 이루어졌는데, 곧 핵무기와 유도탄의 실용화를 중심으로 전쟁은 숙명적으로 불가피한 것은 아니지만, 전쟁이 발발할 시에는 핵에 의한 대량보복을 가져야 함을 강조하였다. 흐루시초프의 시대가 막을 내리고 1965년 레오니드 브레즈네프(Leonid Brezhnev) 시대가 열리면서 핵무기와 재래식 무기의 동시 증강을 추진하면서 본격적으로 미·소 군비경쟁의 서막을 알렸다. 1982년에는 미국과의 군비경쟁에 부담을 느끼면서 핵무기 선제 불사용을 선언하였다.

1991년 구소련의 붕괴와 냉전의 종식을 알렸던 미하일 고르바초프(Mikhail Gorbachev)는 1986년부터 1991년까지 신사고의 개념에 따라 팽창주의 정책을 수정하고, 합리적인 수준의 군사력을 유지하는 방어적인 개념으로 전환하였다. 1986년 2월 25일 제27차 공산당 대회에서 "소련은 어떠한 형태의 핵전쟁도 반대한다. 우리는 핵무기와 같은 대량 파괴형 무기사용의 금지, 군사력의 합리적 수준으로서의 제한을 지지한다."라고 연설하면서 핵무기 선제 불사용을 한번 더 강조했다.

〈표 4-1〉 구소련의 군사전략

시대별 통수권자	레닌 (1917-1930)	스탈린 (1931-1953)	흐루시초프 (1954-1964)	브레즈네프 (1965-1986)	고르바초프 (1986-1991)
군사전략 핵심내용	방어위주 지구전략	초기: 격멸전략 후기: 적극적 방어전략	대량 보복전략	유연 반응전략	합리적 충분성 전략
해양전략 특 징	해군력 복원기	해군력 건설기	해양거부 전략기	대양해군 건설기	해군전력 감축기

출처: Коньшев В.Н., Сергунин А.А., *Современная военная стратегия* (М.: Аспект Пресс, 2014) 재해석

(2) 러시아 연방(1992~현재)의 군사전략

구소련이 붕괴되고 혼란의 시기를 지나 러시아 연방이 형성되고 나서 안보의 불안은 지속되었다. 구소련 시대의 군사전략 기조를 일부 유지하되, 다변화된 외부위협에 대한 새로운 군사전략의 모색을 요구하게 되었다. 러시아 연방은 과거 막강했던 핵전력은 어떠한 상황에서도 효과를 발휘할 수 있도록 하고, 어떠한 전투에서도 외부의 침입을 격퇴시킬 수 있도록 기동성과 충분한 전투력을 유지하려는 노력을 지속하고 있었다. 분명한 것은 핵 사용을 유지하되 對테러리즘 차원에서 선제공격을 공식교

리로 채택하였다.

1991년 대혼돈의 시대에 러시아는 세계 질서가 양극체제에서 다극체제로 재편되는 과정과 경험하면서 대내외 안보위협의 변화 등을 경험하면서 탈냉전 초기 '방어적 안보전략'을 유지하다가 2000년 블라디미르 푸틴(Vladimir Putin) 대통령이 집권하면서 '공세적 안보전략'으로 군사전략의 변화를 맞이하였다.

1992년부터 1999년까지 집권했던 보리스 옐친(Boris Yeltsin)시대에는 구소련의 광활했던 영토가 독립국가연합으로 분리해 나가 러시아의 영향력을 행사할 수 있는 지역이 축소됨에 따라 숙명적으로 '방어적 안보전략'을 유지할 수밖에 없었다. 그러면서도 독립국가연합(CIS) 국가들의 불안정과 분쟁이 자국 안보에 위협이 되는 것으로 간주하여 코카서스(Caucasus) 지역과 중앙아시아 지역에서 발생하는 국내 및 국가간 갈등에 대해 지속적으로 관여했다.[21]

2000년 푸틴 대통령이 집권하기 직전 1999년 3월에 NATO의 코소보 공습[22]이 시작되었으며, NATO가 동맹국 영토 밖으로 군사개입을 확대하였는데 이 과정에서 러시아와의 마찰이 발생하였다. 러시아의 안보영역 안에 있었던 독립국가연합 지역, 코카서스 지역, 그리고 일부 중앙아시아 지역 내 국가들의 분쟁에 대한 무력 개입 가능성이 증대되는 계기로 러시아는 새로운 군사안보전략을 채택하게 되고, 미·일 新방위협력지침(New Guideline)에 따른 일본의 군사적 역할 확대와 NATO의 지속적인 동진정책으로 러시아를 지정학적으로 고립시키려는 정치적 의도를 분석한 러시아는 불가피하게 새로운 군사전략 추진에 직면하게 되었다. 공세적 안보전략[23]과 전방위 기동방어전략 개념은 이러한 국제정세에 대항하기 위한 필수불가결의 대책이었다고 군사전략가들은 평가한다.[24]

---

21) 체첸공화국의 반군을 진압하고 이슬람 근본주의 세력들의 주동으로 발생한 타지키스탄의 내전에 군대를 파견하여 정부군을 지원함.

22) 세르비아 민족주의의 코소보 지역 내 알바니아계 학살에 대한 NATO의 세르비아 공습(1999년 3월), 6월 9일 세르비아의 항복으로 종료됨.

23) 2000년 이후 공세적 안보전략에 따라 러시아의 군사개입 사례는 '구소련 약소국(트란스니스트리아, 나고르노카라바흐 등) 개입(2008년)', '우크라이나 내전 및 크림반도 합병(2013년)', '시리아 내전(2015년)', '쿠릴열도 내 군사기지 증강계획(2017년)' 등을 들 수 있다.

24) Конышев В.Н., Сергунин А.А., *Современная военная стратегия* (М.: Аспект Пресс, 2014), СС. 55-59.

〈표 4-2〉 러시아연방의 군사전략

시대별 통수권자	고르바초프 (1991 과도기)	옐친 (1992-1999)	푸틴 (2000-현재)
군사전략 핵심내용	방어적 안보전략	방어적 안보전략	공세적 안보전략 전방위 기동방어전략
해양전략 특 징	해군전력 감축기	해군전력 현상유지기	해군전력증강을 통한 '강한 러시아' 부활

출처: Конышев В.Н., Сергунин А.А., *Современная военная стратегия* (М.: Аспект Пресс, 2014). 재해석

2. 구소련·러시아 연방의 해양전략

러시아는 지정학적으로 유라시아 대륙에 걸쳐 육지의 약 1/6을 차지하고, 14개국과 국경선을 마주하고 있는 대륙국가이면서, 또한 북극해에 가장 넓게 접해 있는 세계에서 가장 긴 해안선을 가진 거대한 해양국가다. 오랜 역사를 거치면서 러시아해군은 서구 열강의 해상무역로 확보를 위한 해양 개척과 신대륙 발견으로 야기된 식민지 쟁탈전이 한창이었던 17세기 말에 와서야 비로소 해양을 향한 표트르(Pyotr) 1세의 의지로 발틱해에 강력한 해군을 건설할 수 있었고, 러일전쟁, 러시아혁명, 제1, 2차 세계대전 등 수많은 수난 때마다 러시아해군은 역사의 현장에 있었다. 제2차 세계대전 후부터 쿠즈네초프, 고르쉬코프 등 러시아해군 제독을 중심으로 대양해군 건설에 노력하여 미 해군과 동등한 전력을 구축함으로써 구소련이 냉전시대에 초강대국 지위를 유지하는 데 큰 버팀목이 되었다.

그러나 이러한 강대국의 위상과 해군력도 1991년 구소련의 붕괴와 해체에 이은 심각한 경제난으로 인해 불과 10년 만에 옐친 집권시기가 끝나갈 때 러시아 해군력은 약 80% 감축되고, 해군함정의 작전운영 능력은 거의 정지상태에 이르게 되었다. 2000년에 푸틴 대통령이 집권하면서 '강한 러시아'의 기치 아래 러시아해군은 시련을 극복하고 강대국의 지위를 유지하고자 전략 핵잠수함을 포함한 핵전력을 지속적으로 유지하고 있다. 2012년 푸틴 대통령은 러시아 국방정책회의에서 2020년까지 러시아해군전력 증강을 위해 약 4조 루블을 투입하고, 최신예 보레이급 전략 핵잠수함 전력화를 완료하는 원대한 계획을 발표하는 등 해군력 강화를 추진했다.[25] 2020

년이 도래된 지금 당시 러시아해군 전력증강계획에 대한 결과를 러시아 내에서 뿐만 아니라 서방에서도 평가하고 있다. 국가의 숙명과 함께 했던 러시아해군은 변화무쌍한 국가의 운명에도 불구하고, 해양을 수호하기 위해 분명한 해양전략에 기초하여 전력증강을 추진해나가고 있음은 1990년대 말 모습과 비교하면 명약관화(明若觀火)하게 설명된다.

1) 러시아 대양활동 방향을 제시하는 전략문서, 「新해양독트린」

2000년 푸틴 대통령의 집권 이후 '강한 러시아'의 위상을 제고하기 위한 노력은 해군력 증강에 힘을 싣게 되었다. 무엇보다도 크림공화국의 전격적 합병 이후 흑해 및 지중해에서 서방과의 긴장이 고조되고, 북극해를 중심으로 경제적·안보적 중요성이 증대됨에 따라 해양에 대한 관심이 고조되었다. 그리고 미국의 아시아 회귀에 따른 태평양 지역의 비중이 증대됨에 따른 해양안보환경 변화를 주목하게 되면서 결국 2001년 최초로 해양독트린을 발표하였다. 이것은 대양에서의 국가이익 발전과 보장을 위해서 국가 차원의 대양활동 방향을 명시하는 명확한 해양에 관한 최상위 전략문서였다.

2001년 최초 제정된 해양독트린을 수정하여 2015년 7월 26일 러시아해군의 날을 기해 「新해양독트린」[26]을 공표하였다. 新해양독트린에는 해양강국으로서 위상을 보장하기 위해서 4개 기능(해군활동, 해양수송, 해양과학, 자원확보)에 입각하여 6개 해역에서 활동방향[27]을 제시하였다. 특히, 북극해에서 자원 연구와 탐사는 물론 북극항로의 중요성 및 북양함대의 결정적인 역할을 강조하였다.[28] 북극항로 개설과 국경지역

---

25) 안드레이 파노프 저, 정재호·유영철 역, 『러시아 해양력과 해양전략(Морская Сила и Стратегия России)』 (서울: KIDA Press, 2016), p. 7.

26) "Морская доктрина Российской Федерации," https://Президент Российской Федерации В.Путин, 26 июля 2015г.

27) 6개 해역 활동방향 ① 대서양: NATO의 동진확장대응 및 차단, 흑해 및 지중해에서 전략적 입지 강화 및 해군력 현시, ② 북극해: 북극해 자원 연구 및 탐사, 북극항로의 중요성 및 북양함대의 결정적 역할 강조, ③ 카스피해: 석유 및 가스 채굴, 수송 등 보장, ④ 인도양: 인도 등 기타 국가들과의 우호관계 증진, ⑤ 남극해: 남극조약에 따른 각종 연구, 자원개발 등 참여 강화, ⑥ 태평양: 중국과 우호관계 발전 도모 및 기타 국가들과 협력 중시, 경제 및 인프라 개발을 통한 극동지역 경제 발전. "Морская доктрина Российской Федерации," https://Президент Российской Федерации В.Путин, 26 июля 2015г, https://docs.cntd.ru/document/555631869(검색일: 2020.10.17).

28) 신해양독트린이 공표되는 시기에 즈음하여 북극통합전략사령부(2014년 12월)가 무르만스크

에서 NATO의 확대에 대한 대응 일환으로 북극해 및 대서양 해양안보 정책을 중시하고, 지중해에 항구적인 러시아 해군력을 현시하기 위해 크림 반도와 세바스토폴 해군기지를 활용해야 한다고 명시되어 있다. 그리고 북양함대와 태평양함대에 탄도미사일 원자력잠수함(SSBN) 및 공격형 핵추진 잠수함(SSN)을 우선 배치하여 NATO의 위협에 대응하고 미국의 태평양해역 확대 저지는 물론 중국·인도와 해양안보 협력을 강화하는 해양안보 기조를 담았다.

2001년 해양독트린이 발표될 당시에는 러시아 해군력은 이전에 비해 80%가 감축된 해군력을 갖추고 있는 상태에서 해양의 경제적 파급 효과를 고려하지 못한 수세적인 해양안보의 기조를 유지한 내용을 담았다면, 2015년 新해양독트린에는 공세적인 해양안보의 기조를 피력하였다. ① 조선산업을 육성하고 대륙붕 채굴 탄화수소를 운반할 해저 파이프라인 구축과 운용, 남극 지역 등 3개 항목 추가, ② 나토 해양력 확대를 차단하기 위해 흑해와 대서양을 우선순위에 두고, 크림 반도에서의 해군력 부각, ③ 태평양과 인도양의 해양력 확대·진출을 고려하여 중국과 인도와의 우호협력 관계 구축, ④ 북극에서의 러시아 연방의 법적 권리 강화, ⑤ 해양활동에 관한 대통령 보고 명시, '주도적 해양강국'에서 '위대한 해양강국'으로 표현 강화, ⑥ 해군이 주도적으로 해양안보 강화를 위한 역할 수행 등을 강조하였다.

新해양독트린 내용에서 주목받는 것은 해양을 위해 해군이 주도적인 역할을 수행하여 해양안보 강화는 물론 해양의 경제적 자원보호 영역까지 중추적 역할을 해야 한다고 시사하고 있다는 점이다.

2) 구소련·러시아연방 시대별 『해양전략』[29]

구소련시대와 러시아연방 시대로 구분하여 해양전략을 구분하면 확연히 차이가 있다. 서두에서도 언급했듯이 과거부터 이어 온 대륙사상을 중시했던 지상군 중심의 구소련 군대는 해양전략에도 영향을 미쳤다.[30] 본토를 수호하기 위한 전쟁억지력 확

지역에 창설됨.

29) 시대별 주요 국방부장관은 옐친 집권기 '파벨 그라초프(1992-1996)', 푸틴 집권기 '세르게이 이바노프(2001-2007)', '아나톨리 세르듀코프(2007-2012)', '세르게이 쇼이구(2012-현재)'. 러시아 국방부장관의 평균 임기는 최소 5년 이상으로 국방정책을 추진할 수 있는 기간을 보장해 주었다.

30) 안드레이 파노프 저, 정재호·유영철 역, 『전게서』, pp. 27-66.

보를 우선순위에 두고 육군지원을 해군의 목표로 정했다. 해군력을 복원하고 균형함대를 전략목표로 정하고 대양해군의 기치 아래 균형함대, 잠수함 발사 탄도유도탄(SLBM) 전력증강, 핵과 재래식 전력을 강화하고 항공모함의 전승기도 있었지만 결과적으로 해양전략은 연안방어에 머무를 수밖에 없었다.

구소련이 붕괴되고 러시아 연방이 형성되면서 목표가 달라졌다. 다른 국가들의 공격 기도를 억지하고, 전시 해상에서 국가방위를 보장하며 전 세계 해양에서 러시아 이익을 수호하는 명확한 목표가 정해졌다. 따라서 해양선진국들과 동등한 수준에서 러시아 입지를 강화하기 위해 주변국보다 우수한 군사력을 건설해야 하고, 연안 및 작전해역에서 해상 통제권을 장악하는 기본 작전목표에 더하여 북극해와 태평양으로의 진출이라는 영역이 넓혀졌다. 통수권자의 '강한 러시아' 기치는 결국 해군력을 통해 대내외에 과시하게 되었다. 1992년 러시아 연방 해군이 재창설된 이후 통수권자의 의지에 힘을 더하여 대양으로의 활동영역을 넓혀나가는 대양해군의 모습을 보이고 있다. 국가무장계획[31]에 따라 전략 핵전력과 재래식 해상전력을 함께 사용하며 '공세적 신속방어' 해양전략을 추진 중이다.

(1) 구소련(1917-1991)의 해양전략

구소련시대 해양전략은 연안방어전략에 머물 수밖에 없었던 것은 사실이다. 그럼에도 통수권자는 지속적으로 해양력 강화에 관심을 가졌다. 스탈린시대(1931~1953)에 해군제독들은 세계 강대국의 역할을 수행하기 위해 강력한 해군력 건설을 주장하였다. 그 결과 1949년 9월, 최초의 소련 원자폭탄 실험이 카자흐스탄 사막지역에서 성공한 이후 군사 강대국으로의 우위를 차지하기 위해 원자력추진잠수함 개발을 추진하였다.

흐루시초프 시대(1954~1964)는 미국과의 양극체제 하에서 미국을 견제하기 위한 목적으로 해군력 강화가 필수임을 인식하여 대양해군을 위한 균형함대의 기틀을 마련한 아드미랄 고르쉬코프(Admiral Gorshkov)[32]를 해군사령관으로 임명하였다. 그는

---

31) 국가무장계획(SAP: State Armament Program) 군 전력증강계획으로써 1996년부터 10년 단위의 '국가무장계획' 추진(우리나라의 '국방중기계획'과 유사), 2006년부터 본격적으로 추진하여 2027년까지 10년의 목표를 설정한 '국가무장계획 2027'을 2017년에 발표함. 이타르 타스. "아르마트, 치르콘, 2027년까지 무장 프로그램의 우선순위?," https://www.tass.ru/armiya-i-opk/4911274(검색일: 2020.10.17).

32) 고르쉬코프 소련해군사령관(1956-1985) 29년간 임무 수행. 러시아인들은 니콜라이 쿠즈네초

러시아해군이 세계적인 해군으로 급부상하는 계기를 마련하는 데 큰 기여를 하였다. 브레즈네프 시대(1965-1986)는 소련의 전략부대의 증강과 대양함대와 재래식 전력 강화를 중시하였다. 1975년 이후부터 소련의 SSBN 척수는 미국을 능가하여 해군전략 목표는 소련 방위와 더불어 미국의 항공모함 세력과 직접 경쟁하지 않으면서 대함미사일로 대적하는 전술교리를 바탕으로 한 공격시스템을 도입하였다. 1980년대 후반에는 최대 전력을 보유[33]하고 전 세계 해양에서 활동하였으나, 경제난 타개를 위해 해군전력을 대폭 축소하였다.

(2) 러시아 연방(1992-현재)의 해양전략

1992년 5월 러시아해군은 구소련의 해군력을 흡수하여 독자적인 해군을 창설하였다. 그러나 1992년부터 1999년 옐친시대까지 경제난으로 인한 해상전력 증강이 매우 저조한 상황이었으며, 경비 절감을 위해 대규모 함정이 퇴역하고 작전활동 영역은 급급히 감소하였다. 해양전력증강예산은 물론 국가 재정난과 국방예산의 감축으로 인해 전투준비태세는 현저히 저하되었다. 당시 러시아 해양전략은 연안방어전략에 머물러 있었다.

2000년 푸틴 대통령의 집권으로 해양력 증강은 물론 해양전략의 변화를 맞이하였다. '강한 러시아'의 상징은 해군력 증강과 일치하였다. 이에 따라 본격적으로 해군력의 현대화와 대양해군 재건이 추진되었다. 해양에서의 전략적 핵전력과 그에 대한 지휘체계의 현대화에 전력건설의 우선순위를 두었다. 그리고 일반적인 임무수행을 위한 다목적 잠수함, 차세대 구축함과 초계함의 건조를 시작하였다. 러시아 경제의 정상화가 이루어지면서 점차 해양력 건설의 능력을 구비할 수 있는 해군의 새로운 역사가 만들어졌다. '연안방어 전략'에서 '공세적 신속방어 전략'으로 해양전략이 전환되면서 현재 러시아는 해군력을 통한 '강한 러시아'를 대내외에 과시하고 있다.

프 제독을 소련해군의 '아버지', 세르게이 고르쉬코프를 소련해군의 '어머니'라고 평가함.

33) 1985년 소련해군력은 병력 49만 명, 잠수함 361척, 수상함 1,518척으로 세계 최대의 해군력을 유지하고, 매년 6-7척의 원자력추진잠수함을 건조 중이었으나, 1990년대에 들어서자 초대형함정 건설은 사실상 중지되었고, 1991년에는 잠수함 285척, 주요 전투함 259척으로 대폭 축소함.

〈표 4-3〉 구소련·러시아연방의 해양전략

시대별	구소련(1917-1991)	러시아연방(1992-현재)	
		옐친(1992-1999)	푸틴(2000-현재)
해양전략 핵심내용	연안방어전략	연안방어전략	공세적 신속방어전략

출처: 안드레이 파노프 저, 정재호·유영철 역, 『전게서』 재해석

제3절 2020년 전력증강 동향

1. 전력증강 방향

1) 러시아의 전력증강정책(국방정책)

현재 러시아의 전력증강 방향이 아시아 경제 위기로 인한 투자 감소로 경제위기가 만연한 1998년 당시 러시아가 모라토리움(Moratorium)을 선언한 그 해에 결정되었다고 한다면 믿을 수 있을까? 실제로 1998년 7월 국가안보위원회 특별회의에서 많은 논의가 있었고 당시의 결정이 현재 러시아의 전력증강 방향을 제시하고 있다고 해도 과언이 아니다.[34] 에피모프의 『러시아 국가안보』에는 1998년에 전략핵무기(지상·해상·항공)의 세 가지 요소를 예견하고 준비하여 결정했다고 기록되어 있다. 1998년 8월 경제 위기와 국가의 경제발전 예측으로 그 당시 전략핵무기 발전계획의 실제적 검토가 성립되어야 했다.[35]

1998년 안보위원회에서는 전략미사일부대는 러시아 전략핵무기가 점차적으로 고정 기지용으로 뿐만 아니라, 이동 기지용으로 유일한 단일 미사일 형태, 즉 토폴(Topol)-M 시스템으로 변할 것이며, 최소한 2020년까지 전략미사일부대 전투구성으로 배치될 것이라고 결정했다. 전략미사일을 탑재한 원거리 전략폭격기 Tu-95MC와 Tu-160의 현대화가 필요하다고 강조했다. 해양전력의 전략핵무기 발전으로 Borei급

34) 니콜라이 에피모프 저, 정재호 외 역, 『러시아 국가안보(Политико-военные Аспекты Национальной Безопасности России)』 (서울: 한국해양전략연구소, 2011), p. 106.
35) Кокошин А.А., *Стратегическое управление* (М.: Росспэн, 2003), СС. 315-320.

SSBN의 계획이 성립되었다. 북극전략기지[36] 건설의 필요성이 제기되어 러시아 북양함대는 전략핵 억지력을 보장하고, 대양에서 국가이익을 보장하기 위한 자유로운 해양력을 과시하는 사명이 있음을 강조하였다.[37] 2014년 12월 1일, 북양함대를 모체로 북극합동전략사령부(Arctic Joint Strategic Command)가 창설되어 현실화되었다.

〈그림 4-1〉 북극합동전략사령부(Север) 마크 & 군관구별 범위

1	북부군관구 (북극 합동전략 사령부 위치)	2	서부군관구	3	남부군관구	4	중부군관부	5	동부군관구

출처: https://ko.wikipedia.org/wiki/북극합동전략사령부(검색일: 2020.9.2.).

그 당시에 이미 동방전략기지 건설에 대한 필요성도 강조하였는데, 북극전략기지와 함께 러시아 해양력의 양대 산맥을 형성할 것으로 내다보았다. 이것은 곧 아시

36) 2014년 12월 1일 무르만스크 지역에 북극합동전략사령부가 창설됨. 북극합동전략사령부는 러시아어로 방위에서 '북쪽'을 의미함. 사령부 설계 당시 블라디미르 푸틴 러시아 대통령은 북극 지역에서 작전할 수 있는 2개의 특화된 여단을 계획하고 있다고 밝힘. 제1공군 및 방공군사령부와 서부, 중부, 남부 군관구의 일부 부대를 이양받음. https://ko.wikipedia.org/wiki/북극합동전략사령부(검색일: 2020.9.2).

37) Кокошин А.А., *Стратегическое управление* (М.: Росспэн, 2003), С. 479.

아·태평양 지역에서의 러시아의 국익을 보장할 것으로 판단하였다.[38] 북양함대에 Admiral Kuznetsov함이 배치되고 태평양함대에 중형 항공모함 배치를 계획했다.[39]

〈표 4-4〉 미국과 러시아의 항공모함(차기 항모 포함) 능력 비교

구분	미국		러시아	
	Nimitz급	Gerald R. Ford급	Kuznetsov급	Storm급
형상				
보유 척수	10척 * '75-09년 취역	1척(2척 건조 중) * '17년 취역	1척 * '90년 취역	미상 * '30년 취역 예상
톤수	103,637	101,605	61,390	100,000
전장	332.9m	332.8m	305m	330m
항공기 운용 능력	F/A-18C/E/F, EA-6B, E-2C/D 등 70여 대	F-35C, EA-18G, E-2D 등 75대 이상	Su-33(Mig-29K), Su-25, Ka-27, Ka-31 등 40여 대	Mig-29K, Ka-27 등 80-90여 대 이상
무장	SAM, RAM, 20mm Phalanx	SAM, RAM, 20mm Phalanx	AK-630 대공포, CIWS(카슈탄), Kinzhal 대공미사일, Granit 대함미사일	-

출처: Jane's Fighting Ship 2019-2020, CRS Report, 러시아 언론기사 등 자료 이용 작성.

현재 전력증강계획은 2017년에 발표했던 『국가무장계획 2027(2018-2027)』에 따라 10년의 목표 기간을 두고 정해졌다. 올해 2020년 무장계획은 이미 10년 전에 계획한 결과가 현실화되고 있는 것이다. 『국가무장계획 2027(2018-2027)』을 보면 10년간 약 19.5조 루블(약 319.55조 원)을 투입하여 2020년까지 각 군 무기의 70% 이상을 현대화하는 것으로 이전 계획에 비해 월등히 많은 예산을 실제로 투입하는 것이었다. 단계별 현대화 비율을 분석해 보면 2013년 16% 달성, 2018년 61.5% 달성,[40] 2020

38) 니콜라이 에피모프 저, 정재호 외 역, 『전게서』, p. 109.
39) 프랑스제 미스트랄급 대형상륙함 '블라디보스토크(Vladivostok)' 건조계획은 최종단계에서 서방(미국)의 대러시아 제재로 인해 무산됨.

년에는 80%를 달성한 것으로 평가된다.

『국가무장계획 2027(2018-2027)』의 우선순위는 항공우주 및 지상 병력의 현대화에 주목하고 있다. 『국가무장계획 2027(2018-2027)』의 해군예산 배정은 호위함·초계함 등 소형함정 위주의 구매·개조 등에 우선순위를 둠으로써 「국가무장계획 2020(2011-2020)」에 비해 월등히 줄어들었다. 달리 평가해 보면 군의 전력증강에서 과거와 달리 '양보다 질' 위주의 국방 재원에 집중하고 있음을 알 수 있다. 러시아는 미국과 나토에 대항하기 위해 전반적으로 군사력을 향상시키면서 비대칭성의 위협수단으로 신형 전략무기 배치를 추진 중인 것으로 확인되고 있다.[41]

〈표 4-5〉 러시아 『국가무장계획』 변천과정

구분	발표시기	주요 내용	비고
국가무장계획2005 (1996-2005)	옐친 (1996)	• 전략무기 발전 • 군구조 합리화 • 경량화, 기동화	경제악화로 중단 (1997)
국가무장계획2010 (2001-2010)	푸틴 (2002)	• 전략무기 발전 • 연구개발 강화 • 방위산업체 활성화	성과미흡
국가무장계획2015 (2006-2015)	푸틴 (2006)	• 전략무기 발전 • 장비정비 및 부분적 현대화, 패키지화 구매(상비부대 우선) • 연구개발 강화	성과미흡
국가무장계획2020 (2011-2020)	메드베데프 (2010)	• 전략무기/정밀무기 • 항공우주장비 • 무기현대화	성과달성 * 러: 달성판단 * 미: 미달성판단
국가무장계획2027 (2018-2027)	푸틴 (2018)	• 항공우주 및 지상 장비의 현대화 • 연구개발 강화 • 최첨단무기 개발 강화	경제성장 고려 2027년 조정

출처: 유영철, 『2015-2016 동북아 군사력과 전략동향』 (서울: KIDA, 2016), p. 118 재해석.

40) 유영철, 『2019 전반기 러시아 군사안보 동향』(서울: 한국국방연구원, 2019), p. 7.

41) 푸틴 대통령은 2018년 3월 1일 연례 국정연설에서 5가지(① 핵추진 순항미사일, ② 극초음속미사일 아방가르드(Avangard), ③ 극초음속미사일 킨잘(Kinzhal), ④ 차세대 ICBM 사르맛(Sarmat), ⑤ 핵탄두탑재 수중드론 포세이돈(Poseidon))의 신형 전략무기를 직접 공개함. Путин В.В., "Послание Президента Федеральному Собранию," Кремлин, 1 марта 2018г, http://kremlin.ru/events/president/ news/56957(검색일: 2020.9.8).

【2030년까지 러시아 해군력 건설 계획】

'강한 러시아'를 위해 강력한 해군력을 건설해야 한다는 것은 방산력 추진을 위한 정책 방향이었다. 러시아는 과거 명성을 되찾아 세계 제2위의 해군력을 유지하기 위한 노력을 계속하고 있다. 2030년까지 균형함대 완성목표를 정하였으며, 2025년까지는 정밀타격이 가능한 장거리 순항미사일을 러시아해군의 잠수함·수상함 전력과 해안방어부대의 기본 무장으로 전력화하고, 2025년 이후에는 초음속 유도탄과 자율무인잠수정 등 다목적 무기체계를 전력화하려는 계획을 세우고 있다. 또한 항모, 차기 수상함, 잠수함, 차세대 심해체계 개발 및 해상용 로봇체계를 대형함정에 배치하려는 야심찬 목표를 추진 중이다.

향후 10년의 기간을 두고 평가하겠지만 러시아는 이미 2030년까지 구체적인 러시아해군의 주력함정 건설을 위한 함형별 확보계획을 설정해 두고 있다.

〈표 4-6〉 러시아 함형별 2030 확보계획

구분	함형	확보계획(척수)
수상함	항공모함(헬기항모 포함)	4
	Gorshkov급(프로젝트 22350) 호위함	20~35
	Grigorovich급(프로젝트 11356M) 호위함	
	Steregushchy급(프로젝트 20380) 초계함	
	Gremyashchy급(프로젝트 20385) 초계함	
	Vasily Bykov급(프로젝트 22160) 초계함	
	Buyan M급(프로젝트 21631) 유도탄함	5~10
	Ivan Gren급(프로젝트 11711) 대형상륙함	6
	Alexandri톤급(프로젝트 12700) 소해함	7
잠수함	Brei급(프로젝트 955A) SSBN	8
	Yasen급(프로젝트 855A) SSGN	10
	Varshavyanka급(프로젝트 636.3) SSK	6
	Lada급(프로젝트 677) SSK	14

출처: https://ko.wikipedia.org/wiki/%EB%9F%AC%EC%8B%9C%EC%95%84_%ED%95%B4%EA%B5%B0(검색일: 2020.9.30).

2) 러시아의 전력증강예산(국방예산)

러시아의 전력증강에 따른 국방예산의 증액은 국가의 경제 위기 시에도 국방정책의 목표에 따라 진행되었다.[42] 러시아의 국방비는 실질단위와 국내총생산(GDP) 비중 기준으로 크게 증가하여 2015년에 최고치를 기록하였다. 2015년 이래로 러시아의 국방비 증가율은 감소했으며, 국방비가 러시아 GDP에서 차지하는 비중 또한 감소하였다. 2019년 작년 국방예산은 2조 8,942 루블(한화 49조 2,014억 원)이 지출되었으며, '전력운영비와 정비비' 1조 5,960억 루블(27조 1,320억 원) 대비 '무기구매비와 연구개발비'는 1조 2,982억 루블(22조 694억 원)이 지출되었다.[43]

2018년 발표된 『국가무장계획 2027(2018-2027)』에서도 강조된 내용을 보면 향후 러시아의 경제성장을 고려하여 항공우주 및 지상 장비의 현대화, 연구개발 강화, 최첨단무기 개발 강화 등 핵심 첨단무기 위주의 군사력 강화에 치중하면서 2020년 달성된 무장들의 운영비와 정비비에 충분히 역량을 집중하는 것으로 평가된다.

2020년 전세계를 혼란에 빠뜨린 코로나-19는 러시아 국방비에도 타격을 주었다. 러시아 정부는 지난 9월 21일 2천억 루블(5%)을 삭감한 내년도 예산안을 국가두마(하원)에 제출했다. 2021년 국방비는 3조 1천억 루블로 전체 예산 지출의 14.5%를 차지해 경제분야 예산(3조 4천억 루블, 15.7%)에 미치지 못했다. 국방비는 GDP 대비 2.7%로 2011년 이후 가장 낮은 수준에 머물렀다.[44] 코로나로 인해 국민복지, 사회복지 지출을 늘려 국방예산을 불가피하게 줄일 수밖에 없었던 것으로 예상된다.

<표 4-7>은 2011년부터 2021년까지 러시아 국방비 지출 현황이다. 순수 국방비 지출 현황과 국가위기사태 대비 국가방위비(연방예산 포함) 지출 현황 모두 산출하였다. 2019년도까지는 『The Military Balance(2019)』를 참조하였으나, 2020년과 2021년도는 러시아연방 예산 공식문건을 참고하였다. 국가발표내용과 실제 예산비 및 지출비가 일부 차이가 있을 수 있다.

---

42) 니콜라이 에피모프 저, 정재호 외 역, 『전게서』, p. 106.

43) 2019년 국방예산 세부항목: 전력운영비 1조 4,740억 루블(25조 580억 원), 무기구매비 1조 22억 루블(17조 374억 원), 연구개발비 2,960억 루블(5조 320억 원), 정비비 1,220억 루블(2조 740억 원), *The Military Balance* (2019) 참조.

44) Константин Кокошкин, "Расходы на экономику в России впервые за 7 лет превысят траты на оборону," RBC, 19 Сентября 2020г, https://www.rbc.ru/economics/19/09/2020/5f65b4db9a79475 a9f3cfee1(검색일: 2020.10.7).

〈표 4-7〉 러시아 GDP대비 국방비 지출 현황 * 단위: 조 루블(조 원)

연도	국방비 지출/예산		국가안보비 지출(연방예산 포함)	
	금액	GDP비율(%)	금액	GDP비율(%)
2021	3.19	2.7	-	-
2020	3.05	2.4	-	-
2019	2.894(49.2014)	-	-	-
2018	2.830(48.11)	2.88	3.935(66.895)	4.00
2017	2.666(49.11)	2.90	3.712(63.1045)	4.03
2016	2.982(50.694)	3.46	3.831(65.127)	4.45
2015	3.181(54.077)	3.81	4.026(68.442)	4.83
2014	2.479(42.143)	3.13	3.224(54.808)	4.07
2013	2.106(35.802)	2.88	2.787(47.379)	3.81
2012	1.812(30.804)	2.66	2.505(42.585)	3.67
2011	1.516(25.772)	2.51	2.029(34.493)	3.37

출처: 2011-2019년 국방비 지출현황: The Military Balance(2019).
2020-2021년 국방비 지출현황: 러시아연방 예산 공식문건.[45]

2. 전력증강 동향

1) 러시아 국방부(해군) 발표

Admiral Kasatonov 호위함은 기상 불량으로 인해 연기된 전력화시험을 지속 유지할 것이라고 올해 1월 11일 러시아 언론은 보도했다. 보도에 따르면 1월 11일 호위함 Admiral Kasatonov함은 바렌츠해(Barents Sea)로 출항하여 함정의 전반적인 시스템 점검 및 핵잠수함 지원하에 수중음향장비를 테스트하고, 함대지 미사일 사격테스트를 중점으로 대공·대잠·대함 미사일 방어능력, 상륙부대와의 협동능력 등

45) "Федеральный закон от 02.12.2019 N 380-ФЗ (ред. от 18.03.2020) "О федеральном бюджете на 2020 год и на плановый период 2021 и 2022 годов," http://www.conSultant.ru/document/cons_doc_LAW_339305(검색일: 2020.10.1) and https://minfin.gov.ru/ru/perfomance/budget/federal_budget/budgeti/2021(검색일: 2020.10.2).

을 확인하였다.[46] 최근 러시아는 미 항모를 파괴할 수 있는 지대함미사일 시스템 바스티온(Bastion)을 실전 배치할 계획인 것으로 미 군사저널 『The National Interest』 지를 인용하여 러 언론에서 보도하였다. 최신 Vasily Bykov 순찰정이 해상 표적을 탐지하여 좌표를 전송하면 수신 데이터를 기반으로 지대함미사일을 발사하는 시스템으로 미 항모에 치명적인 손상을 입힐 수 있음을 경고했다.[47]

1월 20일 바렌츠해에서 Gremyashchiy 콜벳함은 해상시험을 완료하고 발틱해로 항해했다. 북양함대 관할 해상훈련구역 백해(White Sea)에서 칼리브르(Kalibr) 순항미사일과 오닉스(Onyx) 초음속 순항미사일 발사시험을 마쳤으며, 상트페테르부르그(Saint Petersburg)에 있는 세베르나야 베르피(Severnaya Verf) 조선소에서 대잠·대수상함 탐지 및 공격용으로 건조되었다. Gremyashchiy함은 북양함대 세베르모르스크(Severomork)에 배치되어 초음속미사일 지르콘(Zircon)이 장착될 예정이다.[48]

〈그림 4-2〉 Admiral Kacatonov 호위함 & Gremyashchiy 코르벳함

출처 : https://russian.rt.com/russia/news/706026-putin-kreiser-ucheniya(검색일: 2020.9.16), https://iz.ru/966176/2020-01-20/korvet-gremiashchii-zavershil-ispytaniia-v-barentcevom-more(검색일: 2020.9.11).

46) Александр Гальперин, "Фрегат Адмирал Касатонов продолжит отложенные из-за шторма испытания," РИА Новости, 11 янв 2020г, https://ria.ru/20200111/1563284880.html(검색일: 2020.10.15).

47) Руслан Мельников, "Покойтесь с миром: в США описали действия России против авианосцев," Российская Газета, 19 Января 2020г, https://rg.ru/2020/01/19/pokojtes-s-mirom-v-ssha-opisali-dejstviia-rossii-protiv-avianoscev.html(검색일: 2020.10.7).

48) Михаил Терещенко, "Корвет «Гремящий» завершил испытания в Баренцевом море," известия, 20 Января 2020г, https://iz.ru/966176/2020-01-20/korvet-gremiashchii-zavershil-ispytaniia-v-barentcevom-more(검색일: 2020.10.11).

1월 21일 러시아 해군사령관 니콜라이 예브메노프(Nikolai Evmenov)는 극초음속 미사일 지르콘은 프리깃함에 배치될 것이라고 리아노보스티(Ria Novosti)를 통해 인터뷰하였으며, 극초음속 미사일 지르콘은 최대속도 마하 10 이상의 비행 속도를 높일 계획이라고 언급하였다. 향후 연구개발 중인 극초음속무기는 향후 항모 및 수상함에 탑재되어 운용될 것이다.[49]

〈그림 4-3〉 해상에서 지르콘(Zircon) 발사 장면

출처: http://eurasian-defence.ru/?q=vneshniy-istochnik/novosti/glava-vmf-rasskazal-perspektivah(검색일: 2020.9.20).

최근에 발표된 전력증강 동향은 서방에 큰 이슈를 불러 일으켰다. 11월 7일 러시아 유명 일간지 TASS통신은 Poseidon 핵추진 수중드론 6기를 탑재할 수 있는 Khabarovsk 핵잠수함을 2021년 진수할 예정이라고 발표했다. 배수톤수 10,500t 규모인 하바롭스크는 2019년 4월 말에 진수되었던 24,000t 벨고로드(Belgorod)함보다 톤수가 줄어들었고, 발사대를 개선하여 184m에서 120m로 소형화되었다.[50] 푸틴 대

49) RT, "Глава ВМФ рассказал о перспективах вооружения кораблей«Цирконом»," РИА Новости, 21 января 2020г, https://russian.rt.com/russia/news/710162-cirkon-ispytaniya-uspeshnye(검색일: 2020.10.10).

50) Александр Степанов, "Шесть пусков из глубины, Русское оружие," 9 Ноября 2020г, https://rg.ru/2020/11/09/podlodku-habarovsk-spustiat-na-vodu-uzhe-v-2021-godu.html(검색일: 2020.11.10).

통령은 2020년 7월 "세계 최첨단 기술을 함대에 도입하여 전투력을 극대화할 것"이라고 언급한 바 있으며, 이에 따라 북양함대 무르만스크(Murmansk) 해군기지와 태평양함대 페트로파블롭스크-캄차츠키(Petropavlovsk-Kamchatsky) 해군기지에 배치될 것으로 예상된다. NATO의 북극해에서의 활동 증대와 미국의 인도·태평양전략에 대응하는 전략무기로 활용될 것으로 전문가들은 예상하고, 향후 미·러 간 최첨단 무기에 대한 군비경쟁이 가속화될 것으로 판단된다.

〈그림 4-4〉 Khabarovsk 핵잠수함

출처: https://yandex.ru/images/search?text=%D1%85%D0%B0%D0%B1%D0% B0%D1%80%D0%BE%D0% B2%D1%81%D0%BA%20%D1%8F%D0%B4%D0%B5%D1%80%D0%BD%D1%8B%D0%B9%20%D0%BF%D0%BE%D0%B4%D0%BB%D0%BE%D0%B4%D0%BA%D0%B0&stype=image&lr=10635&source=wiz(검색일: 2020.11.10).

〈표 4-8〉 러시아 잠수함 전력 현황

잠수함 종류	잠수함 Class	전력운용척수
SSBN(12)	Typhoon(Akula) Class(Project 941U)	1
	DeltaⅢ(Kalmar) Class(Project 667BDR)	1
	Delta Ⅳ(Delfin) Class(Project 667BDRM)	6
	Borei(Dolgoruky) Class(Project 955/955A)	3 / 1
SSGN(9)	OscarⅡ(Antey) Class(Project 956/956A)	8
	Yasen(Severodvinsk) Class(Project 855)	1
SSN(17)	Sierra Ⅰ(Barracuda)Class	2

	Sierra Ⅱ(Kondor) Class(Project 945A)	2
	Victor Ⅲ(Schuka) Class(Project 671RTMK)	3
	Akula(Schuka-B) Class(Project 971M)	10
SSK(25)	Vashavyanka(Kilo) Class(Project 877/877V)	10
	Vashavyanka(Kilo) Class(Project 636)	7
	Vashavyanka(Improved Kilo) Class(Project 636.6)	7
	Lada Class(Project 677)	1
총 척수		63

출처: *The Military Balance 2020, Jane's Fighting Ships 2020.*

2) 북극 군사기지 구축 동향

북극은 이미 강대국들의 자원쟁탈 전장이 되면서 이 지역에 대한 군사기지화가 급격히 진행되고 있다. 미국·캐나다 등 북극 연안국과의 북극 쟁탈전에서 유리한 위치를 선점하기 위한 조치들이 경쟁하듯이 보도되고 있다. 현재까지 국제법이 미비한 북극지역의 항로사용과 자원개발 등을 위한 관련국들 간 경쟁이 더욱 치열해질 것으로 북극전문가들은 전망하고 있다.

러시아의 북극지역은 북극해의 40%가 접해 있어 전통적으로 북극해의 안정을 안보문제로 간주하고 있다. 다양한 북극전략을 발표하면서 군사기지 확대와 억지력 제고 등 군사안보 강화에 탄력을 받는 실정이다. 소련시대 군사기지였던 노보시비르스크(Novosibirsk)의 재건 등 북극권에 6개의 군사기지를 신설, 비행장, 레이더망, 관제소, 병참기지 등 540여 개의 軍인프라가 설치되고, 러시아의 신형무기 S-400, 판치르-S(Pantsir-S) 등 대공방어무기가 이 지역에 배치되었다. 이미 북극합동전략사령부는 2014년 12월 1일에 창설되어 이 지역 합동작전의 중추적 역할을 수행하고 있고, '젠트르-2019(Center-2019)' 러시아 합동군사훈련 시에 대공방어시스템 등 북극 특화장비들을 선보이고 러시아와의 우호국(중국, CIS국가) 등을 참가시켜 대외역량을 더욱 과시하고 있다. 또한 극지의 특별한 작전전개를 위해 북양함대를 독립군관구로 2020년 6월에 격상시킨 바 있다.[51]

51) Павел Львов, "Северный флот станет пятым российским военным округом," РИА Нов

러시아의 북극전략에는 다양한 국가정책 발표에서도 제시된 바와 같이 북극 주변국가들과의 대외협력 활성화를 통해 북극지역 발전의 의지를 포함하지만, 러시아의 주권을 지키기 위한 군사력 강화를 통해 이 지역의 군사안보를 확고히 하려는 의지가 명확히 현실화되고 있다. 제믈랴 프란차 이오시파(Franz Josef Land) 제도의 알렉산드라(Alexandra)섬에 있는 북극 군사인프라 시설이 이를 잘 보여준다.

〈그림 4-5〉 제믈랴 프란차 이오시파제도 알렉산드라섬의 북극 군사인프라 시설

출처: Николай Кучеров, "Арктика 2008-2020: итоги 12-летней стратегии развития," Ритм Евразии, 17 января 2020г, https://www.ritmeurasia.org/news-2020-01-17-arktika-2008-2020-itogi-12-letnej-strategii-razvitija-46994(검색일: 2020.10.4).[52)]

2017년에는 동시베리아해(East Seviria Sea)와 랍테프해(Laptev Sea) 사이에 위치한 코텔니섬(Kotelny Island)과 아르한겔스크(Arkhangelsk)州의 알렉산드라(Alexandra)섬에 군사기지가 설치되었고, 2017년 초에 쇼이구 국방장관이 프란츠 요제프제도의 미사일 기지를 시찰했다. 또한 그 이듬해 알렉산드라 섬과 코텔니섬 북극에 적합한

ости, 6 июня 2020г, https://lenta.ru/news/2020/06/06/sevflot/(검색일: 2020.10.7).

52) 러시아 북극인프라 시설은 러시아 삼색기를 건물의 상징으로 표시하였으며, 최대 50명이 1년 6개월 동안 외부의 지원없이 생활 가능한 최첨단 시설로 구축하였음.

전천후 비행장 건설이 계속되었다.53) 2019년 4월 26일 쇼이구 국방장관 주관으로 국방부에서 북극의 군사기지 인프라 구축을 위해 '2028년까지 군사기지 현대화'에 관한 회의가 있었다. 이 자리에서 앞으로 몇 개월 내에 북양함대가 368개의 최신무기와 군사장비를 공급받게 될 것이며, 연말까지 러시아 현대무기의 59%가 이곳에 배치될 것이라고 강조했다. 또한, 최근 5년 동안 이 지역에 12개의 인공 비행장이 재건설되었다고 언급했다.54) 국방부 발표에 따르면 2019년 12월부터 북극합동전략사령부를 군사지구와 동등한 독립군사행정기관으로 지위를 격상시켰다. 북양함대는 2019년

〈그림 4-6〉 북극지역의 러시아 군사기지 설치 현황

출처: Николай Кучеров. "Арктика 2008-2020: итоги 12-летней стратегии развития," Ритм Евразии, 17 января 2020г, https://www.ritmeurasia.org/news—2020-01-17—arktika-2008-2020-itogi-12-letnej-strategii-razvitija-46994(검색일: 2020.10.2).

---

53) О.ВОРОБЬЕВА, "«Иван Грен» пройдёт проверку в Арктике," Красная звезда, 29 октября 2018г, http://redstar.ru/ivan-gren-projdyot-proverku-v-arkticheskom-regione/ (검색일: 20201.1).

54) Ю.Гаврилов, "Ракеты в снегах. В поселке Тикси развернут дивизию ПВО," Российская газета. 26 апреля 2019г, https://rg.ru/2019/04/26/shojgu-na-severnyj-flot-postupit-368-novejshih-obrazcov-vooruzheniia.html(검색일: 2020.10.1).

에 북극에서 활동하기에 적합한 T-80BVM 탱크를 갖춘 독립소총여단을 새롭게 정비할 계획이다.[55)]

러시아 해안 일대와 무르만스크(Murmansk) 지역에서 극동(Far East)까지의 섬에 대규모 시설물을 건설하는 등 북극지역 군사력 강화를 추진해왔다. 2014년 이후 약 710,000㎡ 면적에 500개 이상의 대규모 시설이 들어섰다. 그 중에는 프란츠 요제프(Franz Josef)제도의 알렉산드라(Alexandra)섬에 있는 나구르스코(Nagurskoye) 군사기지에 89개의 건물과 구조물, 노보시비르스크제도(Novosibirsk Islands)의 코텔니(Kotelny) 섬에 위치한 Temp기지에 250개가 넘는 건물과 구조물, 브랑겔(Wrangel)섬과 케이프 슈미트(Cape Schmidt)에 85개의 구조물이 건설되었다.[56)] 러시아 쇼이구 국방장관은 2019년 3월 11일 개최된 국회국방위원회에서 2012년 이후 북극에 475개의 군사인프라 시설이 건설되었다고 발표했다.[57)]

북극을 자유롭게 항행할 수 있는 Arktika 원자력 쇄빙선[58)]이 10월 21일 무르만스크(Murmansk) 조선소에서 최근 건조를 마무리하고 러시아해군에 인도되었다. MGIMO 군사정치연구센터소장 알렉세이 포드베레즈킨(Alexei Podberezkin)은 이번에 해군에 인도된 Arktika는 유럽에서 북극의 북동항로를 항행하여 동남아 및 아태지역으로 이어주는 수송통로의 핵심역할을 수행할 것임을 강조하면서, NATO는 북극안보에 대한 많은 관심을 가지고 북노르웨이 해에서의 해상기동을 시도하지만, NATO의 쇄빙선 능력은 아직 러시아의 능력에 미치지 못하고 있다고 평가하며 원자력 쇄빙선의 정치·군사안보적 중요성을 강조했다.

---

55) Алексей Рамм, АлексейКозаченко, Богдан Степовой, "Полярное влияние: Северный флот получит статус военного округа," Известия, 19 апреля 2019г, https://iz.ru/869512/aleksei-ramm-aleksei-kozachenko-bogdan-stepovoi/poliarnoe-vliianie-severnyi-flot-poluchit-status-voennogo-okruga(검색일: 2020.10.2).

56) Александр Тихонов, "Амбициозные задачи нужно ставить перед собой всегда," Красная звезда, 6 ноября 2018г, http://redstar.ru/(검색일: 2020.10.23).

57) ИТАР ТАСС, "Минобороны построило в Арктике уже 475 объектов военной инфраструктуры," ТАСС, 11 марта 2019г, https://tass.ru/armiya-i-opk/6204831(검색일: 2020.9.4).

58) 전장 173.3m, 전폭 34m, 만재톤수 33.5ton, 최대 3m두께의 빙하를 뚫고 선박호송 가능. http://eurasian-defence.ru/?q=ekspertnoe-mnenie/podberezkin-eto-sobytie(검색일: 2020.11.8).

〈그림 4-7〉 Arktika 원자력 쇄빙선

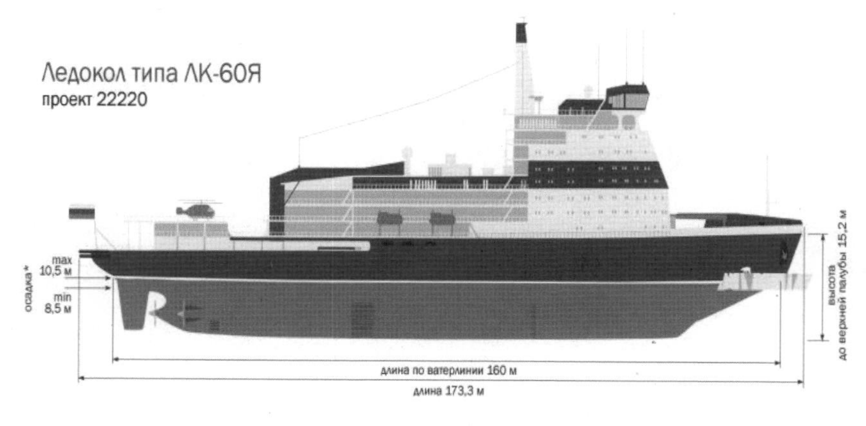

출처: https://www.drive2.ru/c/470536002180481335(검색일: 2020.11.08).

제4절 2020년 해군력 운용과 해양안보

1. 해군력 현시 및 투사

러시아해군은 4개의 함대와 1개의 소함대에 작전적 운용을 위한 전력배치를 하고 있으며, 2008년 군개혁 이후 함대사령부는 군관구 및 통합전략사령부의 작전지휘를 받고 있다.[59] 총 123개의 해군부대로 구성되고 전략핵잠수함 전력은 북양함대와 태평양함대로 편성되어 있다. 그리고 함대사령부별로 예속된 기계화 보병여단/연대와 해군 보병여단/연대를 보유하고 있다.

〈표 4-9〉 함대별 러시아 해군전력 배치현황

구 분		동부군관구	서부군관구	남부군관구		북극합동 전략사령부	계
함 대		태평양함대 (블라디보스톡)	발트함대 (칼리닌그라드)	흑해함대 (세바스토폴)	카스피해 소함대 (아스트라한)	북양함대 (세베르모르스크)	-
잠수함	SSBN	4	-	-	-	8	12
	SSGN/SSN	5/6	-	-	-	4/11	9/17
	SSK	9	2	7	-	7	25
수상함	항모	-	-	-	-	1	1
	순양함	1	-	1	-	2	4
	구축함	5	2	1	-	5	12
	호위함	2	7	5	2	-	16
항공기	전투기	12	28	12	-	63	115
	초계기	23	-	3	-	21	47
해병대	여단	2	2	2	-	3	9

출처: *The Military Balance 2020, Jane's Fighting Ships 2020.*

2020년 1월 9일 미사일 순양함 Marshal Ustinov함에 푸틴 대통령이 참석한 가운데 흑해에서 전개된 북양함대와 흑해함대 간 합동기동훈련을 참관하였다. 이 훈련에는 30척 이상의 수상함과 잠수함, 40대 이상의 항공기가 합동기동훈련에 참가하여 함대지 순항미사일 칼리브르(Kalibr)와 극초음속 미사일 킨잘(Кинжал)(영어명

59) 군관구와 함대 지휘구조: 태평양함대는 동부군관구, 발트함대는 서부군관구, 흑해함대와 카스피해소함대는 남부군관구, 북양함대는 북극통합전략사령부의 작전지휘를 받음. https://ko.wikipedia.org/wiki/%EB%9F%AC%EC%8B%9C%EC%95%84_%ED%95%B4%EA%B5%B0 (검색일: 2020.6.4).

Dagger) 발사시험을 했다. 이날 훈련에서 푸틴 대통령은 “러시아는 첨단무기 개발에 있어 다른 나라보다 앞서 있고, 세계 어느 나라도 극초음속 미사일 무기를 가지고 있지 않다.”고 강조했다.[60]

〈그림 4-8〉 Marshal Ustinov 미사일 순양함 함상에서 푸틴 대통령

출처: https://russian.rt.com/russia/news/706026-putin-kreiser-ucheniya(검색일: 2020.9.20.).

작년 2019년 8월 1일부터 9일까지 칼리닌그라드(Kaliningrad) 시의 발틱해 부근에서 ‘대양의 방패-2019(Океанский щит)(Ocean shield)’ 해상기동훈련을 실시한 바 있다. NATO의 해상활동 증가에 따른 대응훈련이자 발틱함대 해상점검훈련으로 병행하였다. 작년 해상훈련은 2018년에 이어 더 큰 규모로 실시되었다. 발틱·북양·흑해함대의 전력은 물론, 태평양함대(Pacific Fleet)의 일부 세력도 참가한 대규모 훈련이었다. 전투함 49척, 지원함 20척, 해군항공기 58대(태평양함대 소속 IL-38N 포함), 병력 10,634명이 참가하여 함대 간 작전운용능력 향상 및 해·공군 간 합동작전 절차를 숙지하는 훈련으로 진행되었다.[61]

60) Алексей Дружинин, “Путин с борта ракетного крейсера понаблюдал за учениями в Чёрном море,” РИА Новости, 9 января 2020г, https://russian.rt.com/russia/ news/706026-putin-kreiser-ucheniya(검색일: 2020.10.16).

61) “МРК Балтийского флота «Пассат» отразил воздушное нападение условного противника,” PortNews, 6 августа 2019г, https://portnews.ru/news/281458/(검색일: 2020.8.2).

〈표 4-10〉 2019/2020년 '대양의 방패' 훈련 비교

구분	2019	2020
훈련지휘관	해군사령관 발틱함대사령관	해군사령관 태평양함대사령관
훈련목적	러시아 각 함대 간 협동훈련과 작전운영 능력 향상 (서방의 관점: NATO에 대한 대응훈련)	
훈련지역	발틱해 부근	베링해·캄차트카 부근
참가전력	전투함 49척, 지원함 20척 해군항공기 58대, 병력 10,634명	전투함 15척, 항공기 33대(Orlan-10 무인항공기, Tu-142 해상초계기), 헬기 15대
해군사령관 인터뷰	북극과 태평양 영공을 비행한 러시아 항공기는 타국 영공을 침범하지 않음	NATO국가의 공격기들이 경계비행하였으나, 러 항공기는 국제법 위반하지 않음

출처: 러시아 기사 내용 종합.

2020년은 코로나-19에도 불구하고 8월 24일부터 9월 1일까지 해군사령관 니콜라이 예브메노프(Nikolai Evmenov) 지휘 아래 태평양함대 주관으로 베링해(Bering Sea)에서 '대양의 방패-2020(Океанский щит)(Ocean shield)' 해상기동훈련을 실시했다. 규모 면에서는 2019년 훈련과 차이가 거의 없었다. Varyag 미사일 순양함과 핵잠수함 Omsk함이 협동으로 Vulkan 대함미사일과 Granit 순항미사일로 300km 이상의 해상목표물을 명중시켰다. 캄차트카 주변에서는 태평양함대 소속 해병부대 주도의 대형 상륙훈련이 실시되어 해안이동식 발사대 바시티온(Basition)이 시범사격을 하였다. 수상함 15척, 항공기 33대 및 헬기 15대,[62] Orlan-10 무인기와 10대의 해상초계기 Tu-142는 흑해, 발틱해, 추코트카해(Chukotka Sea), 보퍼트해(북극해 일부)(Beaufort Sea), 태평양 공해 상공에서 장거리 비행을 했다. 해병대 300명이 보병전투차량 BMP-2을 탑승하고, 실제 대공미사일과 해안포 발사를 실시했다. 러시아 해군사령관은 언론 인터뷰에서 "원거리 항공기 훈련이 진행되는 동안 NATO 국가의 공격기들이 경계비행을 하였으나, 러시아 항공기는 국제법을 위반하지 않고 모든 임무를 수행했다."라고 강조했다.[63]

62) 대규모 비행훈련에 참가한 각 함대별 전력은 다음과 같다. 흑해함대 항공기 8대, 헬리콥터 3대, 발트함대 항공기 6대, 헬리콥터 11대, 태평양함대 항공기 9대, 헬리콥터 1대, 북양함대 항공기 10대가 참가함. Армия, 31 августа 2020г, https://tvzvezda.ru/news/forces/content/202083146-h7K5B.html?utm_source=tvzvezda&utm_medium=longpage&utm_campaign= longpage&utm_term=v1(검색일: 2020.10.1).

〈그림 4-9〉 훈련에 참가중인 Passat 소형 미사일함 & 훈련소개하는 발틱함대紙

СТРАЖ БАЛТИКИ

ГАЗЕТА ДВАЖДЫ КРАСНОЗНАМЁННОГО БАЛТИЙСКОГО ФЛОТА

9 августа 2019 г.

№ 30

«Океанский щит – 2019»

ГДЕ МЫ, ТАМ – ПОБЕДА!

...И отбили атаки террористов

Погода онлайн

Рыцари морских глубин

출처: 발트함대지, https://sc.mil.ru/files/morf/military/archive/SB_09_08_19.pdf(검색일: 2020.8.5), https:// portnews.ru/news/281458/(검색일: 2020.8.5.).

〈그림 4-10〉 Varyag함에서 Vulkan대함미사일 발사장면 & Tu-142 전략폭격기

출처: https://topspb.tv/news/2020/08/31/krejser-varyag-i-apl-omsk-proveli-sovmestnye-strelby-iz-beringova-morya/(검색일: 2020.9.30).

러시아해군은 '대양의 방패' 훈련을 기반으로 해상에서의 미국과 NATO의 해상 활동을 경계하고 있다. 2020년 9월 13일 발트해에 진입한 ROSS 美 구축함의 해상 활동을 적극감시했다. 이 과정에서 해상충돌은 발생하지 않았지만 긴장된 상황에서 발틱해에서 미 군함의 항행이 끝날 때까지 감시를 지속했다. 1주일 전 9월 7일에는

63) "Десятки самолетов поднялись в воздух на учениях 'Океанский щит'," интерфакс, 29 августа 2020г, https://www.interfax.ru/russia/723746(검색일: 2020.10.5).

ROSS 미 구축함을 기함으로 구성한 NATO 전단이 바렌츠해(Barents Sea)에 진입하자 북양함대 군함들이 출동하여 추적하는 상황이 발생한 적도 있었다.[64]

러시아 태평양함대의 연해주 인근 초계활동과 해상훈련이 지속 유지되고 있다. 최근 10월 26일부터 11월 5일까지 4만 6천여 병력이 참여하는 '킨 소드(Keen Sword)' 미·일 연합훈련을 일본 근해에서 실시했다. 일본 자위대 함정 20여 척, 항공기 170기, 미국에서는 제 7함대를 중심으로 약 9천 명의 병력을 동원하여 대규모로 실시했다. 이번 훈련은 미·일 간 다영역작전 역량을 조율하는 훈련에 집중했다.[65] 이러한 시기 10월 28일 러시아 국방부는 연해주 근해에서 태평양함대 소속 대잠함 2척, 잠수함 1척, 대잠항공기 2척이 대잠전 훈련에 참가하여 초계활동과 해상훈련을 실시했다고 밝혔다.[66] 이와 같이 러시아 태평양함대는 미 해군의 동해를 포함한 태평양에서의 활동에 대한 감시를 지속함으로써 동아시아 해역에서 러시아의 입지를 보장받으려 노력하고 있다.

2. 다른 국가와 해양협력 동향

1) 러시아의 연합훈련 현황

러시아해군은 중국해군과 매년 해상연합(Joint Sea)훈련을 실시해 오고 있다. 미국의 인도·태평양전략에 따른 동아시아 지역에서의 군사연합훈련이 증대될수록 러·중 간 훈련의 강도는 매년 강해지고 있는 것으로 보인다.

2019년 5월 29일부터 6월 4일까지 중국 칭다오해역에서 해상연합훈련 '해상연합-2019'을 실시했다. 잠수함 2척과 순양함, 지휘함, 호위함, 미사일 구축함 등 군함

---

64) "Американский эсминец покинул акваторию Баренцева моря," *News.ru*, 2 ноября 2020г, https://news.ru/world/amerikanskij-esminec-pokinul-akvatoriyu-barenceva-morya/ (검색일: 2020.11.4).

65) 김동현, "쿼드기반 연합훈련 본격화… 다영역 작전 역량차 극복이 관건," 『VOA』, 2020. 10.10, https://www.voakorea.com/korea/korea-politics/quad-joint-exercise-mdo-gap (검색일: 2020.11.10).

66) ВМФ, "Противолодочные корабли Тихоокеанского флота атаковали торпедами и глубинными бомбами субмарину условного противника в Японском море," ВМФ, 28 октября 2020г, https://structure.mil.ru/structure/forces/navy/news/more.htm?id=12321629@egNews(검색일: 2020.11.11).

13척과 항공기, 헬리콥터 등이 참여했고, 잠수함 구조 등 10가지 주제별로 다양한 훈련을 했다. 최초로 해상에서 사격이 실시되기도 하였다. 그러나 2020년에는 코로나-19로 인해 실시하지 못했다.

2012년 4월 중국 산둥성에서 '해상연합-2012'의 명칭으로 처음 시작하여 2019년 5월까지 매년 1-2회 총 9회의 해상연합훈련을 총 6회는 블라디보스토크 및 한반도 인근 지역에서, 그리고 3회는 지중해와 발틱해, 남중국해 등지에서 실시하였다.

〈표 4-11〉 러·중 해상연합훈련 역대현황

일시	훈련명	장소
2012년 4월	해상연합-2012	중국 산둥성 칭다오(서해)
2013년 7월	해상연합-2013	러시아 블라디보스톡 앞바다 표트르 대제만
2014년 5월	해상연합-2014	동중국해 북부 해공역(센카쿠 인근)
2015년 5월	해상연합-2015	지중해
2015년 8월	해상연합-2015	러시아 블라디보스톡 앞바다 표트르 대제만
2016년 9월	해상연합-2016	남중국해
2017년 7월	해상연합-2017	발트해
2017년 9월	해상연합-2017	러시아 블라디보스톡 앞바다 표트르 대제만
2019년 5월	해상연합-2019	중국 산둥성 칭다오 인근
2020년	미실시	

출처: 러시아 기사 종합

러시아 군함은 해양협력을 통해 맺은 국가들과의 상호방문을 적극추진하고 있다. 소말리아 해역 對해적작전 임무를 수행하고 복귀하는 함정들은 군수물자 수급을 위한 명목으로 친러시아 국가들의 군항을 방문하여 친선 행사를 했다. 2020년 9월 1일에는 태평양함대 소속 군함 3척(Admiral Tributs 대잠함, Admiral Vinogradov 대잠함, Boris Butoma 군수지원함)이 스리랑카 함반토타(Hambantota)항을 방문하였다. 이 함정들은 2개월 동안 아태지역에서 해양활동임무를 수행하고 복귀할 예정이다.[67]

---

67) "Отряд боувых кораблей тихоокеанского флота завершил визит в шри-ланку," Минобороны России, 3 сентября 2020г, http://eurasian-defence.ru/?q=novosti/otryad-

해외에서의 다양한 해상작전 활동은 결국 외국군과의 군수보급 등 해양협력을 통해 가능하다. 러시아는 소련시대 유지했던 군사·외교력으로 해외군사기지 확대를 통한 외연확대를 병행해 나가고 있다. 2016년 10월 시리아 타라투스항을 '영구 주둔 기지'로 격상하여 현대화하고, 쿠바 하바나에 '레이더 기지'를 재건하여 사용 중인 것으로 확인되었으며, 베트남 캄란 해군기지는 '태평양함대의 보급기지'로 복원하기도 하였다. 2017년 필리핀 마닐라항에 입항한 러시아 군함에 필리핀 대통령이 방문하여 러시아 군함의 자유로운 입항을 허가한다는 메시지를 남기기도 하였다. 러시아는 정치·군사적 외연 확대를 위해 군사외교역량 강화라는 지렛대를 활용하고 있다.[68)]

2) 러시아의 방산수출 현황

러시아 방산시장은 매년 성장하여 약 4,500개의 연구기관과 400만 명의 연구인력을 보유하고 있다. 220여 개의 주요 분야 기술설계국은 러시아 방산업체의 독자적 발전을 뒷받침하는 국가기반을 이루고 있다. 최근 20여 년간 러시아 방위산업체들은 우방국 및 전략적 수출국을 지정하여 대외 무기수출을 통해 명맥을 유지해 올 수 있었다. 러시아 방위산업의 특성은 방위산업 개발과 수출에 있어서 정부 부처와 국영기업이 함께 협력하여 각각의 역할 분담을 하고 있다는 것이다. 즉, 러시아 국방부, 군사기술협력청(FSMTC: Federal Service for Military-Technical Cooperation, 우리나라의 방위사업청), 러시아 국영무기수출공사(ROE: RosOboronExport), 러시아 국영첨단기술공사(Ростех)(Rostec: Russian Technology) 등 대표적인 4개의 기관이 각각 그 역할을 하고 있다.

국방부와 군사기술협력청(FSMTC)에서 대외방산협력 활동과 수출승인 및 방산수출업체를 통제하고 있다. 러시아 국영무기수출공사는 방산물자 수출·입의 중재 및 무역거래 등 대외독점 수출계약권을 담당하고 있다. 군사장비의 대외수출계약권에 대한 독점적 권한은 2007년 1월 17일 러시아 대통령령 제54호에 의거 결정되었다. 러시아 국영첨단기술공사는 첨단 방산물자 개발과 관련하여 기업 육성 및 수출을 담당하고 있다. 그 외 러시아 국영은행 '대외경제은행(VneshEconombank)'이 관련 군수

---

boevyh-korabley-1(검색일: 2020.11.8).

68) 정재호, "역동하는 국제정세 변화와 러시아의 향방," 『KIMS Periscope』, 제203호 (2020년 8월 13일).

기업에 자금 대출 및 보증 등의 금융지원을 통해 측면 지원하고 있다.

2014년 4월, 푸틴 대통령은 연방정부의 주요 장관이 위원이 되는 '대외군사기술협력위원회'를 설립한 이후 대통령 주재 하에 대외방산수출과 관련한 주요 사항 의결 및 수출 통제를 강화하고 있다. 2012년에는 방위산업 발전계획, 무기획득절차, 계약시스템, 신기술 연구 등에 관한 연방법령을 채택한 바 있다. 2012년에 쇼이구 국방장관이 부임한 이후 국방부에 학술군사기술연구국을 설치하여 신기술 연구에 집중하고 있다.

〈표 4-12〉 러시아 군사기술협력청(FSMTC) 조직도

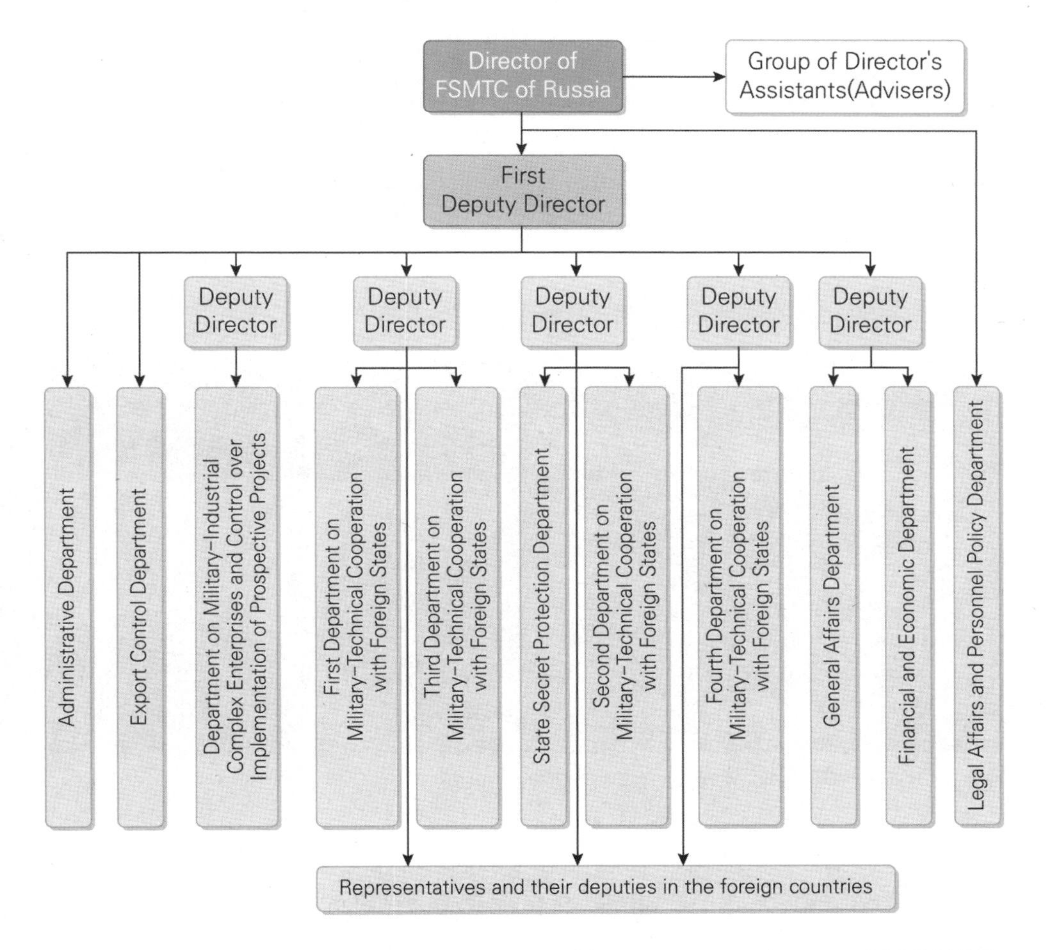

출처: 러시아 군사기술협력청(FSMTC) 홈페이지, http://www.fsvts.gov.ru/materialsf/1C815146FD9FD6DDC325789E0036249F.html(검색일: 2020.10.23).

러시아는 대외무기수출 증대를 통해서 방산업체의 고용창출을 추진하고 있다. 러시아는 세계 방산시장의 28%를 차지할 만큼 대외수출 규모는 매년 성장하고 있어 미국에 이어 세계 2위의 무기수출국으로 자리매김하였다. 대표적인 수출시장은 인도와 중국이며 총 수출액의 50% 이상을 차지한다. 뒤를 이어 베트남, 필리핀, 말레이시아, 태국 등 동남아국가들이 방산수출대상국으로 급부상하고 있고, 중동, 중남미, 아프리카 지역 국가들은 전략적 방산수출국으로서 지속적으로 방산수출공략에 나서고 있다.

2020년 7월 6일 러시아 군사기술협력청장은 S-400대공미사일체계, MiG-35전투기의 터키 수출을 위한 준비가 되어 있음을 알리며 러시아의 대외방산수출시장의 판로를 개척하고 있음을 홍보하였다. 최근 러시아는 다양한 방법으로 수출시장을 개척해 나가고 있다. 러시아 산업통상자원부와 국방부(해군)는 세계 3대 국제해양해군방산전시회를 목표로 격년마다 6월 말에 해군도시 상트페테르부르그에서 국제해양해군방산전시회(IMDS: International Maritime Defence Salon)를 개최하고 있다.

〈그림 4-11〉 IMDS-2019/2021 공식 홍보물

출처: http://www.navalshow.ru/en/(검색일: 2020.10.10).

2019년 제9회 IMDS에서는 20개국 353개 기업이 참가하여 역대 최대 규모를 자랑했다.[69] 매년 성장해가며 내년에 개최 예정인 제10회 IMDS를 준비 중이지만 코

69) IMDS(International Maritime Defence Salon) 공식 홈페이지, http://www.navalshow.ru/en/(검색일: 2020.10.10).

로나의 여파에 영향을 받을지 주목된다. 매년 8월 모스크바(Moscow) 외곽 쿠빈카(Kubinka)시에 위치한 파트리옷(Petriot) 군사공원에서는 최신 지상군 무기와 항공기를 선보이는 'Army-2020 국제군사기술포럼(IMTF: International Military Technical Forum)'과 '국제군사경연대회'가 개최되고 있다.

제5절 결 론: 2021년 전망 및 한국의 대응 방향/협업전략

1. 2021년 전망

최근 3년 간 러시아의 군사력 동향을 살펴보면, 서방의 대러시아 추가 제재가 가해지는 상황 속에서도 2018년에 이어 2019년에 러시아 신년 국정연설에서 푸틴 대통령은 신무기에 대한 강한 소개로 일관했다. 2020년에는 '코로나-19' 세계적 팬데믹에도 불구하고, 5월 9일 전승기념 군사퍼레이드를 강행하고 7월 26일 해군창설기념일을 맞이하여 해군도시 상트페테르부르크에서 대규모 해상퍼레이드를 실시하였다. 이것은 군사안보 우선주의를 표방하는 러시아의 행보를 보여주는 대표적인 모습이었다. 2020년 팬데믹 상황에서도 진행되었던 해군력 증강 동향과 해상훈련을 통해 보더라도 몇 가지 이슈를 중심으로 해양력 강화에 노력할 것이라는 사실은 예측 가능하다. 2021년에도 러시아는 군사안보적 측면에서 군사력 강화에는 변동이 없을 것으로 전망된다.

1) INF 폐기와 New START 종료 예고, 그리고 해양 핵전력 강화 지속

2019년 8월 2일 미·러 간 중거리 핵전력조약(INF) 폐기로 핵안보전략의 새로운 국면을 예고했다. 앞으로 미국과 러시아 간 여러 핵감축조약 중에서 유일하게 남은 것은 2021년 2월 계약이 종료되는 '新전략무기감축협정(New START)'만 남겨두고 있다. New START조약이 종료되면 핵 강국 간 통제수단이 사라지는 국제 핵안보환경의 대전환 시대가 도래할 수 있다. 이미 INF조약 폐기 과정 중에 양국 간의 상반된 주장 때문에 발생한 조약의 폐기로 2021년 마지막 남은 New START 재판단에 대한 불확실성은 농후해졌음에도 불구하고 바이든 행정부 출범 이후 양국 간의 관계에 대한 청신호가 있을 것이라는 전망도 나오고 있다.

핵조약 폐기 결과로 도래될 수 있는 자유로운 핵전력 증강에 대한 우려의 목소리가 높다. 특히, 핵잠수함 전력에 탑재 가능한 핵무기는 이러한 우려에 불씨를 제공할 수 있다. 이미 과거 1998년 안보위원회에서 전략미사일부대는 러시아 전략핵무기가 점차적으로 고정 기지용으로 사용할 뿐만 아니라, 이동 기지용으로 유일한 단일 미사일 형태, 즉 Topol-M 시스템으로 변할 것이고 최소한 2020년까지 전략미사일 부대의 전투 구성으로 배치될 것이라고 결정했다. 해양전력의 전략핵무기 발전으로 Borei급 SSBN의 전략원자력잠수함의 계획이 성립되었다. 북극전략기지[70] 건설의 필요성이 제기되어 러시아 북양함대는 핵억지력을 보장하고, 대양에서 국가이익을 보장하기 위한 자유로운 해양력을 과시하는 사명을 지니고 있음을 강조하였다.[71] 이러한 맥락에서도 수상함과 잠수함 전력에 핵무장 탑재를 강화해 나갈 것이다.

〈표 4-13〉 Borei급 SSBN 전력증강 동향

Class	잠수함명	배치함대	비고
Borei Class(1번)	Yuriy Dolgorukiy	북양함대	'12.12월 취역
Borei Class(2번)	Aleksandr Nevskiy	태평양함대	'13.12월 취역
Borei Class(3번)	Vladimir Monomakh	태평양함대	'14.12월 취역
Borei-A Class(4번)	Knyaz Vladimir	북양함대	'20.6월 취역
Borei-A Class(5번)	Knyaz Oleg	태평양함대	'20년 취역 예정
Borei-A Class(6번)	Generalissimus Suvorov	태평양함대	건조중
Borei-A Class(7번)	Imperator Alersandr	태평양함대	건조중
Borei-A Class(8번)	Knyaz Pozharskiy	북양함대	건조중
Borei-A Class(9-14번)	미정	미정	'23-'26년 건조예정

출처: The Military Balance 2020, Jane's Fighting Ships 2020, ITAR Tass(2020.6.12).

70) 2014년 12월 1일 무르만스크 지역에 북극합동전략사령부가 창설됨. 북극합동전략사령부는 러시아어로 방위에서 '북쪽'을 의미함. 사령부 설계 당시 블라디미르 푸틴 러시아 대통령은 북극 지역에서 작전할 수 있는 2개의 특화된 여단을 계획하고 있다고 밝힘. 제1공군 및 방공군사령부와 서부, 중부, 남부 군관구의 일부 부대를 이양받음. https://ko.wikipedia.org/wiki/북극합동전략사령부(검색일: 2020.9.2).

71) Кокошин А.А., *Стратегическое управление* (М.: Росспэн, 2003), С. 479.

2) 북극합동전략사령부의 역할 증대와 전력증강

북극에서의 안보 불안은 이 지역에서의 군사훈련을 증대시켰다. 2014년 12월 1일 북극합동전략사령부의 창설에 이어 '젠트르-2019(Center-2019)' 러시아 합동군사훈련 시 대공방어시스템 등 북극 특화 장비들을 선보이고 러시아와의 우호국(중국, CIS국가) 등을 참가시켜 대외역량을 더욱 과시했다. 또한, 극지의 특별한 작전 전개를 위해 북양함대를 독립군관구로 2020년 6월에 격상시킨 바 있다.72)

러시아의 북극전략에는 다양한 국가정책 발표에서도 제시된 바와 같이 북극 주변 국가들과의 대외협력 활성화를 통해 북극 지역 발전의 의지를 포함하지만, 군사력 강화를 통해 이 지역의 군사안보를 확고히 하려는 의지가 명확하다. 이미 제믈랴 프란차 이오시파(Franz Josef Land) 제도의 알렉산드라(Alexandra)섬에 있는 북극 군사 인프라 시설이 이를 잘 보여준다. 북극합동전략사령부는 북극지역 군사안보에 대한 역할을 책임지며, 국방부는 북극 안보를 위해서 신속한 상황대처능력과 타 군종 및 병종 간 지휘참모훈련을 위한 다양한 합동훈련을 통해 사령부의 역할을 증대시킬 것이다.

〈그림 4-12〉 세계 쇄빙선 현황

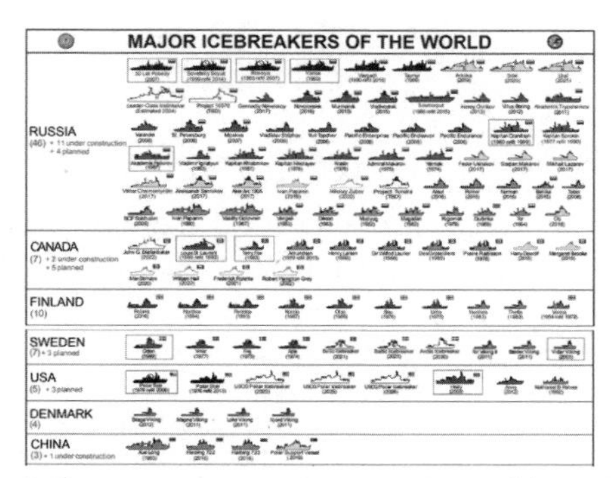

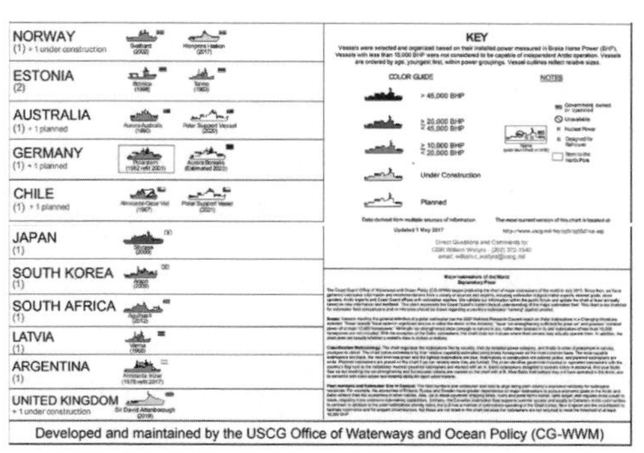

출처: Еще больше ледоколов. https://marafonec.livejournal.com/9761754.html(검색일: 2020. 11.11).

72) Павел Львов, "Северный флот станет пятым российским военным округом," РИА Новости, 6 июня 2020г, https://lenta.ru/news/2020/06/06/sevflot/(검색일: 2020.10.7).

2020년 3월 5일 발표된 『2035년 북극정책원칙』[73]에는 북극에서의 주권과 영토 보장, 북극의 전략자원기지로서의 개발 등이 명시되어 있다. 특히 북극의 안보문제로서 이 지역에서의 NATO 국가의 군사력 사용 가능성과 군사력 강화, 그리고 최근 다국적 군사훈련 구역으로 활용되고 있는 것에 대해 러시아의 위협 대상으로 여기고 있다고 명시했다. 무엇보다 다자간 국제협력을 통해 문제를 해결해 나가야 한다고 하면서 북극지역의 군사·정치적 긴장이 고조되고 있다고 강조했다. 이러한 러시아 북극정책원칙에 따라 Arktika 원자력 쇄빙선 건조 발표에서도 보듯이 원자력 쇄빙선 전단 강화를 위한 추가적인 원자력 쇄빙선 건조를 통해 북양함대 함정들의 작전 영역을 확대해 나갈 것이다. 그리고 Borei급 SSBN 전력의 우선 배치를 예상할 수 있다.

3) 신무기 개발과 해양전력 배치 활용 증대

2018년에 이어 2019년 그리고 올해에도 국정연설에서 푸틴 대통령은 NATO와 서방의 군사 안보적 위협에 대한 대응의 일환으로 사회 일반에 대한 설명에 앞서 군사안보 강화의 대표적인 신무기 개발 이슈를 설명했다. 내년에도 러시아는 신무기 개발을 통해 강한 러시아를 서방에 과시하려고 할 것이다. 대표적으로 알려진 ICBM 탑재 극초음속 활공 유도탄두 아반가르드 미사일은 지난해 말 12월에 실전 배치된 바 있다. 신형 레이저무기 베레스베트(Peresvet)는 방공 및 미사일 방어(MD)용으로 이용될 것이다. 그리고 이 무장은 신형함정 탑재용으로도 충분히 가능하다. 또한, 미국의 신속글로벌타격(PGS)에 대응하기 위해 설계된 사르맛(Sarmat) 신형 5세대 ICBM, 킨잘 극초음속 장거리공대지·공대함미사일, 포세이돈(Poseidon) 핵탄두 수중무인기 등은 러시아가 강대국의 입지를 더욱 공고히 할 수 있는 수단으로서 전력개발은 물론 실전배치의 수준에 도달할 것으로 전망된다.

4) 대외정책 강화 및 외연확대를 위한 외국 해군기지 확대

푸틴 대통령의 '동아시아 중시정책'은 아시아 국가와의 외교력 강화에 힘을 실어주었다. 이를 바탕으로 러시아해군은 구소련 시대에 유지했던 군사외교력을 기반

73) Журавель В.П., *О новой государственной политике России в Арктической зоне до 2035 года.* Аналитическая записка на сайте ИЕ РАН, 2020, №. 9, http://www.instituteofeurope.ru/images/uploads/analitika/2020/an192.pdf(검색일: 2020.11.9).

으로 하여 해외 해군 군사기지 확대를 통한 외연 확대를 강화해 나갈 것이다. 러시아 군함의 중국해군기지에 대한 자유로운 입항도 러·중 관계 강화에 일익을 담당할 수 있다. 또한, 남중국해 길목에 자리잡은 베트남 캄란만(Cam Ranh Bay) 해군기지가 러시아 태평양함대의 보급기지로 사용하기 위한 복원이 완료되면 러시아 군함의 방문이 증대될 것이다. 최근 러시아 군함이 필리핀 마닐라(Manila)항의 자유로운 입항을 허가받아 러시아-필리핀해군 간의 교류협력이 증대되고 있으며, 이러한 양국 해군 간 우호 관계 속에서 해양방산협력 증대를 모색해 나갈 것이다. 시리아 타르투스(Tartous)항의 '영구 주둔기지' 현대화 진행 과정과 쿠바(Cuba) 아바나(Havana)의 해군기지 재건이 완료되면 러시아 군함의 입항을 통해 해군 간 교류 활성화를 통해 대외정책의 영향력을 증대해 나갈 것으로 전망된다.

2. 한국의 대응/협업전략

러시아의 해양전략에서 관심 지역으로 급부상하고 있는 아시아·태평양 지역의 안보위기와 맞물려 러시아는 전략적 구상을 새롭게 재정립하여, 북양함대와 균형을 이루는 해상전력을 태평양함대에 배치하고 있다. 즉 러시아는 '균형함대'를 만들기 위해 노력하고 있다.

한반도 급변사태 시 러시아 태평양함대의 해군력 현시, 중국해군의 부상과 미·중 간 해양패권 쟁탈전, 인도·태평양 전략에 의한 아시아 지역에서의 미국의 군사력 재편, 남중국해에서 미국의 항행의 자유 작전으로 인한 해상충돌 문제, 러·일 간 쿠릴 열도에서의 영토분쟁에 따른 군사력 강화, 북극·북동항로에서 선박의 항행 증대로 인한 동해상 러시아 선박의 불법 조업 증대 등, 이로 인한 한반도 주변에서 러시아의 군사 활동 가능성 증대는 예상 가능하다. 이러한 갈등적 요인과 더불어 협력적 발전 관계 모색도 배제할 수 없다. 베링해에서 우리 어선들의 활동증대에 따라 발생 가능한 해상사고 위협에 따른 인도주의적 차원의 구조협력, 신북방정책 Bridge[74] 중에서 북극항로 협력은 양국 간 합의가 필요하며, 항행의 증대에 따라 발생 가능한 해

74) 신북방정책은 가스, 철도, 항만, 전력, 북극항로, 조선, 농업, 수산, 일자리 등 9개 분야에 대한 동시다발적 협력사업 추진을 말한다. http://bukbang.go.kr/bukbang/vision_policy/9-bridge/(검색일: 2020.11.11).

상사고와 해양안보적 차원의 협력을 지금부터 모색하고 대비해 나가야 한다.

1) 러시아의 북극 해양안보 강화에 대한 대응 전략

2014년 12월 1일 북극합동전략사령부가 창설되었으며, 극지의 특별한 작전 전개를 위해 북양함대를 최근 독립군관구로 격상시키는 노력을 하면서 북극의 해양안보를 위한 노력이 지속되고 있다. 이러한 북극의 군사기지화 동향은 북극을 둘러싼 5개국 간 충돌 문제를 야기할 수 있고, 특히 미국과의 해상충돌 위험을 초래할 수 있다. 당장 우리 해군은 북극에서의 항행은 아직 없지만, 극지연구소에서 운용 중인 아라온호의 북극의 자유로운 수로연구와 해저지형 탐색의 방해요소가 될 수 있다.

북극의 안보문제에 대한 적극적인 관심이 필요한 시기가 다가오고 있다. 향후 북극의 에너지 자원의 수송선에 대한 해양안보적 차원의 항해 안전을 보장하는 역할을 담당할 수도 있다. 그러기 위해서는 북극의 수로 연구가 선행되어야 한다. 특히, 최근 '한·러 수로국 간 협력회의'를 시작으로 진행되고 있는 러시아와 한국 수로국 간 해로연구교류회의[75]에 연구원들이 적극 참가하여 해로기술연구를 병행해야 할 것이다. 또한, 북극의 해양안보전문가를 지금부터 양성하고 미래를 대비한 전문교육을 실시해야 할 것이다.

2) 러시아해군의 외국 해군기지 확대에 대한 대응 전략

러시아해군은 구소련 시대에 유지했던 군사외교력을 부활하려고 노력하고 있으며, 아시아 국가와의 해양방산협력을 위한 외국군항 방문이 빈번해지고 있다. 베트남 캄란 해군기지의 '태평양함대의 보급기지' 복원과 필리핀 마닐라항의 자유통항은 대표적인 예가 될 수 있다. 이와 같이 러시아해군 군함의 외국 군항 방문을 통해 아시아 역내 국가와의 해양안보협력을 강화하며, 궁극적으로 정치·군사적 외연 확대를 위해 군사외교역량 강화라는 지렛대를 활용하고 있다.[76]

러시아 태평양함대 소속 군함들은 소말리아의 대해적작전을 위한 정기적인 목적

---

75) 정재호, "항해안전 활로를 열다," 『국방일보』, 2018년 10월 28일.

76) 정재호, "역동하는 국제정세 변화와 러시아의 향방," 『KIMS periscope』, 제203호 (2020년 8월 13일).

항해를 실시하고 있고, 아시아 역내 지역을 통항하며 지나는 항로(동해-동중국해-남중국해-말라카해협-인도양-소말리아해역)에서 예기치 못한 해상에서의 충돌문제를 예상할 수 있다. 그리고 아시아지역 국가와의 해양방산수출에 대한 경쟁국가로 부상할 수 있다. 이러한 러시아해군의 대외 해양활동을 예의 주시하며 전략적 대응 전략을 세워야 할 뿐만 아니라, 잦은 해상교통로상의 조우 시 인도주의적 차원의 협력 방안도 모색해야 할 것이다.

3) 러·중 결속 강화와 연합군사훈련에 대한 대응 전략

2012년부터 9회 러·중 해상연합훈련이 실시되었으며, 그 중 2회를 제외하고 한반도 주변 해역에서 실시했다. 2019년에는 동해 상공에서 러시아 군용기가 러·중 연합훈련 과정에서 한국 영공으로 들어오는 상황이 발생하여 우리 공군기가 근접하여 긴장국면까지 가는 초유의 사태가 일어났다. 최근 극동지역 동부군관구를 중심으로 군사력 증강추세는 이 지역에서 러·중 결속을 강화하는 연합군사훈련을 통해 더욱 두드러지고 있다. 미국의 對러·對중 제재는 러시아와 중국 간의 전략적 제휴관계를 더욱 강화시키는 형국이다. 향후 극동 및 동북아 지역에서 러·중 간 군사협력 관계가 한반도에 미칠 파장을 간과하지 않을 수 없다.

이에 대한 대응으로 우리 해군은 사전에 훈련국면을 예의주시할 필요가 있으며, 우리 영해로 러·중 해상전력이 실기동하여 진입하는 상황 발생 시에는 즉각 우리 전력을 동원하여 대응해야 할 것이다. 그리고 필요하다면 한·미공조를 통한 대응 전략을 수립해야 할 것이다.

4) 양국 해군 간 소통채널 확대 전략

한국해군은 러시아해군과의 적절한 군사외교 관계를 유지하면서, 평소 다양한 소통채널을 충분히 가동해 둘 필요가 있다. 양국 해군 간에 언제든지 소통채널이 가동되어 인도주의적 지원을 필요로 하는 문제 발생 시 해결할 수 있는 다양한 방안을 모색하고 추진해야 할 것이다. 이를 위해 한반도 안보와도 직결되고 가장 근접한 블라디보스톡 총영사관에 해군연락관 충원을 고려해 볼 필요가 있다. 이를 통해 모스크바와의 원거리 문제를 극복하여 신속한 군사외교 역할이 가능하게 될 것이며, 동해에서의 영해·영공에서 발생하는 러시아 함정 및 군용기 출현에 대비하여 연락관을 활용하여 즉각 대응할 수 있을 것이다. 그리고 머지않아 현실이 될 북극해 북동항로를 통해 동아시아로 이어지는 해상에서 항행하는 선박들의 항해안전에 대비하여 해양안보관 역할을 할 수 있을 것이다.

참 고 문 헌

니콜라이 에피모프 저. 정재호 외 역. 『러시아 국가안보 Политико-военные Аспекты Национальной Безопасности России』, 서울: 한국해양전략연구소, 2011.

안드레이 파노프 저, 정재호·유영철 역. 『러시아 해양력과 해양전략 Морская Сила и Стратегия России』, 서울: KIDA Press, 2016.

유영철. 『2019 전반기 러시아 군사안보 동향』, 서울: 한국국방연구원, 2019.

정재호 외. 『21세기 동북아 해양전략: 경쟁과 협력의 딜레마』, 서울: 북코리아, 2015.

------- 외. 『러한 국방전문용어사전』, 서울: 한국외대 지식출판원, 2016.

------- 외. 『21세기 해양안보와 국제관계』, 서울: 북코리아, 2017.

정재호. "항해안전 활로를 열다." 『국방일보』, 2018년 10월 28일.

-------. "러시아, 급변하는 국제정세 속 강한 통합러시아 항진." 『국방일보 무관리포트』. 2020년 4월 13일.

-------. "러시아 핵안보환경의 대전환 시대... 신무기 개발과 해외군사기지 확대 강화." 『국방일보 무관리포트』, 2020년 4월 27일.

-------. "역동하는 국제정세 변화와 러시아의 향방." 『KIMS Periscope』, 제203호 (2020년 8월 13일).

2011-2019년 국방비 지출현황: 『The Military Balance』(2019).

Hull A., Markov D. "A Changing Market in the Arms Bazaar." *Jane's Intelligence Review*, (March 1997).

Александр Гальперин. "Фрегат Адмирал Касатонов продолжит отложенные из-за шторма испытания." РИА Новости, 11 янв 2020г. https://ria.ru/20200111/1563284880.html(검색일: 2020.10.15).

Александр Тихонов. "Амбициозные задачи нужно ставить перед собой всегда." Красная звезда, 6 ноября 2018г. http://redstar.ru/(검색일: 2020.10.23).

Александр Степанов. "Шесть пусков из глубины, Русское оружие." 9 Ноября 2020г. https://rg.ru/2020/11/09/podlodku-habarovsk-spustiat-na-voduuzhe-v-2021-godu.html(검색일: 2020.11.10).

ИТАР ТАСС. "Минобороны построило в Арктике уже 475 объектов военной инфраструктуры." ТАСС, 11 марта 2019г. https://tass.ru/armiya-i-opk/6204831(검색일: 2020.9.4).

Кокошин А.А. Стратегическое управление. М.: Росспэн, 200).

Конышев В.Н., Сергунин А.А. Современная военная стратеги. М.: Аспект Пресс, 2014.

Константин Кокошкин. "Расходы на экономику в России впервые за 7 лет превысят траты на оборону." RBC, 19 Сентября 2020г. https://www.rbc.ru/economics/19/09/2020/5f65b4db9a79475a9f3cfee1(검색일: 2020.10.7).

"Морская доктрина Российской Федерации." Президент Российской Федерации В.Путин, 26 июля 2015г. http://docs.cntd.ru/document/555631869(검색일: 2020.10.17).

Независимая газета. 15 апреля 1995г.

Николай Кучеров. "Арктика 2008-2020: итоги 12-летней стратегии развития." Ритм Евразии, 17 января 2020г. https://www.ritmeurasia.org/news-2020-01-17-arktika-2008-2020-itogi-12-letnej-strategii-razvitija-46994(검색일: 2020.10.4).

О.ВОРОБЬЕВА. "«Иван Грен» пройдёт проверку в Арктике." Красная звезда, 29 октября 2018г. http://redstar.ru/ivan-gren-projdyot-proverku-v-arkticheskom-regione/(검색일: 2020.1.1).

"Основные положения военной доктрины Российской Федерации." Извести, 18 ноября 1993г and Красная звезда, 19 ноября 1993г.

Павел Львов. "Северный флот станет пятым российским военным округом." РИА Новости, 6 июня 2020г. https://lenta.ru/news/2020/06/06/sevflot/(검색일: 2020.10.7).

Путин В.В. "Послание Президента Федеральному Собранию." Кремлин, 1 марта 2018 г. http://kremlin.ru/events/president/news/56957(검색일: 2020.9.8).

Руслан Мельников. "Покойтесь с миром: в США описали действия России против авианосцев." Российская Газета, 19 Января 2020г. https://rg.ru/2020/01/19/pokojtes-s-mirom-v-ssha-opisali-dejstviia-rossii-protiv-avianoscev.html(검색일: 2020.10.7).

"Федеральный закон от 02.12.2019 N 380-ФЗ (ред. от 18.03.2020). "О федеральном бюджете на 2020 год и на плановый период 2021 и 2022 годов." http://www.conSultant.ru/document/cons_doc_LAW_339305(검색일: 2020.10.1).

https://ko.wikipedia.org/wiki/북극합동전략사령부(검색일: 2020.9.2).

https://iz.ru/966176/2020-01-20/korvet-gremiashchii-zavershil-ispytaniia-v-barentcevom-more(검색일: 2020.9.11).

https://russian.rt.com/russia/news/706026-putin-kreiser-ucheniya(검색일: 2020.9.16).

https://ko.wikipedia.org/wiki/%EB%9F%AC%EC%8B%9C%EC%95%84_%ED%95%B4%

EA%B5%B0(검색일: 2020.9.30).
https://minfin.gov.ru/ru/perfomance/budget/federal_budget/budgeti/2021(검색일: 2020.10.2).
http://www.navalshow.ru/en/(검색일: 2020.10.10).
https://www.tass.ru/armiya-i-opk/4911274(검색일: 2020.10.17).
http://www.fsvts.gov.ru/materialsf/1C815146FD9FD6DDC325789E0036249F.html(검색일: 2020.10.23).
https://www.drive2.ru/c/470536002180481335(검색일: 2020.11.8).
https://yandex.ru/images/search?text=%D1%85%D0%B0%D0%B1%D0%B0%D1%80%D0%BE%D0%B2%D1%81%D0%BA%20%D1%8F%D0%B4%D0%B5%D1%80%D0%BD%D1%8B%D0%B9%20%D0%BF%D0%BE%D0%B4%D0%BB%D0%BE%D0%B4%D0%BA%D0%B0&stype=image&lr=10635&source=wiz(검색일: 2020.11.10).

제2부

동아시아 해양안보 도전 요인

제5장
미·중 해양패권 경쟁과 역내 해양안보

김강녕(KIMS 선임연구위원)

제1절 서 론

'신형대국관계(新型大國關係)'를 강조한 중국의 시진핑 정권 출범이래 현재 국제정치·경제·과학기술을 포함한 국제관계분야에서 미·중관계 특징으로 가장 많이 언급되는 용어 중 하나가 '미·중 패권 경쟁'이다. 최근 미·중 패권 경쟁은 무역전쟁 외에 기술패권 경쟁(국방과학기술 및 4차 산업혁명기술 포함한), 외교안보갈등, 남중국해 등에서 해양패권(해상주도권)경쟁, 군비경쟁 등으로 나타나고 있고[1] 최근 북극해(Arctic Ocean)에서의 해양패권으로 확산될 조짐도 보이고 있다. 2020년도 미·중관계는 지난 1979년 양국 수교 이래 그 어느 해보다도 치열한 전략경쟁[2] 및 패권 경쟁 양상을 보여주었다.

---

1) 박영환, "안민포럼: 美·中 패권 경쟁과 한국의 선택," 『뉴시스』, 2019년 4월 26일.
2) 미·중의 힘이 비슷해져 현재 힘의 전이가 맹렬히 일어나고 있는 뉘앙스를 주는 패권 경쟁이나 G2라는 용어 사용보다는 미·중 간의 경쟁은 여전히 국력차이가 존재하고, 미국의 패권이 중국으로 넘어갈 가능성이 적거나 회의적이므로 '전략경쟁'(strategic competition)이라는 용어가 적합하다는 전문가들도 있다. 김성한, "미·중 간 '전략경쟁' 속에서의 한국의 선택," 박철희·정재호·김성한, 『미·중 전략경쟁과 한국의 선택』, Global Strategy Report No. 2020-02(서울대학교 국제학연구소, 2020), pp. 5-6.

미·중 패권 경쟁 중에서도 특히 해양패권 경쟁이 얼마나 중요한지는 양측이 그동안 전개해온 양상을 보면 잘 알 수 있다. 양측이 항모전력 등 국가 최대의 전략자산을 동원하여 해양전력 현시는 물론 자칫 해양전력의 충돌로 이어질 수도 있을 뿐만 아니라, 한국을 비롯한 미국의 동맹국 및 우방국에 미치는 영향 또한 결코 적지 않다는 점에서 우리가 관심을 갖지 않을 수 없는 주요 이슈이다.

일찍이 조지 모델스키(George Modelski)와 윌리엄 톰슨(William Thompson)이 강조하듯이, 근대세계체제는 해양에 토대를 둔 체제였다.[3] 최근 중국의 군사적 성장, 특히 해군력의 팽창으로 인해 제2차 세계대전 후 미국의 패권 하에 유지되어온 해양의 자유레짐이 제한될 위험에 처해 있다. 한국이 관심을 갖지 않을 수 없는 이유는 미·중 해양패권 경쟁으로 국제체제변화가 초래될 때, 이로 인해 지정학적 위험에 빠질 가능성이 가장 높은 나라이기 때문이다. 또한, 미·중 해양패권으로 미·중관계가 심각한 갈등상황으로 빠져들게 될 경우 한국은 전략적 선택이 불가피하게 될 수도 있는 바 동아시아 지정학과 해양안보에 대한 전략적 이해와 대비가 필요하다고 할 수 있다.

패권(hegemony)은 어느 한 지배집단이 다른 지배집단을 대상으로 행사하는 정치·경제·사상 또는 문화적 영향력을 지칭하는 용어다. 패권의 사전적 의미는 ① 어떤 분야에서 우두머리나 으뜸의 자리를 차지하여 누리는 공인된 권리와 힘, ② 국제정치에서 군사적 힘이나 경제적으로 다른 나라를 지배하고 자국의 세력을 넓히는 기세를 말한다. 국제정치에서 패권은 어떤 국가가 경제력이나 군사력으로 다른 나라를 압박하여 자기의 세력을 넓히는 권력을 의미한다.[4] 오늘날 미·중은 지구상 국제정치·외교·군사와 국제경제·사회·문화적으로 큰 영향력을 미치는 두 강대국이다. 미·중이 세계 대국으로 좁혀질 만큼 강력한 축임을 뜻하는 'G2' 용어의 함의는 글로벌 패권국 미국의 전략적 경쟁국으로 소련, 일본에 이어 중국이 대두되었음을 의미한다.

중국의 급부상과 신국제 질서의 구축은 동아시아 기존 패권국(유일초강대국)인 미국에 큰 도전을 제기함으로써 양국 간 경제·군사·외교적 차원의 갈등과 경쟁이 더욱 심화되고 있다.[5] 미국에 도전적인 국가로 급부상한 중국은 이제 신형대국관계(형·아

3) 임수환, "동북아 해양패권 경쟁에 대한 이론적 고찰: 신현실주의와 신자유주의 시각을 중심으로," 평화문제연구소, 『통일정책연구』, 제23권 제2호 (2011년), p. 263.
4) 김강녕, 『세계 속의 한국: 외교·안보·통일』(경주: 신지서원, 2013), p. 22.
5) 변창구, "미·중 패권 경쟁과 한국의 대응 전략," 『통일전략』, 제16권 제3호 (2016년), p. 193.

우관계)를 넘어 신형국제관계(대등관계)를 주장함으로써 미·중관계는 패권 경쟁관계로 치닫고 있다. 국제정치이론 중 공격적 현실주의와 세력전이 이론이 현재의 미·중 패권 경쟁을 잘 설명해 주고 있다. 2019년 12월 1일 중국 후베이 성 우한시에서 처음 확인된 코로나-19는 2020년 들어 전 세계적으로 확산되었다.[6] 미·중은 코로나-19 사태 속에서도 경제·군사·외교 전반에 이르는 패권 경쟁을 본격화하였고 세계 해운의 3분의 1을 차지하는 전략적 수로인 남중국해에서의 중국의 군사작전·훈련 등은 더 증가했다.[7]

미·아세안화상외교장관회의(2020.4.1)에서 폼페이오 국무장관은 "중국이 코로나-19에 쏠린 전 세계적 관심집중을 어떻게 이용하고 있는지 부각시키는 것이 중요하다. 미국은 중국이 남중국해 이웃을 강요하고 다른 나라들을 괴롭히는 행위를 강력히 반대하며 아세안회원국들은 중국에 대항해야 하고 여러 관련국도 중국의 책임을 추궁하기를 바란다."는 엄중한 경고메시지를 발신했다. 중국외교부는 국제사회의 이러한 경고에 강력하게 반발하면서 '코로나-19를 지정학적 무기나 도구로 전용하지 않을 것'이라고 응수했다.[8]

'중국개혁개방의 총설계사' 덩샤오핑은 중국의 동아시아 해양패권을 겨냥한 '도련선 전략'을 수립했지만, 후대 지도자들에게 도광양회(韜光養晦: '빛을 감추고 은밀히 힘을 기른다.'는 뜻)와 영불당두(永不當頭: '영원히 우두머리로 나서지 말고 미국과 패권다툼을 하지 말라.'는 뜻)를 유훈으로 남겼다. 장쩌민과 후진타오 주석은 이를 잘 지켰지만 시진핑 주석은 더 강대해진 중국의 국력(경제력·군사력·기술력)을 현시하고 이를 무시하면서 관련국 간의 갈등, 특히 미·중갈등의 근본 원인이 되고 있다.[9]

중국의 해군력 팽창으로 동아시아 해양안보 쟁점은 역내국 간 영유권 분쟁이나 경계획정 갈등을 넘어 미·중 패권 경쟁이라는 글로벌 쟁점으로 진화하고 있다. 태평

6) 세계보건기구(WHO)는 2020년 1월 31일, 국제적 공중보건 비상사태를 선포했고, 2월 28일부로 코로나-19의 전 세계 위험도를 '매우 높음'으로 격상했으며, 3월 11일 코로나-19가 범유행 전염병임을 선언했다.
7) Hannah Beech, "U.S. Warships Enter Disputed Waters of South China Sea as Tensions with China Escalate," *The New York Times*, April 21, 2020 and Brad Lendon, "Coronavirus may be giving Beijing an opening in the South China Sea," *CNN*, April 7, 2020.
8) 정해문, "코로나 사태와 남중국해 긴장,"『KIMS Periscope』, 제199호 (2020년 7월 1일), p. 1.
9) 하종대, "사드 보복은 중국의 커다란 전략적 실수,"『동아일보』, 2017년 3월 27일.

양·인도양 제해권을 두고 미·소 진영이 치른 냉전기 해양군비경쟁과 다른 양상으로 미·중 해양패권 경쟁이 전개되고 있다. 유엔안보리 상임이사국 중 미·영·프·러는 대량살상무기 확산방지구상(PSI)에 가입했으나 중국은 이를 반대하고 있다. 제안국인 미국의 주장은 태평양·대서양이든 어느 바다에서든 북한, 이란 등 불량국가의 선박을 자유롭게 수색하고 핵무기와 선박을 압수하며 선원들을 구속 기소할 수 있게 한다는 것이다. 이에 대해 중국은 이것이 국제법상 공해자유원칙의 위반이라며 반대입장을 취해 왔다.[10] 러시아는 PSI 가입국이기는 하나, 상하이협력기구(SCO) 주요 멤버로서 중국과 해상군사훈련에 함께 참여해 왔다.

2000년대에 들어 급속히 전개되어온 미·중 해양패권 경쟁은 과거의 단속적 상태에서 벗어나 상시적·거시적 안보문제를 창발하고 있다. 미·중 해양패권 경쟁을 정점으로 하는 동아시아 해양안보 이슈의 임계점은 2015년 여름부터 불거진 중국의 남중국해 남사군도(Spratly Islands) 내 인공섬 조성 및 군사기지화 정책이다. 이는 미·중 양측이 군사적 충돌 가능성까지 불사하며 무력시위를 계속하는 데에서도 잘 드러나고 있다.[11]

중국은 G2로 부상한 이후 해양강국 건설과 일대일로라는 공세적인 해양정책 및 전략을 추구하고 있다. 이것은 그동안 해양질서를 주도해온 미국의 입장에서는 심각한 도전이다. 중국의 일대일로·도련선 및 A2/AD전략과 이에 대응하여 미국이 추구해온 인도·태평양전략 및 해양질서와의 충돌·마찰·갈등이 상시적으로 빚어지고 있다. 미국이 추구해온 해양질서의 핵심은 '해양에서의 자유항행과 열린 해양을 통한 접근의 유지'다. 미국은 중국의 해양패권 도전에 대응하여 2015년 10월 이래 '항행의 자유 작전'(FONOPs)을 전개해왔다.[12] 2020년은 그 어느 때보다도 남중국해, 대만해협 등을 포함한 아·태 해역에서 미·중 해양패권 경쟁이 치열했던 해였다. 접전은 없었지만, 미·중 해양패권 경쟁이 정도를 더함으로써 격랑(激浪)의 동아시아의 해양시대 진입을 예고하고 있다.

---

10) "Proliferation Security Initiative," *Wikipedia*, 1 April 2020. 공해상에서는 해적행위와 같은 국제법이 지정하는 특정한 범죄행위를 하지 않는 한 선박을 멈추거나 검색할 수 없다는 점 때문에 PSI가 논란이 많았다.

11) 구민교(2016), p. 37.

12) 안광수, "트럼프 행정부와 시진핑 정권의 갈등과 한국의 해양안보," 『한국해양안보포럼 E-저널』, 2017년 5월 29일.

본 장의 목적은 미·중 패권 경쟁전략, 2020년 미·중 패권 경쟁 동향을 분석한 후, 2021년 전망 및 한국의 대응 방향을 도출하고자 한다.

제2절 미·중 패권 경쟁전략

태평양전쟁(1941-1945) 후 냉전기(1945-1991)를 거치면서 동아시아 해양은 비교적 안정적인 평화를 유지했다. 지난 냉전기와 이후 탈냉전기에 걸쳐 동아시아의 해양 질서는 무엇보다 미국의 패권에 의해 유지돼왔다. 미국은 막강한 해양력 투사를 바탕으로 구소련 극동함대를 압도했고, 대부분의 역내갈등을 국지적 수준에서 봉쇄·봉합할 수 있었다. 하지만 2000년대 중반 중국이 G2로 부상한 이후 해양굴기(특히 해군력 증강)와 시진핑 집권 후 일대일로전략 추진으로 미국 등 주변국과의 충돌의 원인이 되고 있다. 미국은 중국의 패권도전을 봉쇄하기 위해 인도·태평양전략과 제3차 상쇄전략 등을 추진하고 있다.

1. 미국의 해양패권 경쟁전략: 미국의 인도·태평양전략

21세기 아·태질서는 미·중의 본격적 패권 경쟁에 따라 새로운 국면에 접어들고 있다. 지난 2013년 6월 오바마 미 대통령과 시진핑 중국 주석은 서니랜드 정상회담에서 "서로 군사적 충돌을 피하고 핵심이익을 존중하며 공동번영을 위해 협력하는 신형대국관계를 구축하겠다."고 선언했다. 그러나 신형대국관계를 표방한 지 6년 만에 미국과 중국은 인도·태평양전략과 일대일로전략이라는 전략경쟁을 본격적으로 벌이기 시작했다.[13]

중국의 '일대일로전략'에 대응하여 미 오바마 행정부는 '아시아 재균형전략'을 추진함으로써 충돌이 불가피해져 동아시아 해양안보가 불안정해지기 시작했다.[14] 트

13) 하영선·전재성, "인도·태평양을 둘러싼 미·중의 포석전개와 한국의 4대 미래 과제," 『EAI 특별논평 시리즈』(2019년), p. 1.

14) 정삼만, "미국의 '진행형' 동아시아 군사력 재균형전략과 해양안보 딜레마," 『2014-2015 동아시아 해양안보 정세와 전망』(서울: 해양전략연구소, 2014), pp. 75-76; 김덕기, "미국 해군

럼프 행정부는 아시아의 중시(Pivot) 또는 재균형전략(Rebalancing Strategy)이라는 용어 대신 '인도·태평양전략'을 내세워 아시아·태평양 해양에서 패권을 유지하고 중국과의 해양패권 경쟁에서 주도권을 놓지 않겠다는 전략을 추진해왔다.

인도·태평양전략은 2017년 11월 이후 미국 트럼프 행정부가 주요 외교 및 국방전략으로 설정한 전략이다. 미국은 미국 우선주의에 따라 기존의 다자주의 제도에서 탈퇴하고 중국과 무역전쟁을 치르는 가운데, 2017년 11월 트럼프 대통령은 아시아 순방에서 '자유롭고 개방된 인도·태평양(FOIP)'의 안전·안보·번영에 대한 미국의 약속을 지키겠다는 비전을 밝히면서 인도·태평양지역 개념을 처음 사용했다. 하지만 트럼프 행정부의 인도·태평양전략은 중국의 일대일로전략이 추진되는 가운데 상당한 시간을 거치면서 서서히 그 모습을 드러냈다. 트럼프 행정부의 전략설정이전부터 인도나 호주에서 인도양과 태평양을 하나의 전략공간으로 보려는 노력이 있었고, 일본의 아베 총리도 2007년 인도 연설에서 인도·태평양전략에 대해 언급한 바 있다.[15]

그동안 트럼프 행정부는 '남해 구단선(Nine-Dash Line)'에 기초한 남중국해 인공섬에 대한 중국의 영해 선언을 무력화시키기 위한 작전인 '항행의 자유 작전'을 오바마 행정부 시기보다 빈번하고 과감하게 전개했다.[16] 미국은 구단선을 포함한 중국의 영유권 주장은 법적 근거가 없다는 상설중재재판소(PCA)의 판결(2016.7.12)의 법적 구속력을 주장해왔다. 미국은 그 판결이 나오기 이전인 2015년 10월 26일 미군 구축함 Lassen함이 수비 산호초 해역의 12해리 이내 통과를 시작으로 남중국해에서 '항행의 자유 작전'을 전개해왔다.

미국은 2014년 이래 6년 만인 2020년 7월에는 미 항모 2척을 동원한 '항행의 자유 작전'을 잇달아 실시하기도 했다. 동중국해에서 대만군(臺灣軍)의 한광(漢光)훈련에 맞춰 해상훈련을 실시한 데 이어, 남중국해에서도 일본 해상자위대와 연합해상훈련을 실시했다. 2020년 9월 현재 미·일 양국은 연합해상훈련을 7차례나 실시했

정보국 보고서를 통해서 본 중국해군: 개괄적 함의," 『주간국방논단』, 제1590호 (15-43), (2015년 10월 26일), p. 2 및 안광수(2016.7.5).

15) SPN 서울평양뉴스 편집팀, "인도·태평양을 둘러싼 미·중의 포석 전개와 한국의 4대 미래 과제," 『SPN 서울평양뉴스』, 2019년 6월 12일.

16) 이춘근, "트럼프시대 미국 해군력 현황과 전망," 『Strategy 21』, Vol. 20, No. 1 (Spring 2017), p. 5 및 pp. 20-21.

다.[17)]

트럼프 행정부는 지난 2018년 5월 세계 2위 경제력을 가진 중국을 견제하기 위해 특단의 조치를 취했다. 전후 미 해군력을 상징하는 미국의 태평양사령부를 인도·태평양사령부로 개칭하고 담당해역을 인도양까지 확대했다. '인도·태평양'이라는 용어는 중국의 해양패권 추구(즉 일대일로전략)를 강력히 견제하겠다는 의지가 담겨 있다.[18)] 중국의 '일대일로전략' 대응을 위한 미국의 인도·태평양전략은 신아시아전략이며, FOIP을 모토로 미국·일본·호주·인도의 4개국 연대(Quad)를 강조하고 있다. 또한, 미국은 '동아시아판 나토'로 불리는 '쿼드 플러스(Quad+α)'를 언급하기도 하였다. 이는 미국·일본·호주·인도 4개국이 안보협력을 강화해 중국을 군사적으로 견제·봉쇄하려는 구상이다. 미국은 +α를 언급함으로써 점차 참여국을 확대해 나간다는 구상인데 여기에는 한국도 포함된다.[19)]

미 국방부는 지난 2019년 6월 1일 『인도-태평양 전략보고서: 준비태세, 파트너십과 네트워크화된 지역』(Indo-Pacific Strategy Report: Preparedness, Partnerships, and Promoting a Networked Region)이란 제목의 인도·태평양전략 추진방안을 담은 보고서를 발표했다.[20)] 인도·태평양전략의 지리적 범위는 미국 서해안에서 인도 서해안까지를 포함하며 이 지역 내에서 ① 항행과 비행의 자유, ② 분쟁의 평화적 해결, ③ 투자 개방성, ④ 공정하고 상호적인 무역 등을 주요 내용으로 하고 있다.

이 보고서는 미국의 인도·태평양전략의 군사분야를 중심적으로 다루고 있지만 전략의 전체적 포석을 잘 보여주고 있다. 우선 머리말 요지에서 이 인도·태평양전략의 경제·외교·안보의 세 기둥을 강조하고 있다. 다음의 서론에서는 미국이 역사적으로 인도·태평양 세력이었음을 지적한 후 '자유롭고 열린 인도·태평양'의 비전을 보

17) 한국평화재단, "미·중 전략경쟁의 심화와 한국의 길," 『평화재단 현안진단』, 제239호 (2020년 8월 28일), p. 4.

18) 이우탁, "미·중 패권 경쟁과 한반도: 하와이 斷想," 『연합뉴스』, 2020년 2월 12일.

19) 정욱식, "슬기로운 미·중 경쟁 대처법: 미·중경쟁 시대, 좌고우면 말고 'No'라고 말해야 한다," 『프레시안』, 2020년 9월 10일. 미국이 쿼드 플러스에 한국·베트남·뉴질랜드를 추가하는 것을 공식적으로 확인한 것은 아니며 비공식적으로 타진을 해 본 결과 반응이 시원치 않자 미 행정부는 더 이상 적극적 움직임을 자제하고 있는 상황이다.

20) 최근 미국 내에서는 국무성을 중심으로 인도·태평양전략보다는 '인도·태평양구상(initiative)'이라는 표현을 쓰기를 선호한 것에 비추어 볼 때 국방부의 인도·태평양전략은 좀더 공세적이다. 이재현, "미 국방부 '인도-태평양 전략보고서'(2019) 평가: 미국의 위협인식과 인도·태평양에서 한국의 자리," *KIMS Periscope*, 제162호 (2019년 6월 21일), p. 1.

다 구체적으로 ① 주권과 독립의 존중, ② 분쟁의 평화적 해결, ③ 자유롭고 공정하며 호혜적인 무역, ④ 투자관계 및 지적재산권 보호, ⑤ 자유항행과 상공통과의 자유를 포함한 국제규범과 규칙의 수호라고 구체적으로 밝히고 있다.

또한, 이 보고서는 인도·태평양지역이 당면하고 있는 4대 핵심 도전으로서 ① 수정세력(Revisionist Power) 중국, ② 다시 소생한 악의 주인공인 러시아, ③ 불량국가(Rogue State)인 북한, ④ 테러와 같은 초국가적 도전을 들고 있다. 이미 미·중 전략경쟁이 시작되었고, 중국이 현 질서를 전복하고 동아시아지역 패권을 추구하고 있다고 보고 있다. 인도·태평양전략은 중국·러시아·북한을 이 지역의 위협요인으로 규정하고 이 중에서도 중국에 초점을 맞추고 있다. 중국을 규칙에 기반한 지역질서 내로 끌어들이기 위해 설득하되 중국이 현 질서를 무너뜨리려 한다면 이를 응징한다는 것이다. 인도·태평양지역에서는 미국이 다른 지역과 비교해서 4배 이상 큰 사령부를 중심으로 37만의 미군을 배치하고, 강력한 무기체계와 다면 전투 작전으로 만반의 준비태세를 취하고 있다고 밝히고 있다.[21)]

또한, 이 보고서는 미국은 일본, 한국, 필리핀, 호주, 태국에 이르는 군사 동맹국들의 연합군사력과 인도, 인도네시아, 싱가포르, 몽골, 대만, 팔라우 등의 전략적 파트너, 그 밖에 프랑스, 캐나다, 영국, 독일, 스페인 등 유럽과의 안보 협력을 확보하고 있고, 미국의 새로운 아시아 안보 질서 구축의 핵심개념으로 '네트워크 연결지역 형성'을 강조하고 있다.[22)] 미국은 대만을 '국가'로 지칭하여 '하나의 중국정책'을 사실상 폐기하고 중국을 포위하기 위한 우방국에 대만을 포함시키고 있다. 즉 싱가포르, 뉴질랜드, 몽골과 함께 대만을 협력국가로 분류하여 '4개 국가'라고 부르고 있다.[23)]

지난 2019년 6월 4일 일본을 방문 중인 패트릭 섀너핸 미 국방장관 대행은 아베 일본총리와 회담하고, 북한문제에 대한 의견을 교환하는 한편 '자유롭고 열린 인도·태평양'의 실현을 위해 연대를 강화하기로 했다. 같은 날 해리 해리스 주한미국대사는 한국정부를 향해 인도·태평양전략 동참을 요구했다. 그 후 2019년 6월 10일 남

21) 에듀윌 시사상식연구소(2020.1), '인도·태평양 전략(Indo-Pacific Strategy)' 참조.
22) SPN 서울평양뉴스 편집팀(2019.6.12).
23) "자유롭고 열린 인도 태평양," 『위키백과』(2020.4.7) 및 길윤형, "미국, '하나의 중국' 원칙까지 건드리나," 『한겨레』, 2019년 6월 8일.

중국해에서 미국해군 Ronald Reagan(CVN-76) 항공모함 함대와 일본 해상자위대 Izumo(DDH-183) 경항공모함 전단이 함께 항행하여 중국에 대해 무력시위를 했다.[24)]

인도·태평양전략은 '중국포위전략(또는 구상)'으로 발전해가고 있다. 키스 크라크 미 국무부 경제차관은 지난 2020년 5월 20일 미국이 글로벌 공급망의 탈(脫)중국을 목표로 추진 중인 '경제번영 네트워크(EPN)'구상을 한국에도 제안했다고 밝혔다. 중국을 뺀 글로벌 공급망을 구축하겠다는 '경제번영 네트워크'와 반중(反中) 군사블록을 짜려는 것은 모두 중국봉쇄(또는 포위)전략에 토대를 두고 있다.[25)] 트럼프 대통령은 지난 2020년 5월 30일 7월에 예정된 G7 정상회의를 9월로 연기하고, G11으로 확대하자며 한국·호주·인도·러시아를 지명한 것도 중국을 사방에서 압박하겠다는 의미가 담겨 있다.[26)]

미국은 군사적 대응도 추진하고 있다. 2020년 후반에 들어 미 상·하원은 중국을 태평양 서쪽으로 몰아붙이기 위한 대대적 군비 확장 계획을 추진하고 나섰다. 호주도 남태평양에서 중국견제를 위해 대대적인 군비 투자에 나섰고, 대만과 베트남 등도 미국과 함께 군사훈련을 하는 등 미국과 동맹·파트너 국가들이 중국에 대한 태평양 포위 작전에 들어갔다.

미국의소리(VOA) 방송에 따르면 미 하원 군사위는 지난 2020년 7월 3일 2021 회계연도 국방수권법안(NDAA: National Defense Authorization Act)에 '인도·태평양 안보 재확인 구상'이라 불리는 대중압박계획에 35억 8,000만 달러(약 4조 3,000억 원)의 예산을 배정했다. 국방수권법안은 미군 운용과 예산지침을 담고 있는 미 군사전략의 뼈대를 이루는 법안이다. 미 상원 군사위도 지난 2020년 6월 11일 통과시킨 2021년 국방수권법안에 '태평양 억지 구상'이란 이름으로 2021년에 14억 달러(1조 7,000억 원)를 포함해 향후 2년간 약 60억 달러(7조 2,000억 원)의 예산을 대중압박에 사용하도록 했다. 상·하원은 각자의 국방수권법안을 통과시킨 후 이후에 협의를 통해 최종안을 만든다.

제임스 인호프 미 상원 군사위원장과 잭 리드 상원 군사위 민주당 간사는 지난

24) "자유롭고 열린 인도 태평양," 『위키백과』.
25) 미국이 중국에 대해 펼치고 있는 전략이 봉쇄(containment)인가 관여(engagement)인가는 논쟁의 여지가 있다.
26) 안용현, "이러다 美·中 바둑판 '돌' 된다," 『조선일보』, 2020년 7월 1일.

2020년 5월 '태평양 억지구상'을 발표하면서 "중국이 군 현대화를 통해 모든 영역에서 미국과 격차를 좁히고 있으며 억지력 기반이 붕괴되고 있다."며, "다음 전쟁에서 미국이 질 수도 있다."고 우려를 표명했다. 이들은 태평양지역의 미군증원, 미사일 방어망 구축, 동맹국과 연합훈련 강화, 비행장·항만·군수품 저장시설 추가건설, 최신 전투기 F-35 등의 추가배치 등을 주장했다. 이 같은 요구가 상원의 2021년 국방수권법안에 전면 반영된 것이다.

미 하원 군사위도 '인도·태평양 안보 재확인 구상'에서 인프라 개선과 군사장비 재배치 등을 주요 목표로 제시했다. 상·하원 모두 중국을 겨냥한 인도·태평양지역 기지·무기 확대를 주장한 것이다. 미국이 대중압박 구상을 추진한 것이 처음은 아니다. 존 매케인 전 상원 군사위원장 등이 지난 2017년 향후 5년간 아시아·태평양지역에 75억 달러(약 9조 원)의 예산을 투자하는 군사력 증강방안을 내놓았지만 지금처럼 대규모 자금이 투자된 것은 아니다.

〈그림 5-1〉 태평양 역내국 군사 동향(2020년 7월)

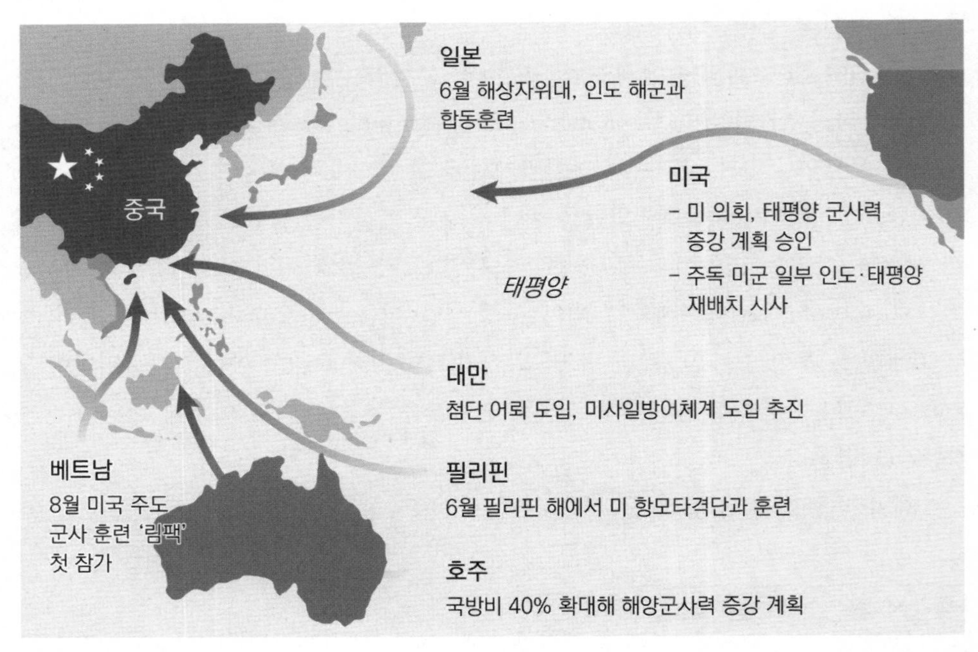

출처: 조의준·박수찬, "美 '중국 막아라'… 태평양에 군비 4조원 쏟아붓는다," 『조선일보』, 2020년 7월 4일.

스콧 모리슨 호주 총리도 2020년 7월 1일 인도·태평양을 "전략적 경쟁이 고조되는 진원지"라며 현재보다 국방비를 약 40% 늘려 향후 10년간 1,860억 달러를 투입해 새로운 장거리 미사일 도입 등 강력한 국방력을 구축할 것이라고 밝혔다. 그는 "최근 인도와 중국, 남중국해 및 동중국해의 분쟁에서 보듯 영토분쟁이 인도·태평양 지역에서 일어나고 있다."고 말해 군비증강이 중국을 겨냥한 것임을 분명히 했다(그림 5-1 참조).

인도·태평양전략에 대한 한국의 입장은 어떠한가? 지난 2015년 11월 4일 말레이시아 쿠알라룸푸르에서 열린 제3차 아세안확대 국방장관회의에서 미·중이 정면으로 충돌한 공동선언문 내용과 관련해 "남중국해에서 항행과 상공비행의 자유가 보장되어야 한다."는 문구를 넣어야 한다는 미국의 주장에 한민구 국방부장관은 찬성했다. 이틀 전 오바마 대통령이 한미 정상회담 직후 기자회견에서 남중국해 문제에 대한 한국의 '선택'을 공개적으로 밝히라고 요청한 것에 대해 미·중 국방장관 앞에서 남중국해 문제에 대한 미국지지 입장을 표명한 것이다. 그 후 문재인 대통령은 집권 후 최초 한미 정상회담(2017.6.30)과 최초 한·미·일 정상회담의 공동성명(2017.7.6)에서 한·미·일 안보공조와 남중국해 문제에 대한 미국지지를 명문화했다.[27] 현재 한국은 미국을 지지하면서도 경중안미(經中安美: 경제는 중국, 안보는 미국)전략을 추진해온 관계로 미국의 인도·태평양전략에 사실상 참여를 거부 또는 유보하고 있는 상황이다.[28]

2. 중국의 해양패권 경쟁전략: 일대일로전략

미·중 패권갈등은 기존 패권국과 신생 패권국의 전이 과정으로도 볼 수도 있다. 2008년 글로벌 금융위기 이후 미국이 상대적으로 쇠퇴하는 가운데 중국이 부상하면서 신형대국관계를 강조한 이후 특히 남중국해 인공섬 건설을 계기로 촉발된 해양패권갈등은 트럼프의 강력한 리더십과 맞물려 가시화되었다. 이에 맞서 시진핑이 선언한 '천하주의(중국의 천하사상과 중화사상)의 부활'을 의미하는 '중국몽'(中國夢)은 대국굴기전략이다. 일대일로와 '중국제조 2025'가 그 핵심동력이다. 가급적 미국과의 마찰

27) 홍성민, "美·中 충돌의 서막 '남중국해 전쟁'," 『신동아』, 2019년 7월호 참조.
28) "자유롭고 열린 인도·태평양," 『위키백과』.

을 자제해왔던 중국이 '대국굴기,' '일대일로,' '중국제조 2025'라는 세 가지 기조를 갖고 패권 경쟁에 적극적으로 선회하고 있는 것이다.[29] 일대일로는 '천하주의'에 사상적 바탕을 두고 있다.

일대일로(一帶一路)란 육상과 해상의 신(新)실크로드 경제권을 만들고자 하는 중국의 21세기 신(新)국가전략이다. 일대(一帶, One Belt)란 중앙아시아와 유럽을 잇는 육상실크로드, 일로(一路, One Road)는 동남아시아와 유럽, 아프리카를 연결하는 해상실크로드를 의미한다. 일대일로전략은 시진핑 주석이 2013년 9~10월 중앙아시아 및 동남아시아 순방에서 처음 제시한 전략이다. 시진핑 주석은 2013년 9월 카자흐스탄에서 실크로드 경제벨트를, 10월 인도네시아에서 21세기 해양 실크로드 개념을 각각 처음 제시했다.

중국은 '해양굴기'를 통해 패권국 도전을 점점 노골화하고 있다. 기존의 대륙국가에서 해양을 자유롭게 활용할 수 있는 능력을 갖춘 해양국가가 되기 위해 중국은 '일대일로'를 국가전략으로 추진하고 있다, 중국은 약 2,100년 전 육상실크로드를 개척해 비단·향신료 등의 무역을 통해 거대한 부를 축적했다. 중국은 낙타가 교통수단이었던 그 길에 새롭게 철도로 도로를 깔겠다는 구상이 신(新)육상실크로드라면, 신(新)해상실크로드는 600년 전 명나라 정화의 남해 원정대가 개척한 남중국해-동남아시아-남아시아-인도양-아프리카를 잇는 바닷길을 다시 장악하려는 것이다.[30] 여기에다 '빙상실크로드'를 내세워 일대일로전략을 북극해까지 확대해 나가고 있다.

중국은 21세기에 들어와 국력신장으로 미국과 G2시대의 패권국가로 부상했다. 2006년 12월 중국 국가주석 후진타오는 '해양강국, 해군강국 건설'을 선언함으로써 해양에 대한 중국 정부의 의지를 드러냈고, 2012년 11월 제18차 당대회에서 시진핑 1기의 중국은 해양강국 건설을 선포하고 해양굴기(海洋崛起)를 선언했다. 시진핑 2기의 중국은 제19차 당대회(2017.11)에서 중장기적 국가비전을 제시했다. 즉 '전면적 소강사회 건설'(2020년)과 '기본적인 사회주의 현대화 달성'(2035년)을 통해 최종적으로 '2050년까지 전면적인 현대화 강국건설 완성' 추진이 바로 그것이다. 중국이 제18차

---

29) 한국생산성본부, "'미·중 패권 경쟁과 한국의 대응 전략' 주제 CEO 북클럽 개최," 『한국일보』, 2019년 4월 29일 및 조경란, "중국식 천하주의를 받아들일 수 있겠는가," 『중앙일보』, 2019년 3월 12일.

30) 이새윤, "일대일로," https://100.daum.net/encyclopedia/view/47XXXXXXXX11(검색일: 2020.5.28).

당대회(2012.11)에서 제기한 '해양강국 건설' 목표를 표면적으로는 제기하지 않고, '일대일로'라는 국가발전목표를 제시했는데, 이것은 '해양강국건설' 목표가 주변국과 갈등을 초래하자 전면에 내세우더라도 주변국의 경계심을 불식시키면서 외교적 부담을 덜 수 있는 것이 '일대일로'라는 전략적 판단에서 나온 것이다.[31] 남중국해의 분쟁부터 해양패권 경쟁에 이르기까지 중국의 패권국에 대한 도전을 한마디로 압축한 것이 바로 일대일로전략이라 할 수 있다.

일대일로가 구축되면 중국을 중심으로 육·해상 실크로드 주변의 44억여 명 규모의 60여 개국을 포함한 거대 경제권이 구성된다. 중국은 중국주도의 이러한 육상·해상 인프라 연결, 무역확대, 금융소통, 인적교류 확대 등을 통해 경제규모 21조 달러의 유라시아 경제권 구축을 목표로 하고 있다.[32] 일대일로전략은 '천하주의,' '중화주의(중국의 자문화우월주의)'의 부활이라는 평가와 함께, 다른 한편에서는 '마샬플랜(Marshall Plan)'의 중국버전이라는 평가도 받고 있다. 그러나 중국 정부는 마샬플랜처럼 공세적 정책이 아니라 미국의 환태평양 동반자협정(TPP: Trans-Pacific Strategic Economic Partnership), 아시아 회귀전략에 대한 수세적 전략이라는 입장이다. 중국 정부는 일대일로전략이 대규모 인프라 투자를 통한 과잉설비 해소와 산업 구조전환 가속화 및 협력 대상국들과의 교역 확대와 중국 중서부 지역의 경제성장에 도움이 될 것으로 기대하고 있다.[33]

헨리 키신저는 중국의 외교안보전략을 바둑에 비유하고 있다. 현재도 14국과 국경을 맞대고 있는 중국은 주변의 '빈 곳'을 향해 움직이면서 포위를 뚫고 역으로 상대를 에워싸는 전략을 구사한다는 것이다. 고대에는 동이(東夷), 서융(西戎), 남만(南蠻), 북적(北狄)을 놓고 바둑을 두었다. 중국 공산당은 농촌을 장악한 뒤 도시를 포위하는 전법으로 국민당을 꺾었다. 중국은 주변 세력에 포위당하는 것을 가장 두려워한다. 그래서 1950년 한국전쟁 참전으로 동쪽의 미국과, 1962년 국경분쟁으로 서쪽의 인도와, 1969년 우수리 강에서 북쪽의 소련, 1979년 남쪽의 통일 베트남과 전쟁을 치렀다. 미·중 수교도 소련 견제 목적이 컸다. 시진핑이 내건 육·해상실크로드 역시

31) 유현정, "시진핑 2기 중국의 한반도 정책과 우리의 대응 방향," 『INSS 전략보고』, 2018-04, (2018년 7월), p. 4.

32) 에듀윌 상식연구소 편저, 『에듀윌 시사상식』, (2018년 7월) 및 매일경제, 『매경시사용어사전』 (2020), '일대일로' 참조.

33) 이새윤, "일대일로."

바둑판을 중국주변에서 유럽·아프리카까지 확대하는 전략이다.[34)]

제3절 2020년 미·중 패권 경쟁 동향

1. 미·중의 해양패권 경쟁 전력건설 및 운용

1) 미국의 중국견제(反A2/AD) 전략·전력의 개발·운용동향

미국의 패권은 16세기 이래 세계 질서를 이끈 포르투갈, 스페인, 영국과 같은 해양국가들의 패권 전략과 맥락을 같이 한다. 패권 장악을 위한 경제력과 직결된 군사력은 해양을 장악하는 해군력으로서 이것은 해상교통로(SLOC) 확보를 통해 패권의 근간을 제공한다. 미국은 해양패권에 역행하는 것이 중국의 도련선 전략 즉 미국식 표현으로 A2/AD전략으로 보고, 중국견제(反A2/AD) 전략 즉 '자유롭고 열린 인도·태평양'전략과 이를 위한 전력을 개발·운용해 나가고 있다.

(1) 공해전투의 JAM-GC로의 대체·보완

중국이 도련선전략을 추진할 수 있는 국력(경제력·군사력·과학기술력 등)을 점차 갖추어 나가게 되자 미국은 중국의 도련선전략을 A2/AD전략으로 명명하고, 대응전략과 전력마련에 박차를 가하고 있다. 미국이 중국의 A2/AD에 대항해 입안한 대응개념이 공해전투(Air-Sea Battle)이다. 중국이 남중국해 등에서 해상주도권을 장악하기 위해 A2/AD전략을 시도하자, 미국의 공군과 해군이 중국군의 레이더망을 비롯한 기동력을 사전에 차단하는 공해전투 전략을 도입했다.[35)] 공해전투는 해·공군의 전력을 유기적으로 통합하여 시너지 효과를 극대화하고, 이를 통해 중국의 A2/AD 수단들을 제압함으로써 작전지역 내에서 미군 전력의 원활한 세력투사를 보장한다는 개념이다.[36)]

---

34) 안용현(2020.7.1), p. 7.
35) 이일우, "차이나 인사이트: 항모 킬러 대 요격 미사일…남중국해 화약고가 뜨겁다," 『중앙일보』, 2019년 1월 22일.
36) 박영환(2019.4.26).

그러나 이 공해전투 개념은 중국의 군사력 수단 파괴에 너무 치중함으로써 자칫 중국이 의도하는 장기소모전에 휘말릴 가능성이 크다는 우려에 따라 지난 2015년 JAM-GC(Joint Concept for Access and Maneuver in the Global Commons) 개념으로 사실상 대체되었다.[37] JAM-GC는 '국제공역에서의 접근과 기동을 위한 합동개념'으로 공해전투 개념과 달리 중국의 의지를 무력화하는데 더 무게를 두고 있다.[38]

JAM-GC의 제1단계는 전자전과 사이버전을 포함하는 전방위적인 대규모 정보전이다. 중국의 군사행동이 임박했다고 판단되면 즉각 대대적인 사이버 공격과 전자전 공격을 통해 중국의 국가·군 전산망을 완전히 마비시킴으로써 군사행동 자체를 차단하고 확전을 억제한다는 개념이다. 이를 위해 미국은 고도의 사이버전으로 적의 군 전산망과 무기체계 자체를 무력화시키는 '발사의 왼편(Left of Launch)' 개념을 도입했다. 미사일 발사를 '준비 → 발사 → 상승 → 하강' 단계로 나눌 때 발사보다 왼쪽에 있는 준비단계에서 교란한다는 뜻의 코드명이다. 물리적 공격이 아닌 악성 프로그램과 레이저, 신호교란 등을 동원한 '사이버전과 에너지 및 전자공격'으로 요약할 수 있으며 지난 2014년부터 실질적 효과를 거두고 있는 것으로 알려지고 있다.[39] 또한 장거리미사일에 고출력 마이크로웨이브(HPM: High Power Microwave) 방출장치를 탑재해 넓은 지역의 레이더와 무기의 회로를 태워버리는 일명 '챔프(CHAMP: Counter-electronics High Power Microwave Advanced Missile Project)'라는 무기도 개발하고 있다.[40]

만약 제1단계 작전이 실패하면, 제2단계 작전으로 넘어간다. 이 단계는 첨단무기를 이용해 중국의 공격을 방어하고, 빠르게 공세로 전환하여 중국의 주요 전력을 신속하게 파괴하는 것을 목표로 삼는다. 중국의 공격을 방어하기 위한 수단으로는 위성과 조기경보기, 정찰기, 이지스함 등 다양한 감시정찰자산과 SM-3, 사드 등 다양한 요격수단을 하나의 네트워크로 묶어 실시간으로 동시 통제하는 시스템이 개발되고 있다. 타격수단으로는 F-35 전투기와 이를 보조하는 MQ-25 스텔스 무인공중급

37) 미국은 2015년 1월에 공해전투의 명칭을 '합동접근-기동 개념'(JAM-GC)으로 변경했다고 공식 발표했다. 이를 두고 공해전투가 공식 폐기된 것인지, 아니면 단지 수정 및 보완된 것인지를 두고 평가가 엇갈리고 있다.

38) 이일우(2019.1.22), p. 24.

39) 계동혁, "미군의 새로운 전략: 육해공 구분 없이… 전투력 집중해 순식간에 끝낸다," 『국방일보』, 2019년 12월 17일.

40) 이일우(2019.1.22), p. 24.

유기, JASSM-XR 장거리 타격 미사일 등이 속속 등장하고 있다.[41)]

마지막 3단계에서는 육군과 해병대가 중심이 되어 중국의 핵심거점에 대한 강제 진입작전을 개시한다. 이를 통해 중국의 전쟁수행 의지를 확실히 파괴한다는 것이다. 3개 도련선과 3단계 반(反)도련선 전략이 맞부딪치고 있다. 이 구도 속에서는 무한대의 군비경쟁을 피할 수 없다. 둘 중 하나가 결정적인 우위를 점하기 전까지 이 각축은 멈추지 않을 것이다. 무역과 달리 협상이 아니라 실력 차이만이 이 질주를 멈추게 할 것이다. 게임 체인저를 누가 먼저 만들게 될지 세계가 주목하고 있다.[42)]

현재 미 국방성의 고민은 바로 탄도미사일을 포함한 원거리 공격무기의 빠른 발전속도 및 확산이다. 특히 탄도미사일로 무장한 미국의 적국들이 A2/AD전략을 실행할 경우 미군의 전개 및 작전은 큰 제약을 받게 된다. 결국, 적국의 A2/AD전략·환경을 극복하기 위해 등장한 것이 '발사의 왼편'이고, 이것은 탄도미사일 공격에 대해 미국이 선택할 수 있는 가장 효과적인 대응책 중 하나로 평가받고 있다.[43)]

'발사의 왼편'이 적의 미사일 공격에 대한 사전차단 개념의 새로운 전쟁기술이라면 미 해군이 준비하고 있는 '분산된 치명성'(Distributed Lethality)[44)]은 바다의 인해전술 개념과도 같다. 그런데 '분산된 치명성'의 미 해군 전투함들이 각각 막강한 전투력을 보유하고 있을 뿐만 아니라 독자적 혹은 집단으로 뭉쳐 유연한 작전을 펼칠 수 있다는 점이 기존 인해전술과 다르다.[45)]

지난 2015년 1월 처음 등장한 '분산된 치명성' 개념의 가장 큰 특징은 기존 전투함의 전투력을 강화하는 것은 물론 무인전투함 혹은 무인전투체계의 도입을 확대해 그물망처럼 촘촘하게 전개하고 적의 대양진출을 사전에 차단한다는 것이다. 여기에는 길이 68-100m, 배수량 약 2,000톤급의 대형 무인수상정(USV) 10척으로 구성된 '유령함대'(Ghost Fleet)를 중심으로 전장 4-17m 내외의 무인플랫폼 지휘통제를 위한 네트워크, 센서 및 통신 중계역할을 수행할 중형 USV, 유도미사일 호위함 FFG(X) 등이 포함되어 있다.[46)]

41) 『상게서』, p. 24.
42) 『상게서』, p. 24.
43) 계동혁, 『전게서』.
44) Jacob Wilson, "Distributed Lethality Requires Distributed (Artificial) Intelligence," U.S. Naval Institute, October 2018.
45) 계동혁, 『전게서』.
46) 『상게서』.

미국은 2025년에 스텔스 구축함과 무인수상함·잠수정으로 구성된 유령함대를 창설하여 중국 공략에 나선다는 계획이다. 중국 근해로 은밀하게 침투한 유령함대가 중국 미사일 기지와 항모전단을 기습 공격해 미국 군사력 투입의 장애물을 제거한다는 전략이다. 유령함대의 지휘함인 줌왈트급 함정 3척을 운용할 계획인데 초음속 레일건을 비롯해 토마호크 미사일·지대함 미사일·로켓형 대잠 어뢰 등 막강한 화력을 갖춘다. 또한 뛰어난 스텔스 성능 덕분에 눈으로 확인하기 전에 레이더로 포착하기 어렵다(그림 5-2 참조).[47]

〈그림 5-2〉 미 해군 유령함대 작전

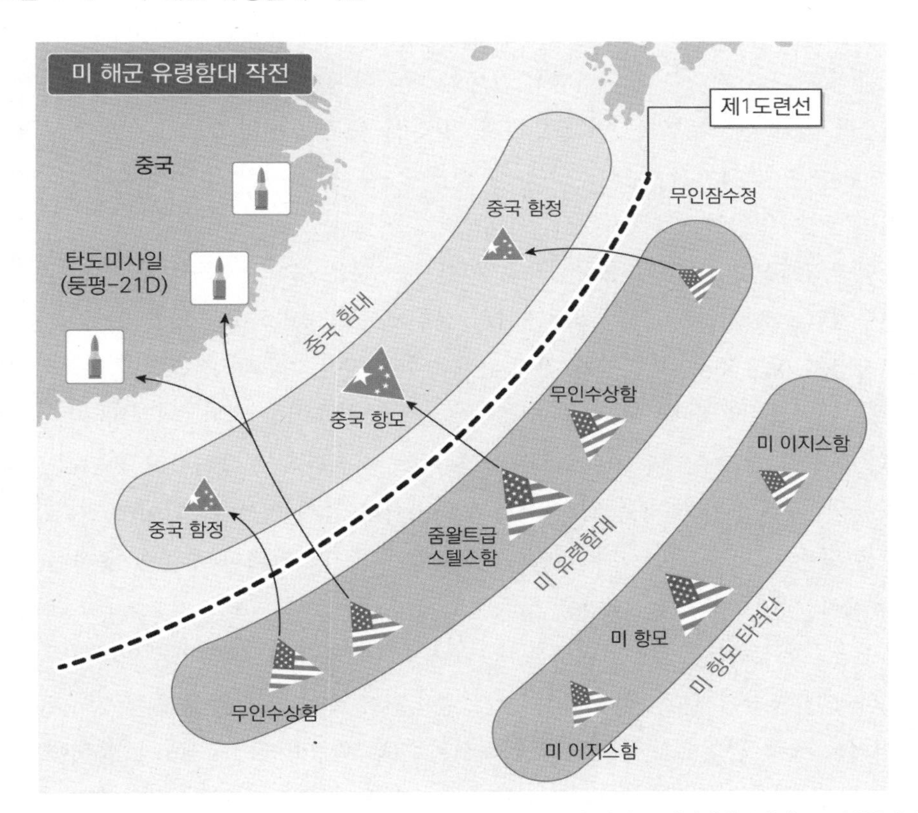

출처: 박용한, “미·중 첨단무기 남중국해 총집결 … 전쟁 땐 美 승리 장담 못한다,” 『중앙일보』, 2020년 9월 6일.

47) 박용한, “미·중 첨단무기 남중국해 총집결 … 전쟁땐 美 승리 장담 못한다,” 『중앙일보』, 2020년 9월 6일』.

2024년까지 총 10척을 건조하는 대형 무인수상함(LUSV)도 공격력과 함께 탄도 미사일 요격미사일 등 방어력을 갖추게 된다. '에코 보이저'로 불리는 초대형 무인잠수정(XLUUV)은 무인자동항법으로 이동하는데, 공격력에 기뢰 제거 임무까지 더해 줌왈트와 무인수상함이 안전하게 침투하도록 바닷길을 연다는 계획이다. 미국은 연합군을 만들어 대중국 봉쇄전략 강화에도 나서고 있다. 부족한 군사력을 아시아·태평양지역 동맹의 힘을 빌려 보완한다는 전략이다.[48)]

끝으로 '다중영역작전(Multi-Domain Battle)' 혹은 '다중영역전투'는 현재 미군이 가장 심혈을 기울이고 있는 미래전략 개념 중 하나다. 이것은 공해전투가 JAM-GC로 전환된 이듬해인 2016년 5월 미 육군 교육사령관 데이비드 퍼킨스가 제시한 새로운 작전개념이다. 중국과 러시아가 미국과 대등한 수준의 재래식 군사력 발전을 이루고, 특히 반접근 관련 전력을 강화하면서 그동안 미국이 누려왔던 제해·제공권 확보능력이 도전을 받게 된 상황임을 전제로 한다. 따라서 육군과 해병대를 비롯한 미군의 지상전력도 기존의 지상전 수행을 넘어 해양·공중·우주·사이버 공간에 대한 작전수행에 기여할 수 있어야 한다는 취지다.[49)]

'다중영역작전' 개념이 궁극적으로 추구하는 것은 육·해·공군이 고유한 자신만의 전투영역을 넘어 다른 전투영역에서의 전투에서도 승리하고, 그 효과를 극대화하는 교차영역 상승작용이다. 이를 위해서 육·해·공군은 기존의 전통적인 전투영역은 물론 새로운 전투영역에서도 싸울 수 있는 능력을 갖추어야 한다. 미래의 미군은 일당백의 전투력을 갖추어야 하는 것은 물론 야전 지휘관이 필요하다고 판단하면 육·해·공군의 구분 없이 승리를 위해 서로 협력하거나 함께 싸울 수 있어야 한다. 지금과 같은 단순한 합동 혹은 화력지원의 개념이 아닌, 더 강력한 수준의 통합을 통해 일심동체가 되어 싸운다는 의미를 함축하고 있다.[50)]

미국이 예상하는 21세기 전쟁은 육·해·공군의 전통적 구분이 무의미하며 전투 역시 다양한 영역에 걸쳐 동시다발적으로 순식간에 진행되고 종결되는 것이 특징이다. 이러한 전장 환경에서 승리하기 위해서는 전투부대와 무기체계의 효율적이고 유기적인 조합과 운용은 물론 단순한 합동(joint) 혹은 협력(cooperation)의 범위를 뛰어

48) 박용한(2020.9.6).
49) "A2/AD," 『나무위키』(검색일: 2020.7.2).
50) 계동혁, 『전게서』.

넘는 진정한 융합이 전제되어야 한다. 21세기 전쟁에 대비하기 위해서는 새로운 전략이 요구된다.[51)]

이러한 시대변화를 반영하듯, 최근 미 국방성은 '발사의 왼편(Left of Launch),' '분산된 치명성,' '다중영역작전'[52)]과 같은 새로운 전략용어를 빈번하게 사용하고 있다. 현재 미국이 직면하고 있는 새로운 안보위협에 대응하고 궁극적으로 21세기 미래 전쟁에서도 승리하기 위해서는 새로운 개념·전략이 필요하다는 판단 때문이다. 특히, 트럼프 미 대통령은 물론 주요 외교·안보 당국자들도 반복해서 언급할 정도로 전통적 동맹관계의 급격한 변화는 미군의 미래전략 변화를 더욱 가속화하고 있다.[53)]

요컨대 '발사의 왼편'은 해킹·악성코드 등 사이버 공격을 통해 적국의 미사일을 교란하고, 궁극적으로 적국의 미사일 공격체계 전반을 무력화하는 21세기 사이버전쟁 개념이다. 미 해군의 대양전략을 상징하는 '분산된 치명성'은 더 좋은 무기를, 더 많은 군함에 탑재하여 더 넓은 대양에서 적을 공격하고, 적의 대응 수준을 초월하는 정도의 위협을 제공하는 것이다. 끝으로 '다중영역작전'은 동원 가능한 모든 방법으로 전투 가능한 모든 영역에서, 신속하게 적을 공격하고 승리한다는 개념이다.[54)]

(2) 미국의 복합무기체계 개발강화

현재 미국은 적국의 A2/AD전략 혹은 A2/AD환경으로 인해 과거와 같은 대규모 함대의 집중운용은 큰 위험부담을 감수해야 하는 상황에 직면해 있다. 결국, 탄도미사일 공격에 대한 방어 못지않게 주요 전력을 효과적으로 분산·운용하는 것 역시 중요한 화두로 대두되고 있다. 미국은 미래의 새로운 전투영역에서도 싸울 수 있는 교차영역(cross-domain) 전투능력을 갖추어야 한다. 이를 위해 미국이 특히 심혈을 기울여 개발 중인 미래전투체계 중 하나가 유무인 복합무기체계인 것이다.[55)]

미 해군도 많은 어려움 속에서 트럼프 공약사항인 355척 함정 유지 목표 달성 방법을 고심을 거듭한 끝에 현재 건조가 추진되는 것이 유도미사일 호위함 FFG(X)와 무인수상함이다. FFG(X)는 알레이버크급 구축함보다 소형이지만, 신뢰할 수 있는 무

51) 『상게서』.
52) United States, Army Training and Doctrine Command, *U.S. Army in Multi-Domain Operations 2028*, December 6, 2018.
53) 계동혁, 『전게서』.
54) 『상게서』.
55) 『상게서』.

기체계와 센서를 장착할 수 있는 신뢰성 있는 플랫폼을 목표로 하고 있다. 미 해군은 함정 수는 부족하지만, 그동안 무장이 빈약했던 함정의 대함 무장을 강화하는 방향으로 대응하고 있다. 이런 방향은 '분산된 치명성'이라는 개념에 따른 것이다. 분산된 치명성은 A2/AD를 포함한 해상거부전략에 대응하기 위해 채택된 공격적인 전략이다. 대함미사일 증강을 위해 2021년 회계연도 해군 무기 도입예산이 대폭 늘었다. 2020 회계연도의 41억 달러보다 8억 달러가, 2016 회계연도와 비교해 17억 달러가 늘어났다.[56)]

우선 록히드 마틴사가 개발한 사거리가 200해리 이상으로 알려진 장거리 대함(스텔스)미사일 LRASM(Long Range Anti-Ship Missile)은 2021 회계연도에 48발을 구매하고, 그 뒤 4년간 매년 48발씩 구매할 것을 요구하여 2020년에서 2025년 사이에 총 210발 구매를 원하고 있다. 2017-2020 회계연도 동안 총 85발을 구매한 것에 비하면 상당히 많은 양이다. Raytheon사의 함대지 순항미사일인 토마호크의 대함미사일 개조형인 해상타격 토마호크도 구매대상이다. 이것은 2021년 44발을 도입한 후 2025년까지 451발을 도입할 예정이며 2023년 작전운용이 선언될 예정이다.[57)]

미 해군은 노르웨이 Kongsberg와 미국의 Raytheon이 함께 개발하고 있는 해상타격미사일(NSM: Naval Strike Missile)[58)]의 대량 도입도 준비하고 있으며 2020년에서 2025년까지 189발을 도입하길 바라고 있다. 미 해군은 2019년 10월, 괌 인근 해역에서 실시된 퍼시픽 그리핀(Pacific Griffin) 훈련 중 Independence급 연안전투함(LCS)에서 NSM 시험발사에 성공했다. 이들 외에도 대공미사일로도 쓰이지만 대함공격도 가능한 Raytheon사의 SM-6 미사일도 2020과 2025년 사이에 775발을 보유할 것을 희망하고 있다. SM-6까지 포함하면 2020년에서 2025년 사이에 도입될 대함 공격이 가능한 미사일은 1,625발이 도입되는 셈이다.[59)]

최근 4차 산업혁명과 함께 떠오르는 새로운 화두는 극초음속 무기개발이다. 냉전 말기 미국과 소련이 우주에서 군비경쟁을 한 것처럼 2020년이 시작되면서 미·중·러가 핵무기·우주경쟁에서, 극초음속무기 분야에서 새로운 군비경쟁을 진행 중이다.

---

56) 최현호, "355척 목표 달성의 어려움에 처한 미 해군," 『월간 국방과 기술』, 2020년 5월호.
57) 최현호(2020.5).
58) "Naval Strike Missile," *Wikipedia*, October 11, 2020.
59) 최현호, 『전게서』.

특히, 지난 2020년 5월 18일 트럼프 대통령이 백악관에서 개최된 우주군기(旗) 공개 행사에서 극초음속 미사일 개발을 언급한 것처럼 미·중·러는 미래전에서 극초음속 무기를 새로운 게임 체인저로 인식하고 개발에 박차를 가하고 있다. 미국은 이 분야에서는 중국이나 러시아보다 뒤처져 있는 것이 사실이다. 이에 따라 미국은 극초음속 무기 방어의 한계성 인식과 함께 이러한 미래 위협에 대해 우려하고 있다.[60]

최근 미 국방성은 해군의 재래식 신속공격무기(CPS) 프로그램을 바탕으로 극초음속 무기를 개발 중이다. CPS는 미 해군은 물론 국방성 예하 국방고등연구계획국(DARPA)과 함께 재래식 탄두를 이용한 견고화되거나 시한성 표적공격능력을 갖춘 극초음속무기를 육·공군에게 제공하는 것이다.[61] 이러한 계획을 통해 중국과 러시아의 A2/AD전략을 뒷받침하는 공중 미사일 방어체제를 공격할 수 있는 능력을 제공하고 억지력을 향상시키는데 있다.[62] 2018년 발표된 국가방위전략(NDS)에서는 극초음속 무기를 미래전 승리의 핵심기술로 기술했다.[63]

특히, 미 해군은 현재 개발 중인 중거리 재래식 신속공격무기를 잠수함에서 실시하는 극초음속무기에 적용할 예정이며, 2028년 Virginia급 잠수함에서 최초 운용 시험할 계획이다. 해군은 CPS 연구예산으로 10억 달러와 향후 5년간 개발비로 55억 달러를 요청할 예정이다. 미 육군은 지상트럭 기반 발사체인 장거리 극초음속무기(LRHW)에 해군이 개발 중인 공용 활공체와 추진체계를 적용할 계획이다. 장거리 극초음속무기는 사거리 1,400마일로 1개 포대는 4개의 발사대(1개 발사대 2발)의 작전지휘차량으로 구성될 것이며, 중국의 A2/AD능력을 무력화하는 전략적 무기로 운용될 예정이다.[64]

2020년 현재 미국은 전통적 동맹 관계의 변화와 새로운 적과 치명적인 위협의

---

60) 김덕기, "미·중·러 극초음속 무기 경쟁과 미국의 대응 전략에 관한 연구," 한국군사학회, 『군사논단』, 통권 제102호 (2020년 여름호), p. 11.

61) 미국의 극초음속 무기개발 역사에 대해서는 Amy F. Wolf, "Conventional Prompt Global Strike and Long-Range Ballistic Missile Background and IsSues," *CRS Report R41464* (February 14, 2020) 참조.

62) 김덕기(2020), pp. 15-16.

63) U.S. Department of Defense, *Summary of the 2018 National Defense Strategy of the United States of America,* 2018, p. 3.

64) Sydney J. Freedberg Jr., "Army Sets 2023 Hypersonic Flight Test: Strategic Cannon Advances," *Breaking Defense*, March 19, 2019 및 "미국 극초음속 무기체계 비행시험준비: 2023년 실험용 시제품 목표," 『국방일보』, 2020년 2월 10일.

등장으로 인해 새로운 안보위협에 직면해 있다. 하지만 누가 뭐라고 해도 미국의 군사력은 자타공인 세계 최강이다. 미국은 최첨단 무기체계뿐만 아니라 전술한 '발사의 왼편'에서 '분산된 치명성,' '다중영역작전'까지 치밀하게 준비하고 있는 새로운 군사전략에 힘입어 최강의 군사력을 21세기에도 여전히 유지할 수 있을 것으로 기대된다.

최근 미국의 미래전략 혹은 미래 전쟁에 대한 문서나 최신 전투교범 및 관련자료를 검색하다 보면, 빠지지 않고 등장하는 단어가 바로 '집중(Convergence),' '통합(Integration),' '상승작용(Synergy)'이다. 미국이 이러한 개념을 강조하는 이유는 21세기 미래전을 준비하는 새로운 전략이 함축되어 있기 때문이다.[65]

(3) 강대국간 정보·감시·정찰(ISR) 경쟁과 미군의 대응

최근 군사작전과 정보·감시·정찰(ISR) 간 구별이 없이 통합되는 양상이 미·중을 포함한 강대국 간 군사적 경쟁에서 나타나고 있다. 즉, 기존의 각 군별 작전개념이 각 영역별 전장 도메인이 상호교차되는 조건 하에서 정보 도메인에 대한 ISR 기능이 작전 수준으로 발전되어 군사작전과 통합되는 양상으로 나타나고 있다는 것이다.[66] 지금까지는 소위 '감시정찰(I&R)+지휘통제(C4)+정밀타격(PGM)'으로 구분하여 이들을 기능화시켜 네트워크로 통합하는 개념이었다. 그러나 4차산업 기술발전으로 통합을 위한 네트워크 개념의 의미가 퇴색되고 C4 기능이 빅데이터(BD), 인공지능(AI) 그리고 가상현실(VR) 등으로 대체되면서 I&R과 PGM(Precision-Guided Munition)이 직접적으로 일치되는 ISR 작전화 양상을 보이고 있다.[67]

이를 고려하여 지난 2020년 6월 4일 미 의회 정책연구소(CRS)는 『강대국 간 정보감시·정찰(ISR) 경쟁에 관한 미국의 대응 방안』[68]을 연구보고서 형식으로 발표했다. 미 의회와 국방부의 예산지원을 받는 국가정보국(NSA)의 선임연구위원인 니시원 스마그 박사는 그동안 미국이 러시아와 중국에게 ISR경쟁에서 뒤처졌다면서 의회에 ISR경쟁에서의 미국의 우위를 유지하기 위한 대응 방안을 연구보고서 형식으로 제출하여 향후 의회가 조치해야 할 몇 가지 정책적 제안을 건의했다.[69]

---

65) 계동혁, 『전게서』.

66) 한국군사문제연구원, "미국의 강대국 간 '정보감시·정찰 경쟁' 대비방안," 『KIMA 뉴스레터』, 제773호 (2020년 6월 15일).

67) 한국군사문제연구원(2020.6.15).

68) U.S. Congressional Research Service, Intelligence, *Surveillance and Reconnaissance Design for Great Power Competition*, June 4, 2020.

이 보고서는 총 37쪽으로 정보, 감시 및 정찰에 대한 정의, 정보 도전 도메인, 미 군사력 현대화 우선순위, 의회가 고려해야 할 사항, 각군의 ISR 자산 현황, ISR 작전화 필요성 등으로 구성되어 있다. 먼저 정의(定意)다. 기존의 미 국방성의 합동교리용어집에 나온 각각의 용어 정의보다, 포괄적으로 정보, 감시 및 정찰을 융합하여 단순한 수집 수단과 정보처리만이 아닌, 우주, 사이버 공간, 분석과 평가 그리고 배분과 군사작전 적용 등을 총괄하는 단일용어들로 재정립했다. 다음으로 정보종류 확대다. 기존의 인간정보(HUMINT), 통신정보(COMINT), 전자정보(ELINT), 음향정보(AUSINT)를 포함한 신호정보(SIGINT)에 추가하여 지형정보(GEOINT) 처리 및 시그니처정보(MASINT)와 공공정보(PAI)를 포함시켰다.[70]

또한, 정보 도메인을 우주와 사이버 공간까지 확대했다. 기존 정보 도메인은 지상·공중·수중 그리고 전자파 스펙트럼을 의미했으나, 이 연구보고서에서는 우주와 사이버 도메인으로 확대하여 정보자산 범위를 인공위성까지 확대했다. 통상적으로 인공위성은 전략정보로 간주하여 일반 정보와 별도로 처리했으나, 이 보고서는 이들 모두를 전술적 ISR 범위에 포함했다. 아울러 중동 시리아 및 이란과의 갈등지역을 전·평시 구별이 힘든 회색지대(Gray Zone)로, 동아시아 남중국해를 고강도 경쟁 도메인(Highly Contested Environment)으로 각각 구분하여 ISR 수집 정도와 수준을 달리했다. 특히, 동아시아 정보 도메인을 중국의 A2/AD전략에 의해 중국연안으로부터 1,000마일까지를 제1방어선, 540마일까지를 제2방어선, 270마일까지를 제3방어선 도메인으로 구별했다.[71]

이에 따라 이 보고서는 미국이 군사력 현대화 우선순위를 고려함에 있어서 기존의 합동전도메인작전(JADO)과 합동전도메인지휘통제(JADC2)에 추가하여 정보도메인에 보다 많은 관심을 두어야 한다고 강조했다. 특히, 이를 위해 초소형 군사위성에 추가하여 기존의 RQ-4 Global Hawk와 MQ-9 Reaper ISR 자산을 지속적으로 확보해야 한다고 강조했다. 또한, ISR 자산을 많이 갖고 있는 미 공군이 지금까지의 반테러(WOR) 및 반군작전(COIN)을 위한 ISR활동을 접고, 회색지대와 고강도 경쟁 도메인에서의 ISR 활동에 더 집중해야 하는 재균형전략이 필요하다고 지적했다. 아울러

69) 한국군사문제연구원(2020.6.15).
70) 한국군사문제연구원(2020.6.15).
71) Congressional Research Service(2020).

미래 ISR 관련 투자를 정보처리(MI), 데이터 처리(DS) 및 신속한 배분(ACD) 등으로 제시하면서 향후 미 국방부는 이들 분야에 집중해야 한다고 제안했다.[72)]

또한, "강대국 간 경쟁에서의 ISR 작전화(Operationalizing ISR for Great Power Competition)가 필요하다."고 강조했다. 이제는 ISR과 작전은 분리될 수 없으며, 전술 데이터화, 파괴적 정보기술 관련 분석기술 개발 그리고 이를 다루고 최종적으로 판단하는 전문가 양성 등이 필요하다면서 미 국방부는 향후 강대국 간 경쟁에서 ISR 작전화에 집중해야 한다고 강조했다.[73)]

끝으로 이 보고서는 의회가 『국가안보전략서(NSS)』와 『국가국방전략서(NDS)』에 명시된 대로 미 국방성이 ISR 자산을 확보하는지 확인해야 하며, 미 국방부가 이를 위한 교리를 정립하고 강대국 간 경쟁에서의 ISR 작전화 개념을 개발하도록 각종 예산을 지원해야 한다고 강조했다.[74)]

다시 말하면, 최근 미군이 추구하고 있는 미래전략은 "더욱 은밀하게, 시간과 공간의 제약을 뛰어넘어, 미군이 전투의 주도권을 장악하고, 전투 나아가 전쟁에서 승리하는 것"으로 요약할 수 있다. 급변하는 21세기 안보 환경 속에서도 미국이 여전히 세계 최강의 군사력을 보유할 수 있게 된다면 그 이면에는 과감한 군 구조개편, 최첨단 무기체계의 개발 및 실전배치 뿐만 아니라 새로운 군사전략이 버팀목 역할을 하고 있기 때문일 것이다.[75)]

2) 중국의 A2/AD전력의 건설·운용동향

(1) 도련선전략 추진을 위한 핵심무기

미국은 2000년대부터 중국의 서태평양영역 지배전략을 지칭하는 용어로 A2/AD전략을 사용하고 있다. 오늘날 A2/AD전략으로 유명한 국가는 이란, 중국이 대표적이지만 국력 수준이나 관련 전력 규모 면에서 가장 잘 알려진 것은 역시 중국이다. 중국은 2013년 4월 미국을 겨냥한 '중국 무장역량 다양화운용'(中國武裝力量的多樣化運用)[76)]방침을 공표하면서 중국 군사전략의 핵심인 A2/AD전략을 추진하기로 했

72) 한국군사문제연구원(2020.6.15).
73) *USNI News*, "Report to Congress on Intelligence, Surveillance and Reconnaissance for Great Power Competition," June 7, 2020.
74) 한국군사문제연구원(2020.6.15).
75) 계동혁, 『전게서』.

다. 그런데 중국의 이 전략은 역사적으로 1980년대에 중국인민해방군 해군사령관 류화칭(劉華淸)이 주창한 근해적극방어전략 즉 도련선(島鍊線)전략에서 발전한 것이다. 그가 주창한 도련선전략이 오늘날 중국의 일대일로의 일환이자 미국에 대한 해양도전으로 성장·발전하게 된 것이라 할 수 있다.

중국이 A2/AD전략을 수립한 이유는 미국의 중국봉쇄를 타개하기 위해서다. A2/AD는 직역하면 '반접근/지역거부'로 적 항공모함의 해안접근을 막고 해안에서 일정범위 안의 적 해상전력은 철저히 분쇄한다는 것이다. 이는 규슈-오키나와-대만을 잇는 가상의 선을 제1도련선 이내로 미국의 접근을 막고, 군사적 행동을 제한하는 A2/AD전략을 갖고 있다. 이를 위해 중국은 다양한 대비책을 마련하고 있다. 우선 중국 해안선을 따라 잠수함을 탐지할 수 있는 장비를 해저에 설치해 근해에서 활동하는 미 해군 잠수함 활동감시를 강화하고 있다. 이에 따라 중국의 남·동중국해에서 활동하는 미 해군 잠수함들은 이들 네트워크 밖으로 밀려날 수밖에 없도록 하고, 육상공격 토마호크 미사일(TLAMS)을 탑재한 미군 잠수함 세력에도 영향을 주려는 것이다. 중국의 이러한 감시활동이 성공한다면 미 해군의 공해전투작전의 주축인 잠수함 세력의 무력화를 초래할 수도 있다. 간단히 말해서 A2/AD전략과 관련해서 중국은 육·해·공·수중에서 적의 접근을 거부하고 격퇴하는 방어책을 치밀하게 세우고 자국 이익 극대화 방안을 강구하고 있다.[77]

중국은 위협적인 미국의 대중국 공해전 전투 개념을 무력화시키는 방안으로 A2/AD전략을 제1, 제2 도련선과 연계해서 추진 중이다. 중국은 미 항모와 항모에 탑재된 미 전투기들이 사거리에 들기 전에 이를 차단하기 위한 다양한 공격수단과 방어 수단들을 개발·배치하고 있다. 항모킬러 미사일들이나 잠수함 함대, 동남부 해안선에 배치된 군 기지들은 이러한 목적에 의해 배치된 것들이다. 이를 통해 전투기의 플랫폼이 되는 항모를 파괴시키려는 것이다.[78] 시진핑 지도부는 트럼프 행정부가 추진 중인 인도·태평양전략을 통한 대만문제 개입을 사전에 차단하기 위해 2025년까지 제1도련선 내로 미군의 군사력이 접근하지 못하도록 A2/AD전략을 토대로 로켓군

76) 国务院新闻办公室, 『中国武装力量的多样化运用』, 2013年 4月 15日.
77) 박희준, "동북아 해군력 증강 경쟁-③ 중국의 A2AD전략," 『아시아경제』, 2014년 7월 30일.
78) History 1000, "중국과 러시아의 반접근 지역거부 전략 (A2/AD)," http://blog.daum.net/history1000/7127705(검색일: 2020.7.7).

과 해·공군력 위주로 전력을 재배치한다는 방침이다.79)

중국은 신종 코로나-19 사태에도 지난 2020년 6월 25일 러시아의 제2차 세계대전 승전 열병식에 참석하여 전략적 동반자 관계를 과시하기도 했다. 중국은 러시아와 전략적 협력을 강화하고, 일대일로에 기반한 새로운 안보·경제협력 메커니즘 설립을 추진하고 있다. 이와 더불어 중국은 신속대응 및 원거리 투사능력 확대, 우주·사이버 역량강화, 해·공군력 현대화 추진 노력을 지속하고 있다.80) 그러나 중·러 밀월은 제한적이며 동맹은 될 수 없는 상호견제 관계이기도 하다.81)

남중국해 미·중 갈등의 뿌리는 인민해방군 류화칭(劉華淸) 제독이 제기한 도련선(島鍊線) 전략이다. 섬을 잇는 선이라는 의미의 도련선은 태평양 상에 위치한 섬들을 잇는 가상의 선이다. 이 선을 일종의 울타리로 설정해 외부해양세력의 접근을 차단하고 울타리 안의 해양을 지배한다는 것이 중국의 도련선 전략이다. 도련선은 말라카해협-필리핀-대만-일본 규슈-쿠릴열도를 잇는 제1도련선, 파푸아뉴기니-사이판-괌-오가사와라 제도를 잇는 제2도련선, 알류샨열도-하와이-뉴질랜드를 잇는 제3도련선으로 구성된다.82)

제1도련선 전략의 핵심무기는 중국이 '항모킬러'라 부르는 DF-21D 대함탄도미사일(ASBM)과 잠수함 전력이다. 미 국방부는 이 ASBM이 최소 1,500㎞ 이상의 사거리와 마하 10에 달하는 종말속도를 가진 것으로 파악하고 있다. DF-21D의 탄두는 재래식 탄두이지만 핵탄두 탑재도 가능하다. 이것이 바로 중국이 제1도련선 내에서 미 항모전단의 움직임을 확실히 차단할 수 있다고 자신하는 이유다. 중국은 2종 9척의 공격용 핵잠수함과 4종 58척의 재래식 잠수함을 보유하고 있다. 공격용 핵잠수함은 신형인 093형이다. 093형 잠수함은 구소련의 Victor-Ⅲ 기술을 응용해 개발했으며, 재래식 잠수함인 039계열은 러시아 킬로급의 확대 개량형이다. 이들 잠수함은 미·일의 신형잠수함에 비하면 정숙성이나 센서 능력 등 전반적인 성능이 떨어지지만 중국근해나 제1도련선 내에서 매복·차단 임무를 수행한다면 상당한 위력을 발휘할

79) 정재흥, "차이잉원 총통 재선이후 양안관계 향방," 『세종논평』, No. 2020-05(2020년 1월 21일), p. 2.
80) 청와대 국가안보실, 『문재인 정부의 국가안보전략』(2018년 12월), p. 12.
81) 강소영, "'탈(脫)미국', 중국·러시아와 '제한적 밀월,' 산업협력·군사기술 공유," 『뉴스핌』, 2020년 9월 2일.
82) 이일우, 『전게서』, p. 24.

것으로 예상된다.[83]

제2도련선 방어에는 항공기가 동원된다. 최근 중국은 기존의 H-6 폭격기를 대폭 개량한 H-6K 폭격기와 H-6N 폭격기를 동부 및 남부전구 예하 항공부대에 집중 배치하고 있다. H-6K 폭격기에는 사거리 400㎞, 순항속도 마하 4에 달하는 YJ(鷹擊)-12 초음속 대함 미사일 6발이 탑재된다. 일반적인 대함 미사일의 속도가 마하 0.9를 넘는 경우가 많지 않다는 점을 고려하면, 음속의 4배 속도로 날아오는 YJ-12는 대단히 위협적이다. 중국은 여기서 만족하지 않고 DF-21D ASBM을 공중 발사형으로 개조한 사거리 2,000-3,000㎞급 공중발사탄도미사일 탑재 H-6N 폭격기도 배치하고 있다.[84]

제3도련선 방어의 핵심전력은 항모전단이다. 중국은 구소련 미완성 항모를 구입해 개조한 랴오닝함, 이를 확대 개량한 산둥함 등 2척의 항모를 보유하고 있다.[85] 여기에 2030년까지 자체 개발 중인 대형 항공모함 2척을 더 확보하고, 30척 이상의 대형 구축함을 건조해 4개 이상의 항모전단을 보유할 예정이다. 이 항모전단에 탑재될 신형 스텔스 전투기와 전자전 공격기도 실전배치가 진행 중이거나 개발 완료가 임박한 상태다.[86]

(2) 중국해군의 055형함 대량건조

중국의 A2/AD전력 건설·운용 동향과 관련해서 중요한 것은 이지스급 055형 구축함(Renha급)을 포함한 군함 자체 성능뿐만 아니라 중국해군의 놀라울 만한 전력 증강 속도와 양이다. 미 해대에서 발행한 "China's Dreadnought? The PLA Navy's Type 055 Cruiser and Its Implications for the Future Maritime Security Environment"에 따르면, 현재 다양한 건조단계의 12,000톤급 055형함 8척이 동시에 건조 중이며 2025년까지는 모두 전력화가 완료될 것으로 예상된다.

자료에 따라 상이하지만 중국형 이지스급으로 분류되는 055형 및 052D형 각 24척씩 총 48척을 건조할 것으로 전망하는 일부 관측도 있다. 1:1로 비교하기에는

83) 『상게서』, p. 24.
84) 『상게서』, p. 24.
85) 이장훈, "중국의 '움직이는 군사기지', 항모 2척이 서해를 휘젓고 다닌다," 『동아일보』, 2019년 8월 31일.
86) 이일우, 『전게서』, p. 24.

무리가 있겠지만 15,000톤급의 미 해군 줌왈트급도 단 3척만 건조한 것을 고려해 볼 때 중국해군의 전력증강은 규모면에서 세계 어느 나라보다도 압도적이다. 2019년 한 해만 해도 중국해군은 1월 1일 056A형 코르벳함을 시작으로 매월 1척 이상, 총 28척의 군함을 진수했다. 2019년은 '수확의 해(year of harvest)'로서 1년간 진수한 군함의 총톤수가 약 153,000톤이다.[87)]

일본 해상자위대 전력의 총톤수가 500,000톤에 조금 못 미치는 점을 고려하면, 중국은 2019년 1년만에 일본이 가진 모든 군함의 약 1/3을 건조하는 막대한 건조능력을 보여주었다. 군함의 보유 척수도 2019년 5월에 이미 미국을 추월했으며 척수로만 보면 독일·인도·스페인·영국 해군 함정을 모두 합한 것보다 많은 양이다.[88)]

중국은 이렇게 질적·양적으로 성장한 해군력과 생산능력을 바탕으로 무엇을 하려는 것인가? 다양한 A2/AD전력으로 동중국해와 남중국해를 어느 정도 내해화시킨[89)] 중국이 과연 영해와 근해를 지키는데 이렇게 많은 대형 전투함들이 필요한가? 서태평양지역에서만 머물기에 이는 너무 많은 전력이다. 당장 떠오르는 간단한 답은 중국해군 활동과 영역의 '확장·팽창'일 수밖에 없다. 중국은 해안선을 따라 외곽에 위치한 일련의 섬들을 기준으로 제1·2도련선을 설정하고 지속적으로 영향력을 확장하고 있으며, 궁극적으로는 제2도련선을 넘어 원해작전이 가능하도록 해군력을 건설하고 있다.[90)]

중국이 4개 항모전단을 운용할 경우를 가정하더라도 24척의 055형함은 항모 호위에만 운용하기에는 지나치게 많은 숫자다. 중국에서 공개된 항모전투단 개념도에는 2척의 055형함이 항모 주위를 호위하는 것으로 표시되어 있는바, 총 8척이면 충분해 보인다. 즉, 055형함은 항모 호위뿐만 아니라 해상교통로 보호, 정기적 외해 경비, 해군력 현시, 유사시 전력투사 등 다양한 임무를 수행할 수 있을 것으로 예상된다.[91)]

---

87) 정재영, "중국해군의 055형함 건조에 따른 함의 분석," 『KIMS Periscope』, 제193호 (2020년 5월 11일), p. 2.
88) 정재영(2020.5.11). p. 2.
89) 이장훈, "미·중 남중국해 무력충돌 임박 알리는 신호들," 『주간조선』, 제2624호 (2020년 9월 7일).
90) 정재영(2020.5.11), p. 3.
91) 『상계서』, p. 3.

(3) 중국해군의 항모 증강과 극초음속무기 개발

중국은 현재 2척에서 2035년 6척의 항모를 보유해 미국 해군력에 대응하는 대양해군을 육성한다는 방침이다. 중국은 러시아에서 구입·개조한 Liaoning항모를 2012년 9월 25일 취역시켰고, 이어서 자체 건조한 Shandong항모를 2019년 12월 17일에 취역시켰다. 현재 세 번째 항모를 상하이에서 건조하고 있다.[92)]

2019년 11월 28일자 홍콩 『South China Morning Post』는 중국이 4번째 항공모함 건조를 추진하고 있는데, 이르면 2021년부터 건조할 전망이며 3번째와 4번째 항모는 모두 002함 종류로서 전자식 사출장치를 갖춘 차세대 항모라고 보도한 바 있다. 일부에서는 중국이 5번째 항모 건조도 추진할 것이라는 관측도 있으나, 이는 막대한 예산 문제와 기술적 난관 등으로 인해 지금으로서는 검토되지 않고 있는 것으로 보인다.[93)] 중국공산당 기관지 『인민일보』가 발간하는 영자지 『글로벌 타임스』는 중국이 2025년경 미국처럼 핵항모 2척을 진수할 전망이라고 보도한 바도 있다.[94)]

또한, 중국은 극초음속 무기개발에서 미국보다 앞서 있다. 중국은 극초음속 무기개발에 필요한 풍동시험장을 늘리고 있으며, 재래식과 핵탄두를 탑재한 극초음속 무기를 개발 중이다. 2019년 10월 건국 70주년 행사에서 DF-17 극초음속 미사일을 선보인 바 있는데 2020년 실전 배치되고 있으며, DF-ZF HGV(Hypersonic Glide Vehicle)도 운용할 것으로 전망된다. 중국군이 대만을 겨냥해 마하 10의 속도를 낼 수 있는 극초음속 탄도미사일 'DF-17'을 남동부 해안기지에 배치하고 있다고 홍콩 『사우스차이나모닝포스트(SCMP)』가 지난 2020년 10월 18일 보도했다. 중국은 남중국해와 대만해협 위기시 미국개입 차단을 위한 A2/AD전략 수단으로 극초음속 무기의 개발 및 실전배치를 서두르고 있다.[95)]

중국은 1958년 대만해협 위기 이후 1996년 미사일 위협 위기까지 다양한 위기

---

92) 김경민, "일본 항모에 대응하려면 한국형 항모전단 필요하다," 『중앙일보』, 2020년 1월 3일; 박수찬, "동북아 해양패권 경쟁… 불붙은 '항모 보유론'," 『세계일보』, 2019년 8월 10일 및 윤석준, "중국의 3번째 항모로 본 위협," 『유용원의 군사세계』, 2019년 12월 30일.

93) 박성규, "美에 맞설 해군력 키운다…中, 4번째 항공모함 건조 추진," 『연합뉴스』, 2019년 11월 28일 및 심재훈(2019.12.17).

94) "중국 핵항공모함 2척 2025년 전후 진수: '2030-35년 사이 항모 5-6척 체제 구축' 전망," *China Watch*, 2020년 7월 11일.

95) 김덕기(2020), p. 28.

관리 교훈을 바탕으로 대만해협·동중국해에서 일본과 분쟁 시 미국개입을 차단하기 위한 전략과 전술을 계속 고심하고 있다. 따라서 향후 중국이 극초음속 무기를 대만해협 부근에 배치한다면 대만 위협 시 미국이 쉽게 개입하기는 어려울 것이라는 전망도 나오고 있다.[96)]

3) 중국의 해외기지 확보·운용 등 기타 동향

지부티는 소말리아와 접하고 있으며 동아프리카 해역에서 군사적으로 중요한 위치에 있는 국가다. 현재 미국·프랑스·이탈리아·일본·중국 등 총 7개국이 지부티에 장기임대 형식으로 해외 군사기지를 운용하고 있으며, 이들 국가의 임대비는 지부티 국가재정에 상당한 도움이 되고 있다. 미국은 연간 6천 3백만 달러에 캠프 레모니어를, 프랑스와 일본은 각각 3천만 달러에 각각 독자적 군사기지를 구축했다. 중국은 가장 늦게 2015년 2천만 달러에 중국 독자적 해군기지를 구축했다. 이러한 해외기지 사용 임대비는 지부티의 국내총생산의 5% 이상 수준으로 알려져 있다.[97)]

중국군은 지부티 해군기지 보유가 중국 위협론으로 부각될 것을 우려하여 2015년부터 발간된 각종 국방관련 문건과 책자에서 지부티기지의 기능과 용도를 군수지원, 해군함정 보장, 전쟁 이외의 군사작전(MOOTW) 지원, UN평화유지활동 지원 등으로 설명하면서, 미국과 같이 다른 국가에 대한 군사적 투사력 확장과 미군의 해외 원정작전을 위한 전방 전개 군사기지가 아니라고 주장해왔다. 하지만 군사전문가들은 다음과 같은 점에서 지부티 해군기지가 중국군의 해외작전 지원을 위한 전략기지로 보고 있다.[98)]

첫째는 실제 작전훈련 실시다. 2018년 지부티 기지 내에서 실사격 훈련을 하는 등 주로 지원병력이 아닌 작전병력 약 1,000명이 전개되어 있다. 실사격 훈련은 지부티 정부의 요청으로 현재는 중단된 상태다. 둘째는 요새화다. 주변 경계 시설은 헬기 착륙장과 지하 지휘소 시설까지 갖출 정도로 기타 국가들의 군사지원기지와 다른 것

---

96) 『상게서』, p. 28.

97) 한국군사문제연구원, "중국해군의 지부티 해군기지 확장과 함의," 『KIMA 뉴스레터』, 제759호 (2020년 5월 26일), p. 1.

98) *International Policy Digest*, April 6, 2020; *Forbes*, May 10, 2020; *East Asia Forum*, May 17, 2020; GlobalSecurity.org, May 19, 2020; 한국군사문제연구원(2020.5.26), p. 1 및 『국방일보』, 2020년 5월 27일.

으로 알려져 있다. 군사전문가들은 공개된 정보를 통해 처음 기지시설 공사시기에 지하층 건설공사를 상당히 깊게 했다고 평가했다. 셋째는 전략적 가치다. 지부티 해군보장기지는 최근 해군 함정 전용부두 완성으로 중국해군의 대서양, 지중해, 흑해, 인도양 진출을 위한 전략적 해군 전초기지로의 기능을 갖추는 계획을 갖고 있는 것으로 알려져 있다.[99]

지난 2020년 5월 10일 『Forbes』는 중국이 2019년 12월에 근처 해안 매립지에 약 330m의 해군용 부두를 완성했으며, 현재 부수 시설 공사를 진행 중이라고 보도하면서 지부티 해군기지 역할이 확대되고 있다고 보도했다.[100] 중국해군의 함정 길이는 1만톤급 055형 구축함이 170m, 071형 대형상륙함이 210m, 075형 대형강습상륙함이 237m 그리고 001형 Liaoning항모가 300m로서 단순히 함정 길이만 고려할 때 중국의 대부분 함정을 수용할 수 있는 부두 규모다.[101] 통상 해군부두는 함정 길이의 1.5배를 기준으로 건설되지만 종열식으로 계류하지 않고 횡열식으로 계류할 때에는 함정 길이 정도면 2-3척을 동시에 계류할 수 있다. 특히, 일부 군사전문가는 상용위성 사진을 근거로 잠수함도 계류할 수 있도록 특수한 고무 팬더를 설치한 것으로 평가했으며, 중국해군 잠수함이 인도양에 상시 출몰하고 있는 현상을 고려할 때, 지부티 부두에 군수적재 및 장병 휴식을 위해 잠수함도 입항할 가능성이 크다.[102]

또한, 지난 2020년 5월 16일자 호주 『East Asia Forum』은 중국군이 지부티 해군기지를 종합 군사기지로 확장할 계획을 갖고 있다면서 향후 추가로 육전대와 특수부대를 주둔시키고, 3부두 길이를 660m까지 확장할 것이며,[103] 사이버 및 전자전 시설도 추가로 설치할 것이라고 예측했다. 아울러 중국군이 지부티 해군기지에만 만족하지 않고 미국처럼 해외 군사기지 네트워크 구축을 위해 전 세계에 걸쳐 추가 해군기지를 확보할 것이라고 예상했다.[104]

---

99) 한국군사문제연구원(2020.5.26), p. 1.

100) *Forbes*, May 10, 2020.

101) 영국 The Times는 2020년 5월 18일 Forbes를 통해 공개된 중국의 지부티기지 위성사진을 보면 330m 길이의 부두가 새로 만들어졌다면서 이 정도 규모면 중국이 보유한 2척의 항공모함이 모두 정박할 수 있다고 했다. 위성사진에는 두 번째 부두 건설 움직임을 알 수 있는 굴착작업 모습도 포착됐다고 전했다. 김계환, “중, 지부티에 항모 정박 가능 첫 해외 해군기지 확보,” 『연합뉴스』, 2020년 5월 19일.

102) 한국군사문제연구원(2020.5.26), p. 2.

103) *East Asia Forum*, May 17, 2020.

104) 한국군사문제연구원(2020.5.26), p. 2.

『The Times』는 지부티기지가 병참기지라는 것이 중국측의 일관된 주장이지만 최근 이루어진 대대적인 시설확장으로 볼 때, 중국해군이 추구하고 있는 대양해군 전략의 일환으로 구축하려는 전진 작전기지라고 분석했다. 9·11테러 직후에만 해도 중국군은 대체로 수비형 군대로 평가되었고 당시 중국에 대양해군도, 장거리 미사일도, 해외기지구축전략도 없었지만 지금은 모든 것이 변하고 있다.[105]

군사전문가들은 중국군은 중국의 일대일로와 연계하여 인도양 파키스탄 과다르(Gwadar), 미얀마 카우푸유(Kyaukphyu), 스리랑카 함반토타(Hambantota)를 중국해군 기지로 확보하고자 시도하고 있다고 평가하고 있다. 예를 들면 해당국이 중국의 일대일로 사업을 수용하여 재정이 악화되는 '부채의 늪(trap of debt)'에 빠지게 되면 중국은 해당 부채를 탕감해 주는 조건으로 항구를 해군기지용으로 확보하고 있다는 것이다.[106]

2009년 이래 중국해군은 아덴만 해적퇴치작전을 위해 상시 해군기동부대(NTF)를 인도양에 전개하고 있으며 해적출몰 감소에도 불구하고 그대로 인도양에 전개하고 있다. 또한, 아프리카에 다수의 유엔평화유지군을 파병하고 있고 인도해군 견제를 위해 잠수함을 인도양에 주기적으로 전개하고 있다. 중국의 지부티 해군기지는 중국의 인도양 진출을 위한 전초기지로 활용되고 향후 인도양을 기반으로 아프리카·대서양·중동 그리고 유럽으로 확장하여 중국의 군사적 영향력을 증대시킬 거라는 전망이 나오고 있다.[107]

2. 미·중의 패권 경쟁과 역내 해양안보

1) 미·중의 패권 경쟁의 심화

지난 2020년 1월 1단계 무역협상 합의안 서명으로 일단락되었던 미·중 무역 갈등은 코로나-19 사태가 터지면서 재점화되었다. 특히, 미국의 대중공세는 중국의

---

105) 김계환, "중, 지부티에 항모 정박 가능 첫 해외 해군기지 확보," 『연합뉴스』, 2020년 5월 19일.
106) 한국군사문제연구원(2020.5.26), p. 2.
107) 한국군사문제연구원(2020.5.26), p. 2 및 『국방일보』, 2020년 5월 27일 및 "2020 중국국방력보고서," 『위키백과』(2020.11.19).

「홍콩 국가보안법」 처리를 기점으로 더 증가되었다. 트럼프 미 대통령이 중국의 책임론을 제기한 이후 중국 화웨이 반도체 수출금지 등 미국의 대중국 공세는 심화되었다. 홍콩 국가보안법 처리와 관련해서 미국은 대중국 제재 가능성을 시사했으며 중국도 강력한 대응을 예고했다.

미국은 현재 본격적인 추진을 보류한 상태지만 경제번영네트워크는 중국 중심의 국제공급망 체제를 탈피해 미국 주도의 새로운 경제블록을 구축하는 등 중국을 국제경제질서에서 고립시키기는 방안으로 구상된 것이다. 이것은 중국의 '일대일로'와 전면적인 대립을 의미하는 것으로서 21세기 아태 신질서의 구축을 위한 미·중의 포석의 일환이라 할 수 있다.

〈표 5-1〉 미·중 군사력 비교

구분	미국	중국
인구	3억 3,183만 명	13억 9,745만 명
GDP	21조 달러	14조 달러
국방비(달러)	6,846억(755조 원)	1,811억(215조 원)
상비군(명)	138만	203만
예비군(명)	85만	51만
핵탄두	5,800	320
ICBM	400	98
핵전략잠수함	14	4
인공위성	140	117
항공모함	11	2척 운용 4척 건조 중
원자력잠수함	53	6
디젤잠수함	0	48
전투함	110	83
상륙함	32	6
전투기	3,311	1,976
폭격기	157	211
공격헬기	889	278
대형무인기	495	26

공중급유기	226	18
조기경보기	113	29
전차	2,836	5,850
전투장갑차	3,419	5,810
상륙장갑차	1,200	152
야포	6,916	9,196

출처: IISS, *Military Balance 2020*(London: IISS, 20200; 박용한, “미·중 첨단무기 남중국해 총집결 … 전쟁땐 美 승리 장담 못한다,” 『중앙일보』, 2020년 9월 6일 등 참조 저자 작성

현재 중국은 세계 2위 경제·군사 대국이다(미·중 군사력 비교는 <표 5-1> 참조). 미 국방부는 현재 200개 정도로 추정하는 중국의 핵탄두가 10년 후 두 배로 늘어날 것으로 전망하고 있다. 이는 지난 2020년 9월 1일 의회에 제출한 『2020 중국 군사력보고서』에서 언급한 내용이다. 영국의 국제전략문제연구소(IISS)는 중국이 배치한 핵무기가 벌써 320기를 넘어선다고 평가했다. 최근 개발한 DF-41은 최대 14,000㎞까지 날아가며 20-250kt 폭발력의 핵탄두 10-12개를 한꺼번에 탑재할 수 있다.[108]

중국은 육·해·공 3대 핵전력 완성에 접근하고 있다. 핵추진 전략잠수함은 SLBM인 JL-2를 12발씩 탑재한다. 신형 폭격기 H-6K은 공중에서 발사하는 초음속 핵탄두 미사일 CJ-10A을 6발씩 장착한다. 미국의 핵탄두는 중국보다 18배 많은 5,800개, ICBM은 4배 많은 400기를 보유하고 있다. 핵전략 잠수함은 3.5배인 14척, 핵무기 탑재 폭격기도 중국보다 6.6배 많은 66대가 항시 출격에 대비하고 있다. 이런 이유로 인해 핵무기를 주고받는 총력전은 공멸이다. 핵전쟁에 돌입하면 불과 1~2시간 만에 양국의 주요 도시와 군사 거점 수백 곳은 소멸하고 수천만 명이 사망하게 된다.[109]

중국은 미국이 전쟁을 선택하기 어려울 규모의 군사력을 갖추고 있고 미국과의 전쟁을 감당할 수 있는가? 양국의 군사력 총량을 단순 비교하면 미국이 중국을 압도한다. 미국은 지난 2019년 국방비로 6,846억 달러를 지출했는데 이는 전 세계 국방비 총액의 절반에 가까운 43%를 차지했다. 중국은 1,811억 달러를 투입하며 국방비

108) 박용한(2020.9.6).
109) 박용한(2020.9.6).

지출 세계 2위 자리에 올랐다. 하지만 미국이 중국과의 전쟁에서 이길 수 없다는 분석이 최근 많이 나오고 있다. 미 의회 국방전략위원회(NDSC)는 "아시아지역에서 미국의 군사적 우위는 위험한 수준으로 약화되었으며, 미국은 차후 수행하게 될 국가 대 국가간 전쟁에서 질 수 있다."고 경고했다. 미 국방부의 『2020 중국 군사력 보고서』에 따르면 몇몇 군사 분야에서는 중국이 미국과 대등해졌거나 심지어 미국을 능가하고 있다는 것이다.110)

〈표 5-2〉 미·중 해군력 비교(단위: 척)

비교 연도	2000		2016		2030	
국가	미국	중국	미국	중국	미국	중국
항공모함	12	0	10	1	11	4
SSN	55	6	57	5	42	12
SSBN	18	1	14	4	11	12
디젤잠수함	0	58	0	51	0	75
구축함	79	20	84	19	95	34
호위함	62	79	23	103	40	123
합계	226	164	188	183	199	260

출처: 미 해군사관학교 자료; 박용한, "미·중 첨단무기 남중국해 총집결… 전쟁땐 美 승리 장담 못한다," 『중앙일보』, 2020년 9월 6일 등 참조 저자 작성.

미국이 태평양 건너 중국까지 군사력을 전개시켜 전쟁을 수행하는 것은 쉬운 일이 아니다. 동북아에 투입하는 군사력만 놓고 보면 미국이 압도적인 우위를 갖고 있다고 보기도 어렵다. 중국 남해연구원이 작성한 '2020년 아태지역 미군 전개' 보고서는 미국이 인도·태평양사령부에 전체 군함의 60%, 육군의 55%, 해병대의 3분의 2를 배치했다고 분석했다. 전체 병력은 37만 5,000명이며, 이 중 8만 5,000명은 최전방에 전진 배치했다고 전했다.111)

110) Office of the Secretary of Defense, *Military and Security Developments Involving the People's Republic of China 2020: Annual Report to Congress*, September 1, 2020.

111) 박용한(2020.9.6).

전쟁은 '시간·장소·방법'에 따라 승패가 결정된다. 미국은 기습공격의 효과를 노릴 수 없다. 중국은 인공위성 117개를 우주에 띄워 놓고 감시하고 있다. 대규모 원정전쟁을 비밀스럽게 준비하는 것은 불가능에 가깝다. 방어전을 펼치는 중국은 미국보다 적은 규모의 군사력만 투입해도 방어목표를 달성할 수 있다. 1986년판 『미국 육군교범(FM100-5)』은 대부대 운용에서 방자(防者)는 1/3 이하로 열세하지 않아야 하고, 공자(攻者)는 6배 이상 우세하지 않으면 안 된다고 강조하고 있다.[112)]

중국군은 아직 군사력의 양적·질적 수준에서 미국을 압도하지 못하지만, 미국과 견주어 수성전을 펼칠 정도는 된다는 평가다(미·중의 해군력 비교는 <표 5-2> 참조). 중국은 미국의 공격에 대비한 군사전략과 군사력도 꾸준히 발전시켜왔다. 중국은 제1도련선 안으로 미 해군이 접근하는 것을 차단하고 들어오면 격파하는 구상을 세웠다. 도련선은 완충구역으로서 태평양 상의 섬들을 이은 가상선을 의미한다. 이른바 중국의 A2/AD전략이다. 중국은 제2·3도련선을 괌과 하와이까지 확대해 미국이 태평양 건너 아시아로 영향력을 확대하지 못하도록 차단하는 구상을 하고 있다.[113)]

중국의 군사력은 이러한 작전개념을 실행에 옮길 만한 수준에는 이미 도달해 가고 있다는 평가가 나오고 있다. 중국은 사거리 500-5,500㎞ 지상 발사 미사일 1,250기를 배치했다. 미 해군이 중국 근해로 마음 놓고 진입하기 어려운 까닭이다. 중국은 직접 바다로 나가 미국을 압박하기도 한다. 중국은 항모를 6척까지 늘릴 계획이다. 이를 호위할 이지스함은 이미 배치했으며 차기 이지스급 순양함도 건조 중이다. 미 해군사관학교는 중국의 핵전략 잠수함이 2030년까지 지금의 3배 수준인 12척, 핵추진 잠수함도 12척으로 2배 늘어날 것으로 전망했다.[114)]

미국은 세계 주요 지역의 해양·공중·우주에 걸친 공간지배 능력을 바탕으로 패권의 지위를 유지해왔다. 그러나 오늘날 미국의 공간지배 능력은 세계 몇몇 지역에서 연안 전투를 비롯한 A2/AD 개념의 도전에 직면하고 있으며 그 중 하나가 중국이다. 중국은 현대화된 해·공군력, 장거리 공격용 미사일, 우주·전자전 기술 등을 포함하는 강력한 A2/AD 능력을 앞세워 서태평양에서 미국의 공간지배능력에 전례 없이 도전하고 있다. 미국은 해·공군력의 유기적, 통합적인 운용과 발전을 통해 중국의

112) 이선호, 『고대병법·현대전략』(서울: 팔복원, 1995), p. 74.
113) 박용한(2020.9.6).
114) 『상계서』 및 Office of the Secretary of Defense(2020.9.1).

A2/AD 시도를 무력화하고, 동아시아지역에서 공간지배능력을 유지·강화하는 것을 골자로 하는 합동작전 개념인 '공해전투'를 구상·개발했다. 스텔스기를 비롯한 공군과 잠수함 등 해군전력을 신속히 동원해 중국의 레이더·미사일 망에 타격을 가하는 것이 공해전투의 핵심이다. 미국을 제1·2도련선 밖으로 몰아내려는 적극적인 노력을 좌절시키기 위해 미국은 아시아·태평양지역에서 미군 병력과 기지를 전면 재배치해 왔고 이러한 '공해전투'를 보완하기 위해 JAM-GC로 대체·보완한 것이라 할 수 있다.

2) 미·중의 남중국해·대만해협에서의 해양패권 경쟁

(1) 남중국해에서의 미·중 갈등

중국이 남중국해에 집착하는 '군사적' 배경은 여러 가지가 있을 수 있지만 남중국해는 중국의 다른 연안과 비교할 때 수심이 깊고 범위가 넓기 때문에 잠수함 작전에 최적화된 환경을 제공하기 때문이다. 예를 들어, 만약 미·중전쟁이 발발해 미국이 중국에 대해 핵탄두 장착 ICBM 공격을 하면 중국은 본토의 지상에서 반격을 시도하는 것보다 남중국해에서 SLBM으로 반격하는 것이 '안전'하고 '효과'적이기 때문이다.

지난 2013년 1월, 필리핀이 중재 신청한 남중국해 영유권 분쟁에 대해 2016년 7월 12일 헤이그 상설중재재판소(PCA)는 구단선을 내세운 중국의 영유권 주장은 법적 근거가 없다고 판결한 바 있다. 그러나 중국은 이 판결을 인정하지 않고 있다.[115] 지구촌 대다수 국가가 코로나-19와 전면전에 몰두하고 있는 사이 중국은 2016년 7월 상설중재재판소의 판결에 아랑곳하지 않고 남중국해 연안 국가들의 EEZ를 마음대로 드나들면서 이들 국가의 이익을 침해하고 있다. 이로 인해 국제사회의 강한 반발을 불러일으키고 있다. 미국은 '항행의 자유 작전'과 핵 항모전단 배치 등으로 이에 맞서고 있다. 남중국해 행동 규칙 체결의 마무리 협상은 2018년부터 본격적으로 시작되었으나 현격한 견해차로 인해 진전을 아직도 이루지 못하고 있다.[116]

미국과 동맹국들의 압박에도 중국은 2020년 들어 남중국해 등에서 활발한 군사활동을 전개하고 있다. 코로나-19 사태에서도 남중국해에서 중국의 공세는 계속되고 있다. 중국은 남중국해 대부분(80-90%)을 중국 영해라고 잘못 주장하고 있다. 예컨대

115) 홍성민(2019.7) 참조.
116) Bhavan Jaipragas, "Coronavirus grabs headlines, but South China Sea will be ASEAN's focus," *The SCMP*, June 25, 2020 및 정해문(2020.7.1), p. 2.

중국은 2013년 1월 필리핀이 중재 신청한 남중국해 영유권 분쟁에 대해 2016년 7월 12일 국제중재재판소가 중국이 주장하는 남중국해 9단선의 법적근거가 없다는 판결에도 이를 무시하고 베트남·필리핀·말레이시아 등 남중국해 연안국가들의 EEZ를 활보하면서 이들 국가들의 이익을 침해하고 있다.[117]

2019년 중순 중국 순시선이 자국 어선들을 호위해 북나투나해에 침입하면서 긴장이 고조되었다.[118] 인도네시아 정부는 주(駐)인도네시아 중국 대사를 불러 항의하고, 정식 외교서한을 발송한 데 이어 군함 8척과 전투기 4대를 나투나제도 주변에 배치하고 해상순찰을 강화했다. 중국 정부는 나투나제도 인근 해역에 대해 역사적 권리를 가지고 있고, 자국 어선들이 합법적이고 합리적인 활동을 해왔다고 주장했다. 이러한 상황 속에서 지난 2020년 1월 8일, 인도네시아 조코위 대통령은 중국을 견제하기 위해 전용기를 타고 보르네오섬 인근 남중국해 나투나제도를 방문하기도 했다.[119]

2020년 2월에는 남중국해에서 중국해군 함정이 필리핀 군함을 향해 사통레이다를 작동하는 사고가 발생했다. 이어서 3월에는 필리핀과 베트남이 함께 영유권을 주장하는 지형물에 중국이 두 개의 새로운 해양연구기지를 설립하여 활동을 개시했다. 4월 중순에는 중국 항공모함단이 해상훈련에 이어 4-5월 기간 중국 해양조사선 하이양 디즈 8호가 말레이시아의 대륙붕 내에서 말레이시아 시추선 웨스트카펠라(West Capella)호의 석유·가스 탐사활동을 방해하는 일도 계속되었다.[120]

베트남 어선 침몰 10일 후 중국은 논란 많은 지질조사선 하이양 디즈(海洋地质)-8 호를 지난 2019년에 이어 베트남 EEZ에 재배치했다. 연이어 중국은 남중국해 남사군도에서 필리핀이 실효적으로 지배하고 있는 가장 큰 섬인 티투(Thitu) 섬 주위에 해상민병대 함정 편대를 주둔시키고 미국 전략국제문제연구소(CSIS) 내 '아시아

---

117) James Stavridis, "A Cold War Is Heating Up in the South China Sea," *Blommberg*, May 22, 2020 및 정해문(2020.7.1), p. 1.

118) 지난 2017년 7월 남중국해를 벗어난 인도네시아의 북나투나해(North Natuna Sea)에서 대규모 중국어선단이 전통적 어장이라고 정당화하면서 불법 어로활동을 하다 발각되어 인도네시아가 조코위 대통령의 직접 지휘하에 군사력을 동원, 불법 중국어선단을 인도네시아 해역 밖으로 축출하는 일이 벌어졌다. 정해문(2020.7.1), p. 1.

119) 성혜미, "조코위 대통령, 남중국해 나투나제도 방문… 중국 견제," 『연합뉴스』, 2020년 1월 8일.

120) 정해문, 『전게서』, p. 3.

해상투명성 구상(Asia Maritime Transparency Initiative)'에 의하면, 하루 평균 18척의 해상민병대 선박이 배치되어 필리핀의 인프라 건설을 방해하기도 했다.[121]

지난 2020년 4월 2일, 중국 해안 경비정에 의한 베트남어선 침몰사고는 1년이 안 되어 중국에 의한 두 번째 베트남어선 침몰사고로서 미 국무부 대변인이 규탄 성명을 발표할 정도로 국제적 반향을 불러 일으켰다. 필리핀이 중국 해안 경비정에 의한 베트남어선 격침사건 이후 베트남에 대한 지지를 공개적으로 표명했다. 미국은 ① 항행의 자유 작전과 군사훈련, ② 동남아국가들과의 협력 강화 등으로 이에 대응했다. 지난 2020년 4월 16일부터 미 해군과 해병대는 중국의 지질조사선 하이양 디즈-8 호가 중국 해양경비대와 해상민병대 소속 경비정의 호위 하에 활동 중인 남중국해 해역 근처에서 F-35기와 훈련을 실시했으며, 그 직후 동일수역에서 호주군함 1척이 3척의 미 해군함정과 합류하여 합동군사훈련을 실시했다.

그 후 2020년 4월 23일 중국해군은 창설 71주년 기념일을 맞이하여 남중국해에서 시위하고 지난 2019년 9월 25일에 진수한 075형 강습상륙함(LHD) 1번함에 이어 4월 22일에 2번함 건조를 시작했다. 70주년 기념행사가 기상불량으로 해외의 언론관심을 받지 못해 중국해군력의 위상을 과시하지 못한 것을 71주년 기념일을 맞이하여 아세안 국가와 해양영유권 분쟁 해역인 남중국해에서의 해군력을 과시하며 힘의 우세를 보인 것으로 보인다.[122]

지난 2020년 4월 22일자 중국 관영 『Global Times(環球時報)』는 중국해군 Liaoning항모와 Shandong항모 2척이 다수의 055형 1만톤 규모의 구축함과 052D형 구축함을 항모전투단으로 구성하여 남중국해에서 대규모 해상훈련을 했다고 보도했다. 특히 『Global Times(環球時報)』는 "현재 중국해군이 과거 지역해군 또는 연안해군에서 대양해군으로 발전하는 과도기 단계에 있다고 평가하면서, 항모, 핵추진잠수함과 독자형 함재기를 운용하는 현대해군으로 발전하고 있으며, 첨단 군사과학기술을 접목한 고도의 전투력을 보이고 있다."고 보도했다.[123]

미국은 남중국해 영유권을 주장하는 동남아 국가들을 규합하기 위해 중국의 집

121) 『상게서』, pp. 2-3.

122) *Radio Free Asia*, April 21, 2020; *Sputnik News*, April 21, 2020; *Global Times*, April 22/23, 2020; *USNI News*, April 24, 2020 및 한국군사문제연구원, "중국해군 창설 71주년과 해군력 시위," 『뉴스레터』, 제743호 (2020년 4월 29일), p. 2.

123) 한국군사문제연구원(2020.4.29), p. 1.

요한 남중국해 도발에 대한 이들 국가의 분노를 활용하려 하고 있다. 지난 2020년 6월에 들어와서 미 핵추진항공모함 3척이 동시에 필리핀해와 그 주변 태평양해역을 순찰하면서 중국에 경고장을 날리기도 했다. 중국은 남중국해 연안 동남아국가들이 코로나-19와의 싸움에 집중하고 있는 중에도 전략적으로 중요한 남중국해 수역에 대한 패권을 계속 행사하고 있다.[124)]

중국은 지난 2020년 7월 1-5일 중국이 베트남 등과 영유권 분쟁을 벌이고 있는 시사군도 해역에서 군사훈련을 하기도 했다. 2020년 8월에는 대만이 실효 지배 중인 동사군도(Pratas Islands)에 중국군이 상륙훈련을 실시할 것이라는 보도도 나온 바 있었으나 실행에 옮겨지지는 않았다.[125)]

중국이 남중국해 일대도 동중국해처럼 방공식별구역(ADIZ)을 설정할 것이라는 언론 보도도 나오고 있다. 2020년 5월 31일 『South China Morning Post』에 따르면 중국인민해방군이 남중국해에 방공식별구역(ADIZ) 도입계획을 세우고 발표 시기를 저울질하고 있으며 남중국해 방공식별구역 선포는 미국과의 긴장을 더욱 고조시킬 것이라는 전망도 나오고 있다.[126)] 방공식별구역은 영공(領空)은 아니지만 다른 나라 비행기가 사전 통보 없이 이 지역에 들어가면 해당 국가는 전투기 등을 발진시켜 경고하게 된다.[127)]

미 해군은 지난 2019년에 남중국해에서 총 7차례 항행의 자유 작전을 실시했으며, 2020년 들어와서 6월 말 현재 5차례 '항행의 자유 작전'을 실시했다.[128)] 미·중은 2020년 7-8월 두 달간 '전쟁 같은 훈련'을 치렀다. 중국은 7월 1일 남중국해 서사군도에서 해상훈련을 시작했다. 미국은 즉각 Nimitz항모와 Ronald Reagan항모 두 척을 현장에 급파했다. 항모 두 척이 동시에 출동한 것은 2014년 이후 6년 만에 처음이다.[129)]

싼사시(三沙市)는 중국이 2012년 7월 남중국해상 남사군도와 서사군도, 중사군도의 인공섬, 암초, 환초를 관리하기 위해 만든 신생 행정도시로 우디섬(Woody Island)

---

124) 정해문, 『전게서』, p. 2.
125) 조의준·박수찬, "美 '중국 막아라'… 태평양에 군비 4조원 쏟아붓는다," 『조선일보』, 2020년 7월 4일.
126) 정해문, 『전게서』, p. 3.
127) 조의준·박수찬(2020.7.4), p. 17.
128) 정해문, 『전게서』, p. 3.
129) 박용한(2020.9.6).

에 시청사를 두고 있다. 중국은 2013년부터 인공섬에 남중국해에서 인공섬을 건설, 군사 요새화함과 동시에 해양경비대와 해상민병대를 육성하여 이들에게 남중국해 수역의 큰 권역에 대한 통제권을 부여했다. 인공섬은 사실상 이들 경비대와 민병대의 전진기지 역할을 하고 있다. 다른 연안국들은 중국의 밀어붙이기를 멈추게 하거나 그 속도를 늦추게 하기에는 역부족이다. 이러한 좌절감을 반영하듯 중국의 광활한 영유권 주장에 대해 베트남은 상설중재재판소에 소송을 제기하는 방안을 검토 중인 것으로 알려졌다. 이 소송은 2013년 필리핀이 중국을 상대로 제기하여 2016년 7월 승소한 소송과 유사할 것으로 전문가들은 내다보고 있다. 베트남은 또한 2020년 아세안 의장국으로서 또한 유엔안보리 비상임이사국으로서 다자무대에서 중국의 도발을 억제하는데 더욱 적극적인 역할을 하고 있다. 한편, 필리핀은 2016년 7월 상설중재재판소의 압도적으로 유리한 판결에도 불구하고 중국의 필리핀 국익침해 및 어로 활동 방해가 계속되자, 이 문제를 유엔총회 의제에 포함해 국제여론전에 호소하는 방안을 검토하고 있는 것으로 보도되고 있다.[130]

국제사회의 큰 이해관계가 걸린 남중국해 행동규칙(CoC) 체결의 마무리 협상은 2018년부터 본격 시작되었으나, 코로나-19사태로 연기되어 진전이 없이 지지부진한 답보상태에 처해 있다.[131] 중국이 요구한 ① CoC는 UN해양법협약 적용대상 아님, ② 남중국해에서 역외국가와 합동군사훈련은 협정당사국 모두의 사전동의를 받아야 함, ③ 남중국해에서 역외국가와 자원개발은 허용되지 않음이라는 세 가지 조건을 아세안 국가들이 수용할 수 없어 협상이 교착상태에 빠지게 된 것이다.[132]

중국이 요구한 CoC는 2016년 7월 상설중재재판소의 남해 9단선에 대한 판결을 무효화하고, 미국과 유럽의 영향력을 줄이려는 의도가 담겨 있다. 따라서 아세안 국가들은 중국측이 요구한 CoC 수용을 서두르거나 이와 관련해서 불리하게 타협함으로써 CoC 협상을 마무리할 필요가 없다고 진단하고 있다. 또한, 법적 구속력이 있는 합의 여부도 양측 간에 팽팽히 맞서는 쟁점이다. 아세안 국가들과 중국은 현재 현격한 입장 차를 줄여야 하는 어려운 협상에 직면해 있으며 아세안 국가들로서는 내부결

130) 정해문, 『전게서』, pp. 3-4.
131) 정재용, “중국, 아세안 회원국에 ‘남중국해 행동 규칙’ 협상 제의,” 『연합뉴스』, 2020년 8월 24일.
132) 정해문, 『전게서』, p. 4.

속을 강화하면서 연합전선을 유지해야 할 과제를 안고 있다.[133]

(2) 기타 해역에서의 긴장 고조

신냉전에 돌입한 미·중이 충돌하고 있는 지점은 한 곳이 아니다. 전술한 남중국해 외에도 2020년 한해 동안 군사적 충돌은 없었지만, 미·일 간의 센카쿠열도 분쟁이 지속되고 있는 동중국해가 있다. 중국은 남중국해 이외에 대만해협과 인도 등 국경을 맞댄 모든 전선에서 주권을 강하게 주장하며 충돌하고 있으며, 2020년 홍콩 문제와 관련해서도 충돌해왔는데, 예전과 다른 점은 중국이 미국의 존재를 개의치 않는다는 점이다. 중국해군은 지난 2020년 4월 두 차례 대만해협을 지나는 항공모함을 출동시켜 긴장감을 고조시키기도 했다.[134] 또한, 대만 언론에 따르면 중국군은 지난 2020년 6월 한달 동안 폭격기·전투기·수송기를 보내 총 8차례 대만 방공식별구역을 침범했다.[135]

대만해역에서 최근 미·중간 군사적 이동이 부쩍 증가하면서 우발적 충돌 우려마저 나오고 있다. 대만 『쯔유(自由)시보』에 따르면 '죽음의 백조'라 불리는 미군 B-1B 랜서(Lancer) 초음속전략폭격기 2대가 지난 2020년 5월 14일 대만 동부해역 상공에 출격했다. 민간항공 추적사이트인 '에어크래프트 스폿(Aircraft Spots)'에 따르면 5월 12일에도 B-1B 랜서 2대가 동중국해까지 진출했다. B-1B는 1, 4, 6, 8일을 포함해 5월에만 6차례 대만 동쪽해역까지 비행했다.[136]

3) 미·중 패권 경쟁의 전략 포석 전개 방향과 역내 국가에의 파장

(1) 미·중의 전략 포석의 전개 방향

중국은 세계 2위 경제 대국에 걸맞게 군사력, 특히 해군력을 세계 최강 미국에 버금가는 수준으로 끌어올려 대양으로 영향력을 넓혀가는 장기구상을 가지고 있다. 시진핑의 중국몽·강군몽(强軍夢) 구상에는 미국이 2014년부터 시작한 아시아·태평양 재균형 전략과 2015년 발표한 분쟁 개입 및 해양안보와 관련한 협력적 해양전략 및

133) 『상게서』, p. 4.
134) 서유진(2020.5.28).
135) 조의준·박수찬(2020.7.4), p. 17.
136) 윤완준, "美-中 무력시위 맞대결… 대만-남중국해, 거세진 신냉전 파고," 『동아일보』, 2020년 5월 16일.

'제3의 상쇄전략'에 의거한 전력증강, 일본의 안보법제 제·개정과 미·일방위협력지침 개정(2015.4), 일본의 집단자위권 행사를 위한 자위대법 확대(2015.9)가 강력하게 영향을 미쳤다고 볼 수 있다.

중국의 대외전략목표는 대국 위상 회복, 에너지 공급선 확보, 대만 문제해결, 외연 확장 및 인도양·태평양 진출이다. 따라서 중국 대륙에 대한 '접근거부능력'을 강화하고, 정밀타격능력을 향상하며, 핵 억지력을 강화하는 동시에 원거리 공정작전능력을 확충하고 있다. 이를 위해 1,000해리 해양감시, 500해리 해양거부(해·공군), 200해리 이내 해상봉쇄능력을 갖추기 위한 군사력 건설을 추진한다. 현재 대만 및 서해(황해) 해양봉쇄, 대(對)일본 분쟁지역 거부, 대(對)동남아 군사위협 능력을 구비하고 있다. 이러한 안보전략 기조 하에 중국은 2013년 11월부터 서사군도·남사군도 암초에 인공섬을 건설해왔다.[137]

이에 대해 동남아 영토분쟁 당사국과 미국·일본·EU는 "규범에 기초한 기존 질서를 흔드는 불법 군사화 활동"이라고 비난해왔다. 중국이 건설 중인 7곳의 인공섬은 완성단계에 있으며, 그 중 3곳에는 활주로와 병력 2,000여 명이 주둔할 막사가 건설되어 있다. 미국은 PCA 판결의 법적 구속력을 주장하면서 2015년 10월 26일 미 해군 구축함 Lassen함이 12해리 이내를 통과한 것을 시작으로 지금까지 계속 남중국해에서 항행의 자유 작전을 지속해 오고 있다. 중국은 지난 2018년 5월 '주권 보호와 안전상 필요한 조치'라며 인공섬 3곳(피어리 크로스, 수비, 미스치프 암초)에 최신예 미사일과 군사전파 교란 시설을 배치해 '항행의 자유 작전'에 맞대응한 바 있다.[138]

미국의 트럼프 행정부는 '힘을 통한 평화유지'라는 기조를 바탕으로 인도·태평양전략 등을 통해 동맹국 및 우방국과의 파트너십을 강화해왔다. 미국은 대중(對中)정책에 있어 완벽한 합의를 이루지는 못하고 있지만, 중국이 더 성장하기 전에 막아야 한다는 큰 방향성을 갖고 이에 대응하고 있다.[139] 군사적으로는 역내 군사력 우위를 유지하기 위해 첨단전력의 전진 배치, 핵·재래식 전력 현대화 및 미사일 방어체계 강화를 추진하고 있다.[140] 미·중 전략 포석의 전개 방향 및 파장은 다음과 같이 정

137) 홍성민(2019.7).
138) 『상게서』.
139) 한국생산성본부(2019.4.29).
140) 국가안보실(2018.12), p. 12.

리해 볼 수 있다.

첫째, 미국의 인도·태평양전략과 중국의 일대일로전략이 추상적인 지역 전략이 아니라 전략적 경쟁의 성격을 띠고 있음이 명확해지고 있다. 미국은 중국을 '규칙 기반 질서의 저해 세력,' '현상변경 세력'으로 명시하면서, 2017년의 『국가안보전략보고서』에서 규정했던 전략적 경쟁자보다 더 구체적으로 다루고 있다. 또한, 미국은 중국과의 경쟁을 피하지 않을 것이라는 점도 명확히 해왔다.[141)]

중국 역시 미국이 '시진핑 주석의 미래운명공동체 비전에 위해를 가하는 세력'이며 패권을 지향하고 있고 다른 국가들의 주권을 침해하고 일방주의적으로 무역 보복을 단행하고 자국의 이익만을 앞세우는 강대국이라는 것이다. 중국은 오히려 미국이기존의 국제 질서에서 탈퇴하고 국제 규범을 무시하는 세력이며 규칙 기반 질서를 저해하는 것은 오히려 미국이라고 비판한다. 웨이펑허 국방부 장관이 논하듯이 무역 경쟁, 대만, 남중국해 등 중국의 중요한 이익을 미국이 저해할 때 중국은 강력하게 미국에 저항할 것이라는 점을 강조한 바 있다.[142)]

둘째, 미·중 패권 경쟁이 무역 분야를 넘어 아직은 직접적 군사 충돌이 일어나지 않는 범위 내에서 모든 분야로 확산되고 있다.[143)] 펜스 부통령은 2018년 10월 4일 허드슨 재단 연설을 통해 중국의 전면공세를 지적한 바 있다. 펜스 부통령은 미국이 중국을 자유주의 국제 질서에 포용하고자 세계무역기구(WTO) 가입, 미국 시장 개방 등 다양한 노력을 기울였으나 여전히 권위주의를 유지하며 국민감시와 인권탄압 등을 시행한다고 주장한다. 펜스 부통령은 중국이 고관세 및 쿼터 유지, 환율조작, 기술이전 강요, 지적 재산권 절도, 외국투자자본 유치를 위한 산업보조금 지급 등 비(非)자유주의 정책을 지속했다고 비판한 바 있다. 더 나아가 국방력 강화를 통한 주변국 위협, 부채 외교를 비롯한 미국의 정치과정에 대한 개입, 문화, 학술 영역에서의 친중 영향력 강화 등 전방위 전략을 시행하고 있다고 주장하고 있다.[144)]

중국도 경제 무대에서는 미국의 일방주의적 보호무역 요구에 대응하면서도 미국

141) 하영선·전재성(2019), pp. 4-5.
142) 『상게서』, p. 5.
143) Ashley J. Tellis; Alison Szalwinski and Michael Wills, *Strategic Asia 2020: U.S.-China Competition for Global Influence*, The National Bureau of Asian Research, January 2020.
144) 하영선·전재성, 『전게서』, p. 5.

이 대결을 원한다면 끝까지 싸우겠다는 결의를 다지고 있다. 중국은 미·중 무역 협상에 관한 백서를 발간(2019.6.13)하여 미국의 관세 압박을 비판하는 한편, 장기적인 대응을 예고하고 있다. 일대일로 2차 정상 포럼에서 보듯이,[145] 중국은 한편으로는 국제적 비판을 수용하면서 참여국을 늘리고 더 많은 프로젝트 계약을 체결하여 시행하고자 노력하고 있다. 일대일로에 기존의 참가국뿐만 아니라 유럽국가로는 이탈리아가 참여의사를 새롭게 밝혔고, 20여 개 주변국과 통화 스와프를 체결했으며, 7개국과는 위안화 결제에 합의했고, 과학기술, 교육, 대외원조 등에서도 성과가 있었다고 발표했다.[146]

중국은 상대적으로 열세인 군사 무대에서는 '강군몽' 장기화를 모색하며 국방현대화를 추진하고 있으며, 대만, 남중국해, 동중국해 등 지역분쟁에 중국의 군사력을 투사하기 위해 항공모함 개발, 대함탄도미사일 개발, 초음속 비행체 개발 등의 첨단무기개발에 박차를 가하고 있다. 그리고 인류운명공동체라는 장기적 명분 외교를 강조하기 시작하고 있다. 그러나 미·중 경쟁은 모든 분야에서 같은 수준으로 진행되지는 않을 것이다.[147]

미·중의 경쟁 구도는 크게 세 분야에서 다르게 진행될 것으로 보인다. 우선 미·중 상호 간에 공동이익 또는 공동손해를 볼 수 있는 무역분쟁은 어느 한 국가의 일방적 승리로 끝날 수는 없다. 그러나 미국이 비대칭적 우위를 점하고 있는 군사 무대에서는 중국은 상당 기간 직접적 군사 충돌이나 대항을 회피하는 화평발전원칙을 지킬 것이다. 다만 미·중의 직접적 군사 대결로 확대되지 않는 범위 내에서 지역적 군사 긴장의 위험성은 충분히 상존한다. 그리고 미·중은 서로에 대해 상대적으로 우위를 점하고 있는 무대에서는 더욱 공세적인 자세를 취하게 될 것으로 보인다.[148]

(2) 미·중 패권 경쟁의 역내 국가로의 파장

경제력 및 국방력의 성장을 바탕으로 중국은 이 지역에서 미국과의 패권 경쟁에

---

145) 제2차 일대일로 포럼이 2019년 4월 25일부터 27일까지 베이징에서 열렸다. 포럼에 참석한 40개국 및 국제기구 지도자들은 포럼의 마지막에 6개 부문 283개 구체적 결과를 담은 공동 코뮈니케(Communique)를 발표했다. "Joint Communique of the Leaders," *Belt & Road News*, April 28, 2019.
146) 하영선·전재성, 『전게서』, p. 5.
147) 하영선·전재성, 『전게서』, p. 5.
148) 『상게서』, p. 5.

본격적인 행보를 내딛기 시작했다. 과거 도광양회(韜光養晦)의 입장에서 탈피하여 '신형대국관계론'을 주창하는 등 새로운 미·중 관계를 확립하고자 하는 의도이다. 문제는 이러한 중국의 외교전략 기조가 미국의 국가안보전략과는 양립하기 힘들다는 데 있다.149) 중국의 G2 부상과 함께 동북아 역내 국가 간의 전략 구도도 새로운 방향으로 변하고 있다. 미·중의 패권 경쟁의 본격화로 한반도와 동아시아의 안보환경이 급격히 변하고 있다.

미국의 국가안보전략의 궁극적 목표는 국제사회에서의 패권적 지위와 리더십의 유지에 있다는 것이 명확하다. 상대적 국력 약화라는 평가에도 불구하고, 미국의 이러한 전략적 목표는 쉽게 변하지 않을 전망이다. 한편, 중국 지도부는 중국을 핵심으로 한 동아시아 더 나아가 아시아·유라시아 지역 협력체를 건설하려고 시도할 뿐만 아니라 심지어 미국을 동아시아지역으로부터 축출하려 하고 있다.150) 그러므로 미·중 양국의 패권 경쟁의 과정과 결과는 동북아는 물론 한반도의 안보 환경 및 역내 국가들의 전략 구도의 변화에 직접적인 영향을 미칠 수밖에 없을 것으로 보인다.151)

미·중 관계의 변화에 대한 견해는 대략 두 가지로 정리할 수 있다.152) 하나는 미국의 상대적 쇠퇴에도 불구하고 미·중 간의 세력전이 현상이 일어나기는 어려울 것으로 예측하는 경우이다.153) 미국이 동아시아는 물론 세계적인 차원에서도 패권국의 지위를 그대로 유지할 것이라는 입장이다. 다른 하나는 중국의 압도적인 경제성장에 주목하며, 중국이 어느 시점에 이르러서는 미국 주도의 국제 질서를 재편할 것으로 전망하는 경우이다.154)

미·중 간의 경쟁이 과열되면서 아시아 국가들은 선택의 어려움을 겪고 있다. 샹그릴라 대화(2019.6.1.-2)를 주최한 싱가포르의 리센룽 수상은 기조연설에서 미·중의 본격적 대결의 막이 오르고 있다고 진단하면서 양국 간의 근본적인 신뢰 부족이 문제

149) 심세현, "21세기 동북아 전략구도의 변화와 한반도: 미·중 패권 경쟁과 한국의 안보전략," 『전략연구』, 제22권 제2호 (2015년), pp. 207-214.
150) 김재관, "미·중 양국의 패권 경쟁 심화와 상호대응 전략의 비교," 한국국제정치학회, 『국제정치논총』, 제46집 3호 (2006년), pp. 141-168.
151) 섬세현, 『전게서』, pp. 207-214.
152) 전재성·구민교 외, 『미·중 경쟁 속의 동아시아와 한반도』, (서울: 늘품플러스, 2015) 참조.
153) 데이비드 샴보(David Shambaugh) 지음, 박영준·홍승현 옮김, 『중국, 세계로 가다: 불완전한 강대국』, (서울: 아산정책연구원, 2014) 및 조지프 나이(Joseph S. Nye) 저, 이기동 옮김, 『미국의 세기는 끝났는가?』, (서울: 프리뷰, 2015).
154) 섬세현, 『전게서』, pp. 207-214.

를 악화시키고 있다고 주장한 바 있다. 아시아 국가들의 딜레마를 절감하면서 싱가포르와 같은 작은 나라들도 연대를 이루어 경제협력 심화, 지역통합 강화, 다자주의제도 건설과 같은 노력을 기울여야 한다고 역설하고 있다.155)

이러한 딜레마는 아시아 국가들 모두가 절실히 체감하고 있다. 미국의 인도·태평양 전략은 동맹과 전략적 파트너십을 강조하면서 미국의 막강한 군사력과 기술혁신을 바탕으로 이들 국가와 긴밀한 연대를 이루어가겠다고 주장하고 있다. 일본에 이어 한국을 언급하고 있는 『인도·태평양 전략보고서』(Indo-Pacific Strategy Report)(2019.6.1)는 한·미·일 3각 협력, 미·일·호 3각 협력, 미·일·인도 3각 협력도 차례로 명시한 바 있다. 중국 역시 아세안 국가들과 협력과 북핵 문제해결을 위한 한국과의 긴밀한 협력 등을 강조하면서 아세안 국가들과 공조를 이루어가고 있음을 강조하고 있다. 중국은 북한을 제외하고 동맹국이 있지는 않지만, 친성혜용(親誠惠容)의 정신에 따라 주변국에 위협을 가하지 않으면서 기회를 제공하고 평화로운 경제발전을 함께 이루겠다는 비전을 제시하고 있다.156)

미·중의 각축이 본격화되고 있지만, 양국 ① 모두 다른 국가들의 주권존중, ② 국제사회와 함께 만들어온 다양한 규칙의 준수, ③ 개방적이고 공정한 국제 경제질서의 수호 등을 강조하고 있다. 미국은 중국과의 경쟁을 피하지 않겠다고 주장하면서도 규칙에 기반을 둔 경쟁을 추구할 것이며 대결을 피하는 것을 중시한다는 뜻을 내비쳤고 중국 역시 미국이 다자주의에서 이탈할 때 자유주의 국제 질서를 수호하는 강대국이 되겠다는 견해를 누차 강조한 바 있다. 이러한 언급들이 적나라한 세력 경쟁의 합리화 논리에 불과할 수도 있지만, 이제 경제, 안보 아키텍처 건설에서 다른 국가들의 지지와 동의가 중요한 시대라는 점에는 의심의 여지가 없다.157)

미·중 양국이 서로를 비판할 때 자유주의 국제 질서라는 같은 비전을 기준으로 비판하고 있으며, 상호협력 가능성과 미래 신뢰 구축의 필요성을 인식하고 있다. 군사력과 동맹 및 파트너십의 지원 등 군사 분야, 무역분쟁과 환율, 그리고 기술혁신과 같은 경제·과학 기술 분야, 미국의 자유민주주의와 중국의 문명공동체 등 철학·이념 분야에서 경쟁하면서도 기존의 규칙을 원용한 경쟁을 강조하고 있다. 자유주의 국제

155) 하영선·전재성, 『전게서』, pp. 5-6.
156) 『전게서』, p. 6.
157) 『전게서』, p. 6.

질서의 구성 요소와 내용에 대한 미·중 간의 견해가 모두 같을 수는 없지만 적나라한 대결보다는 규칙에 근거하여 국제사회의 눈을 의식하고 있다는 점에서 기존의 세력전이와는 다른 양상을 보인다.[158)]

그렇지만 전쟁을 수반하는 세력전이가 일어날 가능성을 전혀 배제할 수는 없을 것이다. 강대국 패권 경쟁은 대부분 전쟁으로 귀결되는데, 15세기 이후 강대국 패권 경쟁은 분석사례 16건 중 12건이 전쟁으로 귀결되고 4건만 평화적으로 해결되었다. 미국의 정치학자 그래엄 앨리슨(Graham Allison)은 강대국 패권 경쟁은 대부분 전쟁으로 이어졌으며, '투키디데스의 함정'은 여전히 유효한 경구라고 역설했다. 21세기 미국과 중국 간의 갈등과 경쟁도 강대국 패권 경쟁의 역대 경로와 '투키디데스의 함정'을 벗어나지 못할 것이라는 우려가 제기되고 있다. 미국의 패권력과 대외전략 기조의 변동은 중국의 급부상과 맞물려 적어도 동북아 지역에서는 미·중 간 세력전이의 양상이 표출되고 있다.[159)]

중국은 3대 핵심이익 영역으로 ① 국가체제 유지(즉 공산당 일당지배와 사회주의 체제 보전), ② 주권·영토 보호(남중국해 내해 주장), ③ 국가통일 추구(대만 일국양제)를 내세우며 핵심이익 수호를 위해서는 전쟁 불사도 천명하고 있다. 그런데 중국이 핵심이익이라고 주장하는 센카쿠열도와 서사군도/남사군도는 각기 일본과 베트남/필리핀의 국가이익이기도 하며, 중국이 자국의 내해라고 주장하고 있는 남중국해는 항해자유권을 부르짖는 미국의 국익과 직결된 바다다. 미국이 동아시아에서 추구하는 궁극목표는 미국의 패권 유지로서 중국의 부상과 도전에 대한 대응이 최대과제다. 미국은 동 역내 패권 유지를 위해 미·중관계 관리 및 중국견제, 대만해협 안정과 대만 보호, 남중국해 항해자유권 고수, 북한 비핵화, 미·일동맹 유지와 강화, 자유·공정 무역 질서 구축 등을 주요 국가이익으로 설정하고 있다.[160)]

향후 미·중 격돌 시나리오와 패권 전쟁 가능성은 어떠한가? 미국과 중국의 격돌은 남중국해 우발충돌, 대만 문제 악화, 제3국 야기 분쟁, 북한 붕괴, 상호무역 보복 격화 등의 5가지 시나리오가 예상된다. 먼저 남중국해에서 일상적 정찰업무를 수

158) 하영선·전재성, 『전게서』, pp. 5-6.
159) 김동성, "미·중 패권 경쟁과 한국의 대응 전략," 『이슈&진단』, 제317호 (2018년 4월), pp. 1-34.
160) 『상게서』, pp. 1-34.

행하는 미 해군 함정과 영해권을 고수하는 중국 해양경비대 간의 우발적 충돌이 '상승 확전(Escalation Spiral)' 끝에 미·중 간 전면전으로 비화할 가능성이 있다. 미·중 간 패권 전쟁 가능성에 대해서는 전쟁 불가론과 전쟁 불가피론이 함께 제기되고 있다. 전쟁불가론자들은 미·중 간 국익의 충돌지점이 다수 존재하고 또한 세력전이가 일어나더라도, 미·중 패권 전쟁의 발발 가능성은 적다고 주장한다. 전쟁불가피론자들은 세력전이에 따른 국가간 전쟁은 모든 국가의 숙명이며 미국과 중국도 예외일 수는 없다고 반박하고 있다.[161]

향후 미국의 패권 지속은 현 동아시아 국제 질서가 큰 변화 없이 유지되는 경우로서 가장 가능성이 큰 전망이다. 미국은 지금처럼 동아시아의 가장 강력하고 가장 영향력 있는 국가로 존재하면서 역내 기존 질서 수호와 미국 국익의 관철에 주력할 것이다. 미국의 패권 지속에 대해 중국은 권토중래(捲土重來)를 다짐하면서 내부적으로는 미국의 인도·태평양전략을 따라잡기 위한 군사력 강화와 첨단무기개발, 외부적으로는 미국의 해양동맹 약화와 친중국 우호국의 확대를 위한 주변국 친선외교를 강화할 것으로 예상된다. 러시아는 미국 패권의 견제를 위해 이이제이(以夷制夷) 차원에서 중국과의 전략적 협력관계를 유지하고, 일본은 중국의 세력 확장 저지라는 측면에서 미국 패권 지속을 반기면서 단계적·점증적으로 자체 군사력을 강화할 것으로 예상된다.[162] 미·중 해양패권 경쟁과 주변국의 전략적 행보의 파장을 고려하여 한국의 외교적·군사 전략적 대응·대비가 중요한 시점이다.

제4절 결 론: 2021년 전망 및 한국의 대응 방향

1. 2021년 전망

미국의 트럼프 행정부는 '힘을 통한 평화(Peace through Strength)유지'라는 기조를 바탕으로 인도·태평양전략과 자유항행의 해양질서를 통해 동맹국 및 우방국과

161) 『상게서』, pp. 1-34.
162) 김동선, 『전게서』, pp. 1-34.

의 파트너십을 강화했다. 미국은 군사적으로는 역내 군사력 우위를 유지하기 위해 첨단전력의 전진 배치, 핵·재래식 전력 현대화 및 미사일 방어체계 강화를 추진하고 있다. 또한, 중국은 러시아와 전략적 협력을 강화하고, '일대일로'에 기반한 새로운 안보·경제협력 메커니즘 설립을 꾀하고 있다. 더불어 신속 대응 및 원거리 투사능력 확대, 우주·사이버 역량 강화, 해·공군력 현대화 추진 노력을 지속하고 있다.[163)]

조 바이든(Joe Biden) 민주당 후보의 대통령 당선에 따라 2021년 미·중 패권의 전개 방향 전망(강도, 형태 등), 2021년 역내 해양안보 구도 전망(갈등우세, 협력우세 등), 역내 국가들과의 해양안보 협력 등은 다소 달라질 것으로 전망된다. 하지만 바이든의 다중정책은 트럼프 대통령의 대중정책과 방법론에서의 차이를 보일 뿐, 미국 우위의 국제질서 유지라는 목적은 거의 같다고 볼 수 있다. 즉 다자주의와 동맹 관계, 그리고 가치 외교 측면이 지금보다 수단적 차원에서 강화될 것으로 예측된다.[164)]

시진핑 주석은 조 바이든 미국 대통령 당선인에게 축전을 보낸 후 바이든 행정부가 도널드 트럼프 행정부의 대중 포위구상이었던 인도·태평양 전략(미·일·인·호 Quad 개념)을 버리고 이전의 아시아·태평양 전략(경제협력 함축 개념)으로 돌아올 것을 촉구했다.[165)] 하지만 향후 바이든 행정부에서도 중국의 남중국해에서의 인공섬이 유지되고 중국의 일대일로전략이 지속되는 한 남중국해 등에서의 미·중 해양패권 경쟁은 지속할 것으로 예상된다.

향후 미·중 갈등은 최소 30년 이상 지속될 것으로 보인다. 시진핑이 2050년까지 '중국몽'을 이루겠다고 했는데, 2049년이 중화인민공화국 100주년이 되는 해이기도 하다. 중국 중심의 세계 질서의 회복을 건국 100주년에 이룩하겠다는 의미로 볼 수도 있다. 향후 민주당의 바이든 행정부도 해양패권 경쟁은 지속하고 새로운 정책 및 전략을 세우더라도 우선 정확한 상황 판단과 문제의 심각성을 인지하는 시간을 가진 후 추진하게 될 것이다. 미·중 갈등은 단순히 트럼프 행정부의 일시적이고 제한

---

163) 국가안보실(2018.12), p. 12.

164) 정구연, "2020년 미국 대선과 민주당의 미·중관계 인식," 한국해양전략연구소, 『KIMS Periscope』, 제200호 (2020년 7월 11일), p. 1. 다자주의와 다자협력(multilateral cooperation)은 전혀 다르다. 바이든이 적극적으로 추진할 것으로 예상되는 '뜻을 같이하는 민주주의 국가들(like-minded democracies) 간의 연합'이 다자주의라면 이것은 국제기구를 중심으로 한 전통적 의미의 다자협력과는 거리가 있는 것이다.

165) 권지혜, "中 매체 "인도·태평양 버리고 아시아·태평양으로: 시진핑, 바이든에 축전 보낸 후 '미·중 관계 복원' 여론전 펼쳐," 『국민일보』, 2020년 11월 27일.

적인 현상이라고 보기 어렵기 때문이다.[166)]

항모와 관련해서 Shandong함이 취역함에 따라 중국해군은 Liaoning함과 역할 분담을 하면서 특히 남중국해와 대만해역에 배치함은 물론 세계 곳곳에서 중요할 때에 항모가 모습을 드러낼 것으로 예상된다. 중국은 또한 Shandong함보다 더 현대화된 '002함'의 건조를 이미 시작했으며 이와 별도로 4번째 항모 건조도 이르면 2021년에 시작할 예정이다.[167)] 2025년 이후 새로 건조될 핵추진항모는 기존의 스키점프식 함재기 이륙방식이 아닌, 함재기를 더욱 신속하게 이륙시킬 수 있는 전자기 사출기 함재기 이륙방식을 채택할 것으로 관측되고 있다. 한편, 중국은 함재기로 J-15 한 기종만 사용하고 있는데, 인민해방군 해군은 미국의 F-35C보다 전투능력이 다소 뒤처지는 스텔스 전투기의 변형인 FC-31과 J-20 전투기 중 하나를 함재기로 개발할 예정이다.[168)] 11척의 핵 항모를 보유한 미국에 비하면 중국은 아직 초기 단계지만, 특히 지난 2018년 일본의 항공모함 보유 공식화 선언이 제기된 이후 '항모굴기'를 향한 중국의 발걸음은 분명 더욱 더 빠른 행보를 보일 전망이다.[169)]

미 의회조사국(CRS)은 2020년 3월 18일 발행한 중국해군 보고서를 통해 잠수함을 포함한 중국해군 함대가 2020년 360척에서 2025년 400척, 그리고 2035년에는 425척으로 늘어날 것으로 예상했다. 반면, 미 해군은 2020년에 297척을 보유하고 있을 뿐이다. 하지만 미 해군함정이 총배수량 면에서는 여전히 중국을 앞서고 있다.[170)]

중국의 항모굴기는 미국과의 태평양 패권을 둘러싼 대결을 염두에 두고 있다. 중국은 사실상 미국에 이어 세계 최강의 항모 전력을 갖춘 대양해군 국가로 부상해 미국의 아시아·태평양전략과 관련해서 큰 위협이 될 것으로 보인다.[171)] 중국이 2030년까지 4척의 항모전단을 구성하고, 일본도 2023년에 최첨단 전투기를 탑재한 항모 운항을 시작할 경우 한국은 해양전력 불균형을 고민해야 할 처지에 처하게 될 수도 있는바 이에 대한 대비가 요구된다.

---

166) 하지나, "미·중 신냉전 구도 속 고심 커지는 한국," 『이데일리』, 2020년 5월 27일.
167) 심재훈(2019.12.17).
168) *South China Morning Post*, February 2, 2019 및 차병섭, "中, 2035년까지 핵추진항공모함 4대 건조할 것," 『연합뉴스』, 2019년 2월 6일.
169) 문예성, "불붙는 동북아 항모 경쟁…. 日 항모 보유 공식화 vs 中 항모 굴기," 『뉴시스』, 2018년 2월 23일.
170) 최현호(2020.5).
171) 심재훈, 『전게서.

중국해군의 팽창주의에 대한 우려가 커지고 있는 상황에서 더 적극적으로 대응해야 할 미 해군이 코로나-19 확산으로 지휘부의 리더십 부재를 보인다거나 심지어 항모를 11척에서 9척으로 줄이려는 움직임도 있어서 중국해군은 더욱 힘의 우위를 보이려고 시도하고 있다는 논평도 나오고 있다.[172]

미국은 2021년에도 그리고 그 이후에도 상당 기간 외교·군사·경제 분야에서 초강대국의 지위를 유지할 것이다. 지역별로는 다극화 추세를 보일 것으로 전망되는 가운데 주요 국가들 사이에 협력과 경쟁이 심화됨으로써 국제 질서는 더욱 복잡해질 것으로 보인다. 특히 미·중의 전략적 이해가 교차하는 동아시아지역에서는 경제적으로 상호의존성이 높아지는 한편 미·중 무역분쟁이 격화되고 있다. 역내 국가들 사이에 안보 분야 협력이 더딘 상황에서 미·중 전략경쟁을 넘어 군사·기술의 패권 경쟁이 표면화·노골화됨에 따라 지역 질서의 불안정성이 심화할 가능성도 상존한다.[173]

일본은 미·일 동맹 기반 하에 미국과 해양·우주·사이버 등 광범위한 분야에서 안보협력을 강화하는 한편, 국방예산 증액과 첨단전력 개발 등을 통해 군사력을 강화하고 있다. 일본은 호위함인 Izumo함을 F-35B 스텔스 전투기를 탑재하는 항모로 개조하는 방안을 추진 중이며,[174] 일본은 해자대의 원거리 작전능력 확보를 통해 미국의 '인도·태평양전략'을 필히 지원할 것이다. 향후 일본이 중국의 해양팽창을 저지하기 위해 역내에 해자대 전력을 능동적으로 투사할 경우, 동아시아 바다에는 작지 않은 격랑이 일 것으로 우려된다.[175] 러시아는 우크라이나와 시리아 사태 등 주요 국제문제에 개입하는 등 강대국으로서의 위상과 역할을 회복하기 위해 노력하면서 군사력의 현대화를 적극적으로 추진하고 있다. 이러한 주변국들의 영향력 확대 노력과 군비경쟁은 우리 안보 비용을 증대시키고, 동아시아 협력과 북핵 문제해결에 걸림돌로 작용할 수 있으므로 적절한 대응책을 마련할 필요가 있다.

미·중 해양패권의 원인인 중국의 해군력 팽창이 미치는 영향과 함의는 무엇인가? 첫째, 서태평양지역에서 힘의 공백이 예상되며 그 자리는 중국해군이 차지하려는 힘의 이동이 발생할 것이다. 중국 항모뿐만 아니라 다수의 055형 함이 제2도련선

172) 한국군사문제연구원(2020.4.29), p. 2.
173) 국가안보실(2018.12), p. 12.
174) 박수찬(2019.8.10).
175) 김덕기, "일본 '방위력정비계획'과 해상자위대 전력증강 동향," 『KIMS Periscope』, 제147호 (2019년 1월 21일), p. 2.

너머 태평양 전반, 심지어 대서양까지 작전 영역을 넓힌다면 미 해군은 이를 추적하기 위한 전력 재배치를 심각하게 고민하지 않을 수 없을 것이다. 이는 대만을 비롯한 핵심지역에서 미 해군이 이탈한다면 중국 관점에서 전략적으로 가치 있는 투자라고 생각할 수 있다. 이는 인도·태평양 너머 영향력을 확대하려는 중국 정책에도 부합하는 것으로, 중국해군의 행동반경 확장은 미 해군의 관심을 서태평양 밖으로 돌리는 현상이 가속화 될 것이다.176) 북극해 빙상 실크로드 전략도 그러한 하나로 볼 수 있다.

둘째, 향후 중국은 더욱 공세적인 해양정책을 전개할 것이다. 이는 현재의 중국 해군이 보유하고 있는 전력과 압도적인 생산력에 기초하여 예상해 볼 수 있다. 미 해대 연구자료에 따르면, 일부 서방 전략가들은 필요할 때 중국이 전략목표 달성을 위해 수상함 전력을 기꺼이 희생시킬 수 있다는 점에 주목해야 한다고 강조한 바 있다. 중국이 막대한 생산능력을 바탕으로 손실된 전력을 재빠르게 회복할 수 있기 때문이다.177)

셋째, 중국의 공세적 행동에 따라 아시아 지역에서 해양을 둘러싼 갈등과 불안은 더욱 심화될 것이다. 이미 남중국해에서 미국의 '항행의 자유 작전'은 중국과 크고 작은 갈등을 일으키고 있다. 중국이 주장하는 남해 9단선을 둘러싼 영유권 다툼은 필리핀·중베트남·중인도네시아 등 주변국과 첨예하게 대립하고 있으며, 일본과 갈등 중인 센카쿠열도 문제도 향후 그 향방을 예측하기 힘들다. 또한, 중국의 공세적 정책은 주변국의 해군력 증강을 부추길 수밖에 없을 것이다. 즉, 이러한 다양한 갈등의 불씨에 중국의 공세적 행보가 지속된다면 계획적이든 우발적이든 물리적 충돌 또한 충분히 있을 수 있을 것으로 예상된다.178)

2. 한국의 대응 방향

미·중 패권 경쟁에 대한 한국의 대응 방향은 외교적 대응 방향, 군사적 대응 방향, 과학·기술적 대응 방향으로 구분하여 정리해 볼 수 있을 것이다.

---

176) 정재영(2020.5.11), p. 3.
177) 정재영(2020.5.11), p. 3.
178) 『상계서』, p. 4.

1) 외교적 대응 방향

조 바이든 후보의 대통령 당선으로 다소의 변화가 예상되기는 하지만, 지난 2020년 8월 31일 스티븐 비건 미 국무부 차관이 미국·일본·호주·인도의 4각 협력체 Quad를 거론한 바 있어 이보다 확대된 Quad Plus에 한국의 참여를 요청할 가능성도 있다. "고래 싸움에 새우 등 터진다."라는 속담처럼, 미·중 대결의 불길이 한국에도 옮겨붙을 수 있는바 이에 대한 대비가 요구된다.[179]

한국은 자신의 안위를 위해 미국 및 중국과의 협력이 필요하므로 한국의 전략적 선택은 신중하고 유연해야 한다. 무엇보다 한국은 한국 자신의 외교적 위상과 레버리지를 강화하고 이를 기반으로 미·중관계를 설정하고 대외전략을 추진할 수 있어야 한다.[180] 미·중 패권 경쟁은 한반도의 평화와 안정은 물론이고, 미래 통일한국의 준비과정에서도 부정적 영향을 미치고 있다. 따라서 이에 대처하기 위하여 한국의 외교는 다음과 같은 전략을 추진하는 것이 중요하다.

첫째, '안미경중(安美經中)', 즉 안보는 미국과의 동맹, 경제는 중국과의 협력이라는 정책 기조를 점진적으로 보완해 나가야 한다. 안미경중이 한계에 봉착할 가능성에 대비하여 신중하면서도 점진적인 극복 방안도 함께 모색해 나가야 한다. 코로나-19 책임 공방으로 촉발된 미·중 갈등이 신냉전 구도로 확전되는 움직임을 보이면서 전통적 동맹국과 신흥경제 대국 사이에 위치한 한국 군사 외교에도 비상등이 켜졌다. 바이든 행정부가 들어서면 트럼프 행정부보다는 압박이 더 적어질 것으로 기대되지만, 현재 미·중이 이미 우호 세력 확보에 나선 가운데, 한국에 대한 압박 역시 거세지고 있는 바 이에 대한 우리의 대응책 마련이 요구되는 상황이다.[181] 미국은 한국의 오랜 동맹국이다. 특히, 북한 비핵화 문제가 교착상태에 있지만 절망적인 상태로 보기는 어렵다. 문재인 정부가 남북협력사업을 추진하려는 상황에서 대북제재의 열쇠를 쥐고 있는 미국과의 협조는 불가피한 상황이다.[182]

둘째, 한미관계와 한중관계를 부정적 상관관계로 인식하지 말고 양자를 함께 발

179) 박용한(2020.9.6).
180) 박창권, "미·중의 지역 내 패권 경쟁 가능성과 우리의 전략적 선택 방향," 『전략연구』, 통권 제57호 (2013년 3월), p. 193.
181) 하지나(2020.5.27).
182) 『상게서』.

전시켜 나가는 윈윈전략을 추진해 나가야 한다. 그러면서도 위협 분산을 위해 서로 반대되는 전략을 동시에 조합하는 헤징 전략(Hedging Strategy)도 요구되는 상황이다.[183] 한국은 한미동맹의 유지·강화와 함께 중국과의 신뢰 구축을 위한 협력도 인내심을 가지고 지속해 나가야 한다. 그렇지만 한국은 이어도 및 서해 수호와 같은 국가안보를 위해서라면 중국과 반대편에 서서 싸울 수도 있다는 일관되고 확고한 입장도 중국에 보여주어야 한다. 중국의 한국 핀란드화 기도의 미연방지, 중국의 전술적 오판 억제, 그리고 한미동맹과 한중관계 간의 딜레마의 극복 등을 위해서는 이러한 입장이 필요하며, 또한 이러한 입장을 가질 때 한국의 운신의 폭도 확장될 수 있는 것이다.[184]

셋째, 중견국들과 연대하여 제3세력을 형성함으로써 미국과 중국에 영향력을 행사할 수 있는 레버리지를 확보하는 것이 필요하다. 이러한 견지에서 한국의 신북방·신남방정책은 작지 않은 의미를 담고 있다. 한국 정부는 미국의 남중국해에서의 '항행의 자유 작전'으로 야기되는 분쟁이 우리의 국가경제와 안보에 부정적인 영향을 미칠 수 있음을 인식하고 평화적으로 해결되도록 협력해 나가야 한다.

넷째, 미·중 패권 경쟁의 인질이 되지 않기 위해서는 남북관계의 개선도 중요하다. 그리고 마지막으로 힘이 지배하고 있는 국제관계에서 한국의 영향력을 증대시키기 위해서는 독자적 외교·안보·통일 역량도 점증적으로 강화해 나가야 할 것이다.[185]

문재인 정부는 미국 정부와 중국 정부로부터의 점증하는 압력에도 불구하고, 여전히 중국의 일대일로와 미국의 인도·태평양전략 중 어느 하나에도 공식적으로 참여하지 않고 있다. 그 대신에 '신남방정책'이라는 중립적인 정책을 도입·추진해오고 있다. 문재인 정부는 중국의 일대일로와 미국의 인도·태평양전략 중 어느 하나에만 공식적으로 참여하기보다는 신남방정책이라는 중립적인 정책을 통해 한국과 미·중 양국 간의 공통 관심사를 가진 분야에서의 전략적 기능에 의한 참여를 독려해오고 있으며, 두 강대국과의 협력을 동시에 추진·강화해오고 있다. 한국의 이러한 전략은 서로

183) 이석수, "미·중 경쟁과 중간국가의 '생존전략' ② 일본: 日의 궁극목표는 '정상 국가'가 아니라 '독자적 군사 대국'," 『여시재』, 2019년 9월 19일.
184) 정호섭, "지키자 이 바다 생명을 다하여!," 『월간조선』, 2017년 5월호 참조.
185) 변창구(2016), p. 193.

경쟁하는 두 강대국을 상대하여 ‘중추국가’(Pivot State)가 취하는 전형적인 균형 전략으로 볼 수 있다.[186)]

2) 군사적 대응 방향

해군은 해양과 관련해서 중요한 전·평시 임무를 맡고 있다. 즉, 전시 임무는 ① 해양통제, ② 전력투사, ③ 해상교통로(SLOC) 보호를 들 수 있다. 또한, 평시 임무는 ① 전쟁 억제, ② 국가 주권 및 해양권익 보호, ③ 대외정책 및 국위 선양이 바로 그것이다. 향후 해군 간 군사 교류 및 해양안보 협력 증진은 물론 우리 정부의 신남방정책과 방산 수출 지원 등을 바다에서 힘으로 뒷받침해 주는 역할 수행의 주체는 바로 우리 해군임은 새삼스럽게 말할 필요조차 없다. 우리 해군은 정부의 대외정책 및 국위 선양, 해양권익 보호, 해양안보위협 대응을 해군력으로 뒷받침해 나가야 한다. 우리 해군은 전·평시 임무를 통해 우리의 주권과 해양권익을 수호하고 해양위협을 억제·방어할 수 있는 해군전력을 강화해 나가야 할 것이다.

중국의 해양력 증대위협에 대한 한국해군의 전략적·군사적 대응 방안은 다음과 같이 정리해 볼 수 있다.

첫째는 한국 해양전략의 지속적 발전과 해군력의 강화이다. 절대적·상대적 해양통제의 이원적 접근에 의한 해군력 증강이 바로 그것이다. 즉, 한국은 세계무역 보장을 위한 ‘대양(Open Sea)지향적 해양전략’을 바탕으로 하되, 대북 해군력 우위 확보를 위한 ‘절대적 해양통제’ 능력의 구비와 함께 제한된 해양(Confined Sea)에서는 ‘상대적 해양통제’ 능력증대를 복합적으로 적용하는 이원적 접근에 의한 해군력 증강이 요구된다.

우리 해군의 청해부대 임무 구역은 아덴만 해역에서 호르무즈해협으로 확장되었다. 임무 구역이 약 3.5배 확장되었으며, 청해부대 왕건함(4천 4백톤급)은 지난 2020년 2월 말부터 이 새로운 임무에 돌입했다. 향후 청해부대 임무 구역 확장에 따른 장기적 정책적 대비가 요구된다. 미국이 주도하는 국제해양안보구상(IMSC: International Maritime Security Construct)에 참여하지 않고 독자적으로 임무를 수행하기로 했음에도 불구하고 청해부대의 능력이 매우 제한적이라는 사실을 고려할 때, 정보 파악

---

186) 박용수, “미·중 패권 경쟁과 문재인 정부의 대응 전략,” 『한국동북아논총』, 제25권 제1호 (2020), p. 5.

및 상황 발생 때 대응을 위해서는 미국과의 협력이 중요하다.[187]

대양해군과 관련해서 원해작전능력 강화 및 주변국에 대한 방위충분성전력의 보강차원에서 국방부(해군)가 추진하는 다목적 대형수송함(3만톤급 경항공모함) 건조를 차질 없이 이행해 나가야 할 것이다.

둘째는 미국과의 연합전력 및 지상군·공군·해경과의 합동성 및 상호운용성의 강화이다. 한미동맹은 오로지 북한의 남침을 막아주는 것으로만 생각하기 쉽지만, 한미동맹조약에 의하면 한미동맹은 '외부로부터 공격'이 있을 때 작동하게 되어있다. 미국의 연합전략과 함께 해양전력이 지상군 전력과 합동으로 연안에 군사력을 투사하고 해경과도 합동성 및 상호운용성을 강화해 나갈 수 있는 능력을 갖추어 나가야 한다. 한국이 처한 지정학적·지경학적 현실을 고려할 때 한국은 한미동맹을 유자·강화해 나가면서도 중국과의 경제·외교 관계를 꾸준히 발전시켜 나갈 수밖에 없는 위치에 있다고 할 수 있다.

따라서 우선 한국은 한미연합방위태세를 더욱 공고히 함으로써 중국이 한미동맹을 이간하거나 적대 행동을 하는 것을 단념하도록 해야 한다. 안전한 해상교통로의 이면에는 어떤 해상위협에도 대처할 수 있는 해군의 전투준비 태세가 존재하기 때문이다. 평시 해군과 해병대 신속 기동부대, 또는 육·공군 특수부대 간의 합동훈련을 통해 언제 어디에든 긴급 출동하여 부여된 임무를 수행하는 기동능력을 구축한다면 해양에서의 다양한 도발에 쉽게 대처할 수 있기 때문에 이들 간의 합동성 및 상호운용성을 강화해 나가야 한다.

끝으로 안정된 해양통과 보장을 위한 다자간 해양협력에의 참여이다. 즉, 해상교통로의 자유로운 통과를 보장하는 '해양통과(Sea Access)' 능력을 구축하면서 한국국적 선박의 국제해협과 운하에서 안정된 해양통과를 보장하기 위한 지역 내 다자간 '해양협력'에 주도적으로 참여하는 것이 바람직하다고 할 수 있다.[188] 1972년 미국과 소련이 체결한 '공해상에서 충돌 예방을 위한 협정'이 현재 한국과 러시아 그리고 러시아와 일본 간 체결되어 동아시아 해양안보에 긍정적인 역할을 하고 있다. 역내

187) 박창권, "청해부대 임무 구역 확장에 따른 정책적 고려 요소," 『KIMS Periscope』, 제192호 (2020년 5월 1일), p. 2.

188) 윤석준, "21세기 한국 해양전략과 해군력 발전," 한국국제정치학회·한국해양전략연구소 공편, 『21세기 해양갈등과 한국의 해양전략』(서울: 한국해양전략연구소, 2006), pp. 342-351.

국가들도 동 협정을 체결하면 공해상에서 군사적인 충돌을 예방하는 긍정적인 효과가 있을 것으로 보인다.[189]

3) 과학기술적 대응 방향

우리나라가 미·중 패권 경쟁에 따른 강대국 정치의 위험성(Risk)에 효과적으로 대응하려면 외교·군사·안보·무역·경제·사회·교육·과학기술 분야에서 미국과 중국의 정책변화를 정확히 이해하고, 이를 바탕으로 중·장기적인 견지에서 포석해야 한다. 특히, 우리나라가 자력으로 할 수 있는 것을 철저히 준비해야 한다. 예를 들면 과학기술의 경쟁력을 확보하는 것이다. 인공지능 시대에 미·중 간의 기술전쟁이 치열하게 전개되고 있는바, 우리나라가 이 분야의 경쟁력을 확보하는 것이 미·중 갈등에 휘말리지 않고 우리의 길을 가는 데 매우 중요하다.[190]

중국이 우리나라와 밀접하게 연관되어 있어 중국의 적극적인 해군력 증강 또는 팽창은 당장 이웃 나라인 우리나라에도 적지 않은 파장과 시사점을 주고 있다. 서해 및 남해상의 중국해군 활동 증가와 관련된 해양분쟁 고조 가능성, 해양경계획정, 중국어선의 불법 조업 등 해양 관련 다양한 현안도 산재하여 있다. 한·중 간 직접적인 해양문제뿐만 아니라, 미·중 패권 경쟁에 휘말릴 가능성도 얼마든지 있다. 중국의 해군력 증강 및 공세적 운용에 미리 대비하지 않으면 향후 서태평양지역뿐만 아니라, 당장 우리 주변 바다에서조차 중국의 공세적 확장에 끌려다닐 수밖에 없는 상황에 놓일 수도 있다. 특히, 해군력은 단시간 내 준비하고 육성할 수 있는 문제가 아니다.[191] 해군 스스로 노력하여 장기적인 안목에서 국가적인 정책지원뿐만 아니라, 국민적인 동의와 지지는 물론 작은 국가지만 미·중을 움직일 수 있는 이스라엘과 같은 경쟁력 있는 과학기술력(4차 산업혁명기술을 포함한) 창출이 필요하다.

교병필패(驕兵必敗)라는 말이 있다. 중국해군의 급속한 증강에 대비하는 과정에서 '중국산(Made in China)'이라는 막연한 과소평가는 절대 금물이다. 지나친 과대평가로 막연한 공포와 불안감을 조성하는 것도 문제지만, 그 반대는 훨씬 더 큰 문제라

189) 김덕기, "미국의 항행의 자유(Freedom of Navigation) 작전과 동아시아 해로안보," 『한국해양안보포럼 E-저널』, 제17호 (2016년 12월 17일).
190) 박영환(2019.4.26).
191) 정재영(2020.5.11), p. 4.

할 수 있다. 군은 태생적으로 전투와 전쟁이라는 최악의 상황에 대비해야 하는 집단이다. 향후 중장기적인 견지에서 볼 때 ① 서태평양 해역 힘의 공백 차지를 위한 중국해군의 힘의 이동 발생 가능성, ② 더 공세적인 중국의 해양정책 전개, ③ 중국의 해양력(해군력을 포함한) 팽창적 증강에 따른 아시아 해양갈등 불안정성의 증대 등과 관련해서 한국은 다각적·종합적 대비책 마련을 위해 중지와 역량을 모아 나가야 할 것이다.

힘이 강해지고 빠르게 회복할 수 있는 능력이 생기면, 그 힘을 사용하고자 하는 경향과 타인을 지배하고자 하는 욕구를 불러일으키기 마련이다. "강자는 할 수 있는 것을 당연히 할 수 있고 약자는 무슨 일을 당하든 견뎌야 한다(The strong do what they can, the weak suffer what they must)."[192] 기원전 416년 "자연법에 따라 누구든지 할 수 있다면 지배하려 들 것이다. 이 법은 우리가 만든 게 아니라 우리에게 힘이 생겼을 때 저절로 알게 된 사실이다."라고 펠로폰네소스 전쟁 중 강대국 아테네인들이 상대적 약소국인 멜로스인들을 힘으로 협박하고 굴복시킨 역사적 사실은 오늘날 국제정치사회에서도 여전히 유효하다.[193]

192) "Siege of Melos," *Wikipedia*, 23 October 2020.
193) 정재영(2020.5.11), p.3.

참고문헌

강소영. "'탈(脫)미국' 중국 러시아와 '제한적 밀월' 산업협력·군사기술 공유." 『뉴스핌』, 2020년 9월 2일.

계동혁. "미군의 새로운 전략: 육해공 구분 없이… 전투력 집중해 순식간에 끝낸다." 『유용원의 군사세계』, 2019년 12월 17일.

구민교. "미·중간의 신해양패권 경쟁: 해상교통로를 둘러싼 '점-선-면' 경쟁을 중심으로." 『국제·지역연구』, 제25권 제3호 (2016년 가을호).

국가안보실. 『문재인 정부의 국가안보전략』, 2018년 12월.

권지혜. "中 매체 "인도·태평양 버리고 아시아·태평양으로: 시진핑, 바이든에 축전 보낸 후 '미·중 관계 복원' 여론전 펼쳐." 『국민일보』, 2020년 11월 27일.

길윤형. "미국, '하나의 중국' 원칙까지 건드리나." 『한겨레』, 2019년 6월 8일.

김강녕. 『세계 속의 한국: 외교·안보·통일』, 경주: 신지서원, 2013.

김경민. "일본 항모에 대응하려면 한국형 항모전단 필요하다." 『중앙일보』, 2020년 1월 3일.

김계환. "중, 지부티에 항모 정박 가능 첫 해외 해군기지 확보." 『연합뉴스』, 2020년 5월 19일.

김덕기. "미국 해군정보국 보고서를 통해서 본 중국해군: 개괄적 함의." 한국국방연구원, 『주간국방논단』, 제1590호(15-43) (2015년 10월 26일).

_______. "미국의 항행의 자유(Freedom of Navigation) 작전과 동아시아 해로안보." 『한국해양안보포럼 E저널』, 제17호 (2016년 12월 17일).

_______. "일본 '방위력정비계획'과 해상자위대 전력증강 동향." 『KIMS Periscope』, 제147호 (2019년 1월 21일).

_______. "미·중·러 극초음속 무기경쟁과 미국의 대응 전략에 관한 연구." 『군사논단』, 통권 제102호 (20년 여름호).

김동성. "미·중 패권 경쟁과 한국의 대응 전략." 경기연구원, 『이슈&진단』, 제317호 (2018년 4월).

김성한. "미·중 간 '전략경쟁' 속에서의 한국의 선택." 박철희·정재호·김성한. 『미·중 전략경쟁과 한국의 선택』, Global Strategy Report No.2020-02. 서울대학교 국제학연구소, 2020.

길윤형. "미국, '하나의 중국' 원칙까지 건드리나." 『한겨레』, 2019년 6월 8일.

김재관. "미·중 양국의 패권 경쟁심화와 상호대응 전략의 비교." 한국국제정치학회. 『국제정치논총』, 제46집 3호 (2006년).
데이비드 샴보(David Shambaugh) 지음, 박영준·홍승현 옮김. 『중국, 세계로 가다: 불완전한 강대국』. 서울: 아산정책연구원, 2014.
매일경제. 『매경시사용어사전』, 2020년.
문예성. "불붙는 동북아 항모 경쟁... 日 항모 보유 공식화 vs 中 항모 굴기." 『뉴시스』, 2018년 12월 23일.
박성규. "美에 맞설 해군력 키운다…中, 4번째 항공모함 건조 추진." 『연합뉴스』, 2019년 11월 28일.
박수찬. "동북아 해양패권 경쟁…불붙은 '항모 보유론.'" 『세계일보』, 2019년 8월 10일.
박영환. "안민포럼: 美·中 패권 경쟁과 한국의 선택." 『뉴시스』, 2019년 4월 26일.
박용수. "미·중 패권 경쟁과 문재인 정부의 대응 전략." 『한국동북아논총』, 제25권 제1호 (2020년).
박용한. "미·중 첨단무기 남중국해 총집결… 전쟁땐 美 승리 장담 못한다." 『중앙일보』, 2020년 9월 6일.
박창권. "미·중의 지역내 패권 경쟁 가능성과 우리의 전략적 선택방향." 『전략연구』, 통권 제57호 (2013년 3월).
-------. "청해부대 임무구역 확장에 따른 정책적 고려요소." 『KIMS Periscope』, 제192호 (2020년 5월 1일)
박희준. "동북아 해군력 증강 경쟁-③ 중국의 A2AD전략." 『아시아경제』, 2014년 7월 30일.
변창구. "미·중 패권 경쟁과 한국의 대응 전략." 한국통일전략학회, 『통일전략』, 제16권 제3호 (2016년).
서유진. "인도·남중국해 사방에서 흔드는 中…'이젠 美 신경 안 쓰는 듯.'" 『중앙일보』, 2020년 5월 28일.
성혜미. "조코위 대통령, 남중국해 나투나제도 방문…중국 견제." 『연합뉴스』, 2020년 1월 8일.
심세현. "21세기 동북아 전략구도의 변화와 한반도: 미·중 패권 경쟁과 한국의 안보전략." 『전략연구』, 제22권 제2호 (2015년).
안광수. "트럼프 행정부와 시진핑 정권의 갈등과 한국의 해양안보." 『한국해양안보포럼 E저널』(2017년 5월 29일).
-------. "한국 해양안보의 주요쟁점과 정책방향." 『한국해양안보포럼 E-저널』, 2016년 7월 5일.
안용현. "이러다 美·中 바둑판 '돌' 된다." 『조선일보』, 2020년 7월 1일.
에듀윌 상식연구소 편저. 『에듀윌 시사상식』, 2018년 7월호.
에듀윌 시사상식연구소 편저. 『에듀윌 시사상식』, 2020년 1월호.

SPN 서울평양뉴스 편집팀. “인도·태평양을 둘러싼 미·중의 포석 전개와 한국의 4대 미래 과제.” 『SPN 서울평양뉴스』, 2019년 6월 12일.
유현정. “시진핑 2기 중국의 한반도 정책과 우리의 대응 방향.” 『INSS 전략보고』, 2018-04 (2018년 7월).
윤석준. “21세기 한국 해양전략과 해군력 발전.” 한국국제정치학회·한국해양전략연구소 공편. 『21세기 해양갈등과 한국의 해양전략』, 서울: 한국해양전략연구소, 2006.
_______. “중국의 3번째 항모로 본 위협.” 『유용원의 군사세계』, 2019년 12월 30일.
윤완준. “美-中 무력시위 맞대결… 대만-남중국해, 거세진 신냉전 파고.” 『동아일보』, 2020년 5월 16일.
이석수. “미·중 경쟁과 중간국가의 ‘생존전략’ ②일본: 日의 궁극 목표는 ‘정상국가’가 아니라 ‘독자적 군사대국.’” 『여시재』, 2019년 9월 19일.
이선호. 『고대병법·현대전략』, 서울: 팔복원, 1995.
이우탁. “미·중 패권 경쟁과 한반도: 하와이 斷想.” 『연합뉴스』, 2020년 2월 12일.
이일우. “차이나 인사이트: 항모 킬러 대 요격 미사일…남중국해 화약고가 뜨겁다.” 『중앙일보』, 2019년 1월 22일.
이장훈. “중국의 ‘움직이는 군사기지’, 항모 2척이 서해를 휘젓고 다닌다.” 『동아일보』, 2019년 8월 31일.
_______. “미·중 남중국해 무력충돌 임박 알리는 신호들.” 『주간조선』, 제2624호 (2020년 9월 7일).
이재현. “미 국방부 ‘인도·태평양 전략 보고서’ (2019) 평가: 미국의 위협인식과 인도·태평양에서 한국의 자리.” 『KIMS Periscope』, 제162호 (2019년 6월 21일).
이춘근. “트럼프시대 미국 해군력 현황과 전망.” 『Strategy 21』, Vol. 20, No. 1 (Spring 2017).
임수환. “동북아 해양패권 경쟁에 대한 이론적 고찰: 신현실주의와 신자유주의 시각을 중심으로.” 평화문제연구소, 『통일정책연구』, 제23권 제2호 (2011년).
전재성·구민교 외. 『미·중 경쟁 속의 동아시아와 한반도』. 서울: 늘품플러스, 2015.
정구연. “2020년 미국 대선과 민주당의 미·중관계 인식.” 『KIMS Periscope』, 제200호 (2020년 7월 11일).
정삼만. “미국의 ‘진행형’ 동아시아 군사력 재균형 전략과 해양안보 딜레마.” 『2014-2015 동아시아 해양안보 정세와 전망』, 서울: 해양전략연구소, 2014년.
정욱식. “슬기로운 미·중 경쟁 대처법: 미·중경쟁 시대, 좌고우면 말고 ‘No’라고 말해야 한다.” 『프레시안』(2020.9.10).
정재영. “중국해군의 055형함 건조에 따른 함의 분석.” 『KIMS Periscope』, 제193호 (2020년 5월 11일).
정재용. “중국, 아세안 회원국에 ‘남중국해 행동규칙’ 협상 제의.” 『연합뉴스』, 2020년 8월 24일.

정재흥. "차이잉원 총통 재선이후 양안관계 향방." 세종연구소, 『세종논평』, No.2020-05 (2020년 1월 21일).

정해문. "코로나 사태와 남중국해 긴장." 『KIMS Periscope』, 제199호 (2020년 7월 1일).

정호섭. "지키자 이 바다 생명을 다하여!" 『월간조선』, 2017년 5월호.

조경란. "중국식 천하주의를 받아들일 수 있겠는가." 『중앙일보』, 2019년 3월 12일.

조의준·박수찬. "美 '중국 막아라'… 태평양에 군비 4조원 쏟아붓는다." 『조선일보』, 2020년 7월 4일.

조지프 나이(Joseph S. Nye) 저. 이기동 옮김. 『미국의 세기는 끝났는가?』, 서울: 프리뷰, 2015.

차병섭. "中, 2035년까지 핵 추진 항공모함 4대 건조할 것." 『연합뉴스』, 2019년 2월 6일.

China Watch. "중국 핵항공모함 2척 2025년 전후 진수: '2030-35년 사이 항모 5-6척 체제 구축' 전망." 2020년 7월 11일.

최현호. "355척 목표 달성의 어려움에 처한 미 해군." 『월간 국방과 기술』, 2020년 5월호.

하영선·전재성. "인도·태평양을 둘러싼 미·중의 포석전개와 한국의 4대 미래과제." 『EAI 특별논평 시리즈』, 2019년.

하종대. "사드 보복은 중국의 커다란 전략적 실수." 『동아일보』, 2017년 3월 27일.

하지나. "미·중 신냉전 구도 속 고심 커지는 한국." 『이데일리』, 2020년 5월 27일.

한국군사문제연구원. "중국해군 창설 71주년과 해군력 시위." 『뉴스레터』, 제743호 (2020년 4월 29일).

한국군사문제연구원. "중국해군의 지부티 해군기지 확장과 함의." 『KIMA 뉴스레터』, 제759호 (2020년 5월 26일).

_______. "미국의 강대국 간 '정보감시·정찰 경쟁' 대비방안." 『KIMA 뉴스레터』, 제773호 (2020년 6월 15일).

한국평화재단. "미·중 전략경쟁의 심화와 한국의 길." 『평화재단 현안진단』, 제239호 (2020년 8월 28일).

홍성민. "美·中 충돌의 서막 '남중국해 전쟁.'" 『신동아』, 2019년 7월호.

"미국 극초음속 무기체계 비행시험준비: 2023년 실험용 시제품 목표." 『국방일보, 2020년 2월 10일.

"A2/AD." 『나무위키』(검색일: 2020년 7월 2일).

"2020중국국방력보고서." 『위키백과』(검색일: 2020.11.19).

"자유롭고 열린 인도 태평양." 『위키백과』(검색일: 2020.4.7).

한국생산성본부. "'미·중 패권 경쟁과 한국의 대응 전략'주제 CEO 북클럽 개최." 『한국일보』, 2019년 4월 23일.

国务院新闻办公室.『中国武装力量的多样化运用』, 2013年 4月 15日.

Ashley J. Tellis; Alison Szalwinski, and Michael Wills. *Strategic Asia 2020:*

U.S.-China Competition for Global Influence. The National Bureau of Asian Research, January 2020.

Bhavan Jaipragas. "Coronavirus grabs headlines, but South China Sea will be Asean's focus." *The SCMP*, June 25, 2020.

Brad Lendon. "Coronavirus may be giving Beijing an opening in the South China Sea." CNN, April 7, 2020.

Congressional Research Service, Intelligence. *Surveillance and Reconnaissance Design for Great Power Competition*, June 4, 2020.

Hannah Beech. "U.S. Warships Enter Disputed Waters of South China Sea as Tensions with China Escalate." *The New York Times*, April 21, 2020.

James Stavridis. "A Cold War Is Heating Up in the South China Sea." *Blommberg*, May 22, 2020.

Office of the Secretary of Defense. *Military and Security Developments Involving the People's Republic of China 2020: Annual Report to Congress*, September 1, 2020.

Sydney J. Freedberg. "Army Sets 2023 Hypersonic Flight Test: Strategic Cannon Advances." *Breaking Defense*, March 19, 2019.

U.S. Department of Defense. *Summary of the 2018 National Defense Strategy of the United States of America,* 2018.

United States. Army Training and Doctrine Command. "U.S. Army in Multi-Domain Operations 2028." December 6, 2018.

USNI News. "Report to Congress on Intelligence, Surveillance and Reconnaissance for Great Power Competition." June 7, 2020.

Wilson, Jacob, "Distributed Lethality Requires Distributed (Artificial) Intelligence." US Naval Institute, October 2018.

Wolf, Amy F. "Conventional Prompt Global Strike and Long-Range Ballistic Missile Background and IsSues." *CRS Report R41464,* February 14, 2020.

"Joint Communique of the Leaders." *Belt & Road News*, April 28, 2019.

"Proliferation Security Initiative." *Wikipedia*, 1 April 2020.

"Siege of Melos." *Wikipedia,* 23 October 2020.

East Asia Forum, May 17, 2020.

Forbes, May 10, 2020.

Global Times, April 22/23, 2020.

International Policy Digest, April 6, 2020.

"Naval Strike Missile." *Wikipedia*, 11 October 2020.

Radio Free Asia, April 21, 2020.
South China Morning Post, February 2, 2019.
Sputnik News, April 21, 2020.
USNI News, April 24, 2020.

제6장
동아시아 해양갈등과 해양신뢰구축

반길주(KIMS 선임연구위원)

제1절 서 론

'갈등'과 '신뢰'는 안보 스펙트럼의 양극단에 위치한다. 근본적 갈등이 해결되지 않기에 신뢰가 어렵고, 신뢰가 없으니 갈등해결도 쉽지 않다. 그렇기에 신뢰구축은 한 번에 이룰 수 없다. 갈등의 배경과 양상을 면밀하게 파악하여 서서히 단계적으로 신뢰구축 환경을 조성해야 하는 것이다. 특히 동아시아 해양은 갈등의 메커니즘이 내재화되어 있어 신뢰의 공간조성에 여지가 많지 않다. 동아시아 해양갈등은 한반도 주변 해역, 동중국해, 남중국해뿐만 아니라 해양 상공의 영역에서도 전개되고 있다. 해양갈등이 국가안보를 위협하는 지대가 되고 있다는 의미이기도 하다.

국가안보는 크게 두 가지 축으로 달성될 수 있다. 첫째, 억제전략이다. 억제는 상대방이 도발 시 이익보다 손해가 많다는 인식을 심어주어 군사력을 함부로 사용하지 못하도록 하는 전략이다. 억제달성을 위해 3Cs - 능력(Capability), 신뢰성(Credibility), 전달(Communication) - 을 동원하는데, 이는 상대방의 오판을 줄이기 위한 조치다. 그럼에도 불구하고, 상대방은 자신의 능력을 과신하거나 무력사용 시 발생할 손해가 차지할 수 있는 이익보다 적다는 오판의 소지는 충분히 존재한다. 이 경우 안보의 빈틈이 발생하고 만다. 억제전략만으로 국가안보를 달성할 수 없는 사태에 직면할 수 있는 것이다. 억제의 틈새를 보완하기 위한 전략이 필요한 이유다.

둘째, 빈틈 보완전략으로 '신뢰구축' 전략이 필요하다. 신뢰구축은 상대방을 믿을 수 있어 대화에 나서는 것이 아니고 믿을 수 없는 소지가 많아서 군사적 갈등으로 이어질 수 있으니 이를 막자는 데서 출발한다. 신뢰가 없으면 양자 모두가 군사적 충돌을 원치 않는 상황에서 오판 혹은 오인을 하여 전쟁으로 격화될 수 있는 위험성이 있다. 따라서 소통, 정보교환을 통해서 오판과 오인을 줄이려는 시도가 신뢰구축전략이다.

2020년 동아시아 해양안보에서 가장 두드러진 것은 '신뢰구축'의 역학은 위축되고 '갈등'의 역학은 심화되었다는 점이다. 이런 현상의 원인으로 크게 두 가지를 지목할 수 있다. 첫째, 미·중 패권 경쟁을 들 수 있다. 미국과 중국은 모두 동아시아 해양안보에 크게 영향을 미치는 핵심 행위자다. 그런데 2020년 미·중 패권 대결 구도심화로 동아시아 해양안보도 불안해졌다. 중국은 2020년을 패권 도전의 기회라 여기며 남중국해 영향력 강화에 전면적으로 나섰다. 기존 패권국 미국은 이런 중국이 아시아의 지역 패권국으로 등장하지 못하도록 봉쇄 수위를 강화했다. 2020년 5월 21일 미 백악관은 『대중국 전략적 접근 보고서(United States Strategic Approach to The People's Republic of China)』를 의회에 제출하면서 중국이 경제·가치·안보 모든 측면에서 미국에 위협이 되고 있다는 점을 분명히 했다.[1)]

두 번째 요인으로 코로나-19 사태를 들 수 있다. 미국은 코로나-19의 가장 큰 피해국이 되면서 국제 리더십 부재현상이 나타났다. 패권국의 국제정치 안정의 역할이 사라지면서 갈등이 우후죽순으로 부상했다. 특히, 보건문제로 미국 국내사정이 어려워지면서 국제정치 질서관리에 공백이 발생하고 서태평양 해역을 담당하는 함정에서 코로나가 발생하면서 전력운영 및 작전집행에도 차질이 발생했다. 중국은 미국의 하드파워 운영상의 공백을 남중국해와 대만해협에서 영향력을 강화할 틈새로 판단하여 항모전투단 현시(Presence)작전으로 대미 강압작전을 시행했다.

1) U.S. White House, "United States Strategic Approach to The People's Republic of China,"May 2020, https://www.whitehouse.gov/wp-content/uploads/2020/05/U.S.-Strategic-Approach-to-The-Peoples-Republic-of-China-Report-5.20.20.pdf(검색일: 2020.5.27).

나아가 코로나-19로 국가 간 소통단절 현상이 나타났다. 각국은 속속 국경의 장벽을 높였고 여행 및 이동금지 행정명령도 내렸다. 미 국방부는 3월 현역과 공무원 등 3백만 명의 국방인력에 대해 6월 30일까지 '이동금지명령(sweeping stop-movement order)'을 내렸다. 한편, 5월에 접어들어 미 행정부가 격리완화조치를 시행하자 에스퍼 미 국방장관은 5월 26일 이동금지명령을 해제하는 조치를 단행하기도 했다.[2] 하지만 코로나-19 치료약 및 백신개발이 지체되면서 평소와 같은 이동 및 해외여행은 힘든 상황이 지속되었다. 신뢰구축을 위해서는 소통, 대화, 접촉 등 상호왕래하는 과정이 필수적이다. 그런데 코로나-19로 국경이 폐쇄되면서 새로운 신뢰구축조치 구상은 불가능해졌을 뿐만 아니라, 2020년 기계획되었던 신뢰구축을 위한 각종 훈련과 회의도 취소 혹은 축소되었다. 코로나-19로 인해 소통의 위축이 극명하게 나타난 가운데 G20 화상 정상회의 등 극히 일부 회의체만 가동되었다.

이처럼 2020년은 미·중 패권 경쟁이라는 구조적 변수 외에 코로나-19발 인간안보의 부상이라는 돌발적 변수로 인해 갈등의 역학은 심화되고 신뢰구축의 역학은 얼어붙었다. 이러한 상황적 인식에 기초를 두고 본 장에서는 해양갈등 현황 및 해양신뢰구축 개념을 개관한 후 상기 두 가지 변수가 역내 "갈등-신뢰구축"의 역학에 어떠한 영향을 미쳤는지 살펴보기로 한다. 이러한 통찰을 통해 2021년 갈등 및 신뢰구축 전망을 진단한다.

제2절 동아시아 해양갈등 양상 및 해양신뢰구축의 역할 개관

1. 동아시아 해양갈등 양상

동아시아는 해양영역이 절대이익의 공간으로 기능해왔다는 특징이 있다. 해양경계가 모호해서 선점의 공간으로 기능하기도 했지만 북방한계선(NLL: Northern Limit Line)처럼 실질적으로 기능하여 온 해상경계선 해역에서도 군사적 도발이 지속되어왔다. 이는 해양이라는 공간이 힘으로 이익을 쟁취할 수 있는 역학이 자리를 잡고 있다

2) U.S. Department of Defense, "Fact Sheet-Travel Restrictions," May 26, 2020.

는 의미기도 하다. 이처럼 동아시아 해양은 지키려는 자와 빼앗으려는 자의 충돌역학이 지속되고 있다. 동아시아 해양갈등은 크게 세 해역으로 나누어 살펴볼 수 있다.

먼저 한반도 주변 해역을 들 수 있다. 이곳은 해양주권, 해양 주도권 경쟁 등 해양갈등에서 나타나는 모든 유형의 갈등이 집결되어있는 해역이다. 우선 서해 NLL은 6·25전쟁 이후 한반도가 분단국가이자 마지막 냉전지대임을 지속적으로 상기시켜 주는 곳이라 할 정도로 군사도발로 인해 해양갈등이 격화된 곳이다. 1953년 8월 30일 마크 클라크 UN군사령관이 유엔사 함정·항공기의 우발적 이북 월선을 막고자 일방적으로 설정했던 NLL에 대해 북한은 별다른 이의를 제기하지 않았다. 그런데 1970년대 들어 북한은 소위 서해사태를 일으키며 NLL 침범을 시작했고 이러한 도발은 1, 2차 연평해전, 천안함피격사건으로까지 이어졌다. 나아가 북한은 1970년대 해상군사경계선, 1999년 조선 서해해상 군사분계선, 2004년 서해 해상경비계선 등 명칭을 조금씩 바꾸어오면서 서해 NLL 무력화를 시도하여 왔다.[3] 2018년 남북 군사당국 간 맺어진 '9·19 군사합의'를 통해 서해 NLL의 긴장도 다소 완화된 측면도 있으나 2019년 11월 25일 서해 창린도 해안포 사격훈련에서 보듯이 서해 NLL에서의 해양갈등은 현재 진행형이다. 북핵·미사일 능력도 지속 고도화되는 가운데 2020년 10월 10일 조선노동당 창건 75주년 기념식에서 '북극성-4형'으로 명명된 신형 SLBM까지 공개하는 등 바다를 이용한 북한의 군사능력도 강화되고 있다.

동북아 해역에서는 해양경계 모호성에 기인한 해양갈등 요소가 잠재되어 있다.[4] 우선 일본은 독도 분쟁화를 위해 법률전과 외교전을 지속하고 있고 한국은 실효적 지배강화를 위해 독도방어훈련 등 적극적 조치를 이어가고 있다.[5] 중국은 한국의 이어도 종합해양과학기지를 실효적 지배로 인정하지 않고 있기에 해상민병의 잠재적 공

3) 서해 NLL 관련 북한의 주장 변화에 대한 논문은 김동엽, "북한의 해상경계선 주장 변화와 남북군사협상: 북한의 '서해 해상경비계선'을 중심으로," 『통일문제연구』, 제31권, 제2호 (2019), pp. 39-72 참고.

4) 해양경계 모호성에서 오는 딜레마와 이를 해결하기 위한 해양신뢰구축조치에 대한 연구는 반길주, "해양경계 모호성의 딜레마: 동북아 방공식별구역의 군사적 충돌과 해양신뢰구축조치," 『아세아연구』, 제63권, 제2호 (2020), pp. 175-205.

5) 법률전은 국내·외의 법을 전략적으로 이용해 자국에게 유리한 환경을 구축하기 위해 벌이는 비물리적 전투로 대표적으로 중국은 심리전, 여론전과 함께 법률전을 '삼전'에 포함시켜 활용하고 있다. 중국이 한국을 대상으로 삼전을 적용한 사례는 반길주, "중국의 물리전과 비물리전 동시구사 전략: 중국의 서해상 항모작전과 한국에 대한 삼전의 적용," 『군사논단』, 제95호 (2017), pp. 217-241.

세지대로 불안한 상황이 지속되고 있다. 해양경계 미획정도 해양갈등의 불씨로 남아 있다. 한·일, 한·중간 EEZ 경계협상은 진척 없이 공회전하고 있다. 이런 해양경계 미획정 환경은 해양 영향력 강화의 동기를 촉발시킨다. 일본과 러시아는 쿠릴열도 4개섬(일본명 북방영토)을 두고 해상분쟁의 강도가 심화되고 있다. 즉, 동북아에서 해양이라는 공간은 한국, 일본, 러시아, 중국 등 핵심 행위자가 모두 치열한 대결을 벌이는 격전지라 할 수 있다.

한·일 간 7광구 공동개발 문제도 교착상태에 빠져있다. 1974년 한·일 양국이 맺은 7광구 공동개발 협정은 1978년 발효되었다. 그 후 1979년부터 1987년까지 7광구에서 7개 공구를 뚫었지만 1985년 국제사법재판소가 대륙붕의 경계를 대륙연장선이 아닌 육지로부터의 거리로 바꾸면서 일본은 공동개발에서 조금씩 손을 떼기 시작한 후 2001년에는 탐사중단을 선언했다. 1974년 협정에서 일방이 개발하지 않으면 다른 일방도 개발할 수 없다는 조항에 따라 한국은 독자개발을 할 수 없는 상황에 있다. 그런데 이 한·일 대륙붕 협정기한이 2028년으로 종료되기에 일본이 국제법 판계를 들어 7광구에 대한 관할권을 선포할 가능성이 있어 해양갈등의 화약고가 될 가능성이 높다.[6)]

동중국해 해양갈등도 지속되고 있다. 우선 일본과 중국은 센카쿠열도(중국명 댜오위다오)를 두고 해양갈등을 벌여오고 있다. 2010년에는 이런 갈등이 중국어선 선장 체포, 중국의 일본의 희토류 수출중단이라는 양상으로까지 전개된 바 있다.[7)] 동중국해는 해양상공에서도 갈등이 심화되는 곳이다. 방공식별구역(ADIZ: Air Defense Identification Zone)이 이런 갈등의 중심에 있다. 중국은 2013년 11월 23일 동중국해에서 주변국과의 상의없이 일방적으로 중국의 ADIZ(CADIZ)를 선포했다. 이에 당시 척 헤이글 국방장관을 필두로 미 행정부는 중국의 이러한 행보를 기존 국제 질서를 변경하려는 시도라며 우려를 표명했다. 중국의 ADIZ가 한국의 이어도, 일본의 센카쿠열도를 포함하기 때문에 한국과 일본은 이를 심대한 해양위협이라 인식했다. 이에 한국은 12월 8일 한국의 ADIZ(KADIZ) 확장을 선포했다. 이런 형세 속에서 한국, 중국, 일본의 ADIZ가 일부 중첩되는 상황에 처했다. 이런 갈등역학이 창출되면서 중

6) "7광구, 일본이 공동개발 낀 배경엔… 한·일협력위 입김," 『중앙일보』, 2019년 8월 7일.
7) 중국의 대일본 희토류 수출중단은 회색지대 강압의 일환이라 평가된다. 반길주, "동북아 국가의 한국에 대한 회색지대전략과 한국의 대응 방안," 『한국군사』, 제7권 (2020), p. 53.

국, 러시아, 일본, 한국 군용기가 중첩된 ADIZ에서 서로 작전적으로 충돌하는 상황에 놓였다. 중국, 러시아 군용기는 KADIZ를 수시로 무단 진입하고 있고 한국은 전투기를 보내 퇴거작전을 벌이고 있다. 2019년 7월 23일에는 중국과 러시아가 동시에 KADIZ를 무단진입하는 과정에서 러시아가 독도 영공까지 침입하자 한국 전투기가 경고사격까지 하는 등 갈등이 격화되는 양상이다.

남중국해는 동아시아 해양갈등 양상이 가장 급박하게 전개되는 곳이다. 중국은 남중국해 내해화를 위해 1953년 구단선을 지정한 후 실효적 지배를 위해 다양한 조치를 시행해왔다. 대표적인 사례로 남사군도(Spratly Islands)와 서사군도(Paracel Islands)의 암초를 인공섬으로 바꾸어 전략기지화하는 프로젝트를 들 수 있다. 2001년 하이난섬 사건, 2009년 미 해양조사선 임페커블 활동방해 사건 등 역사적으로 군사적 긴장감을 높였던 해역도 이곳이고 현재는 미국의 항행의 자유 작전과 중국의 거부작전이 충돌하는 중심지대이기도 하다. 국제사회의 우려에도 불구하고 중국은 남중국해 관할권 강화를 위해 법적·제도적 정비를 통한 법률전과 무력 현시를 통한 강압을 동시에 전개하고 있다.

대만해협의 해양갈등도 심화되고 있다. 중국은 대만을 주권문제라 인식하며 외부세력의 개입을 원천적으로 차단하기 위한 조치를 강구하고 있다. 1996년 친미 대만정부가 미국과 협력을 강화하자 중국은 무력으로 대만을 위협하는 대만위기가 발생한 바 있다.[8] 당시 중국은 항모전투단 등 미국의 최첨단 해군력에 무릎을 꿇는 치욕을 경험한 바 있다. 이후 중국은 대만에 대한 영향력 강화를 위해 해군력 신장에 매진한 결과 2012년에는 랴오닝 항공모함, 2019년에는 산둥 항공모함을 취역시켰다. 현재 중국은 이러한 항모 전력을 대만해협과 남중국해에 투입하여 미국 견제에 나서고 있다.

이처럼 한반도, 동중국해, 남중국해, 대만해협은 상대이익의 역학이 가동되며 얻는 자와 잃은 자의 구분이 확연히 드러나는 충돌지대로 기능하고 있다. 따라서 물리적 억지에 기반한 군사력 중심의 대응이 심화되고 있다. 하지만 동아시아 해양에서의 갈등은 물리적 억지만으로는 해결할 수 없다. 우선 군사력 없이 해양이익을 지켜낼 수 없다는 각국의 인식은 어찌 보면 당연하지만 모든 국가들이 군사력을 유일한 해결

8) 반길주, "미·중 패권전쟁의 충분조건 분석: 결정론적 구조주의 하계 보완을 위한 행위적 촉발요인 추적," 『국제정치논총』, 제60집, 제2호 (2020), pp. 26-27.

수단으로 인식하면 그만큼 해양갈등이 확전될 위험성도 높아진다. 군사력은 증강되지만 안보 불안은 오히려 더 심화되는 딜레마에 놓이게 되는 것이다. 물리적 억제도 중요하지만 심리적 억제도 필요하다. 심리적 억제는 신뢰구축을 통해 오인과 오판을 방지하여 불필요한 군사적 충돌을 최소화하는 데 주안을 둔 접근법이다.

2. 해양신뢰구축의 역할

억제는 상대방에게 유사시 군사력을 사용할 수 있다는 의지와 그러한 능력이 있다는 신호를 줌으로써 안보를 달성하려는 조치다. 반면 신뢰구축조치(CBM: Confidence Building Measures)는 군사력 운용을 최소화하거나 비군사적 방법으로 상대방과 공식·비공식적 접촉 및 소통을 통해 불확실성을 최소화함으로써 안보를 달성하려는 정치적·군사적 조치다.[9] CBM은 유럽의 경제적·정치적 통합과정에서 군사적 신뢰구축이 중요한 역할을 하면서 주목을 받았다. 1970년 헬싱키 프로세스에서 시작된 신뢰구축의 노력이 1980년대 스톡홀름 협약, 1990년 유럽재래식무기감축협정(CFE)으로 이어져 결실을 맺었다. 2011년에는 비엔나 문서(Vienna Document 2011)를 통해 검증과 사찰 조치까지 포함되며 신뢰구축이 강화되었다.

CBM은 일방적, 쌍무적, 다자적 방법이 있다. 2018년 남북 국방당국 간 맺은 '9·19군사합의'는 쌍무적 CBM에 해당된다. 형태로는 무기사용 포기 등 선언적 조치, 참관·시찰 등 투명성 조치, 작전·인원을 통제하는 제한적 조치가 있다. CBM과 유사한 용어로 군비통제가 있다. 군비통제는 상호합의 하에 군사협력을 하는 것으로 운용적·구조적 통제로 나뉜다. 구조적 군비통제는 군사력 규모 등 구조적인 분야에 중점을 두는 것이고, 운용적 군비통제는 운용과 배치를 제한하는데 중점을 주는 것을 말한다.

이처럼 CBM은 지상군 위주의 군사력을 제한하거나 축소하는 측면에서 회자되는 개념이다. 한편 해양이라는 영역에서 신뢰구축 활동을 지칭하는 용어로 해양신뢰

9) Pedro Luis de la Fuente, "Confidence-Building MeaSures in the Southern Cone: A Model for Regional Stability," *Naval War College Review*, Vol. 50, No. 1 (1997), pp. 36-65 및 신동민, "OSCE의 군사적 신뢰구축조치(CSBM) 검토," 『통합유럽연구』, 제9권, 제2호 (2018), pp. 203-231.

구축조치(MCBM: Maritime Confidence Building Measures)가 있다. MCBM은 해군력 배치 및 운용 등 군사적인 분야뿐만 아니라 해양질서, 환경보호 등 해양공공재 이용 등 비군사적인 요소도 포함하는 조치로서 해양영역에서의 안정성을 제고하고 해양 관련 투명성을 높이는데 주안을 둔 일련의 신뢰구축 활동을 말한다.10)

MCBM을 위한 조치는 여러 방향에서 이루어질 수 있다. 소통적 조치로 해군 대 해군 회의 같은 트랙 1 회담뿐만 아니라 트랙 2 혹은 트랙 1.5도 있다. 신뢰구축을 위한 대표적인 활동으로 서태평양해군심포지움(WPNS: Western Pacific Naval Symposium)이나 아세안지역포럼(ASEAN Regional Forum)을 들 수 있다. 제한적 조치는 특정해역에서의 훈련 등을 제한하는 것으로 '9·19군사합의'에서 훈련을 제한한 해상구역 지정이 그 사례 중 하나다. 투명성 조치로 상대국 인원을 훈련이나 부대에 참관 혹은 검증토록 하는 조치가 있고 인원교류나 함정방문 시 승조원 간 타함정 방문도 투명성 조치 중 하나다. 한반도 정전체제 관리차원에서 중립국감독위원회가 투명적 조치를 위해 훈련 시 한반도에 전개하는 인원을 확인하고 있다. 작전부대 간 직통망 개설도 오인으로 인한 군사적 충돌을 방지하는 투명성 조치 중 하나다. '해상 우발적 충돌방지 강령(CUES: Code for Unplanned Encounters at Sea)'도 투명성 조치에 포함된다. 국방백서 발간 등을 통해 상대국에게 해군력 수준을 공개하는 것도 투명성 제고 차원에서 이루어진다.

해양갈등이 격화되어 잠재력이 높을수록 MCBM이 더 많이 요구된다. 신뢰구축 노력이 없으면 오인이나 오판으로 직접적인 군사력 충돌이 발생할 수도 있기 때문이다. 미국과 중국은 태평양 해양통제를 두고 경쟁이 치열하기에 작전적 대치가 군사적 충돌로 격화될 수도 있다. 이를 막기 위한 사전적 조치로 MCBM이 요구된다. 이를 인식한 미·중 양국은 극한 대결 속에서도 MCBM에 대한 노력도 함께 경주하여 왔다. 2014년 중국은 투명성 조치의 일환으로 척 헤이글 국방장관에게 랴오닝 항공모함을 공개했고 2016년에는 존 리차드슨 미 해군참모총장도 Liaoning함을 방문해 신뢰구축 활동을 이어간 바 있다.11)

---

10) 김태준, "NLL분쟁과 남북한 해양신뢰구축 방안," 『국방연구』, 제49권, 제1호 (2006), pp. 175-196; Justin Jones, "A naval perspective of maritime confidence building measures," Maritime Confidence Building MeaSures in the South China Sea Conference, 2013 및 박성용·김창희, "동북아시아 해양안보환경과 해양신뢰구축에서 한국의 역할," 『한국동북아논총』, 제76호 (2015), pp. 5-26.

한·중 간 MCBM 조치에 나선 사례도 있다. 주지하다시피 중국의 ADIZ 선포로 한·중·일 삼국의 ADIZ가 중첩되면서 해양상공에서 군사적으로 충돌할 수 있는 휘발성이 높은 지대가 되었다. 중국은 ADIZ 선포에 이어 KADIZ 내로 군용기를 지속적으로 진입시키며 회색지대 강압을 구사했다. 특히 2019년 중국 군용기와 러시아 군용기와 연합으로 KADIZ에 진입한 후 러시아 군용기가 독도 영공까지 침범하면서 한국 전투기가 경고사격까지 하는 일촉즉발의 상황까지 치달았다. 이에 한·중 양국은 신뢰구축의 일환으로 국방전략대화를 개최하여 직통망 추가개설에 합의했다.

한·일 군사당국 간에도 MCBM 노력이 진행된 바 있다. 2018년 12월 20일 한국 해군 광개토대왕함이 동해 대화퇴어장 인근 한·일 중간수역에서 작전 중 일본 P-1 해상초계기가 근접하는 상황이 발생했다. 이 조우 중 일본 해상초계기가 광개토대왕함 500m까지 근접 위협비행하면서 양국의 군사적 갈등이 심화되었다. 초계기 갈등으로 양국 간 군사대화가 위축되는 가운데 2019년 샹그릴라 대화를 통해 양국 국방수뇌부 간 소통의 창구가 마련되었다. 샹그릴라 대화에 참가 중이던 2019년 5월 31일 정경두 국방부장관은 이와야 다케시 일본 방위대신과 회담을 열고 양국의 군사당국간 관계개선에 노력하자는 데 의견을 모았다. 초계기 갈등을 풀기 위한 실무협의도 지속하자는 데에도 합의했다.

해양갈등이 가장 거센 남중국해에서도 MCBM 기회가 만들어진 사례도 있다. 중국과 아세안 국가간 2017년 5월 해양신뢰구축이라 평가될 수 있는 '남중국해 행동준칙(COC: Code of Conduct)'의 초안에 합의하는 성과가 대표적 사례다. 하지만 당해 7월 국제상설재판소의 중국 구단선 주장 무효판결에 승복하지 않으면서 긴장이 다시 불거진 것처럼 남중국해에서 신뢰구축의 인프라는 매우 취약하다.

해양갈등이 심화되는 지대에서 아무 조치 없이 방치하면 오인, 오판 등으로 인해 우발적 충돌로 격화될 수 있다. 이런 상황이 부상하지 못하도록 막는 것은 '억제전략'만으로는 할 수 없는 영역이다. 그 빈틈을 메우는 것이 앞서 살펴본 사례와 같은 '신뢰구축전략'의 일환으로 진행되는 MCBM이다. 따라서 억제전략과 신뢰구축전략이 병행되어야 안보의 빈틈을 메울 수 있다.

---

11) 반길주, "스마트 억지: '군사력' 구축과 '신뢰' 구축 병행을 통한 해양안보 시너지 창출," 『KIMS Periscope』, 제188호 (2020년 3월 21일).

제3절 2020년 역내 해양갈등 분석

1. 정책적·전략적 수준의 해양갈등

1) 미·중 충돌

2020년은 미·중간 정치적·전략적 패권대결이 심화되고 이로 인해 동아시아 해양은 갈등지대가 되었다는 특징이 있다. 미국은 중국발 코로나-19로 국내정치와 사회가 초토화되었다는 판단으로 중국을 강하게 몰아세웠고 중국은 미국의 이러한 비판에 바이러스가 미국의 계획된 의도로 중국 내에 퍼졌다는 음모론으로 맞섰다. 나아가 2020년은 중국의 홍콩보안법 통과에서 미국의 중국 총영사관 폐쇄 통보에 이르기까지 미·중 갈등이 최고조에 달하며 신냉전의 부상을 우려한 한 해였다.

미 백악관은 2020년 5월 『대중국 전략적 접근보고서(U.S. Strategic Approach the People's Republic of China)』를 발간하면서 중국을 미국의 '경제·가치·안보'를 심각하게 위협하는 도전국이라 규정했다. 그러면서 중국의 일대일로가 경제영역을 넘어 정치적·군사적 영향력 확대로 전환될 것이라 전망했다. 미국은 중국이 남중국해를 일대일로의 심장이라 여긴다고 평가를 하고 있다. 따라서 미국은 심장지대를 중국의 의도대로 하도록 방치해서는 안 된다는 입장이다. 남중국해와 같은 격전지에서 충돌이 강화되는 것은 사실상 미·중의 정치적 충돌의 여파라 할 수 있다. 2020년에는 미·중의 정치적 충돌이 극한 상황까지 내몰렸다. 심지어 2020년 7월 23일 폼페이오 미 국무장관은 공산당 중국정권을 붕괴시켜야 한다는 '레짐 체인지(Regime Change)'까지 언급했다.[12)]

미·중의 전략적 충돌을 상징하는 것이 미국 주도의 인도·태평양전략과 중국 주도의 일대일로(BRI: Belt and Road Initiative)의 대결이다. 이 전략은 한 국가가 주도하지만 다른 국가의 협력 없이는 실현 가능성이 희박하므로 이를 중심으로 블록화되는 양상을 띠고 있다. 한편 미국의 인도·태평양전략은 중국의 반접근·지역거부(A2/AD:

---

12) 한국군사문제연구원, "『트럼프 행정부』의 중국정책 실수와 향방," 『KIMA Newsletter』, 2020년 8월 11일.

Anti-Access/Area Denial) 능력을 차단하는 효과를 가져올 것으로 기대하고 있지만 중국의 군사력 팽창으로 그 효과는 미지수다. <그림 6-1>에는 보는 바와 같이 중국은 다양한 미사일 전력화를 통해 A2/AD 능력을 극대화하고 있다. 나아가 미국은 전략적 경쟁자인 중국에 대응하는 특화된 부대를 창설하는 등 공세를 강화하고 있다. 2020년 8월 3일 인도·태평양사령부 예하에 '다영역특임단(Multi-Domain Task)'을 창설했는데 중국의 A2/AD 대응이 주임무인 것으로 알려졌다.[13] 비슷한 시기 중국은 항모킬러로 불리는 사거리 4,500km의 '둥펑(DF)-26' 미사일 시험 발사를 진행하며 미국을 압박했다.

〈그림 6-1〉 중국의 미사일 현황

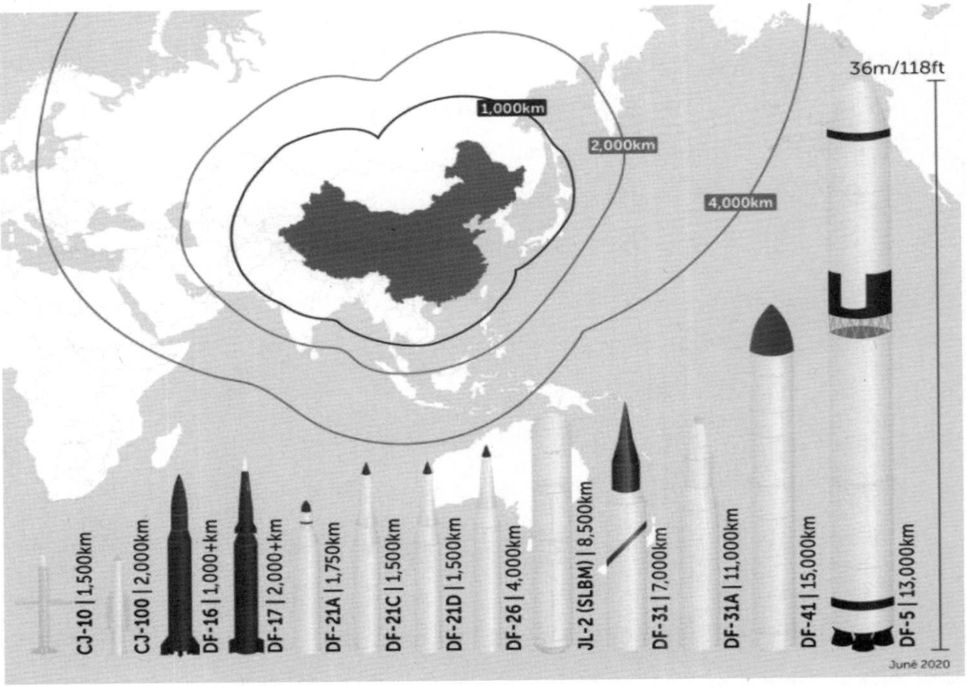

출처: CSIS(검색일: 2020.6.30).

13) 김귀근, "미국, 인도·태평양사령부에 '반중특임부대' 만든다," 『연합뉴스』, 2020년 8월 8일.

2) 중·일 충돌

일본은 전통적 해양국가이고 중국은 과거의 대륙국가를 벗어나 해양강국을 지향하고 있다. 이를 반영하듯 <그림 6-2>에서 보는 바와 같이 중·일의 해양분야 군비지출 격차는 크게 줄어들고 있다.

〈그림 6-2〉 중·일 해양분야 군비지출 격차 추세

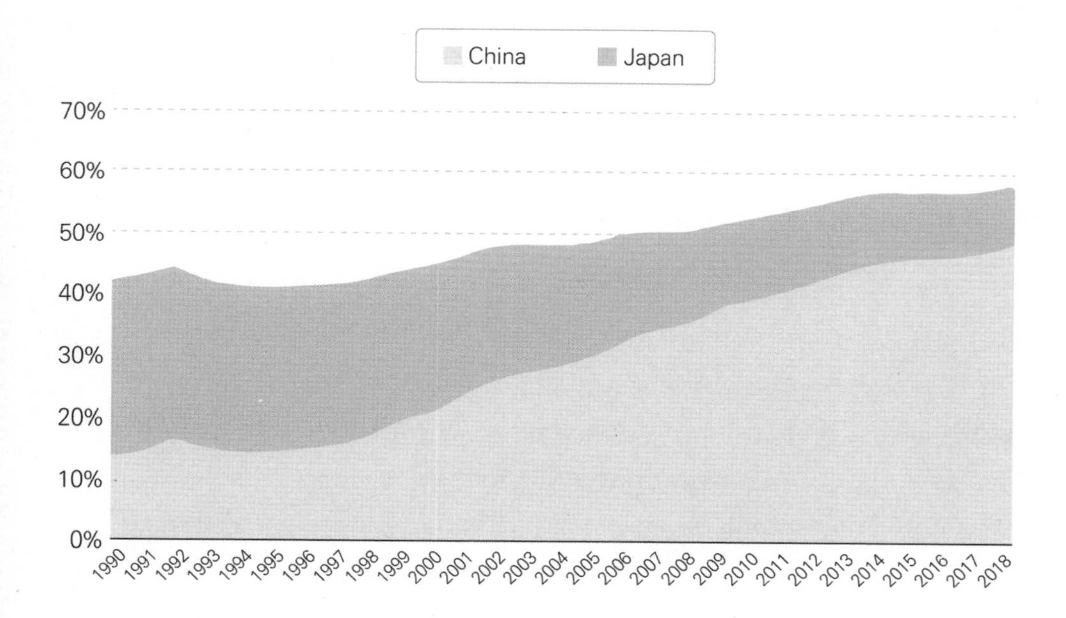

일본과 중국은 2020년에도 센카쿠열도를 둘러싸고 정책적·전략적 충돌을 이어갔다. 중국은 2012년부터 센카쿠열도 주변의 관공선 활동을 급증시켜 왔으며, 2020년 6월에만 센카쿠열도 접속수역에 109척의 관공선을 보냈다.

중국이 관공선을 통해 해상현시로 압박을 가하자 일본정부는 '일본식 A2/AD 능력' 구축으로 반격에 나서고 있다. 일본은 센카쿠열도 수호를 위해 남서부에 산재된 섬을 미사일 기지로 만드는 정책을 펼치며 Type 12 대함미사일, Type 03 지대공미사일을 전개시켰다. 특히 2020년 4월 6일 일본이 오키나와현의 섬에 미사일 배치부대를 발족한 것으로 알려졌는데 이는 센카쿠열도에 대한 주도권을 확보하기 위한

것으로 평가된다.[14]

〈그림 6-3〉 센카쿠열도 접속수역 및 영해 중국 관공선 활동현황

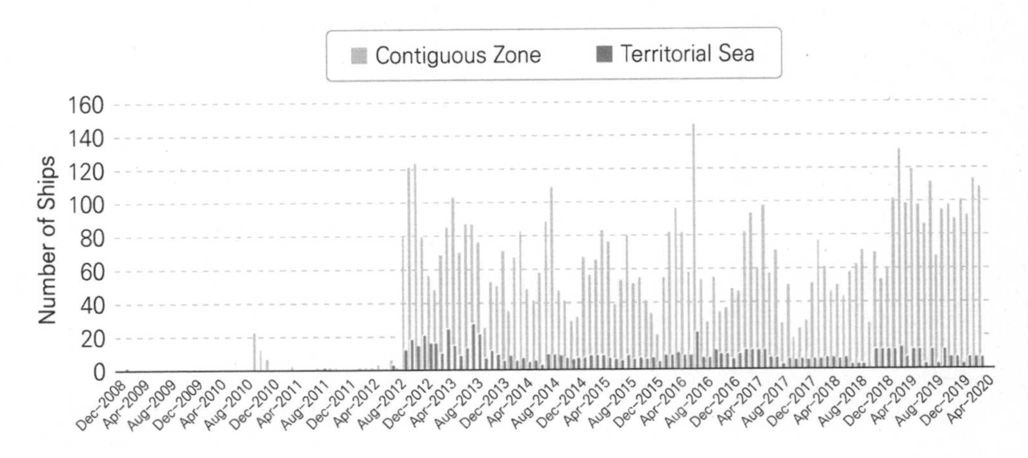

한편, 중국은 해경에 전시임무를 부여하는 법의 개정을 추진하면서 일본에 응수했다. 6월 8일 요미우리신문은 무장경찰부대(무경)에 전시 임무를 부여하는 인민무장경찰법 개정을 추진하고 있다고 보도했는데, 해경이 무경의 지휘를 받고 있다는 점이 주목할 만하다. 법이 개정되어 효력을 발휘하면 해경이 동구전구에 배속되어 해군함정과 함께 전투임무를 수행하는 것이 가능해진다는 의미가 된다.[15] 6월에는 또한 일본 지방의회가 센카쿠열도 주소표기를 '이시가키시 도노시로'에서 '이시가키시 도노시로 센카쿠'로 변경하는 의안을 제출하면서 중국과 대만이 반발하고 나서는 해양을 둘러싼 정책적 충돌 양상이 이어졌다.[16] 중·일이 이처럼 전략적·정책적 대결을 이어가는 가운데 5월 22일에 발간된 미국의 전략예산평가센터(CSBA) 보고서는 중국이 센카쿠열도를 신속하게 점령한 후 미국의 개입을 차단하는 시나리오까지 마련해 놓은 상태라고 평가했다.[17] 중국은 일본 내 코로나-19 감염자가 급증하던 4월 14일 해

---

14) 임형섭, "일 센카쿠열도 인근 미사일부대 배치… 중국과 충돌 대비," 『노컷뉴스』, 2020년 4월 6일.
15) 정영훈, "중국, 해경에 전시 임무 부여 추진," 『KBS NEWS』, 2020년 6월 8일.
16) 정재용, "'센카쿠' 이름짓기 경쟁… 일 지방의회 선공에 대만 '맞불'," 『연합뉴스』, 2020년 6월 12일.
17) Toshi Yoshihara, *Dragon Against the Sun*. CSBA, 2020, https://csbaonline.org/uploads/documents/CSBA8211_(Dragon_against_the_Sun_Report)_FINAL.pdf(검색

경정을 센카쿠열도 주변으로 출동시켜 감시작전을 100일 이상 수행하게 했다. 한편 중국 해경정과 함께 중국해군의 미사일정이 동해역에 전개된 것으로 확인되면서 중국의 해경과 해군이 통합된 작전을 하고 있음이 확인되었다.

〈그림 6-4〉 일본식 A2/AD 능력확보 차원 미사일 배치 현황

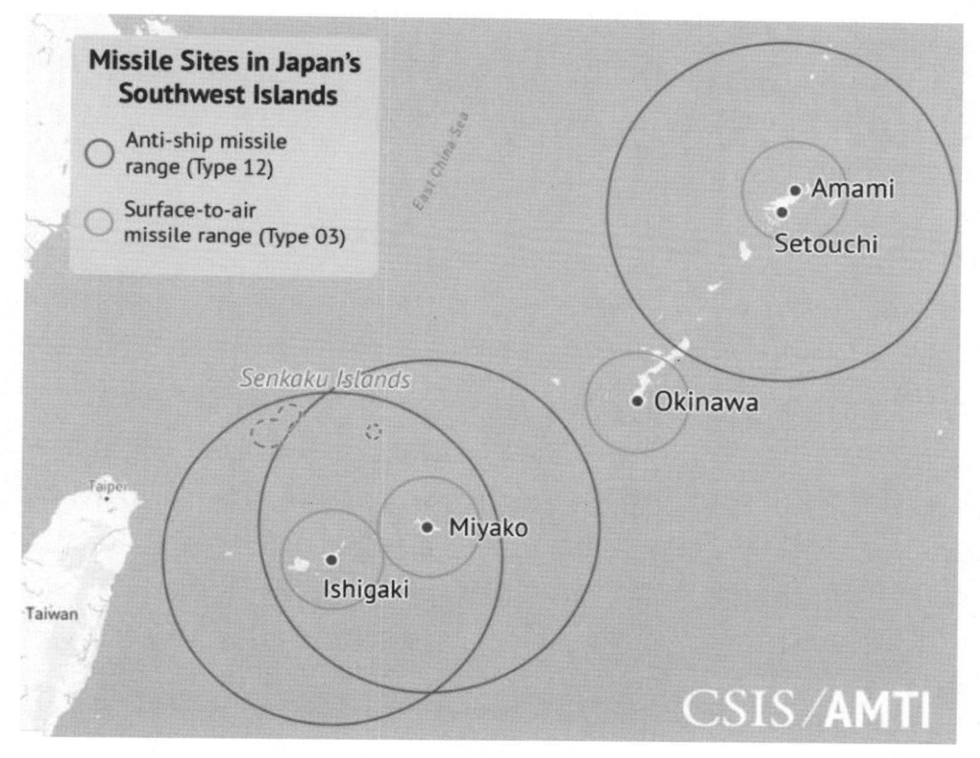

출처: CSIS Asia Maritime Transparency Initiative

일본은 중국과의 해양영향력 경쟁에서 주도권을 놓치지 않기 위해 함재기 운용이 가능하도록 이즈모급 함정을 개조하기로 정책결정한 바 있다. 한편, 2020년 6월 10일 미 국무부는 일본에 105대의 F-35 전투기 판매를 승인했는데 함재기로 운용할 수 있는 F-35B도 42대 포함되었다.[18] 이는 결국 일본이 항모보유국으로 직행한다는

일: 2020.5.22).

18) Dzirhan Mahadzir, "State Department Approves $23B Japanese F-35 Fighter Deal," *USNI News*, July 10, 2020.

것을 시사하고 나아가 평화헌법의 구속력이 이완되고 있음을 의미하기에 주변국의 우려를 낳고 있다.

역내 해양영역에서 미·중의 충돌은 국제정치구조에 영향을 주는 패권 경쟁이고 중·일의 충돌은 양국 간 해양분쟁과 미·중 패권의 대리전이라는 두 가지 속성을 모두 가지고 있다. 일본은 지형적으로 멀리 떨어진 미국을 대신에 중국의 현상시도를 막아내는 '역외균형자(Offshore Balancer)' 역할을 수행하기 때문이다. 이와 같은 국제정치적 긴장은 역내에서 작전적 수준의 해양갈등을 유발하는 근본적 원인으로 작용하고 있다. 단, 한반도 해역은 패권 경쟁뿐만 아니라 북한이라는 변수도 작용한다는 특징이 있다.

3) 북핵 문제

2020년에도 북핵 문제가 여전히 해결되지 않은 체 역내 안보불안의 핵심이슈가 되었다. 북한이 미사일 발사 시 반드시 해양이라는 공간을 지나가기에 가장 큰 비중의 해양위협이 될 수밖에 없는 상황이 지속되었다. 북한은 5월 24일과 7월 27일 핵 자위적 억제력 강화를 천명함으로써 SLBM 전력화를 반드시 달성하겠다는 의지를 밝혔다. 북핵 대응 전략이 중요해지는 가운데 일본은 처음으로 북한 핵이 공격용으로 사용될 수 있음을 공식적으로 밝혔다. 일본은 7월 14일 각의를 통해 『방위백서』를 채택했는데 이 백서에는 "북한은 핵무기 소형화·탄두화를 실현, 이것을 탄도미사일에 탑재해 우리나라(일본)를 공격할 능력을 이미 보유하고 있는 것으로 보인다"는 내용을 담았다.[19]

2. 작전적 수준의 해양갈등

1) 한반도 주변 해역

2020년 한반도 해역의 해양위협에서 가장 큰 이슈는 북한의 미사일 도발이었다. 북한은 2019년 5월 4일 미사일 도발을 재개하며 협상국면에서 도발국면으로 정책변

---

19) 김호준, "일본 방위백서 '북, 핵탄두로 일 공격능력 보유' 첫 명시," 『연합뉴스』, 2020년 7월 14일.

경을 선포했는데 이런 갈등분위기가 2020년에도 그대로 이어졌다. 미사일 도발의 탄착지점이 해상이라는 측면에서 해군 등 해상전력이 긴박하게 움직일 수밖에 없었다는 특징이 있다. 북한은 3월 2일, 21일, 29일 각각 단거리탄도미사일(SRBM: Short Range Ballistic Missile) 2발을 발사했다. 4월 14일에는 금성-3호 단거리순항미사일을 동해상으로 발사하며 동시에 수호이(Su) 계열 전투기도 활동하며 긴장수위를 높였다.

중국 군용기의 KADIZ 진입은 2020년에도 지속되면서 한·중 간 군사적 마찰이 전개되었다. 6월 22일 중국 군용기 1대가 KADIZ 내에 진입하여 제주 남방을 거쳐 독도 남방으로 항해하는 일이 있었다. KADIZ가 회색지대화되면서 한국군은 단호한 대응도 하기 어렵고 그렇다고 대응을 하지 않을 수도 없는 상황이 지속되었다.

중국이 또한 해군력 강화에 박차를 가하면서 동북아 해역에 대한 갈등이 심화되고 있다. 특히 중국의 수중작전 능력 및 임무영역의 강화는 눈여겨볼 대목이다. 2018년 1월 중국은 핵잠수함을 센카쿠열도 인근 일본의 접속수역 수중작전 중 일본 대잠전 전력에 탐지되어 부상강요 후 중국기를 달고 수면상으로 부상한 바 있다. 한반도 주변 해역은 센카쿠열도가 위치한 동중국해에 비해서는 중국의 잠수함 작전의 우선순위가 떨어지는 것은 사실이지만 잠수함의 작전반경과 임무영역을 확장하고 있음을 주목할 필요가 있다. 2020년 6월 18-20일간 중국 잠수함이 아마미오시마 인근 일본 접속수역에서 수중작전으로 실시한 것으로 알려졌다.[20] 중국의 일본 근해 수중작전은 직접적인 도발은 아니더라도 역내 해양갈등을 증폭시킬 뇌관이 될 개연성은 충분하다. 나아가 한국입장에서는 이와 같은 중국 잠수함의 공세적 활동이 한반도 인근 해역에서 펼쳐졌다는데 주목할 필요가 있다. 따라서 중국 잠수함의 한반도 해역 활동 양상과 향후 예상되는 전개양상을 치밀하게 분석해야 하는 숙제가 주어지고 있다.

일본도 독도 영유권 주장을 이어갔다. 일본의 2020년 방위백서에는 일본의 고유영토 다케시마 영토문제가 미해결상태라는 내용을 담아 16년째 독도 영유권 주장 도발을 이어갔다. 2018년 백서에서는 일본의 역내 협력국가로 한국을 호주 다음인 두 번째로 기술했으나 2019년부터 네 번째로 순서를 조정한 후 2020년 백서에서도 2019년 순서를 유지했다. 특히, 북핵 문제를 두고는 일본에 대한 핵공격 가능성도 있음을 내비치는 등 북핵·미사일 능력고도화를 크게 우려했다.

---

20) 이보희, “중국해군 추정 잠수함, 일본 해역 잠항… NHK ‘능력 과시’,” 『서울신문』, 2020년 6월 21일.

2) 동중국해

동중국해에서는 2020년에도 작전 제대 함정 간 충돌이 이어졌다. 우선 중·일 간 함정이 마찰을 빚는 상황이 이어졌다. 5월 8일 중국 해경 함정이 센카쿠열도 영해 내로 진입해 조업 중인 일본 어선을 추격하는 일이 발생해 일본 정부가 중국 정부에 항의하는 사태도 있었다.[21] 일본 자민당 의원은 이와 같은 중국의 영해침범은 군사력을 포함한 모든 수단으로 막아야 한다며 6월 4일 스가 요시히데 관방장관에게 결의안을 제출하기도 했다.[22]

7월 3일 중국 해경국 소속 선박 2척이 센카쿠열도 영해를 침범해 일본이 중국에 항의하는 일이 벌어졌다. 일본의 스가 요시히데 관방장관은 "신속히 우리나라의 영해에서 퇴거할 것을 강하게 요구하고 있다."라고 밝혔다.[23] 이에 중국은 센카쿠열도가 '중국의 영토'라며 강하게 반발하는 맞대응이 이어졌다. 중국 선박이 30시간 동안 일본 영해를 침범하여 현시작전을 벌인 이 사건은 일본이 센카쿠열도를 국유화한 2012년 이후 중국의 선박이 센카쿠열도 영해에 가장 오래 머무른 기록을 남기며 동중국해에서 갈등의 강도를 증폭시켰다.[24]

3) 남중국해

남중국해는 동아시아 지역에서 갈등 양상이 가장 격하게 진행되었던 곳이다. 2020년 코로나 책임공방, 중국의 홍콩 국가보안법(이하 홍콩보안법) 통과 등으로 심화된 미·중간 정치적 충돌이 해양지대에서 작전적 대결로 바로 전이된 곳이기 때문이다. 2020년 중국은 남중국해 영유권 주장을 강화하고 나아가 내해화를 본격화하였다. 우선 중국은 말레이시아의 통상적인 해양활동에 회색지대 강압을 시도했다. 말레이시아 시추선 웨스트 카펠라(West Capella)는 2019년 10월부터 자국 EEZ 내에서 시추활동을 해왔다. 그런데 중국은 해상탐사활동이라는 명목으로 조사선 하이양 디즈

---

21) 노경진, "일본, 중국 관공선 센카쿠 열도 인근 영해 침범 항의," 『MBC 뉴스』, 2020년 5월 9일.
22) 이재준, "日 여당, 중국 센카쿠 영해 침범 '실력저지' 정부에 요구," 『NEWSIS』, 2020년 6월 4일.
23) 김호준, "일본 '중국 해경선 센카쿠 인근 영해 침범...항의'," 『연합뉴스』, 2020년 7월 3일.
24) 이재우, "中 해경선, 센카쿠열도 진입...日 국유화 이후 역대 최장," 『NEWSIS』, 2020년 7월 4일.

8호를 보내 말레이시아와 베트남 관할권을 침범했다. 그런데 코로나 사태로 서태평양에서 미 해군전력의 공백이 발생하자 하이양 디즈 8호를 중심으로 해안경비대와 해상민병까지 동원한 '비군사함대'를 구성하며 회색지대 강압을 극대화했다.

〈그림 6-5〉 남중국해에서 중국의 '비군사함대' 현시

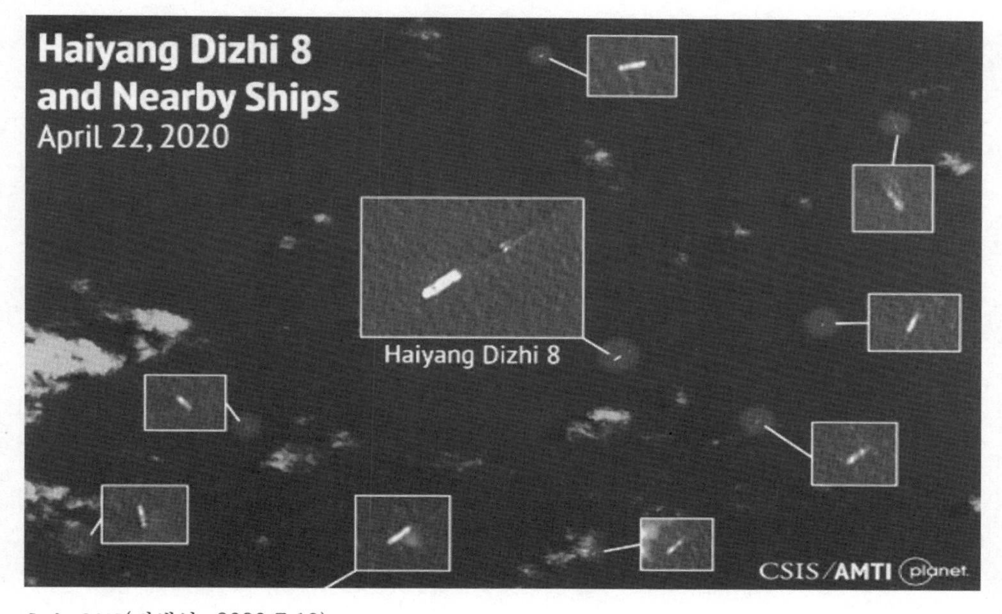

출처: CSIS(검색일: 2020.7.19).

나아가 중국은 새로운 행정구역 설치라는 법률전을 통해 남중국해 내해화 기정사실화 전략도 이어갔다. 4월 18일 중국은 하이난성 싼사시 산하에 시샤구와 난샤구를 설치함으로써 미국의 역할 부재의 틈새전략을 구사했다. 이와 더불어 중국은 군사적 행보도 병행했다. 코로나 사태로 창출된 공백을 이용하여 중국은 4월 랴오닝 항모 등 대규모 해상전력을 동원하며 남중국해와 대만해협 일대에서 해양력을 현시하는 훈련을 진행했다. 미국도 맞불 차원에서 4월 18일 호주와 남중국해 일대에서 연합해상훈련을 실시하고 5월 4일 요코스카에 정박된 Ronald Reagan 항모도 출항시켜 전력 공백을 보완하고자 했다. 7월 13일에는 폼페이오 국무장관이 중국의 남중국해 영유권 주장이 '완전 불법'이라며 일침을 놓았다.

2020년 5월 21일 중국이 홍콩보안법 제정을 준비하고 있다는 사실이 알려지자

미국은 중국에게 실수하지 말라는 신호를 보냈다. 그럼에도 불구하고 중국이 5월 28일 전국인민대표대회를 개최하여 홍콩보안법을 통과시키자 미국은 제재, 홍콩 특별지위 박탈 등 대응하는 조치를 하겠다며 으름장을 놓고 군사력까지 동원하여 압박을 가했다. 미국은 홍콩보안법 통과 시기에 맞추어 Mustin 구축함을 서사군도로 보내 우디섬과 피라미드록 인근을 통과하는 항해의 자유 작전을 펼쳤다. 7월 14일 트럼프 미 대통령은 미 상무부가 홍콩에 부여했던 '특별지위'를 중단하는 행정명령에 서명했다.

〈표 6-1〉 2020년 항행의 자유 작전 주요 실시 현황

일자	참가함정	장소	비 고
1.25	LCS (USS Montgomery)	난사군도	중국 군용기 2대로 맞대응
4.28	DDG (USS Barry)	서사군도	-
4.29	CG (USS Bunker Hill)	난사군도	-
5.28	DDG (USS Mustin)	서사군도	홍콩보안법 통과 직후
8.27	DDG (USS Mustin)	서사군도	중국 미사일 시험발사 후

이처럼 항행의 자유 작전은 2020년에도 작전적·전략적 목적을 위해 여러 차례 실시되었다. 항행의 자유 작전은 중국이 남중국해를 인공섬화하며 내해화를 기정사실화하자 이를 견제하고자 미국이 고안한 작전으로 2015년 10월 Lassen 구축함이 최초로 실시한 바 있다. 2020년에도 바로 1월에 Montgomery 연안전투함을 남사군도 중국주장 영해 12마일 이내로 진입시키며 항행의 자유 작전을 실시했고 중국은 군용기 2대를 투입시켜 맞대응을 했다. 미·중간 해양갈등이 심화되는 가운데 미국은 항행의 자유 작전을 지속할 것임을 천명하기도 했다. 2020년 7월 21일 에스퍼(Mark Esper) 미 국방장관은 "작년(2019년)은 40년의 항행의 자유 작전 프로그램 중 남중국해에서 가장 많은 항행의 자유 작전을 실시한 해였고 올해(2020년)도 이러한 작전템포를 지속할 것"임을 밝혔다.[25] 2020년 8월 26일 중국이 항모킬러로 불리는 둥펑

25) Dzirhan Mahadzir, "SECDEF Esper: U.S. Will 'Keep Up the Pace' of South China Sea Freedom of Navigation Operations," *USNI News*, 21 July 2020.

(DF)-26B, 둥펑(DF)-21D 미사일을 발사한 하루 뒤 미군은 서사군도 해역에서 항행의 자유 작전을 실시했다.[26)]

〈그림 6-6〉 중국의 남중국해 무인 해양감시 시스템 구축현황

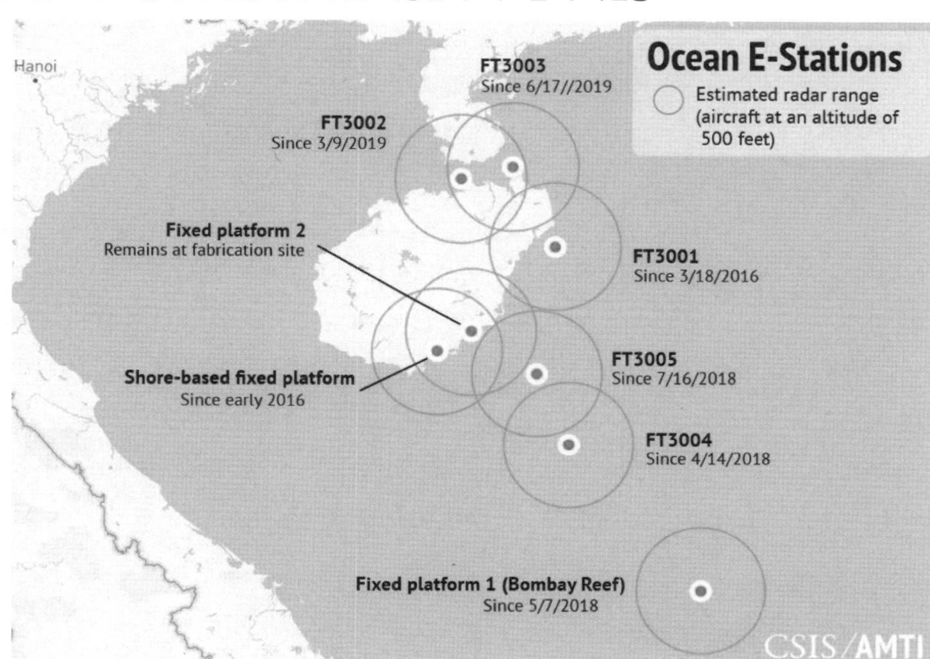

출처: CSIS, Asia Maritime Transparency Initiative, June 16, 2020.

2020년에도 중국의 남중국해 작전지대화는 지속되는 가운데 중국은 남중국해 내해화를 위해 '무인 해양네트워크(Unmanned Ocean Network)' 인프라 구축을 강화했다. 2016년에서 2019년까지 중국 전자기술그룹회사(CETC: China Electronics Technology Group Corporation)가 하이난섬과 서사군도 사이의 해역에 '블루오션 정보네트워크'를 구축한 바 있다.[27)] 이는 고정형과 부유형 센서를 기반으로 환경감시와

26) Sam LaGrone, "Destroyer Conducts South China Sea FONOP Day After Chinese 'Carrir Killer' Missile Tests," *USNI News*, August 27, 2020.
27) CSIS Asia Maritime Transparency Initiative, "Exploring China's Unmanned Ocean Network," June 16, 2020, https://amti.csis.org/exploring-chinas-unmanned-ocean-network/(검색일: 2020. 6.19).

통신시스템을 설치하는 것으로 알려져 있다. 미 국제전략문제연구소(CSIS)는 중국의 남중국해 무인 감시 시스템이 환경감시를 명분으로 하고 있지만 군사적으로 전용될 가능성이 있기에 지속 확인할 필요가 있다고 강조한다. 한편, 중국은 2020년 6월 기준으로 하이난섬에 5개의 부유형 플랫폼과 봄베이 리프에 1개의 고정형 플랫폼을 추가로 설치하는 등 남중국해 작전기지화를 강화하는 양상이다.

2020년은 미국이 중국의 서태평양 영향력 확장시도와 A2/AD 능력 강화를 차단하기 위한 실질적 조치에 나서고 있는 것이 구체화된 해이기도 하다. 2020년 7월 7일 VOA 보도를 통해 하와이와 괌 사이에 위치한 미국령 웨이크(Wake)섬에 미국이 2.98km 활주로 공사를 착수한 것이 보도되었다.[28] 미국은 중국과의 남중국해·동중국해에서 강대국 대결을 벌이면서 지형적 우위에서 항상 밀리는 위치에 있다. 웨이크섬의 전략기지화는 이러한 지형적 열세를 만회하는데 기여할 것으로 전망된다. 한편, 중국도 남중국해 관할권 강화를 위해 군사적 행보를 강화했다. 2020년 8월 13-14일간 중국군은 남중국해 상공 모의표적에 실탄으로 요격하는 훈련을 실시했다. 남중국해 실탄훈련은 미국과 대만이 우호를 강화하는 시기에 이루어졌다는 점에서 '하나의 중국 원칙' 수용을 강요하는 목적이 있다 하겠다.

4) 대만해협

중국은 코로나 사태로 미국의 패권리더십이 흔들리자 서태평양 통제강화라 여기며 해상활동을 강화했다. 대만해협에서의 군사력을 동원한 회색지대 강압도 마찬가지로 틈새전략의 일환으로 진행되었다. 1996년 대만위기에서 중국은 항모의 부재로 미국에 한번 맞서보지도 못하고 굴욕적 패배를 당한 바 있다. 이를 만회하고자 중국은 항모 전력확보에 적극 나서 2012년 랴오닝함, 2019년 산둥함이라는 항모 작전배치에 성공했다. 이처럼 항모를 확보한 중국이 2020년 미 항모전력 공백이 발생하자 4월 대만해협 인근에서 항모를 동원한 현시작전을 통해 대만문제의 주도권을 강화하는 조치를 가했다. 이보다 앞선 3월 16일에는 대만을 대상으로 전투기와 정찰기를 투입해 최초로 야간훈련을 실시하기도 했다. 이러한 행보는 미국이 대만문제에 관여하지 말라는 신호를 보낸 것이라 분석된다. 미국도 중국의 이러한 행보에 주목하며

28) 김동현, "미 웨이크섬 대규모 활주로 공사 진행… '중·북 겨냥 유연한 전략 일환'," 『VOA』, 2020년 7월 7일.

2020년 5월 21일 의회에서 발간된 "중국해군력: 미 해군능력에 대한 함의"라는 보고서를 통해 중국이 대만해협 등 태평양 일대에서 미국이 개입하는 것을 막고 있다는 점을 재차 강조하고 나섰다[29].

중국의 대만 압박이 강화되는 가운데 대만은 이를 견제하는 차원에서 7월 '한광 36' 합동훈련을 실시했다. 이 훈련은 중국의 대만침공에 대비한 방어훈련으로 코로나-19로 인해 상반기에서 후반기로 훈련이 연기되어 실시되었다. 주목할 점은 이 훈련시기에 미 항모 2척이 남중국해에서 자체훈련을 실시했는데 시기적으로 겹친다는 점에서 대만의 합동훈련지원이라는 평가가 가능하다. 이는 미국과 대만의 군사적 공조태세를 현시하는 전략적 신호를 중국에 보낸 것으로 평가된다. 한편, 동중국해와 대만해협을 작전지역으로 두고 있는 중국인민해방군 동부전구는 2020년 8월 15일 대만해협에서 대규모 군사훈련을 진행하며 대만에게 오판을 하지 말라는 신호를 보냈다. 한편 2020년 8월 대만은 미국과 F-16V 전투기 66대를 2026년까지 도입하기로 정식 체결하면서 대만해협 긴장감도 더욱 심화되었다. 2020년 8월 18일 미 Mustin 구축함은 일본 Suzutsuki 구축함과 대만해협 통과작전을 벌이며 대중국 연합공세를 이어갔다.[30] 미국과 대만의 관계는 밀접해지고 미·중갈등은 격화되는 가운데 9월 9-10일 중국은 수십 대의 군용기를 대만 ADIZ에 진입시키는 군사적 강압을 가했다. KADIZ 사례처럼 중국은 ADIZ에 대해서는 회색지대 강압을 시도했으나 대만 ADIZ 진입은 흑백지대 강압을 시도했다는 점에서 차별화된다. 한편, 10월 14일 미 Barry 구축함은 2020년에만 10번째 대만해협 통과작전을 벌이며 항행의 자유 작전을 통해 중국을 지속 압박했다.

3. 기타 해양갈등 사례

1) 미·러 군용기 간 해양상공 군사적 조우

2020년 5월 26일 지중해 상공에서 미·러 군용기가 근접조우하면서 일촉즉발의 상황을 맞았다. 미 6함대 소속 해상초계기(P-8A 포세이돈)가 지중해 상공을 초계하던

29) CRS (Congressional Research Service), "China Naval Modernization: Implications for U.S. Navy Capabilities-Background and IsSues for Congress," May 21, 2020.
30) Sam LaGrone, "Destroyer USS Mustin Transits Taiwan Strait Following Operations with Japanese Warship," *USNI News*, August 18, 2020.

중 러시아 전투기(Su-35) 2대가 65분간 근접차단 및 위협 비행을 하면서 군사적 긴장이 높아졌다.[31] 러시아 전투기는 미 해상초계기에 25ft까지 근접하면서 위협수위를 높였다. 5월에 발생한 러시아 전투기의 이러한 위협비행은 2020년 들어 그 빈도가 잦아지는 양상이 도드라졌다. 러시아의 위협투사 행보는 '영공정찰협정(Open Skies Treaty, 이하 OST)'과 관련이 있는 것으로 보인다. OST는 군축협상 과정에서 자유로운 영공정찰을 통해 검증이 가능토록 하자는 취지에서 미국이 제안한 것이 계기가 되어 1992년 CSCE 장관급 회담에서 조인되었다. 이후 미국과 러시아가 1992년부터 협의를 진행한 결과 35개 국가가 회원국으로 참여하는 OST가 2002년 1월 1일 발효되었다. 이 조약은 군사력 검증을 위해 항공기를 사용할 수 있게 해주었다는 의미가 있는 신뢰구축조치였다.

〈그림 6-7〉 미·러 군용기 해양상공에서의 군사적 조우(2020년 5월 26일)

출처: 미 해군, *USNI News*(2020년 5월 26일)에서 재인용

그런데 2020년 5월 21일 미국은 OST 탈퇴를 선언했다. 미국은 러시아가 OST 의무조항을 지속 위반해왔다면서 시정조치가 없으면 절차에 따라 6개월 후에 탈퇴할 것이라 공표한 것이다. 러시아는 미국의 OST 탈퇴의 비난을 이어가는 가운데 양국

31) Ben Werner, "Video: Two Russian Fighters Make Unsafe Intercept of Navy P-8A Over Eastern Med," *USNI News*, May 26, 2020.

의 신뢰구축조치 인프라가 잠식되는 양상이 전개되었다. 항공기를 이용해 군사력을 검증하려는 미국과 이를 군사력으로 막으려는 러시아의 대응이 물리적으로 충돌하면서 신뢰구축조치의 일환인 OST가 그 효력을 잃어가고 있는 셈이다.

2) 신냉전지대로 부상하는 북극해[32]

북극해는 냉전시절 미소가 대리전을 펼치는 지역 중 한 곳이었다. 그런데 러시아가 북극해를 군사적 전략거점으로 삼으며 군사기지를 확대함에 따라 군사적 긴장지역으로 부상했다. 이런 분위기를 반영하듯 서방세계 국가들이 북극해를 군사적 차원에서 다시 주목하기 시작했다. 2018년에는 노르웨이에서 해상훈련을 하면서 30년만에 처음으로 미 항공모함이 북극해를 항해하며 해상현시를 한 바 있다.[33] 미국과 영국해군은 2020년 5월 1일 노르웨이해(Norwegian Sea)에서 1980년대 이후 처음으로 해상연합훈련을 실시했다. 미 해군에서는 구축함 2척, 핵잠수함, 군수지원함과 영국해군에서는 호위함이 참가한 이 훈련에서는 대잠전 훈련을 포함한 다양한 훈련이 실시되었다. 그런데 5월 4일 훈련세력 중 일부가 이탈하여 1980년대 이후 처음으로 바렌츠해를 통과하는 해상현시작전을 수행했다. 한편, 러시아는 5월 8일 세베로모르스크(Severomorsk)에 위치한 러시아 북극함대사령부 주관으로 어뢰 발사훈련을 하며 대응에 나섰다.

바렌츠해에서 '유럽 대 러시아' 혹은 '미국 대 러시아'의 대결이 나타나는 것은 미·중대결로 나타난 신냉전이라는 국제정치의 연장선이라 볼 수 있다. 이코노미스트(The Economist, May 16, 2020)는 북극항로(NSR: Northern Sea Route) 질서를 러시아 중심으로 만들려는 시도에 대해 자유의 항해 작전으로 응수한 것이라 평가했다. 사실 트럼프 행정부 들어 미국은 중국뿐만 아니라 러시아도 "전략적 경쟁자(Strategic competitor)" 혹은 "동급 경쟁자(Near competitor)"라는 용어를 써가며 봉쇄하려는 움직임을 보여왔다. 따라서 항행의 자유 작전의 지대와 강도가 확장되는 모양새다. 이번 훈련에서는 미·영 함정이 북극항로까지 진입하지는 않았지만, 미래 북극항로 주도권을 위해 가까운 미래에 작전을 펼칠 가능성이 제기되고 있다.

---

32) 본 연구는 동아시아를 대상으로 하지만 갈등과 MCBM이라는 논지 차원에서 2020년 북극해에서 진행된 사례를 포함해야 할 연구적 적실성을 고려하여 6장에 포함하게 되었음.

33) "Naval Strategy: Northern fights," *The Economist*, May 16, 2020, p. 42.

〈그림 6-8〉 미·영 북극해 연합해상훈련(2020.5.4)

출처: 영국해군, *USNI News*(2020년 5월 4일)

미국의 북극해 관심증대는 백악관 메모를 통해서도 확인되었다. 2020년 6월 9일 공개된 트럼프 지시 메모에는 "북극 안보를 위해 2029년까지 쇄빙선 함대를 전력화해야 한다."고 명시되었다.[34] 이를 위해 해경이 해군 등 관계 당국과 긴밀히 협조할 것을 주문했다. 이 메모가 코로나 사태와 미국 내 인종갈등 문제 속에서 나왔다는 것을 고려하면 미국이 북극해를 신냉전지로 생각할 정도로 우선순위를 높게 평가하고 있다는 것을 의미한다.

미국은 중국의 북극해 영향력 확대에도 우려를 표하고 나섰다. 2020년 6월 28일 국제전략연구소(IISS)가 주최한 화상세미나에서 제임스 포고(James Foggo) 주유럽-아프리카 해군사령관(Commander, U.S. Naval Forces Europe-Africa)은 "중국이 최근 북극에 투자 기회를 엿보고 있는 만큼, 북대서양조약기구 가맹국들은 힘을 합쳐 중국의 활동을 감시해야 한다."고 언급했다.[35] 그러면서 그는 "중국은 북극을 극적으로 악용해 북극자원 착취는 물론 안보도 위협할 수 있다."고 단호한 대처를 요구하고 나섰다.[36] 중국은 2018년 1월 북극정책 백서를 발간하면서 자국을 '북극권 국가'로 규

34) Ben Werner, "White House Orders Review of Coast Guard Heavy Icebreaker Program," *USNI News*, June 10, 2020.
35) 윤다혜, "미 해군사령관, '중국으로부터 북극 지켜야'," 『News1』, 2020년 6월 29일.
36) 『위의 글』.

정하며 북극항로를 중심으로 빙상 실크로드를 만들 것임을 천명한 바 있다. 중국의 일대일로에 북극해까지 포함된 것은 미국이 중국을 현상변경국가로 보는 우려를 심화시키고 있다.

한편, 러시아군이 지금까지 지중해나 발틱해에서 실시해오던 '대양의 방패-2020' 훈련을 2020년에는 최초로 베링해도 훈련구역으로 포함하여 실시했다. 2020년 8월 실시된 이 훈련에서는 북해함대, 발틱함대, 태평양함대 소속 전력이 대규모로 참가하며 여러 지역에서 동시에 훈련을 진행했다.[37] 특히, 베링해는 북극해 최인접 해역이라는 점과 미국과 경계를 둔 해역이라는 점에서 신냉전 역학을 고스란히 반영하는 사례 중 하나로 평가된다.

3) 중동 걸프만 해역으로 확장된 회색지대 역학[38]

2020년 해양갈등을 급부상한 사안으로 미·중의 정치적 갈등이 중동 걸프만 해역에서 회색지대 갈등으로 전이된 것을 빼놓을 수 없다. 트럼프 행정부가 들어서 이란에 대한 강경책이 쏟아졌고 급기야 이란은 '2015년 포괄적 공동행동계획(JCPOA: Joint Comprehensive Plan of Action)'에서 2018년 5월 탈퇴했고 미국은 제재카드로 공세강화에 나섰다. 이런 정치적 갈등이 해양갈등으로 전이된 곳이 중동의 걸프만 해역이다. 그런데 이 사례에서 주목할 점은 미·중 패권 대결의 방편으로 주목받는 회색지대 갈등의 역학이 가동되고 있다는 점이다.

미·이란간 해상충돌은 이란의 회색지대 전술로 촉발되었다. 4월 15일 미 해군 5함대가 페르시아만 해역에서 합동훈련을 진행하던 중 이란혁명수비대 소속 경비정 11척이 미 함정에 10야드까지 근접접근·고속항해하며 회색지대 강압을 벌였다. 이란의 이러한 행동은 미국과 전쟁을 하지 않지만 그렇다고 현 상황이 평화도 아니라는 점을 분명히 했다는 의미에서 회색지대 역학이 가동되었고 평가할 수 있다. 이에 4월 22일 트럼프 미 대통령은 "미 해군 함정의 작전을 방해하는 이란 함정을 격파하라." 는 명령을 트윗으로 하달했다. 트럼프 대통령의 명령을 받은 미 해군 당국은 구체적

---

37) Polyzine, "러시아, 대양방패 2020 '군용기 40여대 태평양 등서 동시비행'," https://www.polyzine.co.kr/903(검색일: 2020.9.1).

38) 본 연구는 동아시아를 대상으로 하지만 2020년 진행된 회색지대 역학의 확장성을 정교하게 담아내기 위해 6장에 포함하게 되었음.

SOP 작성에 착수했고, '최소 안전항해 거리 100미터' 원칙을 5월 21일자 보도를 통해 발표했다.[39] 군 최고통수권자인 트럼프 대통령의 명령을 기반으로 하고 있기에 '100미터 원칙'은 단순 안전거리라기보다는 무력사용의 '기준점'이라 보는 것이 맞다.

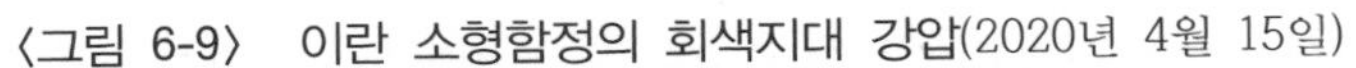
〈그림 6-9〉 이란 소형함정의 회색지대 강압(2020년 4월 15일)

출처: 미 해군, *USNI News*(2020.5.21)에서 재인용

회색지대 강압을 시행하는 국가는 상대방이 사전에 정한 '한계점(Threshold)'을 아슬아슬하게 넘지 않는 범위 내에서 강압을 시행함으로써 상대방이 군사적 공세로 반격을 가하지 않도록 의도한다. 하지만 동시에 점진적으로 회색지대 영역을 확장하는 전략을 통해 상대방이 '한계점'을 부지불식간에 바꿀 수 있도록 조작하는 특징을 보인다. 2020년은 미-이란 관계에서 이런 회색지대 갈등의 역학이 부상한 해였다고 평가할 수 있다. 이란의 혁명수비대는 항모 등 미국의 막강한 재래식 전력도 비대칭

39) Ben Werner, "Navy IsSues Iran Warning to Keep Away From Warships," *USNI NEWS*, May 21, 2020, https://news.usni.org/2020/05/21/navy-isSues-iran-warning-to-keep- away-from-warships(검색일: 2020.6.2).

공격을 통해 위해를 가할 수 있다는 점을 천명하는 차원에서 2020년 7월 28일 호르무즈해협에서 미사일, 드론 등을 투입하며 '위대한 예언자' 훈련을 집행했다. 특히 이란은 미 니미츠급 항공모함 모형까지 만들어 타격하는 훈련을 하면서 비대칭공격으로 강대국의 군사력을 와해시킬 수 있다는 신호를 보냈다.

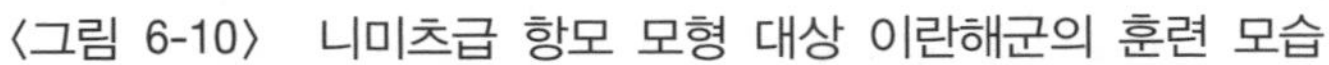

〈그림 6-10〉 니미츠급 항모 모형 대상 이란해군의 훈련 모습

출처: http://bemil.choSun.com/nbrd/bbs/view.html?b_bbs_id=10044&pn=1&num=221132

제4절 2020년 역내 해양신뢰구축 현황

1. 군비통제 및 작전적 소통조치

1) 미·러 INF 조약 탈퇴 후 신뢰구축조치 동결

1987년 미국과 소련은 핵전쟁을 막기 위한 신뢰구축조치의 일환으로 '중장거리

핵미사일 폐기조약(Intermediate-Range Nuclear Treaty 이하 INF 조약)'을 체결했다. INF 조약으로 미·소 간 '신데탕트'가 조성되었지만 2018년 10월 미국은 러시아가 조약을 위반한다는 이유를 들어 INF 탈퇴를 선언하며 '신냉전' 구도가 만들어졌다. 2019년 2월 1일 폼페이오 국무장관은 INF 조약 의무이행 중단을 발표했고, 8월 2일에는 INF 탈퇴가 공식화되었다. 이에 러시아도 INF 조약 효력중단을 발표하며 태평양 지역에서 신뢰구축 메커니즘은 얼어붙고 말았다.

INF 조약 탈퇴로 가속화된 미·러간 신냉전 시대는 미·중 신냉전 구도 심화로 이어졌다. 2020년 5월 8일 중국 민족주의 성향의 테블로이드 편집장이 신형 대륙간 탄도미사일 둥펑 41S(DF-41S)를 포함하여 1,000개의 핵무기를 보유해야 한다고 주장하자 수 천명이 지지하고 나설 정도로 '신뢰구축'이 아닌 '군사력 우위'의 역학이 강해졌다.[40] 미·중·러 삼자 조약의 필요성도 민간차원에서 제기되기도 하였지만 정부간 신뢰구축조치 노력은 가동되지 않았다.

2) 직통망 설치 및 운용

한·중 직통망이 2020년에도 가동되었다는 점에서 한·중 해양신뢰구축의 최소한의 장치는 가동되고 있다고 평가할 수 있다. 2019년 7월 23일 중·러 군용기가 동시에 KADIZ에 진입하며 한국이 경고사격까지 하는 상황이 발생한 바 있다. 군사적 활동이 전투로 격화될 수 있는 상황을 우려한 한·중 국방당국은 10월 21일 '한·중 국방전략대화'를 열어 한·중 직통망 개설에 합의했다. 이후 2019년 10월 29일 중국의 Y-9 정찰기가 KADIZ 진입 시 직통망이 처음으로 가동된 바 있다. 2020년에도 중국 군용기의 KADIZ 진입은 이어졌지만 최소한의 신뢰구축 조치인 직통망은 가동되었다. 3월 25일 중국 군용기가 제주 동남방 상공 KADIZ로 진입해 한국의 군당국이 직통망으로 교신하자 중국은 "통상적인 활동을 하는 중국 군용기"라고 답변했다.[41]

---

40) *The Economist*, "Arms control: Be afraid, America," May 23, 2020, p. 22.
41) 김명일, "'코로나로 어려울 때 도왔는데' 중국 군용기, KADIZ 침범 왜?," 『한국경제』, 2020년 3월 25일.

〈표 6-2〉 한국군의 동북아 국가와 직통망 운용현황

구분	운용현황	비고
남북 직통망	운용 중단 (북한측 미온적)	- 남북 당국간 고위회담을 통해 서해상 군사직통망 재가동 합의 (2018.1.9)
한중 직통망	(추가설치) 가동 중	- KADIZ 작전 시 활용 - 기존 직통망(한국 MCRC-중국 북부전구) 외 추가설치(2019년 KADIZ 충돌 계기) * 한중 국방전략대화(2019.10.21) / 5년 만에 재가동
한러 직통망	가동 중	- 2004년 한러 직통망 논의 개시 - 제3차 한러 국방전략대화(2018.8) - 한러 공군 직통망 설치 MOU 문안 협의(2018.11.16) - 한러 합동군사위원회(2019.10.22) * 러시아측 MOU 체결 거부(KADIZ 문제에서 유리한 고지 점령을 위한 포석)
한일 직통망	가동 중 (군사정보직통망)	- 2016년 GSOMIA 합의 계기로 설치 - 2019년 일 초계기, 한국 구축함 위협비행시 한국해군작전사, 한일 직통망 이용 일본측에 강력 항의

6월 22일에도 중국 군용기 1대가 KADIZ로 진입하였는데 한국합참은 공군 전투기를 출격시켜 대응하면서 핫라인으로 비행사유를 묻자 '훈련 중'이라는 통상적인 답변을 하였다.[42] 이처럼 작전 직통망이 지속 가동된 것은 최소한 초기단계의 MCBM이 이어지고 있다고 평가할 수 있다. 하지만 중국이 KADIZ 내 군용기 투입을 강화하면서도 직통망에 통상적인 활동이라는 반복적인 답변을 하지만 한국은 중국의 답변이 있었다는 이유로 단호한 대응을 주저하게 만드는 회색지대전략이 작동된다는 점도 주지해야 한다. 이에 한국의 해양이익과 국익이 잠식되지 않도록 하는 전략적 방안이 절실하다는 점도 숙제로 남아있다. 러시아 군용기의 KADIZ 무단진입도 지속되었다. 2020년 8월 20일 러시아 폭격기(Tu-95MS)가 독도 인근 KADIZ에 진입하여 한국의 군당국이 대응하는 일이 발생했다.

42) 지형철, "중 군용기, 22일 한국방공식별구역 진입… '훈련 중' 교신," 『KBS News』, 2020년 6월 24일.

3) 남중국해 신뢰구축조치: 군사해양협력합의와 COC

2020년 미·중은 남중국해에서 군사적 긴장수위를 최고치로 끌어올렸지만 사실 미·중 해군은 과거 태평양 지역에서 신뢰조치에 합의한 바 있다. 1998년 '군사해양협력합의(Military Maritime ConSultative)'에 합의하며 우발적 충돌방지 조치를 마련한 바 있다. 2014년에는 미·중 군당국은 군사작전시 사전에 통보하는 것에도 합의했다. 이는 소통적 조치를 통해 군사적 갈등이 격화되는 것을 방지하는 차원이었다. 그런데 2020년 미·중 해군당국은 신뢰조치 역학이 아닌 군사경쟁 역학에만 매진하는 양상이 지속되었다.

2020년 아세안국가와 중국이 골자에 합의한 COC가 교착상태에 빠지며 협상이 재개되지 못했다. 아세안국가는 미국과 중국 중 어느 한 국가에 쏠리지 않는 헤징전략을 추진하고 있는데 COC는 그 중 중국과의 대표적인 신뢰구축 노력의 일환으로 추진되었다. 그런데 추가협상이 없고 답보 상태에 빠지자 2020년 6월 26일 36차 아세안 정상회의 의장국인 베트남의 Phuc 수상은 COC 협상재개를 강조하고 나섰다. 특히 그는 코로나-19로 인해 아세안국가와 중국 간 COC 토의에 차질이 발생했다며 중국의 빈약한 의지를 문제삼기 보다는 보건전쟁을 이유로 언급하며 심리적 마찰을 최소화하려고 노력했다.[43)]

2. 해양신뢰구축/억제 차원의 연합훈련 현황

연합훈련은 억제차원에서 진행되는 경우도 있고 해양신뢰구축도 병행하는 의도가 있는 경우도 있다. 1971년 시작된 미국주도의 세계 최대연합훈련인 림팩훈련(RIMPAC)은 주로 억제차원으로 진행되었지만 2016년에는 그간 훈련시 가상적성국의 단골손님이었던 중국이 초대되어 해양신뢰구축의 성격도 가진 바 있다. 2020년에는 제27차 림팩이 8월 17일부터 31일까지 실시되었지만, 참가규모나 훈련내용이 코로

43) Viet Anh, "Viettnam: ASEAN, China talks for South China Sea Code of Conduct should reSume," June 27, 2020, https://e.vnexpress.net/news/news/vietnam-asean-china-talks-for-south-china-sea-code-of-conduct-should-reSume-4121894.html?fbclid=IwAR0nL7I2bPvsTlj0hloSnykdHHmXBIU8A8RiZdHsExD0ShKqoJ8-NH3fZ70 (검색일: 2020.7.23).

나-19로 인해 대폭 축소되었다. 2018년에는 20여 개국이 참가했지만 이번 훈련에는 10여개국이 참가하는데 그쳤고 훈련도 육상훈련, 함정의 정박훈련, 함정간 상호방문 등 군사외교 등은 실시하지 않고 해상훈련에만 국한되어 실시되었다. 한국해군은 이번 훈련에서 잠수함, 해상초계기 등은 불참한 가운데 서애류성룡함, 충무공이순신함 등 구축함 2척만 참가했다. 이번 훈련에서는 소위 신냉전시대 미국의 전략적 경쟁국인 러시아, 중국이 참가하지 않았을 뿐 아니라 참가한 친서방국가들 간에도 군사외교 활동이 없었다는 점에서 해양신뢰구축 활동의 기회는 부재했다고 평가된다.

BALTOPS(Baltic Operations)는 나토 회원국 17개국과 2개 협력국이 참가하는 대규모 연합훈련으로 매년 실시된다. BALTOPS 2020은 코로나-19로 인해 6월 7일부터 16일까지 축소 실시되었다. 통상 지휘부가 해상에 전개하며 전체 훈련을 지휘하는데 2020년 6월 실시된 이번 훈련은 코로나-19 여파로 포르투갈 리스본의 육상에 지휘부가 설치되어 훈련이 진행되었고 해상훈련 위주로 실시되었다.[44] 17개 나토 동맹국과 2개 협력국이 참가한 이번 훈련에는 28척의 수상함 및 잠수함과 28대의 항공기가 투입되어 해상훈련으로만 진행되었다. 2019년 훈련에는 상륙작전과 원정작전이 실시된 바 있다. 지휘부로 해상전개하지 않고 육상에서 지휘하는 등 코로나의 여파가 그대로 훈련축소로 이어졌다. 이 훈련은 발트해 지역에서의 안정과 안보를 위해 우방국 간 전술적 훈련을 강화하고 상호운용성을 증진시키기 위한다는 점에서 억제적 성격의 훈련이라 할 수 있다.

Exercise Pitch Black은 호주공군이 주관하는 다국적 연합훈련으로 한국, 미국, 일본, 필리핀 등 태평양국가뿐만 아니라 캐나다, 프랑스, 독일 등 북미와 유럽국가도 참가하는 대규모 훈련이다. 통상 청군과 황군으로 나누어 공대공 전투를 벌이는 전쟁모의 연습이기에 억제적 성격의 훈련이다. 2020년 훈련은 코로나 사태로 인해 취소되었다. Pacific Partnership은 미 태평양함대가 주관하는 임무로 인도적 지원을 목표로 역내 국가정부와의 협력과 신뢰를 구축하기 위해 진행해왔다. 2019년에는 Fall River 고속수송함과 Brunswick 고속수송함이 참가하여 필리핀, 말레이시아, 마샬군도, 베트남, 태국 등을 방문하여 지원활동을 벌였다. 미국이 역내 국가와 해양신뢰구축의 핵심적 활동인 Pacific Partnership이 2020년에는 코로나 사태로 위축

---

44) Megan Eckstein, "BALTOPS 2020 Will Only Hold At-Sea Events with Ships Commanded from Shore," *USNI News*, June 11, 2020.

되어 미국의 입지가 좁아지고 신뢰활동이 약화되는 상황에 직면했다. Pacific Vanguard는 한국, 미국, 호주, 일본이 참가하는 매년 실시하는 다국적 연합해상훈련으로 억제적 성격이 강하다. 2019년에는 5월 23-28일간 한·미·호주·일본해군이 참가하여 괌과 마리아나제도 인근 해상에서 훈련을 실시했고 11월 20-28일간 한·미·호주·캐나다 해군이 참가하여 괌 인근 해상에서 훈련을 실시하는 등 활발하게 진행되었다. 코로나-19에도 불구하고 미·중대결의 심화 속에서 미국과 호주, 일본, 한국 등 미국의 동맹국은 2020년 9월 11일부터 괌 인근에서 Pacific Vanguard 훈련을 실시하며 동맹국의 공고한 군사대비태세를 과시했다.

〈표 6-3〉 2020년 역내 연합훈련 현황

구분	주기	시기/내용	성격		2020년 계획 (실시현황)
			억제	신뢰	
림팩(RIMPAC)	2년	미국 주관, 세계 최대 다국적 연합해상훈련	○	○	축소 (8.17-31)
BALTOPS	매년	19개 나토 동맹국과 협력국 참가	○		축소 (6.7-16)
Exercise Pitch Black 2020	2년	호주 주관, 공군훈련	○		취소 (7.24-8.14)
Pacific Partnership	매년	미 태평양함대 사령부 주관 인도적 지원 임무		○	중단
Pacific Vanguard	매년	한·미·호주·일본이 참가하는 다국적 해상연합훈련	○		9.11-12

지금까지 살펴본 정기훈련 외에도 군사협력과 신뢰구축을 기대하고 시행하는 기회훈련도 있다. 기회훈련은 정치적 변수에 의해 영향을 많이 받는다는 약점도 있지만 기회훈련을 통해 신뢰구축 엔진에 시동을 걸어 교착상태에 빠진 정치적 변수에 숨통을 열어주는 창구가 될 수도 있다. 초계기 갈등, 역사문제 등 다양한 요인으로 정치적 갈등이 심한 한·일갈등 속에서도 2020년 7월 16-17일 한·일 해군함정은 해적이라는 공동의 적을 제압하는 유럽연합 주도의 연합훈련에 함께 참가하였다. 갈등이 심화된 시기 양국의 함정이 아덴만 해역에서 연합훈련에 함께 참가함으로써 미미하나

마 신뢰구축 노력이 있었다고 평가할 수 있다. 순항훈련, 해양협력 등 다양한 임무를 위해 해외로 나가는 함정에게 창출되는 기회훈련의 창구를 잘 활용하여 신뢰구축의 기제로 진화시킬 필요가 있다.

3. 해양신뢰구축/공조 차원 협력회의 현황

1) 양자회의

동아시아는 갈등적 요소가 산재되어 있어 동맹국 혹은 우방국간 공조차원의 회의는 활성화되어 있으나 우적(友敵)개념을 뛰어넘어 진행되는 해양신뢰구축 회의는 매우 드물다. 따라서 동아시아에서는 해양신뢰구축 조치를 위해 다자적 틀을 활용하는 것이 더 유용하다는 특징이 있다.

첫째, 신뢰구축 창구 역할로 한·중 국방전략대화가 있다. 2011년부터 시작된 한중 국방전략대화는 양국 국방부 고위인사가 신뢰구축과 국방협력을 논의하는 핵심적 전략소통 창구로 기능한다. 한편 2014년 4차 회의를 마지막으로 사드배치 갈등으로 중단되기도 했다. 그런데 중국 군용기가 KADIZ에 진입하는 일이 잦아지면서 한중 군사적 소통채널 강화가 절박한 이슈가 되었다. 특히 앞서 언급한 중러 연합 KADIZ 진입으로 인한 군사적 긴장 사건 발생 후 한중 국방당국은 신뢰구축조치의 필요성을 상호인식하여 2019년 5년만에 한중 국방전략대화가 재개되었다. 하지만 2020년에는 코로나 사태 등의 이유로 한·중 국방전략대화는 가동되지 못했다.

둘째, 한미동맹에서 안보적, 군사적 결속을 유지시켜주는 성격의 회의로 한미군사위원회(MCM: Military Committee Meeting)와 한미안보협의회의(SCM: Security Consultative Meeting)가 있다. MCM은 1978년 한미연합사가 창설되면서 이를 통제할 수 있는 상부 군사기구의 필요성이 대두되어 설치되었다. MCM은 국가통수 및 군사지휘기구의 전략지침과 SCM의 안보정책적 결정을 토대로 만들어진 전략지시를 한미연합사령관에게 하달하는 기능이 있다. MCM은 한미 합참의장, 미 태평양사령관, 한국 합참 전략기획본부장 및 연합사령관 등 총 5명으로 구성된 회의체다. 보통 주한미군사령관이 미 합참의장을 대신하여 회의에 참가한다. 지금까지 서울과 워싱턴에서 교호로 열렸으나 2020년은 코로나-19로 인해 화상으로 개최되었다. 원인철 합의장과 밀리 미 합참의장이 참가한 2020년 10월 14일 제45차 MCM에서는 우려되던 미국의 확장억제 공약이 재확인되었다는 측면에서 평가를 받았다.

SCM은 1968년 청와대 간첩사건과 푸에블로호 납치사건에 대한 후속 조치 차원에서 만들어진 회의로 한미 양국의 국방장관이 대표로 참가하여 안보의제를 토론하는 핵심기능을 수행한다. SCM에서는 방위비분담금, 전작전 전환 등 다양한 의제를 토의하고 이 의제는 MCM과 연계되는 바 보통 하루간격으로 연달아 회의가 열린다. 2020년 MCM 회의가 화상으로 개최된 것과 달리 SCM은 10월 14일 워싱턴에서 비화상으로 진행되었다. 서욱 국방장관과 마크 에스퍼 국방장관은 미 국방부 청사에서 제52차 SCM을 갖고 전작권 전환, 방위비분담금 문제에 대해 논의를 가졌다. 한편 SCM 공동성명서에서 매번 포함되었던 “주한미군 현 수준 유지”라는 문구가 처음으로 빠지면서 한미동맹 약화의 우려가 제기되기도 했다.

〈표 6-4〉 2020년 역내 양자대화 현황

구분	주기	시기/내용	성격		2020년 계획 (실시현황)
			억제	신뢰	
한중 국방전략 대화	매년	한중 신뢰구축 및 협력을 위한 양국 국방부 고위인사간 대화채널		○	-
한미군사위원회 (MCM)	매년	한미 합참의장급 회의	○		20.10.14 (화상회의)
한미안보협의회의 (SCM)	매년	한미 국방장관급 회의	○		20.10.14 (워싱턴)
한·일 국방장관 회담	수시	현안 발생 혹은 다자회의 등 기회발생 시 실시		○	-

한·일 국방장관 회담은 정기적 회의체는 아니지만 신뢰구축을 위한 창구로 간헐적으로 개최되어 왔다. 2019년 6월 3일 한일 국방장관은 샹그릴라 대화 차 싱가포르에 방문 시 회담을 갖고 신뢰회복을 위한 소통시도를 한 바 있고 11월 17일에는 제6차 아세안확대국방장관회의에서 한일 국방장관이 회담을 갖고 지소미아 종료결정 이후 냉각된 군사적 소통의 기회를 살리는 창구로 활용되었다. 그런데 2020년에는 양국의 갈등심화, 코로나 사태 등으로 국방장관 회담 역학은 위축되었다. 한편 8월

29일 괌에서 개최된 한·미·일 국방장관 회의에 한국이 불참하면서 한·일 간 신뢰구축 조성의 기회를 살리지 못하는 상황도 있었다.

2) 다자회의

동아시아 역내에는 신뢰구축조치 혹은 연합공조를 목적으로 다양한 회의체가 가동되고 있다. 한편 이러한 회의체가 2020년에 제대로 가동되지 못하며 상대적 국익 쟁취의 역학이 심화되었다.

첫째, 아시아·태평양 지역 정치·안보 분야에 대한 다자협의체인 아세안지역안보포럼(ARF: ASEAN Regional Forum)이 있다. 아세안 의장국이 순번제로 의장국이 되어 매년 회의를 주관하는 ARF는 1994년 출범한 후 역내 안정 및 안보를 위한 핵심 소통창구로서 기능하여왔다. ARF는 아세안 국가를 포함하여 총 27개국이 회원국으로 가입하고 있으며 2019년 회의는 태국 방콕에서 8월에 개최되었다. 특히 한국이 ARF 등 아세안 국가들과 적극적으로 협력해온 역할에 힘입어 한국은 2019년 11월 26일 부산에서 개최하며 "한·아세안 특별정상회의 공동의장 성명"을 채택하는 성과도 이루었다. 베트남 개최예정이던 2020년 ARF는 코로나-19로 화상회의로 대체되어 9월 12일 열렸다.

둘째, 샹그릴라 대화(아시아안보회의)는 영국 국제전략문제연구소(IISS)가 주관하여 매년 개최되는 국제안보 행사로 아시아안보를 다루는 핵심 회의체다. 특히 역내 국방장관들이 모여 안보 현안에 대해 회담을 함으로써 신뢰구축을 위한 소통의 창구가 되기도 한다. 미·중 국방장관도 샹그릴라 대화를 통해 의견을 교환한다는 측면에서 미·중 패권 경쟁의 심화를 막는 제도적 장치가 되기도 한다. 2019년 5월 31일 제18차 회의가 싱가포르에서 성공적으로 개최되었다. 한국의 정경두 장관도 참가하여 역내 국방수장들과 정책적 공조와 신뢰구축의 여건을 갖추는 기회로 활용했다. 하지만 2020년 6월 5-7일 계획되었던 제19차 회의는 코로나 사태를 맞이 취소되었다.

셋째, 아세안확대 국방장관회담(ADMM-Plus)은 매년말 개최되는 다자안보 회의체로 동남아시아 협력증진, 안보협력 촉진, 초국가적 위협 공동대응 분야에 대해 소통하는 기능체다. 원년인 2006년 최초로 아세안 10개국 국방장관이 회의를 한 이후 2010년부터는 한국을 포함하여 8개국 국방장관이 추가되어 총 18개국이 회원국으로 참여하고 있다. 2019년 11월 17-18일간 제6차 회의가 태국 방콕에서 열렸다. 베트남이 주관한 2020년 회의는 코로나로 인해 12월 화상으로 개최되었다.

ADMM-Plus 해양안보분과위원회가 설치되어 회원국 간 해양안보를 위한 협력 및 신뢰구축의 장으로 활용되고 있다. 해양안보분과 회원국은 해양질서 유지 및 신뢰구축을 위한 협력의 일환으로 연합훈련과 다양한 교류활동을 하고 있다. 2019년 4월 29일부터 5월 13일까지 한국과 싱가포르가 1, 2부로 나누어 해상에서 훈련을 주관하며 해양질서 협력을 공고히 한 바 있다. 한·일 갈등으로 인해 한국이 주관한 1부 해상훈련에 일본은 불참하기도 했다. 한편 2019년 9월 2-7일 간 한국해군은 신뢰구축 조치의 일환으로 해양안보분과 회원국을 초청하여 '2019 미래지도자과정'을 개최하였다. 하지만 2020년에는 코로나 사태로 ADMM-Plus 해양안보분과 위원회가 제대로 된 활동을 전개하지 못했다.

넷째, 해군 당국 간의 신뢰구축 회의체로 '서태평양해군심포지움(WPNS: Western Pacific Naval Symposium)'이 있다. WPNS는 역내 해군이 모여 협력적 구상을 위해 토의하는 회의체로 대표적인 신뢰구축조치 제도체로 1988년 최초 회의가 열렸다. 한국을 포함하여 21개 회원국과 인도 등 8개 참관국으로 구성되어 있다. 2014년에는 '해상 우발적 충돌방지 강령(CUES: Code for Unplanned Encounters at Sea)'에도 합의하면서 해양신뢰구축조치의 새로운 이정표를 세우기도 했다. 한편 2016년 중국이 미 해군의 수중드론을 나포하면서 CUES 대상에 무인잠수정을 포함하려는 모습을 보이며 마찰 조짐이 부상했다. 2019년 한일 초계기 갈등이 불거지자 CUES의 효력 여부가 도마에 오르기도 했다. 이처럼 CUES 적용과 해석에서 있어 엇박자가 있지만 만장일치로 만들어진 이 강령은 구속력 있는 장치로 여전히 가동되고 있다. 2020년 WPNS는 5월 18-22일 간 필리핀에서 개최될 예정이었으나 코로나 사태로 인해 무기한 연기되며 역내 해군 간 신뢰구축의 기회가 위축되었다.

다섯째, '미·호·인·일 4자 안보회의(U.S.-Australia-India-Japan Consultations, The Quad)'는 인도·태평양전략의 핵심 4개국이 모여 역내 질서를 관리하는 다자안보 협의체다. 2019년 9월 26일 장관급 회의와 11월 4일 고위관료 회의를 개최한 바 있다. 4자 안보회의는 중국의 도전을 봉쇄하는 차원에서 민주국가들이 다자적 공조하는 차원이기 때문에 신뢰구축이 아닌 억제의 역학이 가동되는 기능체다. 4개국은 2020년 봄에 고위급 회담을 개최하기로 합의했으나 코로나-19로 열리지 못하던 중 5월 화상회의를 통해 협력을 이어갔다. 이번 회의는 4개국 외에 한국, 뉴질랜드, 베트남 3개국이 추가로 참가하면서 회의체의 확대 가능성을 보여주는 계기가 되었다. 한편, 2020년 8월 31일 비건 미 국무부 부장관은 쿼드를 국제기구로 발전시키겠다는 의지를 천명하고 한국, 베트남, 뉴질랜드를 포함하는 쿼드 플러스 구축 필요성도 시사했다. 2020년 10월 6일에는 일본에서 쿼드 외교장관 회담을 가지며 공조를 과시했다.

여섯째, 학자 등 민간전문가가 대거 참가하여 남중국해 갈등완화 및 협력 방안을 논의하는 '남중국해 국제 콘퍼런스(South China Sea International Conference)'가 있다. 2019년 11월 베트남 하노이에서 열린 11차 회의에서는 해상민병대 증가 등 갈등 이슈들이 논의되었다.[45] 이 회의에서는 23개국 150여 명의 전문가가 대거 참여하며 많은 관심을 보였다. 2020년 회의는 코로나로 인해 예년과 같은 형태로 이어가지 못하게 되었다.

일곱째, 중국 국방부가 주관하는 국제적 안보회의인 샹산포럼이 있다. 샹산포럼은 민간학자가 주도하는 트랙 2로 시작했지만 2014년부터는 민간학자와 정부관료가 함께 참여하는 트랙 1.5로 발전했다. 샹산포럼은 영국 IISS가 주도하는 서방적 색채의 샹그릴라 안보대화의 맞불 성격으로 2010년부터 개최되었다는 점에서 '신뢰구축' 창구로서의 기능도 있지만 '억제'적 성격의 색채도 있다. 중국 국방부가 회의를 주관하기 때문에 중국의 입장을 국제적으로 천명하는 성격이 강하다. 그럼에도 불구하고 다양한 주제로 토의하는 자리를 마련해준다는 측면에서 소통의 기능도 제공한다. 2019년 10월 20-22일에 "국제 질서를 지키고 아태지역 평화를 함께 건설한다."라는 주제로 9차회의가 열린 바 있다. 2020년에는 코로나로 포럼 개최 여부에 대한 불투명한 상황이 지속되었다.

여덟째, 한·미·일 안보회의(DTT: Defense Trilateral Talks)가 있다. DTT는 한·미·일 국방당국이 정책적 공조 및 정보공유를 강화하기 위해 2008년부터 실시해오고 있는 회의다. 3개국의 차관보급 공무원이 수석대표로 참가하여 군사, 안보 등 다양한 의제로 조율을 한다. 2020년 회의는 코로나 사태로 5월 13일에 화상회의로 진행되었다. 3국은 북한 핵·미사일 위협을 평가하면서 3국 협력의 중요성을 확인하는 등 안보분야 협력증대 방안을 논의했고 코로나-19 공조방안도 논의되었다.[46]

---

45) 민영규, "중, 남중국해에 경비함 등 늘려 인접국 활동 방해'," 『연합뉴스』, 2019년 11월 7일.
46) 박민철, "한미·일 안보회의 개최… '3국 간 안보협력 중요성 재확인'," 『KBS NEWS』, 2020년 5월 13일.

마지막으로, 인도가 주관하는 '인도·태평양지역대화(IPRD: Indo-Pacific Regional Dialogue)'가 있다. 인도해군과 인도해양협회가 주관하는 IPRD는 해양영역 인식, 안보, 해양법 및 질서 등 해양관련 주제를 폭넓게 다루는 국제회의로 '신뢰구축'의 장이기도 하고 인도·태평양전략의 주도국 중 하나인 인도가 주관한다는 점에서 '억제' 기능을 하기도 한다. 2020년 3월 17-18일 간 개최될 예정이었으나 코로나-19로 취소되었다.

〈표 6-5〉 2020년 역내 다자대화 현황

구분	주기	시기/내용	성격		2020년 계획 (실시현황)
			억제	신뢰	
ARF	매년 중순	아시아·태평양 지역 정치·안보 협의		○	9.12 (화상회의)
샹그릴라 대화	매년 중순	IISS 주관 국제안보 행사		○	6. 5-7 (취소)
ADMM-Plus	매년 말	동남아시아 협력, 안보협력, 초국가적 위협 대응 관련 공조		○	12월 (화상회의)
ADMM-Plus 해양안보분과	-	해상위협 공동대응, 연합훈련 해양신뢰구축조치 공조		○	-
WPNS	매년 중순	역내 해군 간 협력적 구상 토의		○	5.18-22/필리핀 (연기)
The Quad	-	인도-태평양전략 핵심국의 다자안보 회의체	○		5월(화상회의) 10월(대면회의)
남중국해 국제 콘퍼런스	매년 말	남중국해 해양갈등 완화를 위한 소통 및 정보교환 창구 * 학자 등 관련 전문가 참가		○	-
샹산포럼	매년	중국이 주관하여 트랙 1.5로 진행되는 국제포럼	○	○	-
한·미·일 안보회의	-	국방당국자 간 안보회담	○		5.13 (화상회의)
IPRD	매년 초순	인도가 주관하는 해양질서 및 안보 관련 국제회의	○	○	3.17-18 (취소)

4. 기타 신뢰구축/공조 현황

1) 불안한 가운데 지속된 미·러 뉴스타트

MCBM 역학은 CBM 역학과 그 방향성과 맥을 같이 하는 측면이 있다. 따라서 2020년 CBM 중 하나인 핵구축 전개 상황을 살펴볼 필요가 있다. 2019년 INF 조약 탈퇴의 여파로 2020년 미·러 간 신냉전 기류가 더 심화되었다. 그럼에도 불구하고 또 다른 신뢰구축조치인 신전략무기감축협정(New Start, 뉴스타트)은 불확실성이 높은 가운데도 2020년에도 깨지지 않고 지속되었다. 뉴스타트에 대한 미국의 관심을 반영하듯 2020년 6월 10일에는 '뉴스타트: 주요 한계점과 핵심조항(The New START Treaty: Central Limits and Key Provisions)'이라는 제목의 미 의회보고서가 발간되기도 했다.[47)]

뉴스타트는 미국-러시아 간 핵확산금지 신뢰구축 조치의 일환으로 체결되어 2011년 2월 발효되었다. 이 협정은 양국이 SLBM을 포함한 핵미사일, 핵운반 시스템을 제한하고 전략 핵탄두 보유도 1,550개 이하로 감축한다는 것을 담고 있다. 특히 제3자가 양국에 대해 10여 차례 사찰을 시행해 투명성을 담보한다는 조치도 담고 있다. 더불어 협정에 명기된 미사일이 신규생산되어 공장 외부로 나오기 48시간 전에 상호 간 통보한다는 투명성 조치도 담고 있다. 특히, 탄도미사일 발사 전에도 발사계획에 대해 통보해야 한다는 조항도 협정에 담겨있다. 따라서 뉴스타트는 성숙한 수준의 CBM이라 평가된다. 트럼프 대통령은 뉴스타트에 대해 부정적 시각을 가지고 있지만 INF 조약과 달리 일방적 파기조치는 이루어지지 않았다. 뉴스타트가 2021년 2월 종료되기 때문에 핵확산방지 CBM이 유지되려면 미국과 러시아 양측이 동의해야 하는 숙제가 있다. 양국이 동의하면 뉴스타트는 5년 연장될 수 있기에 2020년 말, 2021년 초가 뉴스타트의 분수령이 될 것으로 전망된다. 한편, 미국은 중국도 포함하여 삼자가 새롭게 협정을 맺길 원하지만 중국이 이를 거부하면서 뉴스타트가 연장 없이 폐기될 가능성이 높아지고 있다. 따라서 뉴스타트 연장 가능성이 어두운 가운데 새로운 방식이 논의되고 있다. 2020년 10월 미국과 러시아가 1년만이라도 연장할 필

47) CRS (Congressional Research Service), "The New START Treaty: Central Limits and Key Provisions," June 10, 2020.

요성에 공감했다는 보도가 나오면서 CBM의 불씨가 어느 정도 남아있는 환경이 만들어졌다. 하지만 이마저도 미·러 합의는 불발되었다. 한편, 바이든 행정부가 들어서 미국과 러시아는 뉴스타트 5년 연장안에 전격 합의했다. 이는 2021년에 CBM 역학이 되살아나는데 작은 촉매제로 작용할 가능성을 시사한다는 점에서 주목할 필요가 있다.

2) 북극해 해양신뢰구축조치 필요성 대두

북극해가 신 냉전지로 변화는 역학이 심화되는 가운데 이 해역에서 신뢰구축조치가 필요하다는 목소리가 나왔다. 제임스 포고 주유럽-아프리카 미 해군사령관은 2020년 6월 태평양 해역에서 함정 간 오해와 오판을 방지하기 위한 수단인 CUES와 비슷한 프로토콜을 만들어 북극해에서 작동시키자고 제안했다.[48] 신냉전 지대부상이 군사적 충돌로 이어지는 것을 막기 위한 고민이라는 점에서 신뢰구축 제안으로서의 의미가 적지 않다. 특히 이는 2020년 신뢰구축조치 역학이 거의 동결된 상황에서 나온 제안으로 의미하는 바가 적지 않다.

제5절 결 론: 2021년 전망 및 한국의 대응 전략

MCBM은 소통을 기반으로 한다는 점에서 코로나-19로 인한 국경폐쇄는 신뢰구축 역할을 차단시키는 기제로 작용했다. 코로나-19로 2020년 계획된 주요 회의와 훈련이 취소되고, 반면 국익과 주권을 지키는 안보의 역학은 반대급부로 강하게 가동되면서 충돌의 기제는 심화되었다. 이에 2020년은 신뢰의 역할은 위축되고 갈등의 역학은 강화된 해라 평가될 수 있다. 이러한 역학은 미·중 패권 경쟁의 역학에도 심대한 영향을 주었다. 코로나 사태로 미국의 패권부재 현상은 가중되었고 중국은 이러한 틈새를 이용해 보건 실크로드 등 세계역할 확대를 모색했다. 이에 2020년은 패권 경쟁 측면에서는 미국에게는 시련의 해였고, 중국에게는 기회의 해였다.

요약하면 2020년 동아시아에서 갈등의 역학은 심화되고 MCBM 역학은 극히 위

48) Megan Eckstein, "Foggo: Changing Conditions Require New Arctic Strategy, International Code of Conduct," *USNI News*, June 26, 2020.

축되었다. 코로나-19의 영향이 적지 않았다는 점을 감안하더라도 신뢰의 역학이 방치할 수 없는 수준으로 위축되고 갈등의 역학이 부상했다는 점은 우려할 대목이다. 한국은 주변국 위협, 북한 위협 등 다차원적 위협으로 안보도전에 직면하고 있다. 따라서 물리적 군사력에 바탕을 둔 억지는 당연히 필요하지만, 이것만으로 불확실성과 불투명성에서 촉발된 상황까지 억지될 수는 없다. 작은 빈틈의 안보도 지키기 위해 한국은 MCBM 분야도 관심을 가져야 한다. 갈등의 역학을 푸는데 물리적 억제만으로는 한계가 있음을 직시하고 신뢰구축의 단초를 마련해야 한다.

MCBM 활성화를 위해 방안은 다양하다. 현역군인의 인사교류나 교환방문을 추진해 신뢰조치의 작은 걸음이라도 만들어내는 것도 그 중 하나다. 외국으로 파견나간 장교가 현장에서 자국과 파견국의 교량역할을 하는 것도 중요하다. 교량역할이 공고화되면 투명성이 제고되고 소통 수준도 향상될 수 있다. 코로나-19로 주춤했던 해군대해군 회의의 활성화도 필요하지만 보다 시너지를 발휘할 수 있도록 해군과 공군이 동시에 참여하는 '2+2' 군사당국 회의도 적극추진할 필요가 있다. 싱가포르 해군이 주관하는 '정보융합센터(IFC: Information Fusion Center)'에도 복수의 장교를 파견하여 소통 부재를 극복하는 창구를 마련하는 것도 검토할 필요가 있다. 2009년 창설된 IFC는 역내 해양안보 관련 각국의 정보를 취합하는 조직으로 이러한 정보가 선순환되면 역내 불확실성을 줄이는데 기여할 수 있다. 나아가 이를 벤치마킹하여 '동북아 IFC'를 한국 내에 만드는 것도 검토해 볼 수 있을 것이다.

서태평양 해양신뢰구축의 핵심 인프라 중 하나인 ReCAAP 정보공유센터(ISC)에서 차지하는 한국의 비중도 향상시킬 필요도 있다. ReCAAP ISC는 2006년 싱가포르에 설치된 해적 및 해상강도 공조를 위한 다자해양기구로 현재 한국을 포함하여 20개 국가가 활동하고 있는 기구다. 이 센터는 해양질서 유지라는 공동의 목표를 위해 해양관련 정보를 공유한다는 측면에서 신뢰구축의 핵심인프라로 성장하고 있는 바이 기구가 서태평양 내 포괄적 MCBM으로 자리를 잡는 데 한국의 역할이 확대될 수 있도록 관심을 기울여야 한다. 외교적 소통창구를 넘어 군사당국 간 심화된 소통으로 진화될 수 있도록 기구확장 논의도 필요할 것이다.

2020년에 몰아닥친 코로나-19는 인류 모두에게 시련이었지만 패권 경쟁 측면에서 보면 미국에게는 큰 도전이, 중국에게는 큰 기회가 된 측면이 있다. 2021년 미국이 이러한 시련을 만회하기 위해 세계 리더십 역할을 강화할 것이다. 이에 중국도

2020년에 창출된 기회를 이어가기 위해 공세를 지속할 것으로 예상된다. 이는 강대강 대결구도를 창출하며 갈등역학이 지속될 수 있음을 예고한다. 2021년 미국은 중국을 대상으로는 하드파워 현시를 강화하겠지만 다른 국제무대에서는 실추된 소프트파워 회복에도 나설 것이다. 코로나 사태 시 자국문제도 해결하지 못한 탓에 국제적 어려움을 방기하면서 추락한 소프트파워 회복을 위해 전 세계에 공공재를 제공하는 등 지원에 나설 가능성이 높다. 예를 들어 미국은 세계 최대규모의 병원선을 보유하고 있기 때문에 패권 리더십 회복과 신뢰구축조치를 위해 이러한 비전투전력을 전 세계 구호작전에 투입하는 계획할 수도 있다.

2020년 코로나 사태가 국가간 단절의 시련이 되기도 했지만 화상회의 활성화라는 새로운 소통문화도 정착되었다. 대표적으로 2020년 12월 3일 한국 외교부가 '동북아 신뢰구축을 위한 새로운 모색'을 주제로 중국, 일본, 미국, 러시아, 몽골의 민간전문가와 함께 개최한 '2020 동북아평화협력포럼(NAPC Forum)'을 들 수 있다. 이를 계기로 2021년에는 화상회의 방식으로 MCBM 여건이 증진되는 방향성을 기대해볼 수 있다. 비화상회의는 완벽한 준비를 갖추어 놓은 후에 진행된다는 측면에서 회의성과가 가시적으로 나타날 수 있지만 당사자 간 접촉의 빈도측면에서는 유리하지 못하다. 굳이 오프라인으로 만나지 않더라도 실무자 간 화상회의를 통해 수시로 만나 이슈를 조율하는 환경이 정착된다면 신뢰구축을 위한 한걸음 전진의 의미가 있을 것이다. 2021년 2월 종료되는 뉴스타트의 1년 연장안이 부결되면서 CBM 살리기의 불씨가 꺼져가고 있지만 새로운 미 행정부의 탄생은 기회의 불씨가 될 여지가 있다. 이 불씨로 2021년 CBM 조치가 조금씩 살아나는 계기가 마련될지 주목할 필요가 있다. 2021년 1월 20일 취임하게 될 바이든 행정부는 동맹 및 다자주의에 기반한 정책기조를 내세운다는 점에서 트럼프 행정부의 자국 우선주의와는 크게 다르다. 따라서 새로운 미 행정부의 탄생은 최소한 CBM 조치 측면에서는 긍정적 요소로 작용할 수 있을 것이다. 중국과 아세안간 직면한 COC의 진척여부도 2021년 전개될 미·중 패권 경쟁 양상에 의해 영향을 받을 것이기에 협상측면에서 긍정적 요소가 될 수 있다. 그럼에도 불구하고 미·중 패권 대결 구도는 더 심화될 수밖에 없는 역학속에서 전 지구적 다자주의가 아닌 미국과 중국이라는 두 블록이 마주하는 대결적 다자주의가 심화될 것이라는 점에서 긍정적 요소의 시너지를 크게 기대하는 것은 어려울 것이다.

2020년 동아시아는 갈등과 충돌의 역학이 득세하고 해양신뢰구축은 설 자리를 잃은 한해였다. 2021년에는 바이든 행정부의 새로운 정책적 기조에 대한 전망처럼 2020년 역학에 변화를 줄 긍정적 요소는 분명 존재한다. 그렇지만 이러한 흐름이 하루아침에 바뀌기는 힘들 것이다. 특히, 한국입장에서는 중국의 서해 내해화 시도가 큰 도전이 될 것이다. 점진적으로 중국은 내해화 시도를 강화할 것이기에 시간은 한국의 편이 아닐 것이다. 중국의 남중국해와 서해의 내해화는 유사한 공식으로 적용한다고 보아야 한다. 단지 우선순위와 시기의 문제다. 따라서 중국이 남중국해에서의 목표를 달성한 후에 서해 내해화 시도가 본격화될 것이다. 물론 중국은 하루아침에 서해를 무력으로 바로 내해화하는 전략적 실수는 하지 않을 것이다. 대신 회색지대 전략을 적용하여 단계적으로 한국의 해양이익을 잠식하려 들 것이다. 해상민병대의 활동영역과 강도를 증가시킨 후 해경 및 해군 함정의 서해 작전을 강화하고 이러한 시도가 효과를 내기 시작할 때 법률전도 개시하게 될 것이다. 따라서 한국은 중국의 이러한 회색지대 강압에 정교하게 대응하는 지혜가 필요하다. 우선 중국어선의 불법조업은 해경이 단호하게 단속하고 해군은 중국해군의 해상정보활동을 예의주시하며 해양이익 잠식 상황 발생시 직통망을 이용하여 퇴거 요구 등 단호한 조치를 해야한다. 나아가 중국의 법률전에 맞서 서해, 이어도를 수호하기 위해 상쇄차원의 법률전에 나서야 한다. 이를 위해 해양법 전문가와 T/F를 가동시킬 필요도 있다. 이처럼 억제 및 작전적 차원의 조치 이외에도 국방부, 해양수산부, 외교부 등 범정부가 참여하는 조직을 구성해 MCBM 정책에 대한 논의에 착수해야 한다.

한국은 미국과는 동맹전략을 강화하고 중국, 러시아 등 동북아 주요 국가와는 '포괄적 MCBM 전략'이라는 이중전략을 구사할 필요가 있다. 해양에서의 갈등이 군사적 충돌로 격화되지 않도록 비우방국가와는 소통을 강화하면서 동맹국 미국과는 재래식 억지와 확장 억지 모두를 챙겨나가는 혜안이 있는 전략을 통해 안보와 국익을 지켜내야 할 것이다. 하지만 이러한 이중전략이 헤징전략의 연장선이 아니라 중견국으로서 주도권을 잡는 돌고래 전략으로서 기능하도록 정책을 디자인해야 할 것이다. 이를 위해서는 미국 주도의 다자주의에 압박으로 마지못해 참여하는 피동적 접근이 아닌 사전에 이해득실을 따져 능동적으로 참여하는 선제적 접근이 요구될 것이다. 한편 헤징전략 탈피를 협상력 강화의 계기로 삼아 동맹국에게 확장억제 강화정책을 의연하게 요구하고 주변국 경제보복 가동 시 동맹차원 혹은 다자적 대응이 가능토록 유도하는 것이 국익 담보 차원에서 필요한 조치가 될 것이다.

참고문헌

김귀근. “미국, 인도태평양사령부에 ‘반중특임부대’ 만든다.” 『연합뉴스』, 2020년 8월 8일.

김동엽. “북한의 해상경계선 주장 변화와 남북군사협상: 북한의 ‘서해 해상경비계선’을 중심으로.” 『통일문제연구』, 제31권, 제2호 (2019).

김동현. “미 웨이크선 대규모 활주로 공사 진행… ‘중·북 겨냥 유연한 전략 일환’.” 『VOA』, 2020년 7월 7일

김명일. “‘코로나로 어려울 때 도왔는데’ 중국 군용기, KADIZ 침범 왜?” 『한국경제』, 2020년 3월 25일.

김태준. “NLL분쟁과 남북한 해양신뢰구축 방안.” 『국방연구』, 제49권, 제1호 (2006).

김호준. “일본 ‘중국 해경선 센카쿠 인근 영해 침범...항의.’” 『연합뉴스』, 2020년 7월 3일.

_______. “일본 방위백서 ‘북, 핵탄두로 일공격능력 보유’ 첫 명시.” 『연합뉴스』, 2020년 7월 14일.

노경진. “일본, 중국 관공선 센카쿠 열도 인근 영해 침범 항의.” 『MBC 뉴스』, 2020년 5월 9일.

민영규. “중, 남중국해에 경비함 등 늘려 인접국 활동 방해.” 『연합뉴스』, 2019년 11월 7일.

박성용·김창희. “동북아시아 해양안보환경과 해양신뢰구축에서 한국의 역할.” 『한국동북아논총』, 제76호 (2015), pp. 5-26.

박민철. “한미·일 안보회의 개최… ‘3국 간 안보협력 중요성 재확인.’” 『KBS NEWS』, 2020년 5월 13일.

반길주. “중국의 물리전과 비물리전 동시구사 전략: 중국의 서해상 항모작전과 한국에 대한 삼전의 적용.” 『군사논단』, 제95호 (2017).

_______. “스마트 억지: ‘군사력’ 구축과 ‘신뢰’ 구축 병행을 통한 해양안보 시너지 창출.” 『KIMS Periscope』, 제188호 (2020년 3월 21일).

_______. “해양경계 모호성의 딜레마: 동북아 방공식별구역의 군사적 충돌과 해양신뢰구축조치.” 『아세아연구』, 제63권, 제2호 (2020).

_______. 미·중 패권전쟁의 충분조건 분석: 결정론적 구조주의 하계 보완을 위한 행위적 촉발요인 추적.” 『국제정치논총』, 제60집, 제2호 (2020).

_______. “동북아 국가의 한국에 대한 회색지대전략과 한국의 대응 방안.” 『한국군사』, 제7권 (2020).

신동민. “OSCE의 군사적 신뢰구축조치(CSBM) 검토.” 『통합유럽연구』, 제9권, 제2호

(2018).
윤다혜. “미 해군 사령관, ‘중국으로부터 북극 지켜야.’ ” 『news1』, 2020년 6월 29일.
이보희. “중국해군 추정 잠수함, 일본 해역 잠항… NHK ‘능력 과시’.” 『서울신문』, 2020년 6월 21일.
이재우. “中 해경선, 센카쿠열도 진입... 日 국유화 이후 역대 최장.” 『NEWSIS』, 2020년 7월 4일.
이재준. “日 여당, 중국 센카쿠 영해 침범 ‘실력저지’ 정부에 요구.” 『NEWSIS』, 2020년 6월 4일.
임형섭. “일 센카쿠열도 인근 미사일부대 배치…중국과 충돌 대비.” 『노컷뉴스』, 2020년 4월 6일.
정영훈. “중국, 해경에 전시 임무 부여 추진.” 『KBS NEWS』, 2020년 6월 8일.
정재용. “‘센카쿠’ 이름짓기 경쟁... 일 지방의회 선공에 대만 ‘맞불.’ ” 『연합뉴스』, 2020년 6월 12일.
『중앙일보』. “7광구, 일본이 공동개발 낀 배경엔…한·일협력위 입김.” 2019년 8월 7일.
지형철. “중 군용기, 22일 한국방공식별구역 진입…‘훈련 중’ 교신.” 『KBS News』, 2020년 6월 24일.
한국군사문제연구원. “『트럼프 행정부』의 중국정책 실수와 향방.” 『KIMA Newsletter』, 2020년 8월 11일.
Polyzine. “러시아, 대양방패 2020 ‘군용기 40여대 태평양 등서 동시비행.’ ” https://www. polyzine.co.kr/903(검색일: 2020.9.1).
Ben Werner. “Navy IsSues Iran Warning to Keep Away From Warships.” *USNI NEWS*, May 21, 2020.
-------. “Video: Two Russian Fighters Make Unsafe Intercept of Navy P-8A Over Eastern Med.” *USNI News*, May 26, 2020.
-------. “White House Orders Review of Coast Guard Heavy Icebreaker Program.” *USNI News*, June 10, 2020.
CRS (Congressional Research Service). “The New START Treaty: Central Limits and Key Provisions.” June 10, 2020.
-------. “China Naval Modernization: Implications for U.S. Navy Capabilities-Background and IsSues for Congress.” May 21, 2020.
CSIS Asia Maritime Transparency Initiative. “Exploring China's Unmanned Ocean Network.” June 16, 2020.
Dzirhan Mahadzir. “State Department Approves $23B Japanese F-35 Fighter Deal.” *USNI News*, July 10, 2020.
-------. “SECDEF Esper: U.S. Will ‘Keep Up the Pace’ of South China Sea

Freedom of Navigation Operations." *USNI News*, July 21, 2020.

Justin Jones. "A naval perspective of maritime confidence building meaSures." *Maritime Confidence Building MeaSures in the South China Sea Conference*, 2013.

Megan Eckstein. "U.S., U.K. Surface Warships Patrol Barents Sea for First Time Since the 1980s." *USNI News*, May 4, 2020.

_______. "BALTOPS 2020 Will Only Hold At-Sea Events with Ships Commanded from Shore." *USNI News*, June 11, 2020.

_______. "Foggo: Changing Conditions Require New Arctic Strategy, International Code of Conduc." *USNI News*, 26 June, 2020.

Pedro Luis de la Fuent. "Confidence-Building MeaSures in the Southern Cone: A Model for Regional Stability." *Naval War College Review*, Vol. 50, No. 1 (1997).

Sam LaGrone. "Destroyer USS Mustin Transits Taiwan Strait Following Operations with Japanese Warship." *USNI News*, August 18, 2020.

_______. "Destroyer Conducts South China Sea FONOP Day After Chinese 'Carrir Killer' Missile Tests." *USNI News*, August 27, 2020.

The Economist. "Naval Strategy: Northern fights." May 16, 2020.

The Economist. "Arms control: Be afraid, America." May 23, 2020.

Toshi Yoshihara. *Dragon Against the Sun*. CSBA, 2020. https://csbaonline.org/uploads/ documents/CSBA8211_(Dragon_against_the_Sun_Report)_FINAL.pdf(검색일: 2020.5.22).

U.S. Department of Defense. "Fact Sheet - Travel Restrictions." May 26, 2020.

U.S. White House. "United States Strategic Approach to The People's Republic of China." May 2020.

Viet Anh. "Vientnam: ASEAN, China talks for South China Sea Code of Conduct should reSume." June 27, 2020. https://e.vnexpress.net/news/news/vietnam-asean-china-talks-for-south-china-sea-code-of-conduct-should-reSume-4121894.html?fbclid=IwAR0nL7I2bPvsTlj0hloSnykdHHmXBIU8A8RiZdHsExD0ShKqoJ8-NH3fZ70(검색일: 2020.7.23).

제7장

북극해의 협력과 갈등

박주현(전 영국 국방무관)

제1절 서 론

북극은 지리적 기준으로 북위 66.33도 이북지역 또는 영구동토층의 한계선 내에 위치하며 여름철에 1회 이상 해가 지지 않고 겨울철에 1회 이상 해가 뜨지 않는 해상과 육상을 지칭한다.[1] 기후학적으로는 여름철 평균온도가 10도 이하인 북반구 지역이며, 생태학적으로는 나무가 자랄 수 없는 경계인 산림한계선 이북 지역이다. 북극권의 총면적은 약 2,100만㎢로 지구 지표면의 약 6%를 차지하고 있다. 북극해는 북

1) Tim Ingold, "North Arctic is northernmost region of the Earth, centred on the North Pole and characterized by distinctively polar conditions of climate, plant and animal life, and other physical features. The term is derived from the Greek arktos (bear), referring to the northern constellation of the Bear. It has sometimes been used to designate the area within the Arctic Circle—a mathematical line that is drawn at latitude 66°30'N, marking the southern limit of the zone in which there is at least one annual period of 24 hours during which the Sun does not set and one during which it does not rise. This line, however, is without value as a geographic boundary, since it is not keyed to the nature of the terrain." http//www.britannica.com/place/Arctic(검색일: 2020.11.5). 북극권이라는 용어는 동 위도 내에 위치한 모든 육상도 포함하므로 바다만을 지칭하는 북극해 용어와는 구분하여야 한다.

극점(North Pole) 주변의 바다로서 태평양·대서양·인도양·남극해와 더불어 5대양의 하나다. 면적은 지중해의 4배인 1,405만 6천㎢이며 전 세계 바다 면적의 약 3%를 차지한다. 평균수심은 1,038m, 최대 수심은 5,450m이며, 북극점의 수심은 4,261m다. 북극해의 겨울 평균기온은 영하 35-40도이며 여름철 기온은 평균 0도 내외를 기록하고 있다. 미국·러시아 등 8개 연안국에 둘러싸여 있는 북극은 대륙지각이 지표를 형성하고 있는 육지가 아니라, 바닷물이 얼어있는 거대한 빙하 덩어리다. 반면, 남극은 면적의 98% 이상이 얼음으로 덮인 대륙이다. 북극권 중심에서 북극 빙하의 두께는 평균 3-4m이며 가장자리로 갈수록 옅어지는 렌즈 모양을 지닌다. 바다 얼음은 수 개의 거대한 덩어리로 이루어져서 해류와 바람에 따라 끊임없이 이동한다. 얼음의

〈그림 7-1〉 북극권과 북극해 연안국 요도

출처: https://en.wikipedia.org/wiki/Arctic_Circle(검색일: 2020.11.7).

두께와 면적은 계절적으로 변화하며 3월에 최대에 달했다가 8월에 최소에 이른다.

남극이 무주지인데 비해, 북극해는 연안국들 간 관할권 다툼이 진행 중이다. <그림 7-1>에서 보는 바와 같이 북극권(Arctic Circle) 내에 영토 또는 영해를 지닌 국가는 미국·러시아·캐나다·덴마크(그린란드)·아이슬란드·노르웨이·핀란드·스웨덴 등 8개국이다. 이 중 핀란드와 스웨덴은 북극해와 직접 접해있지 않지만, 자국 영토 중 일부가 북극권에 포함된 국가들이다. 이들 8개국은 북극개발과 이용에 따른 제반 문제들을 협의하기 위해 1996년 북극이사회(Arctic Council)를 출범시켰다. 북극해 전체 해역 중 약 82%인 1,147만㎢가 6개 연안국(미국·캐나다·러시아·덴마크·노르웨이·아이슬란드)의 영해 및 EEZ이며, 관할권에 속하지 않는 공해는 약 18%인 253만㎢ 정도이다. 북극해 대륙붕의 넓이는 전체 해역의 53%이다.

미국지질연구소의 2008년 조사 결과에 의하면 전 세계에서 발견되지 않은 석유의 13%(900억 배럴), 미개발 천연가스의 30%(47조㎥), 액화천연가스의 20%(440억 배럴)가 대륙붕에 매장된 것으로 추정하고 있다.[2)] 또한, 세계식량기구(FAO)의 2011년 자료에 의하면 북극해와 그에 인접한 북대서양 및 북태평양 인근 어장은 매년 전 세계 어획량의 약 40%를 차지하고 있다.

오랫동안 북극의 가치는 군사적 요충지와 학술 연구대상으로 국한되었다. 제2차 세계대전 당시 미국의 렌드리스(Lend-Lease)법에 의해 러시아 무르만스크(Murmansk)와 아르한겔스크(Arkhangelsk)로 군수물자가 수송되던 항로였으며, 미국-소련 냉전시는 대륙간탄도미사일과 장거리 폭격기의 최단 비행경로였다. 소련은 1957년에 세계최초 인공위성 스푸트니크(Sputnik)호를 발사함으로써 미국 내에 '미사일 갭' 논쟁을 불러일으켰다.[3)] 북극해 연안은 양국의 조기경보 레이다 및 통신기지, 전략폭격기와 요격기 발진기지, 방공미사일 기지 등으로 채워지기 시작했다. 미국은 1958년 세계최초의 핵잠수함 Nautilus(SSN-571)함이 북극해 잠항 항해와 부상에 성공함으로써

2) Kenneth J. Bird, "Circum-Arctic Resource Appraisal: Estimates of Undiscovered Oil and Gas North of the Arctic Circle," *U.S. Geological Survey Fact Sheet 2008-3049* (CO Denver: USGS, 2008), pp. 2-4.

3) 1957년 11월 미국 게이터위원회(Gaither Committee)가 발표한 보고서에서 미국의 탄도미사일 보유량이 소련보다 매우 뒤지고 있다고 주장함으로써 촉발된 논쟁으로 폭격기 등 항공자산과 탄도미사일 간 예산배분 문제와 여야 간 안보공약 문제로 비화되었다. https://www.britannica.com/topic/missile-gap(검색일: 2020.11.7).

스푸트니크 충격을 상쇄시켰다. 이후 북극해 수중은 미·소 핵잠수함들의 주요 활동지가 되었다.[4] 냉전 종식에도 불구하고 북극해가 지닌 군사적 가치는 변하지 않았다. 북극해는 미군과 나토군을 연결하는 요충지이며, 러시아 입장에서는 북대서양과 나토지역, 태평양지역으로 진출하는 교두보이다.

북극해는 군사적 가치에 비해 경제적 가치는 혹독한 자연환경으로 인해 주목받지 못하였다. 대서양과 태평양을 연결하는 항로 개척은 실패하였고[5], 자원개발은 막대한 소요자금과 기술제한으로 엄두를 내지 못하였다. 현재 북위 66.33도 이상의 연안 지역에는 4백여 만 명에 불과한 인구가 거주하고 있으며 그 중 10%만이 에스키모(Eskimo)라 불리는 토착 원주민 이누이트(Inuit)족이고 나머지는 자원 및 항구개발사업·어업·관광업 등을 위해 이주해온 사람들이다. 북극개발 관심은 1973년과 1979년에 발생한 두 차례의 오일쇼크를 계기로 급부상하였다. 고유가로 인한 자원개발 동기는 북극해의 기후·지질·생물에 대한 학술활동을 동반하였다. 그러나 당시 탐사 및 채굴기술 한계와 투자대비 낮은 기대수익, 그리고 1980년대 중반 이후 유가 하락 등으로 인해 본격적인 개발에는 미치지 못하였다.

북극해 개발은 지구 온난화 문제가 불거지면서 전환점을 맞게 되었다. 온난화 영향으로 빙하가 10년마다 거의 10%씩 사라지고 있기 때문이다. 2017년에 관찰한 결과에 의하면 여름철에 북극해 바닷물이 얼어있는 면적은 456만㎢ 수준으로 1979년 위성 관측 이래 최소 수준이다.[6] 또한, 2018년 10월에서 2019년 9월까지 북극

4) 이상엽·박남태, "냉전기 미국의 전략대잠전 연구: 미 해군의 구소련 SSBN 대응작전," 『21세기 해양안보와 국제관계』(서울: 북코리아, 2017), pp. 230-238.

5) 네덜란드의 빌렘 바렌츠 선장은 1596년 여름에 암스테르담에서 출발하여 동아시아로 가는 무역항로 개척을 위해 북극해로 향하였다. 그러나 그의 배는 빙하에 갇혀 8개월간 버티다가 빙하가 녹는 틈을 타 구명정을 타고 탈출하였다. 바렌츠는 귀항 길에 사망하였고 그가 통과하려고 애썼던 바다는 그의 이름을 따서 바렌츠 해로 명명되었다. 이후 스웨덴의 탐험가 닐스 노르덴스횔드(Nils Adolf Erik Nordenskjoeld, 1832-1901)가 1878-1879년 처음으로 북극해 일부 구간의 항해에 성공했으며, 20세기 초에는 여름철에 쇄빙선을 이용하여 항해하기 시작했다.

6) UN산하 기후변화국제패널(IPCC)은 2013년 9월 발간한 제5차 보고서에서 금세기 말 북극의 해빙 면적이 1970년대 후반 대비 최대 94%까지 사라질 수 있다고 예측하였다. 2017년 9월 미국 국립빙설자료센터(NSIDC)와 항공우주국(NASA)에 의해 북극해 전체면적 약 1,400만 평방km 중 약 456만 평방km만이 얼음으로 덮여 있는 것으로 관측되었는데 이는 위성촬영이 시작된 1979년 말과 비교할 때 40% 이상이 줄어든 것이다. 급속한 지구 온난화 때문에 북극은 20-30년 이내에 얼음이 완전히 녹는 하절기를 맞을 수 있는 것으로 예상된다. 영국의 환경문제 전문사이트 '카본 브리프'의 연구에 의하면 2020년 여름 북극을 덮은 얼음 면적이

평균기온이 1900년대 이래 역대 두 번째로 높았으며 여름철 빙하면적은 2019년 9월 18일 기준 415만㎢로 역대 두 번째 최소를 기록했다.[7] 2050년 여름에는 북극해에 얼음이 없을 것이라는 전망도 나왔다.[8] 온난화에 의한 빙하감소는 자원탐사 및 개발에 필요한 시간과 재원을 감소시키고, 해상교통로 단축에 의한 물류비용 절감의 가능성을 열어두었다. 북극해 연안을 따라 항로가 열리는 기간이 길어질수록 수에즈나 파나마 운하를 통과하지 않고 아시아와 유럽·아시아와 북미를 연결하는 경제성이 높아진다. 북극항로에 관한 내용은 제2장 1절에 상세히 기술하였다.

러시아는 1987년 10월 고르바초프 서기장의 무르만스크 선언으로 북극개방을 천명하기 전까지 안보상 이유로 시베리아를 포함한 자국 관할의 북극권을 타국에 개방하지 않았다. 고르바초프 서기장은 북극개방 선언에서 환경보호 및 자원의 공동개발을 위한 북극 평화지역 설립을 제안하였다.[9] 이 선언으로 세계 각국의 북극권 진출 가능성이 열렸지만, 실제로는 북극해 주변 8개 연안국들의 주권 행사가 강하게 작용하는 계기가 되었다. UN해양법협약에 의해 북극해에 관할권을 주장할 수 있는 8개국을 중심으로 1990년 국제북극과학위원회(IASC: International Arctic Science Committee)가 출범하였고, 1996년에는 북극이사회(Arctic Council)가 출범하여 과학조사와 자원개발을 시행하고 있다.

기후변화는 북극해가 지닌 군사적 가치의 성격도 변화시키고 있다. 냉전 시에는 전략적 억제를 위한 요충지로서의 가치를 지녔지만, 이제는 자원개발과 항로 확보라

1980년대와 비교해 270만㎢(남한 면적 10만㎢의 27배)나 줄어들었다. IPCC, 『2014 기후변화 종합보고서』(서울: 기상청, 2015), pp. 41-42.

7) National Oceanic and Atmospheric Administration Research, *Arctic Report Card*, (Wshington D.C.: Department of Commerce, 2019) pp. 2-4. https://arctic.noaa.gov/ (검색일: 2020.11.9).

8) Laurence C.Smith & Scott Stephenson, "New Trans-Arctic shipping routes navigable by mid century," *PANS*, Vol. 110, No. 13 (Columbus OH: Ohio State University, March 26, 2013), p. 313.

9) Kristian Åtland, "Mikhail Gorbachev, the Murmansk Initiative, and the Desecuritization of Interstate: Relations in the Arctic," *Cooperation and Conflict*, Vol. 43, No. 3 (Sage Publications, Ltd September 2008), pp. 289-311. 선언의 주요 내용은 북극의 비핵지대화, 군함의 활동 제한, 자원 이용의 평화적 협력, 과학조사와 환경보호의 공동 노력, 북극항로의 개발 등이다. 무르만스크 선언을 계기로 1990년 8월 북극권 8개 국가를 중심으로 국제북극과학위원회(IASC)가 설립되어 북극개발에 필요한 과학조사를 수행하고 있다.

는 미래의 경제적 이득을 선점하고 지키기 위한 가치로 변모하고 있다. 각국들은 이 해당사자로서 존재감을 과시하고 유리한 협상 위치를 선점하기 위해 경쟁하고 있다.[10] 비록, 북극권 대부분이 여전히 미개척지이며, 인구 유입과 인프라 구축에 시간과 자본 수요가 많겠지만 물류 이동과 자원개발이 본격화되면 새로운 경제권으로 부상하게 될 것이다. 향후 지구 온난화 속도와 기후 및 지질의 장애를 극복하는 기술발전에 따라 북극해 연안국가들 간 경쟁의 수준은 높아질 것으로 예상한다.

제2절 북극해 개발관련 이해 당사국의 정책

1. 러시아

러시아는 북극해 중 한반도 면적의 5배에 해당하는 110만㎢의 면적을 영해로 관할하고 있다. 북극권의 해안선 길이는 해안 굴곡이 복잡한 캐나다의 해안선 길이가 162,000km이며 상대적으로 단순한 해안선을 지닌 러시아의 해안선 길이가 두 번째로 긴 24,140km이다. 북극해에 대한 러시아의 정책은 경제권역 개발과 영유권 확대에 의한 정치·군사적 영향력 제고로 요약된다. 2008년 글로벌 금융위기 시를 제외하고 1996년부터 약 20년 가까이 고유가가 지속됨에 따라 에너지 공급을 위해 북극권 개발에 전력해 왔다. 러시아 경제의 자원수출 의존도가 높아질수록 북극에서 영유권 확대는 사활적이다. 러시아는 북극권 자원개발 경쟁 및 영유권 분쟁에 대비하여 구소련시절의 기지를 재개하고 일부 신규 건설하는 등 군사력을 증강하여 왔다. 특히 2014년 크림반도 합병 후 북극해 연안의 군사력 강화 움직임은 가속화되었다. 2020년 7월 1일, 국민투표를 통해 영토할양 금지 조항이 포함되어 있는 헌법개정안을 통과시킴으로써 크림반도·쿠릴열도·북극해 등 논쟁의 여지가 있는 지역들이 러시아의

10) Katarina Kertysova, "What are the main drivers behind Russia's military build-up in the Arctic?," *European Ladership Network,* May 3, 2020 and Mathieu Boulègue, *Russia's Military Posture in the Arctic Managing Hard Power in a 'Low Tension' Environment,* Research, Paper of Russia and Eurasia Programme (London, U.K.: Chatham House, June 28, 2019), pp. 25-26.

영토이며 타협의 대상이 될 수 없음을 공식화하였다.[11)]

러시아는 2014년 12월에 발간된 군사독트린에 처음으로 북극에서의 국익수호를 명시하였다.[12)] 2015년 7월에는 기존 해양독트린을 수정한 내용을 공표하였다. 북극해를 포함한 모든 바다에서 해양강국으로 위상을 보장하기 위한 해군활동·해양운송·해양과학·자원확보 등 4개 분야의 전략을 기술하였다.[13)] 특히, 크림반도 합병 이후 군사적 긴장이 고조되고 있는 흑해와 지중해, 풍부한 자원으로 경제적 가치가 높은 북극해, 그리고 태평양에서의 적극적인 해양활동을 강조하고 있다. 이후 해군력 증강을 비롯하여 각종 정책들이 독트린의 내용대로 실행되고 있다. 러시아는 동년 12월에 개정 발간한 『러시아 연방의 국가안보전략(The Russian Federation's National Security Strategy)』의 62번째 조항에서 자원개발과 항로이용에 대한 권익을 확보해 나가겠다는 방침을 명시하였다.[14)]

2019년 12월 21일 메드베데프 총리는 향후 15년간 시행할 『북극항로 인프라 개발계획』을 승인했다.[15)] 계획의 핵심은 2024년까지 북극권 4개 공항의 인프라 대폭 확충, 북극항로의 거점이 될 페베크(Pevek)항과 사베타(Sabetta)항 시설 최신화, 2026년까지 핵추진 쇄빙선 5척 추가 건조 등이다. 푸틴 대통령은 2020년 3월 15일에 북극개발 마스터플랜인 『2035년 북극에 대한 국가정책의 기본원칙(Basic Principles of Russian Federation State Policy in the Arctic to 2035)』에 서명하였다.[16)] 이는 2008년에 발표한 『2020년 북극에 대한 국가정책의 기본원칙(Basic Principles 2020)』에 이어 두 번째 마스터플랜이다. 주요 내용은 연안방어강화, 대규모 에너지개발, 인프라 구축, 북극항로 개척 등이다. 2020년 7월 20일 러시아의 극동북극개발부 공보실은

---

11) James D J Brown, "Russia's Revised Constitution Shows Putin is No Friend of Japan," *RUSI Commentary*, July 6, 2020.

12) Russian Government. *Military Doctrine of the Russian Federation*, http://www.rg.ru/2014/ 12/30/doktrina-dok.html(검색일: 2020.11.9).

13) Russia Maritime Studies Institute, *The 2015 Maritime Doctrine of the Russian Federation*, RMSI Research (Newport, RI: U.S. Naval War College, 2015), p. 5.

14) Russian Federation, *The Russian Federation's National Security Strategy*, December 31, 2015. pp. 14-15.

15) https://bellona.org/news/arctic/2020-01-russia-releases-massive-official-plans-for-the-northern-sea-route(검색일: 2020.11.9).

16) Ekaterina Klimenko, "Russia's new Arctic policy document signals continuity rather than change," *SIPRI Commentary/Essay*, April 6, 2020.

러시아 최북서단 지역의 인구유출을 방지하고 북극개발의 토대를 마련하기 위해 1인당 1헥타르의 북극권 토지를 최대 5년간 무상으로 제공한다는 『북극 헥타르(Arctic Hectare)』 계획을 발표하였다.[17] 야말로네네츠(Yamalo- Neners) 자치주 등 해당지역 주민은 5년간 무상으로 농업 및 광공업에 토지를 활용하고 그 이후에 구매하거나 최장 49년간 대여가 가능하다. 이는 시베리아 지역을 포함하여 1990년대 초에 1천만 명에 달했던 러시아 북부지역의 인구가 2016년에 780만 명으로 감소함에 따라 인구유출을 방지하기 위함이다.

러시아의 북극해 개발정책은 쇄빙선 건조에서 두드러지게 나타난다. 화물선이나 컨테이너선이 연중 북극해를 통과하려면 쇄빙선이 길을 열어주어야 한다. 러시아는 1977년에 세계 최초로 쇄빙선을 이용하여 북극점까지 항행하였으며 쇄빙선 건조에서 세계 최고의 기술과 가장 많은 쇄빙선을 보유한 국가이다. 러시아는 북극항로의 상업화에 대비하여 쇄빙선을 대거 운용함으로써 우위를 차지하려 한다.[18] 2017년 기준 북극 항해용으로 사용하는 16척을 포함하여 총 46척의 쇄빙선을 운용하고 있으며 핵쇄빙선 7척을 포함해 10척의 쇄빙선을 추가 건조할 계획이다. 러시아는 2020년 6월 17일에는 만재 33,540톤급의 세계 최대 핵쇄빙선 아르티카(Arktika)호를 진수하였다. 이와 관련된 내용과 각국이 보유한 쇄빙선 및 건조내용은 3장 1절에서 별도로 다루었다.

화물 운송의 길을 터주는 상업용 쇄빙선과 별개로 전투를 수행할 수 있는 군사용 쇄빙함도 건조하고 있다. 2017년에 해상경비 및 예인 목적의 해군용 쇄빙선 일리야 무로메츠(Ilya Muromets)함을 취역시켰다. 0.9미터 두께의 얼음을 쇄빙하는 길이 85m, 너비 20m, 만재배수량 6,000톤급인 디젤추진 함정으로서 총 4척 건조 중이며 북해함대에 배속되었다.[19] 무로메츠함은 해군함정으로 분류되지만, 예인과 쇄빙이 주목적으로 해상전투를 위해 건조된 함정은 아니다.

---

17) Adam Robinson, "Russia offers free land to stop Arctic depopulation," *BBC News*, July 16, 2020.

18) 김호준, "러시아, 핵추진 쇄빙선 '우랄' 진수… 북극항로 개척 목적," 『연합뉴스』, 2020년 5월 27일. 러시아 국영 원자력 기업이며 아르티카를 운용하는 '로사톰'의 북해항로국장인 뱌체슬라프 룩샤는 "연중 북쪽 바다 항로를 안전하게 항해할 수 있는 능력이 있는 현대적 쇄빙선 선단 구축은 우리나라의 전략적 목표."라고 말했다.

19) Trude Pettersen, "Northern Fleet gets new icebreaker," *The Barents Observer*, June 10, 2016.

〈표 7-1〉 이반 파파닌함 제원

구 분	이반 파파닌(Ivan Papanin)
형 상	
톤 수(경하/만재)	6,800톤 / 8,500톤
길이×폭	114m × 18m
속력/항속거리	18노트 / 6,000nm
무장	76.2mm 함포 1문, 3M-54 Kalibr 대함미사일 8발
헬기	Ka-32 헬기 1대 탑재

출처: https://en.wikipedia.org/wiki/Ivan_Papanin_(icebreaker)(검색일: 2020.11.10).

러시아는 『프로젝트 23550』이라는 사업명으로 본격적인 대함·대공·대지 전투 능력을 지닌 쇄빙선 건조를 추진해 왔다.[20] 2019년 10월 25일 1번함인 길이 114m에 배수량 8,500톤급의 이반 파파닌(Ivan Papanin)함이 진수되었다. 1.7미터 두께의 얼음을 쇄빙하며, 76.2㎜ 혹은 100㎜ 함포 1문에 각종 기관총, 컨테이너에 수납되는 초음속 대함·대지미사일 8기, 함재용 헬리콥터를 탑재할 예정이다. 동년 11월 27일에는 2번함인 니콜라이 주보프(Nikolay Zubov)함 건조가 시작되었다. 쇄빙 전투함 보유는 얼음이 녹지 않는 해역에 진입하며 전투 수행 능력을 갖춘 해군임을 의미한다.

20) 크리스토프 이고르, "러시아해군의 쇄빙선 함대 개발 관련 문제 및 전망," 『KIMS Periscope』 2020년 7월 21일.

〈그림 7-2〉 러시아의 북극해 군사력 배치 요도

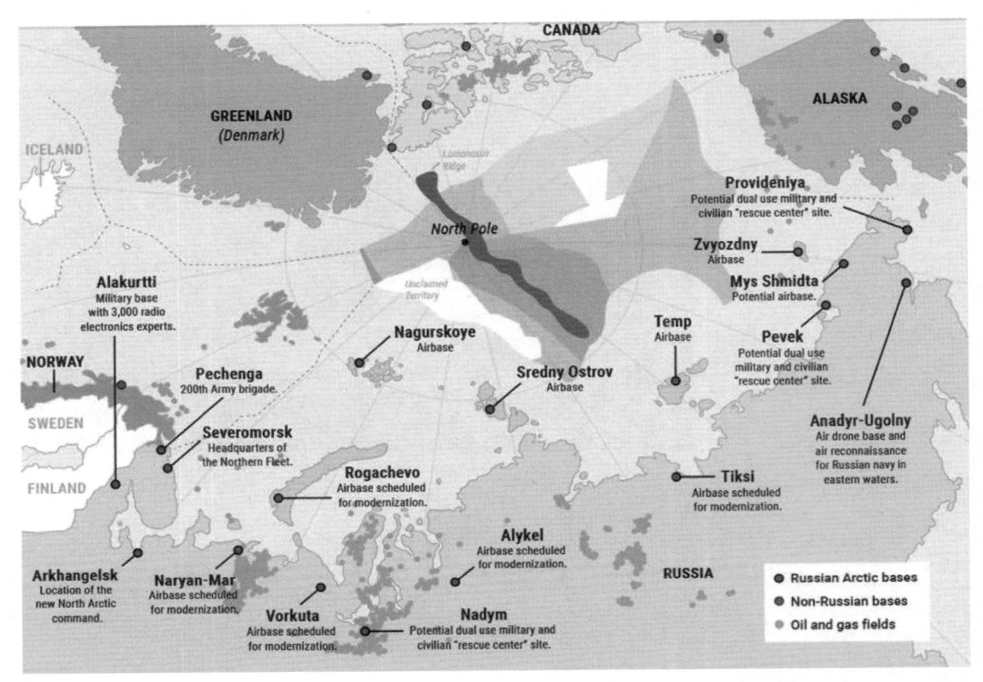

출처: https://www.arctictoday.com/russian-paratroopers-perform-first-ever-high-altitude-arctic- jump/ military_bases_along_nsr_baudu_2020/(검색일: 2020.11.10).

러시아는 북극개발에 필요한 항만·도로·전기·통신 등 인프라 구축을 북극해의 군사기지 건설과 병행하고 있다. 구소련 시절 북극해 연안에는 주요 항만시설·비행장·레이더 및 미사일 기지·전초기지 등이 산재했다. 현재 이들 기지 중 2024년까지 재가동을 목표로 비행장 13곳, 레이다 기지 10곳, 수색 및 구조기지 10곳, 국경감시기지 20곳 등 50여 곳이 넘는 군사기지들에 대해 대대적인 개보수 공사가 진행 중이다. 이와 별개로 2013년부터 수십억 달러를 투자하여 북부 노보시비리스크(Novosibirsk) 제도 등 북극 항로에 인접한 섬과 반도 일대에 최첨단 레이더 및 대함·대공 능력을 갖추고 영하 50도의 혹한에도 견딜 수 있는 7개의 군사기지를 건설하고 있다.[21] 이 기지들은 북극해 서쪽입구에 해당하는 해역에서부터 동쪽입구에 해당하는 베링해

21) 기지의 위치와 규모 등에 대한 상세한 내용은 Matthew Melino & Heather A. Conley, *The Ice Curtain: Russia's Arctic Military Presence,* Center for Strategic and International Studies, (Washington D.C.: CSIS, 2020. 참조.

(Bering Sea) 방향으로 다음과 같은 순서로 전개되어 있다. 바렌츠해(Barents Sea)와 카라해(Kara Sea) 북쪽에 위치한 최북단기지인 알렉산드라랜드(Alexandra Land)의 나구르스코예(Nagurskoye) 공군기지, 바렌츠해와 카라해를 중간에서 구분하는 노바야젬랴(Novaya Zemlya)제도의 로가체프(Rogachev)보, 카라해와 랍테프해(Laptev Sea) 중간 길목에 위치한 시베르나야제믈랴(Severnaya Zemlya)제도의 스레드니(Sredny)섬, 랍테프해 동쪽 해역에 위치한 노보시비르스크(Novosibirsk)제도의 코텔니(Kotelny)섬, 동시베리아 해역과 축치해(Chukchi Sea) 중간에 위치한 슈미트 갑(岬)(Cape Schmidt)과 브랑겔(Wrangel)섬 등이다. 북동항로는 이 기지들 인근을 통과해야 하므로 유사시 타국의 항로 이용을 쉽게 통제할 수 있다.[22)]

러시아는 2014년 12월 1일에 기존의 북해함대를 모체로 『북부합동전략사령부(JSCN: Joint Strategic Command North)』를 창설하였다.[23)] JSCN은 북극권 부대들에 대한 지휘를 일원화하고 북극해에서의 민간 선박 안전 확보, 북극해 EEZ 및 대륙붕에 대한 영유권 강화, 천연자원 보호 임무를 수행한다. JSCN의 핵심전력은 순양함, 구축함, 콜벳함 등 각급 전함 40여 척 및 전투기·정찰기를 보유한 북양함대, 제1공군과 방공사령부이다. JSCN은 유사시 지상군 동원을 위해 2개의 북극 기계화 보병여단도 산하에 두고 있다. 2019년에는 최신 방공무기인 S-400을 노바야젬랴(Novaya Zemlya)제도와 틱시(Tiksi)에 배치했다. 틱시는 사하공화국이라는 이름으로 잘 알려진 야쿠티야(Yakutia) 공화국의 북극해 연안에 위치한 작은 마을로 랍테프 해에 위치한 유일한 항구이다. 러시아는 2020년 7월 9일, 4세대 보레이(Borei)급 SSBN을 개량한 보레이-A급 1번함인 블라디미르(Vladimir)대공함을 북해함대에 배치하였다. 이 잠수함은 2019년 10월 SLBM 불라바(Bulava) 발사시험에 성공하였다. 2020년 12월에는 블라디미르 모노마흐(Vladimir Monomakh)함이 태평양 오호츠크해(Okhotsk Sea)에서 아르한겔스크의 표적까지 4발의 불라바 연속발사시험을 했다.[24)]

---

22) Matthew Melino & Heather A (2020), https://www.csis.org/features/ice-curtain-russias-arctic-military-presence(검색일: 2020.11.13) and Russia/NIS Center, Russia's Arctic Policy: A Power strategy and Its Limits (March 2020), pp. 8-11.

23) Siemon T. Wezeman, *Military Capabilities in the Arctic: A New Cold War in the High North?,* SIPRI (October 2016), pp. 13-14.

24) 유철종, "러시아 태평양함대, 핵미사일 '불라바' 4발 연쇄 발사훈련," 『연합뉴스』, 2020년 12월 12일.

북극해 군사화 계획 중 군사력의 절대 우위를 굳힐 수 있는 핵심 요소는 빙판활주로 건설이다. 이 공사는 지난 2020년 4월부터 북극해 최북단에 있는 알렉산드라랜드(Alexandra Land)의 나구르스코예(Nagurskoye) 공군기지에서 진행되고 있다. 빙판을 활주로로 이용하는 기술로서 성공할 경우에는 계절과 기온에 관계없이 나구르스코예기지는 중량 100톤에 가까운 IL-76과 같은 대형수송기와 Tu-95 전략폭격기를 운용할 수 있다.[25] 이는 러시아가 미국·유럽·아시아에 이르는 최단 항공루트를 확보하여 상시 전력투사가 가능함을 의미한다. 실제로 2019년 11월 중순에는 콜라(Kola)반도에서 이륙한 미그-31K에 사거리 3,000km의 극초음속 미사일 킨잘(Kinzhal)을 탑재하여 북극해 상공에서 발사훈련을 했다.[26] 킨잘이 나구르스코예 기지에 배치되어 Tu-22M3 전략폭격기에 실리면 북반구의 전력 균형을 바꿀 수 있다. 2019년 5월에는 최신 전자전 체계인 무르만스크-BN과 크라수하(KraSukha)-2.4 체계를 북극해 주변 7개소의 군사기지에 배치했다. 이들 장비는 북극항로를 통과하는 항공기 및 함정에 대한 통신감청, 전자 공격, 교란 등 전자전 기능을 갖추고 있다. 또한, 2024년까지 통합우주체계 발전계획에 따라 우랄산맥 북쪽 보르쿠타(Vorkuta)에 2021년, 무르만스크에 2022년까지 탄도미사일·극초음속미사일·저궤도 위성을 탐지 및 격추하기 위한 S-500체계 레이다를 배치할 예정이다.

북극해 주권에 대한 러시아의 확고한 의지는 군사훈련을 통해 표출되고 있다. 2018년 8월 시베리아의 크라스노야르스크(Krasnoyarsk)와 북극해 연안도시 노릴스크(Norilsk) 인근에서 러시아 북해함대 1천여 명의 병력이 참가한 군사훈련을 실시했다. 2020년 4월 26일, 러시아 공수부대는 세계 최초로 북극 상공 1만미터에서 IL-76으로 단체 낙하 훈련을 실시하여 극지방에서의 군사작전 수행능력을 과시하였다.[27] 러시아가 2020년에 실시한 군사력 강화정책들 중 가장 두드러진 정책은 북해함대를 모체로 창설되었던 북부합동전략사령부(JSCN)를 5번째 군관구로 지정하는 조치였다.

---

25) Jdseph Trevithick and Tyler Rogoway, "Image Shows Russia Extending Runway At Arctic Base, Could Support Fighter Jets, Bomber," *The War Zone*, August 21, 2020.

26) Shaan Shaikh, "Russia Tests Kinzhal Missile in Arctic," Center for Strategic International Studies (December 2, 2019).

27) Malte Humpert, "Russian paratroopers perform first-ever high altitude Arctic jump," *High North News*, April 29, 2020.

러시아는 현재 동부·서부·중부·남부 등 4개의 통합군관구를 운영하며 각 군관구의 지휘체계를 일원화하였다. 푸틴 대통령은 2020년 6월 5일 북부합동전략사령부를 러시아의 5번째 군관구로 승격하고 2021년 6월 1일부로 정식 출범할 것을 승인했다고 공표하였다.[28] 이는 러시아 역사상 최초로 해군함대를 모태로 합동전략사령부를 거쳐 군관구가 설치되는 사례로서 북극해에 대한 확고한 군사적 우위의 장악을 의도한다.

2. 미국

북극해에 대한 미국의 국익은 러시아와 중국의 영향력 확대 견제, 자원개발 참여, 우방국들에 대한 신뢰 유지로 요약할 수 있다. 현재 미국은 국내의 셰일혁명으로 에너지 수급이 아쉽지 않기 때문에 자원개발 동기보다는 러시아와 중국의 영향력 확대에 대한 견제와 우방국들의 영유권 확보 및 자원개발 지원에 중점을 두고 있다고 평가할 수 있다. 미국의 지리적 위치를 고려 시 지구 온난화에 따른 북극항로 이용 가능성은 높지 않은 상태이다. 북극해를 경유한 교역이 성립하기 위해서는 동아시아-미국 동부 항로, 유럽-미국 서부 항로가 각각 태평양과 대서양 횡단 항로보다 경제성을 갖출 정도로 수송의 이점과 물품의 비교우위가 성립해야 한다. 태평양과 대서양 항로에는 존재하지 않는 북극항로의 굴곡·폭·수심·기후 등 자연적 장애들과 미국의 국내 철도·도로·항공 인프라와 연결 구조를 고려 시 북극해를 통한 물류 이점은 북극권에서 생산되는 자원과 물품 이동에만 국한될 것으로 예상된다.[29] 다만, 향후 유럽으로 셰일에너지 수출물량이 크게 증가한다면 미국 서부와 유럽을 연결하는 북서항로의 경제성은 부각될 수 있다. 이를 위해서는 시애틀 등 서부연안에 대규모 에너지 터미널을 건설하고 미국 중남부의 셰일에너지 생산지와 파이프라인으로 연결시켜야 한다.[30]

---

28) Thomas Nilsen, "Putin raises the Northern Fleet's strategic role; Starting in 2021, the fleet will have a status equivalent to Russia's four military districts," *Arctic Today*, June 8, 2020.

29) 실제로 2018년에 미국과 여타 국가 간 무역 목적으로 이 항로를 통항한 선박은 단 2척뿐이다. 김지혜 등, "북극 해상운송 규범 분석을 통한 우리나라 대응 방안 연구," 『한국해양수산개발원 일반연구 2019-14』 (부산: 한국해양수산개발원, 2020년 6월), p. 17.

오랫동안 북극해에 대한 미국의 국익은 안보 영역에 집중되었으며 미래에도 변함이 없으리라 예상한다. 러시아의 장거리 핵공격 능력이 존재하는 한, 냉전 시와 마찬가지로 북극권은 탄도미사일 및 항공기 방어의 요충지이다. 냉전 이후 중국의 부상과 북한의 탄도미사일 개발은 북극권의 군사적 중요성을 더욱 부각시키고 있다. 특히, 지구 온난화로 알래스카와 시베리아 사이의 빙하가 상당히 감소할 것이므로 알래스카 해안 일대에서 러시아와 중국의 수상 함정 및 잠수함들 활동이 용이해진다. 또한, 미국 및 미국 동맹국들과 러시아 간 EEZ와 대륙붕이 중첩된다. 중국과 러시아 간 자원개발과 군사협력, 항로 이용에서 미국 동맹국들의 상대적 위축은 강대국 국력 변화에 영향을 미칠 수 있는 사안들이다.

북극권의 군사적 이용은 러시아가 미국보다 압도적 우위를 점하고 있다. 이는 북극권에 해당하는 미국 영토는 알래스카 일부에 불과하므로 캐나다와 그린란드 등 나토 우방국들의 영토에 군사기지를 운용해야 하기 때문이다. 러시아가 자국의 북극권 영토에서 과거 기지들을 복원하고 새로운 기지를 설치하는 반면, 미국의 북극권 내 공군기지는 1953년에 만들어진 그린란드 북부 툴레(Thule)기지 1개뿐이다. 러시아가 북극권 최북단에 위치한 알렉산드라랜드의 나구르스코예 공군기지에서 빙판활주로 프로젝트를 달성하면, 러시아는 북극권 전역에서 연중 항공 전략자산의 상시 운용이 가능한 유일한 나라가 된다.

러시아의 군사력 강화 움직임에 대응하여 미국은 2007년 8월에 북극권과 인접한 알래스카의 엘먼도프-리처드슨(Elmendorf-Richardson) 공군기지에 5세대 전폭기 F-22와 조기경보기들을 배치하기 시작했다. 오바마 대통령은 2012년 4월에 북부사령부(USNORTHCOM)를 북부관할사령부로 지정했으며, 클린턴 국무장관은 동년 6월에 미 국무장관으로는 처음으로 노르웨이에서 열린 북극이사회 회의에 참석하였다. 그러나 전반적으로 오바마 행정부의 북극해 정책은 일관성을 갖춘 실효적인 정책이라고 평가하기는 어렵다. 미국은 보유하고 있던 7척의 쇄빙선 중 노후한 배들을 극지방 환경보호를 이유로 퇴역시켰고 신규 건조계획도 철회시켰다. 2011년에는 북극해 및 북대서양을 담당하던 해군 제2함대를 해체하였으며, 2016년 12월 해양자원 보호를 이유로 북극권에서의 새로운 석유·천연 가스 탐사를 금지시켰다. 오바마 행정부

30) 김아름 등, 미국 에너지 공급인프라 현황 및 확충 전망, 『세계에너지현황 인사이트 17-1 (2017.6.14)』 (울산: 에너지 경제연구원, 2017년), pp. 12-24.

의 정책은 이상주의 철학에 치우쳐 미래 안보와 경제에 소홀했다는 비판으로부터 자유롭지 못하다

트럼프 대통령은 2017년 취임 이후 동년 4월 오바마의 북극권 개발금지 정책을 뒤집는 행정명령에 서명하였고, 2018년 7월 제2함대를 재창설했다. 또한, 2014년 NATO 회의에서 결의한 대로 2018년 10월 25일부터 2주 동안 미국과 나토 29개 회원국 그리고 중립국인 핀란드·스웨덴은 노르웨이에 인접한 북극권 일대에서 가상적국 부대의 상륙을 가정한 "트라이던트 시점(Trident Juncture)" 명칭의 대규모 나토 군사훈련을 했다. 미 해군의 Harry Truman 항공모함전단 등 각국 함정 65척, 항공기 250대, 전투차량 1만대, 병력 5만명이 참가하여 2002년 이후 나토동맹국들의 훈련 중 최대 규모를 기록하였다.[31] 미국 항공모함전단의 북극권내 진입은 1991년 이후 처음이었다. 2020년 3월에는 코로나-19사태에도 불구하고 2006년부터 격년제로 시행하던 Cold Response 훈련을 축소된 규모로 실시하였다. 2020년 4월 20일, 미국과 나토는 러시아의 북극해 주변 위협에 대비하여 무인잠수정 개발계획을 발표하였다. 미 공군은 4월 23일 북극과 인접한 알래스카 아일슨(Eilson) 공군기지에 최초로 5세대 전투기인 F-35A를 배치하였으며, 2021년 말까지 총 54대를 배치할 예정이다.[32] 미 제6함대와 영국해군은 5월 1일 노르웨이 해안과 인접한 북극해 일대에서 핵잠수함 1척, P-8A 포세이돈 대잠 정찰기, 전함 4척이 참가하여 가상의 러시아 잠수함에 대응하는 대잠훈련을 실시하였다.

미국 국방성은 2013년에 처음으로 『북극 전략서(Arctic Strategy)』를 발표하였다. 중국과 러시아의 북극권 진출에 대해 경계심을 표명하며 북극을 미국의 안보 이익이 보호되고 본토가 방위되는 지역으로 규정하였다. 2019년 4월, 미국 해안경비대는 북극해에 대한 해안경비대의 활동내용과 방향을 담은 『북극전략비전(Arctic Strategic

31) Rikard Jozwiak, "NATO Launches 'Biggest Military Exercise' Since The End of the Cold War," *RFE/RL* (October 12, 2018).

32) Tim Ellis, "Arrival of Eielson's First F-35s Signals Alaska's Growing Role as Strategic U.S. Air-power Hub," *KUAC*, April 22, 2020. 미국 공군은 5세대 전투기 F-35A를 태평양 공군에 배치하는 것은 이번 알래스카 아일슨기지가 처음이라고 밝혔다. 알래스카 댄 설리번 상원의원은 "F-35A 아일슨 배치로 우린 JBER(Joint Base Elmendorf Richardson)에 주둔하는 F-22 랩터와 합쳐서 100대 넘는 5세대 전투기를 보유하게 됐다." 라고 말했다. 태평양 공군 사령관 찰스 브라운 대장은 "F-35A 알래스카 배치가 미국 방위와 인도·태평양 지역의 평화와 안정에 대한 우리의 흔들림 없는 약속을 체현하는 것."이라고 강조했다.

Outlook)』을 발간하였다. 이 보고서는 러시아를 북극지역 평화와 안정성을 위협하는 대상으로 규정하고, 이에 대한 대응 방안을 제시하고 있다.[33] 또한, 비(非)북극 국가인 중국도 북극 안보를 위협하는 국가로 기술하고 있다. 동년 6월 6일에 미 국방부는 『북극 전략서(Arctic Strategy)』를 의회에 제출하였다. 동 보고서는 "미국은 북극 국가이며 북극 안보환경은 미국 안보이익과 직결된다."고 천명하고 감시능력 확보·작전능력 강화·관할권 규정 및 질서 확립 정책 등 북극해에 대한 군사정책들을 기술하였다. 구체적으로 북극의 기상여건에서 감시능력 확보를 위한 센서·지휘통제체계·기상관측장비의 첨단화에 대한 투자, 혹한 대비 훈련을 위한 북방전투훈련센터 확충과 정기적인 독자 및 다자 훈련 실시, 그리고 나토 등 동맹 및 파트너 국가들과 협력하에 북극 관할을 위한 합리적 룰의 마련과 항행의 자유 보장 등을 담고 있다.[34] 위의 두 보고서들은 러시아와 중국을 북극지역 평화 및 안정성을 위협하는 대상으로 규정하고 있다. 2020년 7월 21일, 미 공군은 창설 이래 최초로 북극상공과 우주에서 공군의 역할과 정책방향을 제시한 『북극전략서(Arctic Strategy)』를 발간하였으며[35], 미 해군도 유사한 전략서 발간을 준비 중이다.

미 상원은 2019년 12월에 통과시킨 『2020 회계년도 국방수권법안』에 북극지역 미사일 및 레이다 배치와 군사기지 건설을 촉구하는 내용을 포함시켰다.[36] 미국은 2020년 6월 5일 러시아와 접경지역인 노르웨이 핀마르크(Finnmark) 주에 설치된 우주감시용 Globus II 레이다 시스템을 Globus III로 성능 개량했다. 이 기지는 러시아의 대륙간탄도미사일(ICBM)을 추적할 수 있을 뿐만 아니라 러시아의 북해함대 활동도 감시할 수 있다. 또한, 2017년에는 북극해와 인접한 기지에서 P-8A 포세이돈 대잠초계기를 운용할 수 있도록 2006년에 폐쇄했던 아이슬란드의 케플라비크(Keflavik) 해군 항공기지를 복원할 것이라고 발표하였다.[37]

---

33) US Coast Guard. *Arctic Strategic Outlook.* US Coast Guard (2019), p. 4.

34) U.S. Air Force, Department of Defense *Arctic Strategy*, Office of the Under Secretary of Defense for Policy (Washington D.C.: OSD, June 2019).

35) Secretary of Air Force Public Affair, "Department of the Air Force introduces Arctic Strategy," (Washington D.C.: U.S. Air Force, July 21, 2020).

36) Alexandra Hackbarth, "NDAA Shines Spotlight on Great Power Competition in the Arctic," *American Security Project*, December 13, 2019.

37) Shawn Snow, "US plans $200 million buildup of European air bases flanking Russia," *Air Force Times*, December 17, 2017.

미국의 북극해 정책은 냉전 시 요충지였던 그린란드의 지정학적 가치를 부활시키고 있다. 그린란드에는 희토류 금속이 1,000만톤 이상 매장되어 있어 중국의 희토류를 대체할 수 있다. 또한, 러시아 모스크바까지 직선거리가 3,600km로 전략폭격기에 의한 견제가 가능하며, 북극항로의 입구에 해당하는 해역들을 감시·통제할 수 있는 군사 요충지이다. 그린란드는 러시아 연안의 북동항로에 대비되는 캐나다 연안의 북서항로 기착지로 유력하므로 향후 태평양과 북극해 북서항로-유럽을 연결하는 항로개발의 근거지가 될 수 있다. 미국은 덴마크와 상호방위조약을 근거로 1951년부터 그린란드의 툴레(Thule)에 조기경보 레이다와 공군기지를 운용하고 있다. 이 기지는 미국의 국내외 군용 비행기지들 중 가장 최북단 위도에 위치하고 있다. 트럼프 대통령은 2019년 8월 15일, 북대서양과 북극권 사이에 위치한 덴마크 영토인 그린란드 매입을 제안하였으나 프레데릭센(Frederiksen) 덴마크 총리는 거래대상이 아니라며 거부하였다.[38] 미국은 2020년 4월 23일 그린란드에 대한 1,120만 달러의 경제원조와 1953년에 문을 닫았던 영사관을 재개설할 것이라고 발표하였다. 이는 그린란드 자치정부가 추진하고 있던 광물자원과 인프라 개발에 중국의 투자자금이 유입되는 상황을 차단하기 위한 조치였다.

2020년 6월 9일, 트럼프 대통령이 『북극과 남극 지역에서 미국 이익 수호』라는 행정각서(Memorandum)에 서명함으로써 미국의 북극해 정책은 정부부처의 과제로 공식화하였다.[39] 이 문서는 백악관이 극지방 군사역량 강화의 계획을 최초로 밝힌 공식문서이다. 각서는 핵추진 쇄빙선을 포함해 최소 3척 이상의 대형 쇄빙선을 건조하고 극지방 함대 역량을 강화하며, 알래스카 등 극지방에 총 4곳의 군사기지를 신설한다는 내용을 담고 있다. 현재 미국 해안경비대가 보유 중인 쇄빙선은 5척뿐이며, 상시 북극해 항행이 가능한 쇄빙선은 1976년에 건조된 대형쇄빙선 Polar Star와 1989년에 건조된 중형쇄빙선 Healy 등 2척뿐이다. Healy는 2020년 8월 16일 북극

---

38) 김현미, “150년 된 미국의 그린란드 매입전략,” 『아틀라스』, 2019년 8월 21일. 금번 미국의 그린란드 매입 타진은 역대 3번째이다. 1867년 러시아로부터 알래스카를 매입했던 존슨 대통령이 같은 해에 매입을 타진했으나 거부당했다. 1946년에도 트루먼 대통령이 1억 달러에 매입을 제안했으나 거부당했다. 그러나 덴마크령인 버진 아일랜드 군도를 1917년 2,500만 달러에 매입하는 것은 성공하였다.

39) Donald J Trump, *Presidential Memoranda: Memorandum on Safeguarding United States National Interests in the Arctic and Antarctic Regions* (Washington D.C.: White House, June 9, 2020).

해 정기 항해 중 엔진화재가 발생하여 임무를 포기해야 했다.[40] 이 사건은 미국의 빈약한 북극해 자산(Asset) 실태를 보여주었다. 미국은 현재 건조 중인 대형쇄빙선(HPIB: Heavy Polar Ice Breaker)에 대함 미사일 탑재를 추진하고 있다.

중국의 북극해 진출은 문제를 더욱 복잡하게 만들고 있다. 중국의 정치·경제적 영향력 제고는 물론 군사적으로 중국의 핵잠수함이 북극해에서 활동하며 미국을 위협하는 상황까지 가능해지기 때문이다. 중국이 2018년 1월 『북극정책백서』를 통해 자국을 '근(近)북극국가'로 규정하고 북극항로 개발 및 이용으로 '빙상 실크로드'를 구축하겠다고 밝힌 것에 대한 미국의 공식반응은 2019년 5월 6일 핀란드에서 열린 제17차 북극이사회 각료회의에서 표출되었다. 당시 폼페이오 국무장관은 "오직 북극권 국가와 비(非)북극권 국가만 존재하며 제3의 범주는 존재하지 않는다. 중국은 북극을 '제2의 남중국해'화 하려고 한다."라고 공개 비판하였다. 러시아에 대해서도 국제법에 어긋나는 국내 규정을 근거로 북동항로 통제를 추진하고 있으며, 항행의 자유 침해와 군사기지 재가동 등 북극 지역의 군사화 활동을 진행하고 있다고 비난하였다.[41] 동 각료회의에서는 북극이사회가 출범한 이래 처음으로 공동선언문 채택에 실패했다. 중국과 러시아에 대한 비난뿐만 아니라 선언문에 기후변화를 포함시키는 것에 대해 미국이 강력히 반대했기 때문이다. 이는 북극권에서 트럼프 대통령의 반(反)기후변화 입장이 공식 표명된 첫 사례였다. 폼페이오 장관은 2020년 7월 22일 덴마크 방문 시 외무장관 공동기자회견에서도 북극에서 점증하고 있는 러시아의 영향력에 대응하고 중국의 진출 시도를 좌절시키기 위해 적극적으로 나설 것이라고 밝혔다.[42]

3. 중국

북극해에 대한 중국의 정책은 자원개발 참여와 물류 항로확보에 중점을 두고 있

40) Malte Humpert, "US cancels Arctic operation after an engine fire aboard the icebreaker Healy," *High North News,* August 26, 2020.
41) Mercy A. Kuo, "The US and China's Arctic Ambitions," *The Diplomat,* June 11, 2019.
42) AP, "Pompeo says U.S. to expand Arctic role to deter Russia, China," *AP News,* July 23, 2020.

다. 이는 북유럽 국가들에 대한 무역과 투자 활성화, 러시아와의 공동자원 개발 형태로 나타나고 있다.

중국은 2015년 국방법을 수정하여 북극을 우주·심해 등과 함께 '평화로운 탐험' 지역에 포함시켰다. 2018년 1월에 『북극정책백서』를 발간하여 북극해에 대한 국가비전을 밝혔다. 이 백서에서 중국은 기후변화의 영향과 지리적 근접성을 근거로 자신을 북극에 근접한 '근(近)북극국가'라고 주장하며 일대일로 정책을 북극권까지 확대 적용하는 '북극 실크로드' 구축 의도를 공식화하였다.43) 동 백서는 기후변화에 따른 해빙(解氷)이 생태환경 변화와 함께 항로의 상업적 이용과 자원개발 기회를 제공하고 있다는 평가로 전세계 공동이익과 북극의 지속 가능한 발전을 위한 적극적인 참여를 강조하고 있다. 북극해에 대한 중국의 4대 정책목표는 북극이해·북극보호·북극개발·북극 거버넌스 참여라고 규정하며, 북극 탐사 이해의 심화, 생태환경 보호 및 기후변화 문제 주시, 적법·합법적 방식의 자원 이용, 북극 관리체제 및 국제협력 참여, 북극의 평화 및 안정증진 등의 정책들을 명시하고 있다. 동 백서에서 중국이 '근(近)북극 국가'라는 근거로 노르웨이 북단 스발바르(Svalbard) 군도의 공동 관리를 목적으로 1920년에 발효된 스피츠베르겐 조약(Spitsbergen Treaty)에 1925년 가입할 정도로 북극에 관한 관심이 오래되었다는 점, 1999년부터는 쇄빙선 쉐룽(Xue Long)호를 동원한 탐사에 나섰으며 2004년에는 스발바르 군도에 황하(Yellow River)라는 북극기지를 건설했다는 점, 그리고 2013년부터 북극이사회(Arctic Council)에 영구 옵서버 자격으로 참가하는 점을 강조하고 있다.

북극해에 대한 중국의 정책은 백서가 발간되기 6년 전부터 북유럽국가들에 대한 중국 최고위층 인사들의 접근으로 본격화되었다. 원자바오 총리는 2012년 4월 중국 총리로서는 41년 만에 아이슬란드를 방문하여 자유무역협정(FTA)체결을 약속하고 북극개발 참여에 대한 아이슬란드의 협력 약속을 받아냈다. 2013년에 중국은 유럽국가 중 처음으로 아이슬란드와의 자유무역협정을 정식으로 체결하였다. 후진타오 국가주석은 2012년 6월에 최초로 덴마크를 국빈 방문하여 총 180억 크로네(3조 5,000억 원)

43) The State Coucil *China's Arctic Policy* (The People's Republic of China, 2018). 백서의 제목은 '中國的北極政策'이다. 북극의 자연환경 및 기후변화가 전 세계는 물론 중국의 기후체계와 생태계에 직접 영향을 미친다는 의미에서 중국을 북극 문제의 중요한 '이해 당사국(Stakeholder)'이라고 규정하고 지리적으로 북극권(Arctic Circle)과 최단 거리가 900마일(1,448㎞)에 불과한 점을 근거로 '近북극국가'(Near-Arctic State)로 지칭하였다.

규모의 경제 협력협정을 체결했다. 중국은 2017년까지 그린란드 GDP의 11.6%에 해당하는 10억 6천만 달러를 철광석 광산과 희토류 광물개발에 투자하였다. 그러나 덴마크령 그린란드에 대한 중국의 접근은 미국의 개입으로 큰 성과를 이루지 못하였다. 2017년부터 그린란드가 추진해 오던 3개 국제공항 건설에 대한 중국 국영은행의 5억 달러 투자가 계약체결 직전에 무산되었다.[44] 2018년에 동 거래의 성사가 확실시되자 미국은 덴마크 은행을 동원한 자금지원으로 중국투자를 상쇄시켰고, 중국은 2019년 4월에 신공항건설 사업 참여의 철회를 공식 발표하였다. 미국은 그린란드가 중국으로부터 빌린 자금을 갚지 못할 경우 공항들의 운영권이 중국에 넘어가는 사태를 우려하였다. 비슷한 시기에 스리랑카가 중국 차관으로 개발한 함반토타(Hambantota) 항의 운영권을 99년간 중국으로 넘겼다.

2019년 5월 미국 『New York Times』는 중국이 거의 모든 북극권 개발의 기반시설 - 공항, 항만, 철도, 희토류 및 천연가스 개발, 부동산 - 프로젝트에 막대한 투자를 지속하고 있다고 보도했다.[45] 특히, 러시아의 야말 반도(Yamal Peninsula) 천연가스 액화처리 시설 및 항만, 공항 건설사업 투자에 29% 지분으로 참여하여 북극항로를 통해 천연가스를 운반 중이다. 북극에서의 자원개발과 물류항로 개척은 쇄빙선을 필요로 한다. 중국은 1993년에 우크라이나로부터 15,300톤의 쇄빙선 '쉐룽(Xuelong)'을 구입해서 운영과 건조기술을 얻기 시작했다. 2019년 7월 자체적으로 처음 건조한 14,300톤의 쇄빙선 '쉐룽-2호'가 취역했다. 2019년도 12월 북극항로 개발에 필요한 핵 추진 쇄빙선 건조계획도 발표하였다. 이를 위해 러시아로부터 선박용 소형 원자로 기술을 수입한 것으로 추정된다. 현재 중국의 쇄빙선은 쉐룽-1, 2호 등 2척이며 얼음두께가 두꺼운 해역 투입은 제한되고 있다. 2012년 쉐룽-1호는 극지 과학조사 임무를 수행하며 북극해를 횡단하였고 이후 9차례에 걸쳐 북극해를 항행하였다. 2020년 7월 쉐룽-2호는 건조 후 최초로 북극해에 투입되어 약 3개월간 생물자원

---

44) Drew Hinshaw and Jeremy Page, "How the Pentagon Countered China's Designs on Greenland Washington urged Denmark to finance airports that Chinese aimed to build on North America's doorstep," *Wall Street Journal*, February 10, 2019) 2017년에 그린란드 총리가 신공항건설에 투자해 줄 것을 중국에 요청하였고 2018년에 중국기업이 사업자로 선정되었다.

45) Somini Sengupta and Steven Lee Myers, "Latest Arena for China's Growing Global Ambitions," *The Arctic*, May 24, 2019.

과 환경 탐사를 지원하였다.[46] 2020년 9월 22일, 홍콩대 미아 베넷(Mia M. Bennett) 교수의 연구팀은 중국의 북극해 물류항로 개척이 '북극횡단항로(TSR: Transpolar Sea Route)'추진으로 연결된다고 전망하였다.[47] TSR은 북극항로의 하나로 북극점 근처를 횡단하는 항로이다. 러시아 연안을 지나는 북동항로나 캐나다 연안을 지나는 북서항로와는 달리 북극권 국가들의 관할수역을 지나지 않으므로 쇄빙선이나 항무 서비스 이용료를 지불하지 않으며 태평양과 대서양을 연결하는 무역경로를 단축할 수 있다. 이 항로는 연중 얼어있어 강력한 대형 쇄빙선을 제외하고는 사실상 항해가 불가능하다. 그러나 중국은 기후변화로 항로가 생길 경우를 대비하여 TSR 연구를 진행하고 있는 것으로 보인다.

군사적 측면에서 중국의 북극해 정책은 표현으로 드러난 내용이 없다. 다만, 2015년 9월 초 중국 수상 전투함 3척, 상륙함 1척, 수송함 1척 등 5척의 군함이 알래스카 인근 베링해 근해를 항해하여 주목을 받았다.[48] 당시 러시아와의 연합해군훈련을 위해 동 해역에 나타난 것으로 알려졌다. 북극해의 자원개발과 항로 이용에 따른 수익이 커질수록 동 해역에서 중국해군의 활동 빈도와 수준은 높아져 갈 것으로 예상하고 있다.

4. 기타 이해 당사국들

미국과 러시아를 제외한 북극이사회 소속 6개 국가들(캐나다·노르웨이·덴마크·스웨덴·핀란드·아이슬란드)도 각자 자신들이 주장하는 영유권을 관철시키고, 자원개발과 항로이용에서 영향력 증대를 위한 정책들을 구사하고 있다.

---

46) Office of the Secretary of Defense, *Military and Security Developments Involving the People's Republic of China 2019,* Annual Report to Congress (Washington D.C.: DoD, May 2, 2019), p. 114.

47) Mia M. Bennett, Scott R. Stephenson, "The opening of the Transpolar Sea Route: Logistical, geopolitical, environmental, and socioeconomic impacts," *Marin Policy,* August 31, 2020.

48) Jeremy Page and Gordon Lubold, "Five Chinese Navy Ships Are Operating in Bering Sea off Alaska Chinese naval presence off Alaskan coast appears to be a first," *The Wall Street Journal,* September 2, 2015.

1) 캐나다(Canada)

캐나다는 전체 국토의 40%가 북위 66.33도 이상의 북극권에 속해 있으며 에스키모를 포함해 약 20만의 인구가 거주 중이다. 북극권 문제는 자신들의 영토문제이므로 북극의 주권 수호를 국정의 최우선 과제로 설정하고 있다. 2007년 8월 10일, 캐나다 총리는 북극점에서 700여km 떨어진 레졸루트 베이(Resolute Bay)에 극지군사 훈련시설을 세우고 배핀(Baffin)섬의 나니시릭(Nanisirik)에 해군 군사기지를 건설하는 사업을 발표하였다.[49] 레졸루트 베이의 시설은 2013년에 완공되고 2016년에 추가 확장되었으며 배핀섬의 시설은 2022년까지 완전작전능력(Full Operational Capability)을 갖추도록 공사가 진행 중이다. 이 기지들은 관할수역을 경비하는 함정 및 항공기들에 대한 중간 기착지로서 연료보급 등 군수지원을 수행한다.

2010년 8월 20일, 캐나다 외교부 장관은 『북극 외교정책(Canada's Arctic Foreign Policy: Exercising Sovereignty and Promoting Canada's Northern Strategy)』을 발표하여 북극해 주권수호 의지를 재삼 천명하였다.[50] 캐나다가 공표한 외교방침은 주권 행사, 경제적·사회적 개발 증진, 북극 환경보호, 북극 지역 행정능력 제고 등이다. 캐나다는 자국의 경제발전과 환경보호를 위해 북극해 영유권 분쟁의 조속한 해결이 필수적이라고 판단하고 규칙에 기반하여 보다 안정적인 지역으로 변화시킬 것이라고 강조하였다. 캐나다가 밝힌 주요 문제들은 캐나다와 미국 간 뷰퍼트해(Beaufort Sea) 해양경계획정 문제, 캐나다와 덴마크 간 한스섬(Hans Island) 영유권 분쟁, 러시아 등 북극 국가들의 대륙붕 관할권 주장, 각국의 북서항로 이용권 등이다. 2013년 12월 6일, 캐나다는 북극해가 자국 대륙붕과 이어져 있어 관할권을 가진다고 주장하며 UN대륙붕한계위원회(CLCS: Commission on the Limits of the Continental Shelf)에 북극 경제수역 확정을 위한 신청서를 제출하였다. 2019년 5월 23일에는 자국의 북극 영토와 북극해 대륙붕이 연결되었다는 증거를 담은 대륙붕연장승인 요청 문서를 CLCS에 제출하였다.[51] 캐나다가 영유권을 주장하는 대륙붕 수역은 러시아와

---

49) CBS, "Harper announces northern deep-sea port, training site," *CBC News*, August 10, 2007.

50) Office of the Minister of Foreign Affairs, *Minister Cannon Releases Canada's Arctic Foreign Policy Statement*, Government of Canada, August 20, 2020.

51) https://www.un.org/Depts/los/clcs_new/Submissions_files/Submission_can1_84_2019.

덴마크가 영유권을 주장하고 있다. 2019년 9월 10일에는 북극권에 거주하는 자국민들의 요구와 상황을 반영한 『북극 및 북방정책 기조(Arctic and Northern Policy Framework)』를 발표하였다.[52] 2030년까지 북극권에 대한 캐나다의 활동 방향과 투자에 대한 비전을 담은 것으로, 모든 정책은 토착민들의 정책요구를 근간으로 삼아 국제사회와 협력할 것을 강조하고 있다.

북극해에 대한 캐나다의 약점은 광활한 해역의 통제에 필요한 자산과 능력이 매우 부족하다는 점이다. 캐나다의 『국가항공감시프로그램(NASP)』은 감시자산 보완을 위해 2010년부터 무인기를 활용하는 방안을 추진하여 왔다. 관할수역에 대한 불법침입, 불법 자원탐사, 환경보호 위반 행위 등을 감시하고 탐색구조와 연구지원을 위해서는 장거리 비행과 장시간 체공이 가능해야 한다. 또한, 혹독한 기상조건 하에 비행해야 하며, 고화질의 선명한 사진과 영상을 촬영·송신할 능력을 가지고 있어야 한다. 캐나다는 2012년부터 미국의 글로벌호크 파생형을 개발하는 '북극 매(Polar Hawk)' 사업을 추진했으나 재원문제로 진척을 이루지 못하고 있다. 2019년에는 독일이 운용 중인 중고 무인기 구매를 타진했고 러시아와 공동개발 하는 방안도 보도되었다. 캐나다의 무인기 획득사업은 난항을 겪고 있으나 결국 글로벌호크 수준의 무인기 획득이 유력할 것으로 전망되고 있다.[53]

캐나다는 해양경계선과 영유권 분쟁에 대비하여 해군력을 증강하고 있다. 현재 북극해의 군사작전을 전담하기 위해 전투 기능을 갖춘 6,500톤급의 해리 드울프(Harry DeWolf)급 쇄빙전투함을 6척 건조 중이며, 2020년 7월 31일 첫 번째 함정인 Harry DeWolf함이 해군에 인도되었다.[54] 캐나다는 해안경비대용으로 동급의 함정을 2척 추가 건조하기로 했다. Harry DeWolf함은 2020년 10월 기준으로 현역에서 운용 중인 세계 최초의 쇄빙 전투함으로 기록되었다. 과거 노르웨이나 덴마크가 제한된 무장을 갖춘 소형쇄빙선을 보유한 적이 있으나 전투기능을 갖추도록 본격 설계된 함정은 Harry DeWolf함이 최초이다. 러시아가 『프로젝트 23550』 명칭 하에 건

---

html(검색일: 2020.11.14).

52) Office of the Minister of Foreign Affairs, *Canada's Arctic and Northern Policy Framework*, Government of Canada, November 18, 2019.

53) Transport Canada, "Drones in the Canadian Arctic," Government of Canada, June 11, 2020.

54) Dustin Patar, "The first of a series of new Arctic patrol ships has been delivered to the Royal Canadian Navy," *Nunatsiaq News*, August 6, 2020.

조 중인 6,800톤급 이반 파파닌(Ivan Papanin)함의 실전배치는 2023년 이후로 예상된다.

〈표 7-2〉 세계 최초 쇄빙전투함 Harru DeWolf 제원

구 분	해리 드울프(Harry DeWolf)
형 상	
톤 수	6,615
길이×폭	103m × 19m
속력/항속거리	17노트 / 6,800 nm
무 장	25mm 함포 1문, M2 machine gun 2문
헬 기	시콜스키 CH-148 헬기 1대 탑재

출처: https://en.wikipedia.org/wiki/Harry_DeWolf-class_offshore_patrol_vessel(검색일: 2020.11.14).

2) 노르웨이(Norway)

노르웨이는 북극 바렌츠(Barents)해와 직접 접하고 있는 유럽의 나토 국가이다. 지리적으로 러시아의 무르만스크에 인접한 요충지이다. 스발바르(Svalbard)군도 문제 등 북극해 영토 및 영유권 분쟁의 당사자이다. 노르웨이는 2010년에 군사령부를 북위 67°15′으로 옮기면서 북극권에 군사령부를 설치한 최초의 국가가 되었다.[55] 2006년부터 스페인에서 건조한 5,300톤급 프리드트요프 난센(Nansen)급 이지스 프리깃함 5

55) "First NATO headquarters in the Arctic as Norway moves it's military leadership into the Arctic Circle," *Arctic Portal*, November 10, 2010.

척을 구입하여 북극해 경비에 투입하고 있으며[56] 미국으로부터 최신예 스텔스 전투기 F-35 48대를 구입할 계획이다. 현재 2억 5,000만 달러인 첨단 정보수집함 마르야타(Marjata)함을 배치해 러시아의 군사 활동을 감시하고 있다. 노르웨이는 러시아와 1970년대 중반부터 스발바르 군도에 대한 독점권을 주장하고 있다. 본래 스발바르 군도는 1920년 2월 9일 파리에서 제1차 세계대전 전승국들 사이에 체결된 “스발바르 조약(The Svalbard Treaty)”에 따라 조약 당사국은 누구든지 접근할 수 있는 곳으로 지정되었다.[57] 기후변화로 북극권 자원개발의 중요성이 부각되면서 당시 조약 당사국은 누구든지 권리를 주장할 수 있는 지역이 되었다. 노르웨이는 2020년 가을에 북극전략을 담은 백서를 발간할 예정이다.

3) 덴마크(Denmark)

덴마크는 나토국가로서 인구 580여 만 명의 덴마크, 5만 6천 명 인구의 그린란드, 5만 2천여 명이 거주하는 페로 군도(Faroe Islands)로 이루어져 있으며 공식명칭은 덴마크 왕국(The Kingdom of Denmark)이다. 그린란드는 1979년부터 자치정부를 구성했으며 2009년부터는 국방과 통화정책을 제외하고 완전한 자치권을 누리고 있다. 외국과 무역 및 투자협정 체결도 자체적으로 시행하고 있다. 덴마크는 1814년부터 그린란드와 스칸디나비아 반도 사이에 위치하며 북극권 입구에 자리 잡고 있는 페로군도를 통치하였다. 페로군도는 1948년부터 자치정부를 구성하고 있다.

덴마크의 북극전략은 그린란드가 지닌 지리적 이점을 살려서 이중방식으로 접근하고 있다. 북극권 환경보호와 자원개발 문제는 북극이사회 등 국제기구들의 다자주의 활동에 편승하고, 그린란드에 대한 투자 유치는 독립적으로 결정하고 있다. 북극항로의 안전성 확보를 위한 국제해사기구(IMO)의 북극코드(Polar Code) 의무화 지지와 북극권 항공·해양 수색 및 구조협력 협정 추진 등은 다자주의 접근의 대표적 사례이다. 그러나 중국의 그린란드 접근에 대한 덴마크의 대응처럼 주권영역에 해당하

---

56) 이 중 2009년에 도입한 잉스태드(Helge Ingstad)함은 2018년 11월 8일 유조선과 충돌 후 좌초되었으며 수리 불가로 판정되어 2019년 9월 29일 퇴역처리되었다.

57) 무주지였던 이 군도에 대해서 노르웨이의 주권을 인정하고 타 조약국들의 경제적 이용 권한 및 4해리 영해 접근권, 비군사적 이용 등을 담은 조약이다. 서원상, “스발바르 조약이란?” (인천: 극지연구소 북극지식센터), http://www.arctic.or.kr/?c=1/3&cate=2&idx=714(검색일: 2020.11.15).

는 사항들은 자치정부와 협의하에 독립적으로 결정하고 시행한다.

덴마크는 그린란드와 캐나다 엘즈미어섬(Ellesmere Island) 사이에 위치해 있으며 북극해 북서항로의 동쪽 진입로에 위치한 면적 1.2㎢의 바위섬인 한스섬(Hans Island) 영유권을 둘러싸고 캐나다와 분쟁 중이다. EEZ와 대륙붕의 기점이 되며 주변 해역에 풍부한 자원이 매장되어 있다. 덴마크는 미국·러시아·캐나다·노르웨이 등 북극해를 접하고 있는 4개국과 함께 영유권 분쟁의 평화적 해결 원칙을 천명한 2008년 일루리사트 선언(Ilulissat Declaration)에 서명하였다.[58] 관련국 간 협의를 통해 해결한다는 입장이지만 국익을 위한 독립적인 정책도 주저하지 않았다. 2004년에 UN 해양법협약을 비준했으며 2015년 11월 2일에 그린란드 북쪽의 EEZ와 대륙붕에 대한 관할권 청구서를 UN대륙붕한계위원회에 제출하였다.[59] 현재 그린란드 자치정부와 협력하에 해양과학조사에 4억 8,600만 달러를 투입하여 북극해와 연결된 대륙붕을 조사하고 있다.

그린란드는 주민투표를 통해 2009년부터 자치권을 누리고 있지만 매년 덴마크 정부로부터 5억 6천만 달러의 재정지원을 받는 등 경제적 자립능력은 취약한 실정이다. 그린란드 인구 5만 6천명 중 90%가 북극권 토착민인 이누이트족이며, 이들은 경제적 자립능력을 갖추고 이후 독립을 추진한다는 의도를 감추지 않고 있다.[60] 자치정부는 외국자본 유치에 적극적이며 관광과 수산자원 중심에서 광물자원 및 인프라 개발을 통한 성장을 도모하고 있다. 제2장에서 기술한 바와 같이 중국 자본을 유치하려 했으나 미국의 개입으로 실패하였다. 2015년 3월에 EU와 '2014-2020 EU-Greenland Partnership' 협정을 체결하여 7개년 프로젝트를 추진 중이다.[61] 그린란드는 자치권 획득 이후 덴마크의 해외 영토로 지정되어 주로 교육과 어업분야에서 EU의 투자와 지원을 받고 있다. 현재는 북극개발과 연계하여 중소기업 발전지원, 광

58) Gerd Braune, "The Ilulissat Declaration Arctic Ocean Conference," *Arctic Report*, May 29, 2008.

59) https://www.un.org/Depts/los/clcs_new/Submissions_files/Submission_dnk_76_2014.htm(검색일: 2020.11.1).

60) Martin Breum, "A rare poll hints at real differences between Danish and Greenlandic thinking on Greenland independence," *Arctic Today*, January 22, 2019. 코펜하겐 포스트의 2019년 1월 여론조사 결과 주민의 90%가 독립을 지지하였다.

61) https://ec.europa.eu/europeaid/sites/devco/files/signed-joint-declaration-eu-greenland-denmark_en.pdf(검색일: 2020.11.15).

물자원 개발, 기후변화 대응, R&D 확대, 지역 관광산업 육성 등의 사업들을 시행하고 있다.[62)]

덴마크는 2009년부터 2011년까지 북극이사회(Arctic Council) 의장국을 맡았다. 2011년 8월 그린란드 및 페로군도 자치정부와 조율하여 덴마크의 북극정책을 총 집대성한 『2011-2020 덴마크 왕국의 북극전략(The Kingdom of Denmark Strategy for the Arctic 2011-2020)』을 공동으로 발표하였다.[63)] 이는 덴마크가 최초로 발간한 북극 전략서로서 평화롭고 안전한 북극, 자립적이고 지속 가능한 성장과 개발, 북극의 민감한 기후·환경·자연에 대한 고려, 국제적인 파트너와의 긴밀한 협력, 북극주민들의 실질적인 이익 등에 관한 정책을 밝히고 있다. 또한, 북극해 권익수호를 위한 2012년 의회 결의에 따라 2014년에 북극 군사령부와 특수부대를 창설했으며, 3척인 프리깃함도 5척으로 늘리고 미국으로부터 2020년 이후 F-35 스텔스 전투기 27대를 도입하기로 결정했다. 덴마크는 지난 10년간 시행해 온 북극정책을 평가하고 향후 정책순위와 전략을 담은 『2021-2030 덴마크 왕국의 북극전략』을 2021년에 발표할 예정이다.

4) 스웨덴(Sweden)

인구 1천여 만 명의 스웨덴은 나토에 속하지 않았기 때문에 유럽연합을 비롯한 타 국가들이 북극권 개발 참여를 위한 경유지로 활용하기 좋은 국가이다. 러시아의 무르만스크주와 인접한 지리로 인해 북극권의 해·육상자원 개발 참여가 쉽지만, 개발에 수반되는 오염 등 환경문제에 직접 노출되는 국가이기도 하다. 북극에 대한 스웨덴의 정책목표는 개발에 수반되는 환경문제와 분쟁 가능성을 차단하고 개발에 따른 경제적 이익을 확보하는 것이다. 이를 위해 전통적으로 견지해온 중립정책과 우방국들과의 협력을 강조하는 다자주의 태도를 보이면서 향후 개발을 염두에 두고 자국민과 기업들의 북극 지역 진출을 장려하고 있다.[64)] 스웨덴은 2011년에 북극지역에

---

62) European Parliament, "How the EU Budget is spent, EU Cooperation with Greenland," *European Parliament Briefing*, April 2019.

63) *Denmark, Greenland and the Faroe Islands: Kingdom of Denmark Strategy for the Arctic 2011-2020*, http://library.arcticportal.org/1890/1/DENMARK.pdf(검색일: 2020.11.16).

64) Nima Khorrami, *Sweden's Arctic Strategy: An Overview* (Washington D.C.: The

관한 전략을 수립하여 시행하고 있으며, 2020년 9월 29일 이를 수정한 『북극지역에 대한 전략서』(Sweden's Strategy for the Arctic Region)를 발표하고 의회에 제출하였다.[65] 외무장관 안 린덴(Ann Linden)은 자국의 북극 전략이 기후변화 대응, 거주환경 개선, 지역 평화 증진에 중점을 두고 있다고 강조하고 있다.[66]

스웨덴은 나토에 속하지 않는 국가이지만, 북유럽 5개국과 발틱 연안 3개국들이 지역 안보 사항들을 상호협의하기 위해 2009년 11월 출범시킨 '북유럽국방협력(NORDEFCO: Nordic Defence Cooperation)'의 회원국이다.[67] 또한, EU와 긴밀한 안보협력관계를 유지하고 있다. 스웨덴의 안보 관심사는 발틱해 연안이며 북극해는 다자주의 차원에서 NORDEFCO나 EU의 공식 입장에 편승하는 전략을 취하고 있다.

스웨덴은 2014년 러시아의 크림반도 합병 사건이 발생한 이후 급격하게 국방비를 증가시키고 있다. 2015년부터 2020년까지 매년 2-4%로 증가하여 70년 이래 최고의 증가율을 기록하였다. 2020년 9월 4일 향후 4년간 국방비를 40%(20억 달러) 증액하여 2025년에는 2014년 국방비보다 2배 가까운 수준을 유지할 것이라고 밝혔다.[68] 2005년에 해체했던 Norland Dragon 연대 재창설을 포함하여 5개 연대를 창설할 계획이다. 6만 명의 정규군 병력도 2025년까지 9만 명으로 증편 예정이다.[69] 2020년 9월 24일에는 핀란드·노르웨이·스웨덴 국방장관들이 노르웨이 Porsangmoen 군사기지에서 회담을 통해 북부지역에서 합동 작전계획과 전략기획 수립팀을 공동 운용하기로 하는 등 3국 간 군사안보 협력을 강화하는 협정을 체결하였다.[70]

Arctic Institute, April 16, 2019).

65) Hillde-Gunn Bye, "Sweden Launches New Arctic Strategy," *High North News*, October 2, 2020.

66) *Sweden' Strategy for the Arctic Region*, Government Offices of Sweden, 2020.

67) 2009년 11월 4일 덴마크, 핀란드, 아이슬란드, 노르웨이, 스웨덴 등 5개국이 출범시킨 방위 협력체이다. https://en.wikipedia.org/wiki/Nordic_Defence_Cooperation(검색일: 2020.11.16).

68) Daniel Darling, "Sweden Plans $2 Billion in Extra Defense Spending from 2022-2025," *Defense& Security Monito*, September 5, 2019.

69) David Nikel, "Sweden To Increase Defense Spending By 40% Amid Russia Fears," *Forbes*. October 16, 2020.

70) Atle Staalesen, "It is time to strengthen Nordic security, say ministers as they sign landmark defense deal," *The Barents Observer*, September 24, 2020.

5) 핀란드(Finland)

핀란드는 스웨덴과 마찬가지로 나토에 속하지 않고 중립을 유지하는 국가이다. 국경의 상당부분을 러시아와 접하고 있으며 냉전 시에는 러시아의 서방 교역 창구로 이용되었다. 러시아와 접경인 지리적 여건으로 인해 스웨덴과 마찬가지로 타 국가들에 비해 북극권의 환경문제에 민감하다. 북극 자원 개발은 필연적으로 기름유출, 가스유출, 무분별한 탄소배출 등의 부작용을 초래할 것이며, 러시아와의 지리적 근접성으로 인해 그 피해에 고스란히 노출된다.

핀란드 정부의 북극 정책 근간은 2013년 8월 총리 주재 각료회의를 통해 채택한 『핀란드의 북극전략서(Finland's Strategy for the Arctic Region)』이다.[71] 북극 관련 신규 비즈니스 발굴, 북극 지역 환경보호 강화, 북극 지역 안전성 추구, 북극 국제협력 강화 등 4대 정책 방향을 지향한다. 지속 가능한 방식으로 환경보호와 개발사업 기회를 조화시키고 이를 위한 국제협력을 중요시한다는 기조를 유지하고 있다.[72] 핀란드는 쇄빙선 건조기술, 친환경 산업, ICT 등의 첨단산업에서 높은 수준의 우위를 점유하고 있으며, 이를 바탕으로 북극이슈와 관련된 사안들에서 정치·경제적 위상을 강화하는 데 초점을 두고 있다. 정책추진 과정에서 북극 생태계 및 자연환경 보호, 핀란드 북부지역에 거주하는 토착민인 '사미족(Sami)' 보호와 전통유지를 반영함으로써 개발과 보존의 균형적 추구를 도모하고 있다. 핀란드의 북극 전략서는 매 3년마다 각국의 정책들과 상황변화를 반영하며 개정되고 있다.

핀란드는 2035년까지 탄소자유 지역 달성을 목표로 개발과 환경정책을 추진하고 있으며 북극이사회를 비롯한 국제기구들의 정책들과 긴밀히 협력하고 있다. 2020년 세계경제포럼에서 핀란드 총리는 북극권에서 강대국 간의 이권 경쟁을 언급하기보다는 지구 온난화 문제를 유독 강조하였다.[73] 이는 북극권에서 러시아의 무분별한

---

71) *Finland's Strategy for the Arctic Region 2013,* Government resolution on 23 August 2013, Prime Minister's Office, Finland.

72) https://um.fi/finland-s-arctic-strategy-and-northern-policy(검색일: 2020.11.17).

73) "The Arctic isSue is so much more than a geopolitical isSue or an isSue of geopolitical contest or competition or tension. It's about climate, it's about our future, and that's why we need to tackle climate change if want to save the Arctic and also tackle the risks [related to] the geopolitical isSues."

에너지 개발을 국제회의에서 논의하고 제동을 걸도록 국제여론을 조성하기 위함이었다. 차후 발간될 전략서에서는 기후변화 문제를 기준으로 모든 개발정책의 편익을 평가하고 시행하도록 명시할 예정이다.[74)]

6) 아이슬란드(Iceland)

아이슬란드는 인구 35만 명의 섬나라이지만 2018년 1인당 GDP 세계 5위를 기록한 부국이다. 그린란드와 북유럽반도 사이에 위치하여 북극해 북동과 북서 항로에 동시 접근할 수 있다. 나토회원국이지만 상비군을 유지하지 않으며, 해안경비대와 국가경찰력의 일부인 소수의 특수부대 및 위기대응전담반만을 유지하고 있다. 수산업, 신재생에너지, 관광산업이 발달하였고 얼음과 화산을 이용하여 전기에너지의 99%를 수력과 지열발전으로 생산하고 있다. 2019-2020년 북극이사회 의장국을 맡고 있으며 이사회 산하 6개 실무위원회 중에서 2개 사무국을 유치하고 있다.

아이슬란드 의회는 2011년 3월 28일 아이슬란드의 북극해 정책을 담은 결의안을 채택하였다.[75)] 북극이사회의 역할강화와 위상증진, 북극해 연안국으로서 아이슬란드의 위상 유지, 북극지역의 범위(북극점에서 북대서양 지역)에 대한 관념 유지, UN해양법협약을 통한 북극해 영유권 문제해결, 그린란드 및 페로군도와 협력 강화, 북극원주민들의 권익보호, 북극문제 관련 이해당사자 간 협력기조 유지, 기후변화를 초래하는 정책 방지, 북극의 군사화 추진 반대, 북극권 국가들 간 무역활성화 등의 내용을 담고 있다.[76)] 아이슬란드는 1951년에 맺은 미국과의 방위조약으로 케플라비크(Keflavík)에 미국 해군항공기지를 주둔시켰다. 현재는 아이슬란드 해안경비대 기지로 활용되고 있으나 미국은 향후 P-8A 포세이돈 초계기 운용이 가능하도록 기지 재정비를 결정하였다.[77)] 아이슬란드의 지리적 위치는 노르웨이와 더불어 나토의 북극해 활동을 위한 중요한 거점으로 활용된다.

---

74) Kevin McGwin, "Finland will put climate first in its next Arctic policy," *Arctic Today*, March 6, 2020.

75) https://en.wikipedia.org/wiki/Arctic_policy_of_Iceland(검색일: 2020.11.17).

76) Gréta Sigríður Einarsdóttir, "In Focus: Iceland and the Arctic," *Iceland Review*, September 27, 2019.

77) Shawn Snow, "US plans $200 million buildup of European air bases flanking Russia," *Airforce Times*, December 17, 2017.

제3절 북극해 개발 현황과 도전 요인

1. 북극해 개발 동향/현황

북극해 개발의 핵심요인은 지구 온난화에 따른 자원개발과 항로개발의 경제성이다. 자원개발을 위해서는 전기·통신·항만·도로·공항·저장시설 등 인프라 개발이 필수적이다. 항로개발을 위해서는 쇄빙선 건조뿐만 아니라 일반선박도 혹한을 견딜 수 있는 내빙구조와 재질을 갖추어야 한다. 북극이사회 소속 국가들뿐만 아니라 여타 국가들도 북극개발이 수반하는 다양한 사업영역에서 시장을 선점하기 위한 경쟁에 적극 참여하고 있다.

1) 자원개발

북극해 자원개발의 선두주자는 러시아이다. 북극개발은 러시아 국가 발전에서 전략적으로 중요한 축이다. 러시아는 북극권 영토의 약 40%를 점유하고 있다. 19세기에는 여름철 기온이 비교적 온화한 무르만스크와 아르한겔스크(Arkhangelsk)에서 북극개발을 시작했으며 1930년대 스탈린의 집단농장과 중공업 정책에 따라 보르쿠타(Vorkuta) 지역의 석탄 채굴, 노릴스크(Norilsk) 지역의 비철금속 채굴, 그리고 북극 인근의 도로건설이 이루어졌다. 현재 시베리아를 포함하여 러시아 북부지역에 거주하는 러시아인들은 전체 러시아 인구의 약 2%이며 GDP는 전체의 약 10% 수준이다. 니켈과 코발트의 95%, 천연가스의 80%, 구리의 60%, 중정석 및 인회석 100%, 해산물의 15%가 북부지역에서 생산되고 있다.78) 2019년 기준으로 러시아는 사우디 다음으로 세계 2위의 석유 수출국이며 세계 1위의 천연가스 수출국이다. 총 수출액의 60%가 에너지 제품들이며, GDP의 30%는 에너지 수출로 창출된다. 러시아 정계에서 인지도가 낮았던 푸틴이 2000년 대통령 취임 이후 권력을 공고히 하여 장기집권에

78) 김민수·장정인·최영석·김지혜·이슬기, "러시아 Arctic LNG-2 사업 참여방안 연구,"『한국해양수산개발원 일반연구 2018-03』(부산: 한국해양수산개발원, 2018.10), pp. 11-13. 여기서 지칭하는 북극지역은 위도 66.35도 이상을 의미하는 북극권을 포함하여 중앙시베리아 고원의 북부지역을 포괄적으로 의미한다.

성공할 수 있었던 배경에는 1999년 이후 10년간 지속된 유가 상승에 힘입어 러시아 경제가 회생했기 때문이라는 평가가 지배적이다.[79] 러시아는 노트스트림-2와 터키스트림 등 에너지 수출을 위한 인프라 건설과 운용에 전력하고 있다. 이는 경제이익의 수단일 뿐만 아니라 미국과 중동국가들, 미국과 유럽국가들 간의 상호의존 관계를 희석시킬 수 있는 정치적 수단으로 활용될 수 있다.[80]

러시아의 대표적인 북극권 자원개발은 시베리아의 야말반도(Yamal PeninSula)에서 이루어지고 있는 세계 최대 규모의 천연가스 개발 사업이다. 야말반도는 면적 12만 2,000㎢, 길이 750㎞, 폭 140-210㎞이며 여름 3개월간을 제외한 260여 일이 눈과 얼음으로 덮여 있고, 겨울에는 영하 50-60도로 내려가고 여름에도 영하 10-20도의 혹한으로 사람이 거의 살지 않았다. 야말반도의 천연가스 매장량은 9,260억㎥(추정 매장량은 1조 2,500억㎥)로 러시아 전체의 80%, 전 세계의 17%에 달한다. 러시아는 2014년 4월부터 "야말 액화천연가스 프로젝트(Yamal LNG Project)"를 추진하였다.[81] 총 270억 달러를 투자하여 연간 1,650만톤의 LNG를 30여 년 생산하는 사업이다. 러시아 노바텍(Novatek)이 50.1%, 프랑스의 토탈(Total)이 20%, 중국석유천연가스공사(CNPC: China National Petroleum Corporation)가 20%, 중국 합작법인 JSC Yamal LNG가 9.9%의 지분으로 참여하였다. 야말의 연간 가스 생산량은 우리나라가 60년 동안 사용할 수 있는 양이다. 2017년 12월 8일, 야말에서 생산된 첫 북극산 LNG가 야말반도의 사베타(Sabetta)항에서 운반 선박에 선적되었다.[82] 야말반도의 천연가스 개발은 혹한의 기후와 단단하게 굳은 지질을 파고들기 때문에 생산단가가 높을 것이라는 예상을 빗나가게 만들었다. 340m에 이르는 굳은 동토를 뚫어서 천연가스를 추출하기 때문에 가스가 매장된 지역 바로 위에 생산기지를 건설할 수 있고 혹한의 기후이기 때문에 액화가 쉬워 생산성이 높은 이점이 있다. 러시아의 천연가스

79) Martha Brill Olcott, *The energy dimension in russian global strategy: Vladimir putin and the geopolitics of oil*, The James A. Baker III. Institute for Public Policy of Rice University, January 2005.

80) Dimitri Alexander Simes, "Russia's Energy Diplomacy Brings Geopolitical Dividends," *National interests*, October 11, 2019 and Niklas H. Rossbach, *The Geopolitics of Russian Energy: Gas, oil and the energy security of tomorrow*, FOI-R-4623-SE, FOI, October 2018.

81) https://en.wikipedia.org/wiki/Yamal_LNG(검색일: 2020.11.19).

82) "Yamal LNG Project Begins Gas Exports," *TOTAL*, December 7, 2017.

가격은 호주와 미국산보다 저렴하다. 유럽으로의 수출은 파이프라인을 이용한 PNG(Piped Natural Gas) 중심에 LNG가 보조적으로 이루어지고, 중국 등 동아시아로의 수출은 LNG 중심으로 이루어지고 있다. 러시아는 저렴한 가격을 내세워 유럽과 동아시아 시장에서 점유율을 높여갈 것으로 예상된다. 특히, 대기오염에 대한 우려와 기후변화 협약의 시행으로 화석연료 수요가 줄어들수록 천연가스 수요는 지속적으로 증가할 것이다. 러시아는 야말반도 인근에 위치한 기단(Gydan)반도에서도 1,100억 달러를 투자하여 2022년까지 'Arctic-2 LNG 프로젝트' 생산기지를 건설하고 있다. Arctic-2의 목표 생산량은 연간 7,000만톤으로 미국의 셰일가스 연간 생산량 6,200만톤을 능가하는 규모다.[83]

야말 프로젝트는 쇄빙 LNG선박에 대한 수요를 촉진하였다. 북극해는 여름철을 제외하고는 연중 얼어있는 바다이며 얼음의 두께도 1-5미터에 달하므로, 쇄빙선은 북극개발의 필수 수단이다. 북극에서 LNG 운송은 얼음을 깨는 쇄빙선이 앞장서고 그 뒤를 LNG운반선이 따라가는 방식이었으므로 물류비용이 높고 경제성이 떨어진다. 야말 반도의 사베타(Sabetta)항에서 북동항로를 통해 중국 등 아시아와 북유럽 지역으로 LNG를 운송하기 위해서는 쇄빙 기능과 LNG운반 기능을 동시에 갖춘 쇄빙 LNG선이 필요했다. 우리나라의 대우조선해양이 2014년 3월에 러시아로부터 총 15척(총 48억 달러 규모)의 쇄빙 LNG선을 수주함으로써 이 시장을 장악하기 시작했다. 2017년 세계 최초의 '아크(ARC)-7'급 쇄빙 LNG선을 러시아에 인도하였으며 2019년 11월까지 나머지 선박들도 인도를 마쳤다. 이 선박은 길이 299m, 폭 50m로 173,600㎥의 LNG를 싣고 최대 2.1m 두께의 얼음을 깨며 항해할 수 있다. 러시아 국영조선소 즈베즈다(Zvezda)는 2020년 8월 삼성중공업과 합작법인 설립을 마무리하였고 15억 달러의 쇄빙LNG운반선을 건조할 예정이다.[84]

러시아는 북극지역의 자원탐사와 경제활동 영위에 필요한 전력을 공급하기 위해 아카데믹 로모노소프(Akademik Lomonosov)라는 세계 최초의 부유식 원자력 발전소를 2010년 개발하였다. 이 원전은 길이 120m, 배수량 21,000 t 규모의 대형 바지선 위에 원자로를 설치해 특수부두에 고정한다. 2019년 8월 무르만스크에서 연료 장전 후 북동항로를 이용하여 9월에 극동 추코트카(Chukotka) 자치구 항구도시 페벡

83) 김민수 등 (2018.10), pp. 39-51.
84) 삼성중공업, "'즈베즈다-SHI'사(社) 지분 인수 완료," 『해사정보신문』, 2020년 8월 31일.

(Pevek)에 도착하였고 12월 9일부터 전력을 공급하기 시작했다. 현재 러시아는 50MW급 RITM-2002 원자로 2기로 운용되는 부유식 원전을 추가로 개발 중이다. 부유식 원전은 육지에 발전소를 건설하기 어려운 북극연안 및 도서 지역 등에 안정적으로 전력을 공급할 수 있으며 민원 문제로부터 자유롭다는 이점이 있다. 또한, 장거리 송배전으로 발생하는 전력손실을 걱정할 필요도 없다.[85] 부유식 원전은 북극개발에 필요한 전력인프라를 해결하는 방안으로 각광받고 있다.

2) 항로개발

북극항로 개발은 아시아-유럽, 아시아-북미지역 간 항해거리 단축에 의한 물류비용 절감, 쇄빙선과 내빙선박에 대한 수요증가, 그리고 북극권 연근해 개발 촉진의 효과를 수반한다. <그림 7-3>에서 보는 바와 같이 북극항로는 북동항로(Northeast Passage)와 북서항로(North West Passage)로 나뉜다. 북동항로는 태평양과 대서양의 북유럽을 연결하고 북서항로는 태평양과 북동부 아메리카를 연결한다. NSR(Northern Sea Route)는 북동항로 중 러시아의 관할 해역에 속하는 항로이다.[86] 북서항로는 제2장 2절에 기술한 바와 같이 낮은 경제성으로 인해 국가간 화물운송인 '국제통과운송'에는 거의 이용되지 않는다.[87] 북극 항행은 북동항로를 이용한 항행이 대부분이다. 현재는 여름철인 7월부터 10월까지 4개월간 부분적으로 운항할 수 있지만 2030년이 되면 연중 항해가 가능해질 것으로 예상하고 있다.

북극항로를 이용한 물류는 세 가지 형태로 분류한다. 첫째, 러시아의 '내부운송(Cabotage)'이다. 러시아가 개발 중인 지역들과 군사 기지들에 자재·연료·생필품 등을 운송한다. 둘째, '목적지 운송'이다. 야말반도에서 생산되는 LNG 수송, 노비포트(Novy Port) 유전에서 생산되는 원유수송이 대표적이며, 러시아 국내 소비지와 외국에 수출하는 운송이다. 중국과 북유럽 국가들의 선사들이 운송하는 벌크(bulk)화물들이 주로 이러한 '목적지 운송'에 해당한다. 북극항로를 일대일로의 일부로 간주하는 중국은 2013년부터 2018년까지 중국 국영선사인 COSCO사가 총 22차례에 걸쳐 북

85) 한지혜·전문원, "주요국 부유식원전 추진 동향," 『세계원전시장인사이트』 (울산: 에너지경제연구원, 2020년), pp. 3-7.
86) 북극이사회는 NSR을 『러시아 연방법』에 규정된 베링해에서 카라해에 이르는 북동항로 구간으로 지칭한다.
87) 김지혜 등(2020), pp. 16-18.

극항로 화물을 운송하였고, 2017년 12월부터는 야말반도에서 생산된 LNG의 정기운송을 시작하였다.

〈그림 7-3〉 한반도-유럽의 북극항로와 기존 항로 비교

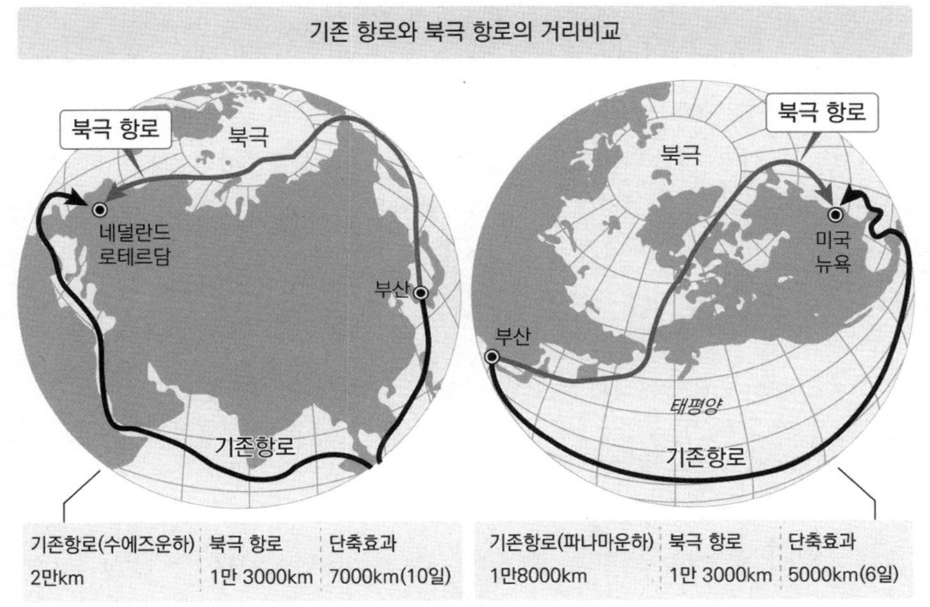

출처: 손진석, "한국-유럽(부산-로테르담) 뱃길 7000㎞·10일 단축… 해운선박, 北極항로 8월 시범운항," 『조선일보』, 2013년 6월 17일.

셋째, 아시아와 유럽을 연결하는 '국제통과운송'이다. 2018년도에 약 49만톤의 화물이 운송되었다. 2017년 8월 최초로 화물선이 쇄빙선의 도움을 받지 않고 아시아에서 유럽까지 북동항로를 완주하였다. 2018년 8월 27일 세계 최대의 컨테이너선 선사인 덴마크의 머스크사가 운용하는 냉빙 컨테이너선 Venta Maersk호가 2018년 8월 28일 부산을 출발하여, 북동항로를 거쳐 9월 22일 독일 브레머하벤(Bremerhaven)항에 입항하였다.[88] 평균 11노트 속력으로 25일만에 도착하여 수에즈운하를 이용하는 항로에 비해 16일을 단축하였다. 컨테이너 선박으로서는 최초의 북극항로를 통한 '국제통과운송'이었다. 비록 일회성 시범 운항이었지만 컨테이너 운송에 필요한 자료

88) 영산대 북극물류연구소, 『2018 8-9월 북극물류동향』 (2018년 10월 8일), pp. 1-3.

들을 수집하고 경제성을 가늠했을 것으로 추측된다.

북극항로가 지닌 이점에도 불구하고 본격적인 국제통과 운송로로 활용되기 위해서는 많은 장애 요인들을 극복해야 한다. 물류의 경제성 보장을 위해서는 운송수요에 맞는 일정 관리와 기한준수가 필수적이며, 이를 위해 언제든지 항해할 수 있어야 한다. 북극해에서 연중 항해를 위해서는 쇄빙선이 필요하고, 쇄빙선을 뒤따르는 선박들도 추위와 충격에 견딜 수 있도록 설계되어야 한다.[89] 또한, 구간별로 흘수와 선폭의 제한이 뒤따르기에 대량운송을 생명으로 하는 대형컨테이너 선박의 북극항로 이용은 요원한 실정이다.[90] 2017년 8월에 북극항로를 완주했던 화물선도 내빙선체로 제작된 특수 선박이었다. 북극항로를 통한 '국제통과운송'의 경제성은 거리와 시간 단축뿐만 아니라, 해빙 구간 및 기간·온도·수심·파고·바람·습도·선체 재질·항무 서비스 등 다양한 요인으로 평가해야 한다.

〈표 7-3〉 연도별 NSR의 목적지 운송 및 국제통과운송 선박 수와 물동량

구 분		2011	2012	2013	2014	2015	2016	2017	2018
NSR	척수	41	46	71	31	18	18	29	26
	물동량 (만톤)	229.1	261.5	257.4	398.2	543.1	747.9	1,070	1,969

출처: https://www.pame.is/projects/arctic-marine-shipping/older-projects/northern-sea-route-shipping-statistics(검색일: 2020.1120), 김지혜 등(2020), pp. 18-20 등 자료 정리

<표 7-3>은 NSR을 이용하는 선박 및 물동량을 보여준다. 운항 선박의 감소와 물동량 증가는 북극권 천연가스 생산이 본격화됨에 따라 에너지를 운송하는 대형선박들 위주로 운항하고 있음을 짐작케 한다. 러시아는 자원개발 속도와 아시아-유럽간 무역 규모 증대에 발맞추어 수송인프라 확충에 전력하고 있다. 현재 북극항로에서 운항이 가능한 기간은 7-11월까지의 5개월이다. 그러나 이 기간에도 항로 선상에 빙산이 산재하기 때문에 쇄빙선의 지원이 필요하다. 러시아는 물동량 증대를 위해 북극해 연안의 항만인프라를 발전시키고 원자력 쇄빙선의 순차적 건조를 추진하고 있다.

89) 김지혜 등, "북극 해상운송 규범 분석을 통한 우리나라 대응 방안 연구,"『한국해양수산개발원 일반연구 2019-4』(2020), pp. 25-28.

90) Stephen M. Carmel, "The Cold, Hard Realities of Arctic Shipping," *Proceedings*, July, 2013.

러시아의 원자력 쇄빙선사인 로스아톰프로트(Rosatomflot)는 2020년 4월 23일에 핵 추진 쇄빙선 3척을 2027년까지 건조하는 계약을 체결하였다.

2020년 6월 17일 175MW급 원자로 2기로 움직이는 길이 173m, 너비 34m, 만재 33,540톤급의 세계 최대 초강력 핵 쇄빙선 '아르티카(Arktika)'호를 진수하였다. 이 선박은 22노트 속도로 2.9m 두께의 얼음을 깨뜨리면서 운항할 수 있다. 그 이전까지 러시아가 보유하고 있는 원자력 쇄빙선 6척 중 가장 큰 선박은 '승전 50주년(50 Let Pobedy)'호로 길이 159m, 폭 30m, 배수량 25,000 t이며 75,000마력의 힘으로 2.8m 두께의 얼음을 깨고 나아갈 수 있었다. 또한, 2020년 7월부터 『프로젝트 10510』이라는 명칭 하에 길이 209m, 폭 47.7m, 배수량 69,700 t에 이르는 리데르(Lider)급 핵 쇄빙선도 건조할 계획이다.[91] 두께 4m의 얼음을 깨고 항행이 가능한 선박이며 2027년 운항이 목표이다.

러시아는 향후 Arktika와 Lider급을 각각 2척 더 건조할 계획이다. Arktika호는 2020년 9월 22일에 시운전차 발틱해 상트페테르부르크(Saint Petersburg) 조선소를 출발하여 10월 3일 북극점을 통과하였다.[92]

북극이사회 국가들도 북극해 항행을 위한 쇄빙선 건조에 박차를 가하고 있다. 핀란드는 2017년 1월 세계 최초로 LNG로 움직이는 친환경 쇄빙선을 건조하였다. 노르웨이와 네덜란드는 극지항로를 통과하는 관광용으로 쇄빙 유람선을 건조하고 있다. 2017년 기준으로 러시아가 가장 많은 46척의 쇄빙선을 보유하고, 핀란드 10척, 캐나다 7척, 스웨덴 7척, 미국 4척, 덴마크 4척, 중국 2척, 일본·한국이 각 1척[93] 등 18개국이 82척의 쇄빙선을 운용하고 있다.[94] 이 중 3m 두께의 얼음을 깨고 항행할 수 있는 쇄빙선은 러시아 4척, 미국 1척 뿐이다. 이러한 쇄빙선 자산의 격차는 북극해에서 영향력의 격차로 연결된다.

---

91) Charles Digges, "Russia Announces Plans for Space-Age Icebreakers," *The Maritime Executive*, March 1, 2018.

92) Malte Humpert, "Russia's new Super icebreaker reaches the North Pole during ice trials," *High North News*, October 6, 2020.

93) 2009년 11월 국내 최초로 7,500톤급 아라온호를 진수하여 극지의 해양생물, 광물분석, 기후분석 등 다양한 연구를 수행 중이다. 그러나 1미터 두께의 얼음만 쇄빙할 수 있어 연중 대부분을 남극에서 운항하고 북극에서서는 15일 정도만 운항하고 있다.

94) U.S. Coast Guard, *Major Icebreakers of the World*, https://www.dco.uscg.mil/Portals(검색일: 2020.11.20).

〈표 7-4〉 세계 각국 쇄빙선 보유현황(2017년 5월 1일)

구 분	4.5만BHP 이상	2만-4.5만BHP	1만-2만BHP	건조중	계
러시아	6	25	15	10	56
캐나다		2	5	2	9
핀란드		7	3		10
스웨덴		4	3		7
미국	1	2	1	0	4
덴마크		4			4
중국		1	1	2	4
노르웨이		1	1		2
에스토니아		2			2
호주		1			1
독일		1			1
칠레		1			1
일본		1			1
한국			1		1
남아공화국			1		1
라트비아			1		1
아르헨티나			1		1
영국				1	1

출처: MAJOR ICEBREAKERS OF THE WORLD, USCG Office of Waterways and Ocean Policy (CG-WWM).

우리나라 선박의 NSR 이용은 2013년 현대글로비스호의 나프타 실험 운항, 2015년 CJ대한통운의 중량물 운송, 2016년 팬오션의 중량물 운송 등 5번의 사례가 있으며, 2017년 이후에는 운항 사례가 없다. 현재 우리나라는 쇄빙 LNG선을 비롯하여 내빙 장치를 갖춘 화물 선박과 컨테이너 선박 수주를 통해 간접적으로 항로개발에 참여하고 있다.

북극항로는 자원개발에 비해 아직 경제성을 담보하지 못하는 상태다. 기후여건으로 인해 항행이 가능한 해역과 항로 폭이 제한되고, 속력의 제한을 받으며, 쇄빙선의 도움을 받아야 한다. 또한 혹독한 추위에 견딜 수 있도록 함선의 재질, 크기, 구조의 제약을 받는다. 이러한 이유들로 인해 아시아와 유럽 간 컨테이너 정기운송에서 북극항로가 수에즈항로의 대안이 되기에는 역부족이다. 그러나 지구 온난화의 속도에 따라 21세기 중반에는 연중 항행이 가능해지고 쇄빙선에 의존하는 해역들이 줄어들면 물류의 경제성이 높아질 것으로 예상된다.

2. 북극해 도전 요인

북극해의 도전요인은 영유권 문제와 기후 문제로 귀결된다. 북극은 남극과는 달리 공동이용을 위한 국제규약이 확립되지 않았다. 남극은 1961년 발효된 남극조약에 따라 각국의 영유권 주장은 동결된 상태이며 평화적 이용을 위한 학술적 연구만 허용되고 있다. 그러나 북극은 다수 국가가 인접하여 개별 국가의 주권이 미치는 영역과 공해 및 공동수역이 얽혀 있는 지역이므로 EEZ와 대륙붕경계획정을 둘러싼 각국의 이해관계 충돌이 발생하고 있다. 영유권은 국제해양법협약의 적용에 관한 문제이다. 자원을 장악하려는 각국의 노력은 영유권 분쟁을 촉발한다. 이는 협상의 교착, 북극권 군사기지 건설, 단독 또는 연합훈련, 해·공군 전력의 운용범위 확대 현상으로 나타난다. 기후문제는 개발에 소요되는 비용과 수익을 전망하는 문제로 연결된다. 북극의 혹독한 기후는 선박 건조비와 운영비 상승, 항행 횟수 제한, 쇄빙선과 항구서비스 비용 상승을 초래하여 개발을 가로막는다. 지구 온난화는 북극개발의 경제성을 높여주지만 환경 재앙을 초래할 수 있다. 북극개발에는 두 결과 사이의 적절한 조화를 모색하는 노력이 수반되어야 한다.

1982년 채택되고 1994년 발효된 UN해양법협약은 북극해에 대한 연안국의 EEZ와 대륙붕 한계선을 설정하는 근거이다. 북극해와 해안선을 접하는 러시아·미국·캐나다·노르웨이·그린란드(덴마크의 자치령)·아이슬란드 등 6개국만이 북극해에서의 EEZ을 인정받고 있다. 각국은 UN해양법협약 제76조 8항 "육지가 바닷속 대륙붕까지 연장되면 200해리(370km) 이상에서도 권한을 확보할 수 있다."라는 조항을 근거로 자국 육지가 북극해 대륙붕과 연결돼 있다고 주장하였다. 2019년 10월 30일,

노르웨이·아이슬란드·덴마크(페로 제도) 3개국은 노르웨이-아이슬란드, 노르웨이-덴마크(페로 제도), 아이슬란드-덴마크(페로제도) 간 총 세 개의 해양경계획정 양자협정을 동시에 체결함으로써 이들 국가들 간 대륙붕 한계선에 관한 분쟁을 해결하였다.95) 노르웨이는 2006년 11월, 덴마크와 아이슬란드는 2009년 4월 UN대륙붕한계위원회에 각각 자신들의 주장을 담은 신청서를 제출하여 그 권익을 인정받았다. 3개국은 자체 합의 의사록을 체결하여 경계선 협정을 마무리지었다.

〈그림 7-4〉 북극권의 대륙붕 중첩 현황

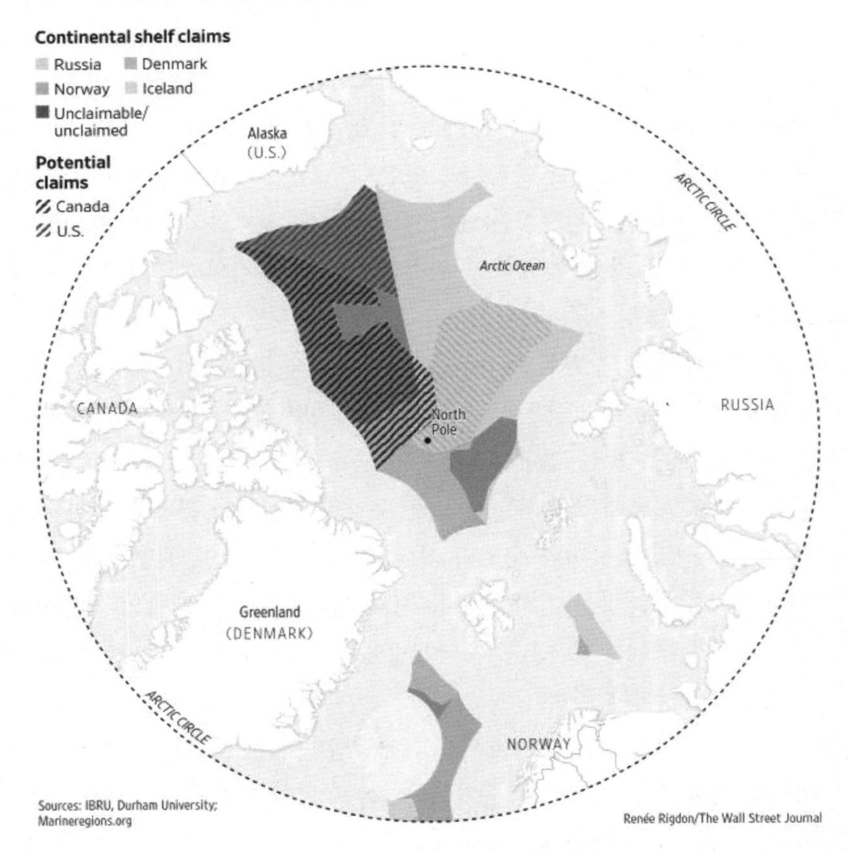

출처: https://www.dur.ac.uk/resources/ibru/resources/ArcticMapsMay2020/SimplifiedArcticmappp.pdf(검색일: 2020.11.21).

---

95) 이기범, 『노르웨이해(海) 개발을 위한 국제법적 체제 구축』(서울: 아산 정책연구원, 2020년 2월 17일).

러시아는 북극점 인근에 있는 로모노소프(Lomonosov) 해령이 동시베리아 초쿠가 반도(Chukotka PeninSula)에 연결되어 있다고 주장하며 2001년 UN대륙붕한계위원회(CLCS)에 대륙붕 인정을 신청하였다. 로모노소프해령은 북극점 인근을 횡단하는 길이 1,800km, 너비 60-200km의 해저산맥이다. 러시아의 영유권 주장이 인정받는다면, 한반도 면적의 6배에 해당하는 120만㎢의 배타적경제수역과 막대한 양의 석유와 천연가스를 확보할 수 있다. 러시아는 2007년 8월 잠수정 2척을 이용하여 로모노소프 해령의 해저 4,000m에 자국 국기를 일방적으로 설치하였다. 2015년 8월 3일에는 2001년에 제출한 자료를 보완하여 UN대륙붕한계위원회에 신청서를 제출했다.

덴마크는 러시아의 국기 설치를 비난하며 로모노소프해령은 시베리아가 아닌 그린란드에 연결된 것이라고 주장하였다. 덴마크는 2014년 12월 15일에 유엔 대륙붕한계위원회(CLCS)에 로모노소프해령이 덴마크(그린란드) 대륙붕으로부터 연장된 것이라는 조사 자료와 함께 90만㎢의 대륙붕에 대한 영유권을 신청하였다. 캐나다 정부도 자국의 대륙붕이 로모노소프 해령과 연결되었다는 입장을 유지하며 자체 조사한 내용들을 근거로 2019년에 대륙붕 연장신청서를 CLCS에 제출하였다. 현재 CLCS에서는 러시아·덴마크(그린란드)·캐나다가 제출한 신청서 내용의 정확성과 타당성을 확인 중이다.[96] 미국은 UN해양법협약을 비준하지 않은 국가이므로 공식적인 입장은 발표하지 않았으나 알래스카 대륙붕의 연장으로서 북극점 근해의 영유권을 주장할 가능성은 상존한다.

캐나다는 덴마크와 한스섬(Hans Island)에 대한 영유권 분쟁을 겪고 있다. 한스섬은 캐나다 엘즈미어섬(Ellesmere Island)과 덴마크(그린란드) 사이 나레스(Nares) 해협에 위치하는 면적 1.2㎢의 작은 섬으로, 주변 해역에 다이아몬드를 비롯한 많은 자원이 매장된 섬으로 유명하다. 양국은 2018년 5월 공동 TF를 구성해 한스 섬을 둘러싼 도서 영유권 분쟁 및 200해리 이원(以遠)의 대륙붕경계획정문제 해결을 모색하기 시작했다.[97] 노르웨이와 러시아는 노르웨이가 실효적으로 점유하고 있는 스발바르(Svalbard)군도에 대한 영유권 분쟁을 벌이고 있다. 그린란드해와 바렌츠해 사이에 위치하며 북극해의 동서항로를 동시에 통제할 수 있는 요충지이다. 노르웨이는 1977

96) https://www.un.org/Depts/los/clcs_new/clcs_home.htm(검색일: 2020.11.21).
97) https://www.rcinet.ca/en/2018/05/23/canada-denmark-hans-island-joint-task-force-arctic-oundary(검색일: 2020.11.22).

년 스발바르군도 주변의 200해리를 대륙붕으로 선언했으나 러시아는 이를 인정하지 않고 있다. 스발바르군도 주변 해역은 황금 어장이며 인근 해저에는 지하자원이 풍부하게 매장된 것으로 추정되고 있다.

제2절에서 기술한 바대로 미국은 알래스카, 러시아는 북동항로, 캐나다·노르웨이·덴마크는 북서항로를 중심으로 군사기지를 확충하고 있다. 북극해 영유권을 둘러싼 갈등국면에서 실효적 지배를 강화하기 위한 선제적 조치들로 풀이된다. 본격적인 영유권 분쟁에 대비하여 자국의 주장을 기정사실화하겠다는 의도이다. 이는 군사훈련 및 빈번한 초계활동·쇄빙선 건조 경쟁으로 표출되고 있다.

제4절 북극해 관련 국제협력 진행 동향

1. 북극이사회(Arctic Council) 협력: 오타와 선언

1996년 9월 19일, 캐나다 오타와(Ottawa)에서 미국·러시아·캐나다·덴마크(그린란드)·핀란드·아이슬란드·스웨덴·노르웨이 등 북극해와 인접하거나 북극해 연안을 가진 8개 나라가 캐나다 오타와에서 북극의 자원개발에 관한 정부 간 협의체인 『북극이사회(Arctic Council)』 창설을 선언하였다.

북극이사회의 기원은 1987년에 구소련 공산당서기장 고르바초프의 무르만스크 선언으로 거슬러 올라간다. 당시 고르바초프는 평화의 극지(Pole of Peace) 연설을 통해 북극 자원개발의 평화적 협력, 북극공동연구위원회 설치, 북극 국가 간 공동해양환경보호 등을 제시했다. 당시에는 고르바초프가 추진하던 개혁·개방정책의 일환으로 여겨졌지만, 이후 밝혀진 바에 의하면 북극해역에 누적되었던 환경오염을 치유하기 위해 서방국가들을 끌어들이기 위한 방안이었다. 북극권 오염으로부터 가장 직접적인 영향을 받는 핀란드는 1989년에 미국 등 북극연안 5개국과 북극해에 근접한 3개국(스웨덴·핀란드·아이슬란드)들의 장관급 인사들이 회동하여 북극의 환경문제를 논의하는 장관급 회의를 제안하였다. 1991년 6월 8개국 장관들은 핀란드에 모여 북극환경보호전략(Arctic Environmental Protection Strategy)을 채택하였다. 이들 8개국이 지리적으로 환경운명공동체 성격을 지니고 있었기에 가능한 일이었다. 북극장관회의는 기후변화 대응, 생물자원 보호, 항로이용, 자원개발 등 지속 가능한 발전을 위한 공동연구와 정보 공유, 정책조율의 필요성을 충족하기 위해 1996년 오타와선언으로 『북극이사회(Arctic Council)』라는 국제포럼을 출범시켰다. 포럼에는 위 8개국 이외에 북극지역 거주민들을 대표하는 6개 지역단체들이 영구회원으로 포함되었다.[98] 이들은 의결권은 없지만 발언권과 사업 참여권이 보장된 상시 참여자로 관여하고 있다. 이사회 의장은 매 2년마다 교체되며 아이슬랜드가 2019년부터 2020년까지 의장을 맡고 있고 2021년부터 2023년까지 러시아가 의장직을 맡을 예정이다. 우리나라와 일본·중국을 포함하여 13개 국가들과 유엔개발프로그램(UNDP), 국제해사기구 등 25개 국제기구 및 비정부기구들이 참관자(Observer) 자격으로 참여하고 있다. 주로 북극해 규범 및 제도 형성, 자원개발에 대한 견해 제시, 생물 및 자원조사, 기후변화 정보공유, 투자자금 제공, 쇄빙선 건조, 항로이용 등의 목적으로 참여한다.

북극이사회의 목표는 북극의 환경보호와 지속 가능개발로 요약된다. 기후변화, 항로, 생태계, 원주민 권익, 해양쓰레기 규제, 자원개발 등의 전문가들이 6개 워킹그룹을 구성하여 연구와 조사 활동을 하고 그 결과를 공유한다. 오타와선언에서 드러났듯이 북극이사회는 북극해에서 군사기지 설치, 전력배치, 군사훈련 등 안보와 군사문제에 대한 논의는 철저히 배제한다. 또한, 북극이사회는 포럼형식의 협의체이므로 이사회 명의로 회원국들의 정책이나 행동을 강제할 권한이 없다. 강제적인 예산갹출이나 배분기능이 없으므로 제반 활동들은 이사회 권고에 따라 각 국가들이 단독 또는 타 국가와 연합으로 수행한다. 그러나 2011년 이후에는 이사회 명의로 회원국들의 정책과 행동을 규정하는 협약들을 체결하기 시작했다.

북극이사회 8개국들은 2011년 5월 12일에 그린란드 Nuuk에서 '북극해에서의 항공 및 해상 수색구조 협정'을 체결하였다.[99] 이 협정에 의해 각 국가들이 책임지는 수색구조 지역범위를 설정하였으며 타국 관할지역에서 수색구조 작업시 해당국의 허가를 받도록 규정하였다. 국가별 책임 지역들은 북극해 영유권 문제와 아무런 관련이

98) 6개 지역민 단체들은 다음과 같다. Aleut International Association, Arctic Athabaskan Council, Gwich'in Council International, Inuit Circumpolar Council, Russian Arctic Indigenous People's of the North, Saami Council.

99) *Agreement on Cooperation on Aeronautical and Maritime Search and Rescue in the Arctic*, Arctic Council, May 12, 2011.

없이 오로지 국가별 수색구조 능력과 효과에 미치는 영향요인들을 고려하여 설정되었음을 밝히고 있다. 이 협정은 북극이사회가 최초로 만들어낸 강제성을 지닌 국제조약이다. 이어 2013년 '북극해에서의 해양오염 대비와 대응에 관한 협약',[100] 2017년에는 '북극해 과학협력 증진에 관한 협약'을 각각 체결하였다.[101]

2018년 10월에 체결된 '중앙 북극해 비규제 어업방지협정(CAOFA)'은 북극이사회 활동 역사상 최대 성과로 꼽힌다. 이 협정은 해빙 가속화에 따른 북극 공해에서의 무분별한 조업을 방지하기 위해 한시적으로 조업을 유예하고, 지속 가능한 수산자원 관리를 위한 국제적 협력 기반을 마련한 것이었다. 또한, 북극이사회 8개 회원국 이외에 한·중·일·EU 등 비(非)북극권 국가들이 서명함으로써 북극 관련 최초의 지역 다자협정이라는 선례를 남겼다.

한편, 국제해사기구(IMO)는 북극해 선박 운항과 관련하여 북극이사회와 긴밀한 협의 하에 항해안전과 환경오염 방지를 위한 조치를 하고 있다. 국제해사기구는 2014년에 극지운항의 안전과 환경보호를 위해 극지 운항 선박에 적용하는 규칙인 Polar Code를 채택하여 2017년부터 적용하고 있다.[102] 또한, 2020년 2월 국제해사기구 내 해양오염방지 및 대응 전문위원회는 2024년까지 단계적으로 중유사용 및 운송 금지를 제안하며, 북극권 국가 선적의 선박에 대해서는 예외적으로 2029년 7월까지 기한을 연장하는 권고안을 발의하였다.[103] 2020년 11월 국제해사기구의 제75차 해양환경보호 위원회(MEPC)에서는 최종적으로 이 권고안을 채택하였다. UN에서도 UN환경계획(UNEP)을 중심으로 북극에서 해양쓰레기 문제를 다룰 규범을 논의하고 있다. 이처럼 북극관련 규범 제정에 북극권 국가 이외 국제기구(IMO, UNEP) 및 비(非)북극권 국가의 참여가 확대되고, 규범이 필요한 분야도 다양해지므로 향후 북극이사회의 역할과 권한이 강화될 것으로 전망한다.

---

100) *Agreement on Cooperation on Marine Oil Pollution Preparedness and Response in the Arctic*, Arctic Council, May 15, 2013.

101) *Agreement on Enhancing International Arctic Scientific Cooperation*, Arctic Council, May 11, 2017.

102) IMO, *International Code for Ships Operating in Polar Waters* (London: IMO, 2014)

103) Bryan Comer, PhD, Liudmila Osipova, PhD, Elise Georgeff, and Xiaoli Mao, *The International Maritime Organization's Proposed Arctic Heavy Fuel Oil Ban: Likely Impacts and Opportunities for Improvement*, ICCT White Paper (September 2020).

2. 북극경제이사회(Arctic Economic Council) 협력: 키루나(Kiruna) 선언

북극이사회의 활동은 활동 분야별로 포럼 또는 협의체 결성을 촉진하는 매개체로 작용하여 왔다. 대표적인 사례가 북극경제이사회이다 2013년 5월에 개최된 북극이사회 각료회의에서 북극경제이사회 창설을 위한 Task Force 설치를 결의하는 키루나 선언(The Kiruna Declaration)을 채택하였다.[104] 이후 2014년 9월 캐나다 이콸루이트(Iqaluit)에서 극지 비즈니스 포럼의 형태로 북극경제이사회(Arctic Economic Council)가 공식 출범하였다. 이사회는 북극권 8개국과 북극이사회에 참여하는 원주민 기구에서 임명한 42명의 사업 대표자들로 구성된다. 의장은 캐나다 배핀란드(Baffinland) 철광회사 대표가 맡고 있으며 북극권 국가들 간 강력한 사업 유대관계 형성, 사회기반시설의 공동-민영 파트너십 구축, 학계와 산업계 사이의 지식과 데이터 교환 등을 목표로 활동 중이다.

2018년 이후 북극경제이사회는 기후변화, 신재생에너지, 해양환경협력을 위한 새로운 협의체를 추진하고 있다. 북극해 표류관측, 위성관측, 해저관측 등 다양한 과학조사가 확대되고 이를 체계적으로 추진하기 위한 시도로 평가된다. 또한, 북극권 인프라개발 자금을 조달하기 위한 투자개발은행 설립도 논의하고 있다.

3. 바렌츠 유로-북극이사회(Barents Euro-Arctic Council)를 통한 협력

바렌츠 유로-북극이사회(BEAC)는 러시아·덴마크·핀란드·아이슬란드·노르웨이·스웨덴 등 6개국과 EU가 바렌츠 해 이용 및 개발과 관련된 현안들을 다루기 위해 1993년 1월 시르케네스 선언(Kirkenes Declaration)에 따라 설립된 국제협력체이다.

104) *KIRUNA DECLARATION On the occasion of the Eighth Ministerial Meeting of the Arctic Council,* Arctic Council, May 15, 2013. 선언문은 "북극에서의 경제활동을 위한 노력이 북극의 주민들과 지역사회의 지속 가능한 개발에 필수적이라는 사실을 인정하고, 북극이사회가 활발하고 지속 가능한 북극경제와 모범 경영증진에 매진하기를 바라며, 극지 비즈니스 포럼의 창설을 위한 태스크포스(Task Force to Facilitate the Circumpolar Business Forum)의 설치를 결의하였다."라고 기술하고 있다.

미국·영국·캐나다·독일·프랑스·폴란드·일본 등 7개국이 옵저버로 참석하고 있다. 이사회의 활동 목적은 1992년 6월 브라질 리오에서 채택된 유엔환경개발회의(UNCED) 리오선언의 '지속 가능한 개발(Sustainable Development)' 원칙과 권고에 따라 바렌츠해역의 지속 가능한 개발 방안을 도출하고 협력하는 것이다. 본부는 노르웨이 시르케네스에 위치하며, 2년마다 개최하는 외무장관급 각료회의가 최고 결정기구 역할을 수행한다. 국가들 간 정책 조정과 협력은 매년 4-5회 개최되는 고위급 위원회(CSO)가 담당하고 있다. 이들은 정책 현안들을 발굴하고 실행방안을 연구하는 실무자그룹들(Working Groups)의 구성과 해체를 지시할 수 있는 권한을 행사한다. 현재 BEAC에서 운영하고 있는 실무자 그룹은 경제협력, 바렌츠 산림영역 네트워크(Barents Forest Sector Network), 환경보호, 구조협력, 운송 조정위원회 등이다.

BEAC는 출범에 맞추어 바렌츠 지역이사회(Barents Regional Council)를 발족시켰다. 동 이사회는 바렌츠 지역에 거주하는 거주민들을 가진 러시아·핀란드·노르웨이·스웨덴 등 4개국 정부대표들과 지역단체 대표들로 구성되어 있다. 바렌츠 지역 보호 및 개발과 관련된 사안들에 대해 해당 지역 거주민들의 목소리를 반영하고 BEAC의 활동을 현장에서 보조하기 위한 목적으로 결성하였다.

4. 북극해 5개국 협력: 일루리사트(Illulissat) 선언

북극해를 접하고 있는 미국·캐나다·러시아·노르웨이·덴마크(그린란드) 등 5개국들은 북극이사회가 영유권 문제 등 각 국가의 쟁점 사안들을 다루지 않기 때문에 이러한 사안들을 논의할 별도의 기구가 필요하였다. 특히 2007년에 발생한 한스섬과 로모노소프 해령 사건 등 영유권 분쟁은 협의체 필요성을 부각시켰다. 향후 기후변화에 따라 항로 및 자원개발의 과정에서 관할권을 둘러싼 분쟁 발생이 명백해졌기 때문이다. 5개국 외무장관급 대표들은 북극해를 관장할 국제레짐 구성과 사법관할권 분쟁의 평화로운 해결 방안을 모색하였으며, 2008년 5월 28일 일루리사트 선언(Illulissat Declaration)을 채택하였다.

이 선언에서 연안국의 주권 및 관할권을 강조하고 북극해 영유권 문제는 UN해양법협약 등 국제법에 의해 해결하기로 합의하였으며, 북극해 문제를 다루기 위해 남극조약과 같은 별도의 포괄적 국제법규가 불필요 하다는 입장을 확인하였다.[105] 추가적으로 북극해 생태계 보호와 해양오염 방지·신속한 재난구호·해양환경에 대한 과학적 조사를 위한 양자 및 다자 협력강화 등을 선언적으로 채택하였다. 사실상, 향후 발생할 영유권 문제들의 해결을 뒤로 미루고 북극이사회의 주요 논의주제들을 5개국들 수준에서 강화하기로 한 선언에 불과했다.

2010년 9월 15일, 러시아 메드베데프(Medvedev) 대통령과 스톨텐베르그(Stoltenberg) 노르웨이 총리는 무르만스크에서 '바렌츠해의 해양경계 및 협력 관련 조약'을 체결하였다. 양국은 과거 40여 년간 분쟁상태에 있었던 바렌츠해에서의 경계획정에 합의함으로써 어족자원과 대륙붕 개발 등을 위한 법적근거를 마련하였고 북극해에 대한 접근을 용이하게 만들어 양국 간 개발 협력 증진의 여지를 넓히게 되었다.[106] 접경해역에서의 자원개발은 공동개발만 허용하고 개발된 광물자원의 배분지침도 마련했다. 또한, 어업문제는 양국 어업공동위원회의 어획 쿼터협의 등 공동어로 기준에 따르기로 합의하였다. 조약체결의 배경에는 원유·천연가스 대부분이 러시아 해역에 매장되어 있으나 노르웨이의 기술지원 없이는 개발하기 어려웠다는 현실도 작용했다. 그러나 과거에도 이러한 여건이 동일했고 노르웨이가 나토회원국임을 고려한다면, 일루리사트 선언이 노르웨이의 정치적 부담감을 덜어주었다고 평가할 수 있다. 나토의 가상적국인 러시아와 주권 경계선을 확정지을 수 있었던 배경에는 일루리사트 선언이 지닌 명분이 동력으로 작용하였다고 볼 수 있다.[107]

제5절 결 론: 북극해 전망 및 한국의 대응 방향

1. 북극해 전망

기후변화는 북극해가 지닌 군사적 가치의 영역을 확장시키고 있다. 냉전시절에

105) 외교부, 『북극해 회의 개최 결과(2008.6.2)』 (서울: 외교부 국제경제국 기후환경변화과, 2008년).
106) 외교부, 『러시아-노르웨이 간 북극권 협력 관련 협정체결(2010.9.27)』 (외교부 주러시아 대사관, 2010년).
107) 예병환, "러시아-노르웨이 해양분쟁과 바렌츠해 조약," 『독도연구』 제14호 (2013), pp. 145-183.

는 전략적 억제를 위한 요충지로서의 가치에 국한되었지만, 이제는 그에 더하여 자원개발과 항로 확보라는 미래의 경제적 이득을 선점하고 지키기 위한 가치까지 포괄하고 있다. 각국은 이해당사자로서의 존재감을 과시하고 유리한 협상위치를 선점하기 위해 경쟁하고 있다. 북극권의 자원개발·북극해 영유권 확보·북극항로 이용·북극환경 보호를 둘러싼 갈등과 협력은 지속되고 있다.

러시아는 오래전부터 북극권에서의 기득권 선점과 공고화를 위한 노력을 강화해 왔다. 미국도 트럼프 행정부 출범 이후 적극적으로 북극정책을 발표하고 시행 중이다. 2018년 이후 바렌츠해 인근에서 군사 활동을 강화하고 있으며, 러시아의 기지건설과 확충에 대응하여 아이슬란드와 그린란드에 공군 및 해군전력 배치를 추진하고 있다. 러시아는 2014년 3월 크림반도 합병 조치로 인해 미국이 주도하는 경제제재를 받고 있다. 그러나 유럽의 개별 민간회사들 및 중국과 협력을 통해 북극권 개발에 필요한 기술 및 자금을 조달해 가고 있다. 이는 북극권 개발에 수반되는 경제적 이익들이 대(對)러시아 경제제재의 결속력에 균열을 일으키기 때문이다.

특히, 영유권 분쟁의 직접 당사자가 아닌 국가들과 영구 옵저버 국가들은 협력을 통한 이익창출을 모색하고 있다. 경제제재에도 불구하고 야말 프로젝트가 성공하고 있다는 사실은 이를 뒷받침 해준다. 야말 프로젝트를 주도하는 러시아기업 노바텍(Novatek)의 미국 내 자산이 동결되고 자금거래 금지 조치가 내려졌지만 중국 국영은행인 중국수출입은행과 중국개발은행이 120억 달러 투자를 결정하면서 제재효과는 무산되었다. 중국의 투자는 북극해 개발에 따른 경제적 이득이 실현되고 있기 때문에 가능했다. 또한, 야말 프로젝트에 20%의 지분으로 참여하고 있는 프랑스 토탈(Total)사의 경영진과 LNG전문가들이 프로젝트의 성공에 크게 기여하였다.[108] 이와 유사한 사례는 우리 조선업계의 쇄빙선 건조 수주에서도 발생하였다. 2014년 대우해양조선이 러시아로부터 쇄빙 LNG 운반선 15척을 수주하였을 때, 중국금융권이 14척 건조에 필요한 자금을 투자하였고 러시아는 1척에 해당하는 돈만 지불했다. 당시 대(對)러시아 경제제재로 인해 서방국가들의 금융권은 개입할 수 없었기 때문이다.

---

108) 세계 최초로 북극산 LNG를 운반했던 선박은 세계 최초의 '쇄빙 LNG'이며 이 선박의 명칭인 '크리스토프 드마르제리'는 2014년 모스크바에서 사고로 숨진 프랑스 토탈사 CEO의 이름이다. 마르제리는 서방의 대(對)러시아 경제제재 조치에도 불구하고 야말 프로젝트의 성공을 이끄는데 중심 역할을 했던 인물이다.

북극 대륙붕경계획정을 둘러싼 분쟁은 단기간 해결되기 어려울 것이다. 그러나 궁극적으로는 대륙붕 개발을 위한 기술과 자금 수요에 의해 정치적 양보가 가능한 공간이 만들어질 것으로 예상한다. 즉, 국가별로 자국 이익을 우선시하는 행보가 협력의 동력으로 작용할 수 있다. 북극해 개발에 수반되는 기술적·자연적 장애와 도전사항들은 어느 한 국가의 능력으로 극복하기 어렵고, 개발의 내용들은 어느 한 국가가 독점적으로 추진하기 어려운 속성 때문이다. 아이러니하게도 북극권의 풍부한 자원과 더불어 혹독한 자연환경이 국가들 간 협력의 필요성을 창출하는 조건으로 작용한다. 각국은 타 국가들이 지니고 있는 기술·정보·자금 등 비교우위 자산들을 활용하여 자신의 개발이익을 극대화하려는 동인(動因)을 지니기에 협력을 위한 노력은 사라지지 않을 것이다. 다만, 그 과정에서 누가 상대적으로 더 많은 이득을 획득하느냐 여부가 협력 수준과 실행방안을 결정하게 되리라 예상한다.

현 시점에서 북극해를 둘러싼 이해당사국들 간의 갈등은 협력의 필요성에 의해 잠복상태를 유지하면서 장기화될 전망이다. 분명한 점은 지리적 여건, 교통·시설 등 인프라, 그리고 개발 경험 측면에서 북극해에 대한 러시아의 접근 이점과 영향력은 타 국가들을 압도한다는 사실이다. 북동항로 연안을 따라 본격적인 항로가 열리게 된다면 러시아 쇄빙선과 항무 서비스에 대한 의존도 증가는 불가피할 것이다. 또한, 미국산 및 중동산에 비해 가격이 저렴한 러시아산 천연가스가 동아시아로 본격 유입된다면 북극해의 중요성은 더욱 높아져 갈 것이다.

2. 한국의 대응 방향

우리나라는 1999년 최초로 북극에 대한 과학연구와 탐사에 나선 이후 적극적으로 북극권 개발과 북극해 진출을 추진해 왔다. 2002년 4월 29일 노르웨이령 스발바드 군도(Svalbard Islands)의 스피츠베르겐섬(Spitsbergen Island)에 위치한 니알슨(Ny-Alesund) 과학기지촌에 북극다산과학기지를 건립하였다.[109] 현재 비(非)상주기지로 운영 중이며, 매년 6-9월에 약 60여 명의 국내외 연구자들이 방문하여 해빙(海氷)

---

109) 니알슨 과학기지 구역에는 북극다산과학기지 이외에도 독일, 노르웨이, 영국, 중국 등 10개국의 북극과학기지가 위치하며, 기지촌의 운영과 유지관리는 노르웨이 국영회사인 Kings Bay AS에서 담당한다.

분석을 통한 기후변화·대기환경·생태환경·생물자원 등에 대한 연구활동을 수행하고 있다. 2013년 5월 북극이사회 옵저버 가입 이후 북극이사회 고위관리(SAO) 회의 및 각료회의에 참석하고 있으며 이사회 산하의 워킹그룹에서 적극적으로 활동하고 있다. 해양수산부는 2013년 12월 최초로 5개년 단위 『북극정책기본계획』을 수립하여 4개 분야 31개 정책을 추진해 왔으며, 2018년 7월에 『북극활동진흥기본계획』으로 명칭을 바꾸어 시행 중이다. 동년 12월에는 최초로 『2050 극지비전』을 발표하여 극지정책의 장기비전과 방향을 제시하였다. 2016년부터는 외교부와 해양수산부 공동 주최로 매년 부산 벡스코(Bexco)에서 북극협력주간(Arctic Partnership Week) 행사를 개최하여 정부기관·국제기구·학계 실무자 및 전문가들이 북극발전을 위한 연구결과들을 공유하고 협력 방안을 논의하고 있다.

북극권 개발에 대한 우리의 참여는 조선 분야에서 두드러지게 나타나며, 물류분야에서 잠재력을 키우고 있다. 우리나라는 쇄빙 기능과 운반기능을 결합한 차세대 쇄빙선 건조에서 독보적인 경쟁력을 입증하고 있다. 과거에는 북극에서 항해할 경우 쇄빙기능을 갖춘 선박이 선도 항해를 하며 길을 만들고 유조선이나 LNG운반선이 뒤를 따르는 형태였지만 최근 이 두 가지 기능을 동시에 갖춘 선박이 주목받고 있다. 일반 선박에 비해 특수한 재질과 기능이 요구되므로 고부가 가치 선박에 해당한다. 삼성중공업은 지난 2005년 러시아 국영선사 소브콤플로트(Sovcomflot)로부터 세계 최초로 쇄빙유조선 3척을 수주해 2007년 인도하였다. 이후 2014년까지 소브콤플로트로부터 추가로 쇄빙유조선 9척을 수주했다. 이외 유럽지역 선사들로부터도 3척의 쇄빙유조선을 수주하였다. 삼성중공업이 2016년 소브콤플로트에 인도한 42,000DWT(재화중량톤수)급 쇄빙 유조선은 2014년 수주한 6척의 쇄빙유조선 중 첫 번째 선박으로 최저 영하 45도의 혹한에서 최대 1.8m의 빙하를 깨며 운항할 수 있는 아크 7 기준이 적용되었다.[110] 대우조선해양도 2014년 소브콤플로트로부터 세계 최초로 쇄빙 LNG운반

110) '아크'는 러시아 선급(The Russian Maritime Register of Shipping)에서 규정하고 있는 북극해 항행 선박의 기준이다. 이는 겨울-봄 기간을 기준으로 파쇄할 수 있는 빙하의 두께에 따라 4에서 9까지 등급으로 나뉜다. 겨울-봄 기간을 기준으로 아크 4는 0.7m 이하의 빙하를 깨면서 항해할 수 있는 쇄빙선이다. 아크 5는 0.8m, '아크 6'의 경우 1.2m, '아크 7'은 1.8m, '아크 8' 3.4m 이하, 아크 9는 아크8 이상의 쇄빙기능을 갖춰야 한다. 쇄빙선은 일반 선박보다 훨씬 두꺼운 철판을 사용해야 하며 빙하에 갇혔을 때 움직일 수 있도록 앞뒤 양방향 운행, 360도 회전 등이 가능해야 한다. 영하 50도 이하에서도 각 기관이 무리 없이 동작할 수 있도록 방한기능도 갖춰야 한다. 아크 8과 아크 9가 적용되는 해역은 북극점 근처이

선 15척을 수주하였다. 2019년 11월까지 모든 선박을 성공적으로 인도하였으며 2020년에는 유럽지역 선주로부터 2조 원 규모의 건조계약을 수주했다.[111] 대우해양조선이 인도한 선박들은 길이 299m, 폭 50m로 우리나라 전체가 이틀간 사용할 수 있는 172,600㎥의 LNG를 싣고 최대 2.1m 두께의 얼음을 깨면서 항해할 수 있는 아크 7급 쇄빙 LNG선이다. 2020년 11월에 삼성중공업도 역대최대 규모의 건조계약을 체결하여 우리나라의 우수한 경쟁력을 증명하였다.[112]

2013년 10월 박근혜 대통령은 『유라시아 이니셔티브(Eurasia Initiative)』를 주창하였다. 이는 부산-북한-러시아-중국-중앙아시아-유럽을 관통하는 철도·도로 등 '실크로드 익스프레스'를 실현하고, 전력·가스·송유관 등 에너지 네트워크를 구축하는 구상이다. 그러나 유라시아 이니셔티브는 북한의 개혁·개방을 전제로 삼았기에 북핵문제의 전개상황에 종속될 수밖에 없었다. 북핵 문제가 진전되지 않는 한, 유라시아 대륙을 철도로 연결하는 사업과 북한을 경유하는 시베리아 송유관 사업, 전력공급 사업 등은 추진하기 어렵다. 유라시아 Initiative에는 북극항로와 관련된 내용을 포함하고 있지 않았다.

2017년 9월 7일 문재인 대통령은 러시아 블라디보스토크에서 개최된 제3회 러시아 동방경제포럼에서 러시아 정부에 '9-BRIDGE'로 불리는 가스·철도·항만·전력·북극항로·조선·농업·수산·일자리 등 9개 분야에 걸친 동시다발적 협력사업을 제안하였다. 문재인 대통령은 당시 러시아와의 북극항로 공동개척과 관련하여 조선 해운 분야의 협력이 한·러간 새로운 경제협력모델이 될 수 있다고 언급하였다. 2018년 전반기에 남북관계가 한때 호전되면서 유라시아 Initiative의 실현이 기대되었으나 아직까지 의미 있는 진척은 이루어지지 않고 있다. 이와 대조적으로 북극항로 개발은 관련국과 협의하에 지속적으로 진행되고 있다. 2018년 12월 13일 해양수산부 주최 제7회 북극항로 세미나에서는 미래 북극항로를 이용한 컨테이너 정기운송 가능성이 활발히 논의되었다. 에너지 확보 및 물류체계 구축을 위해 북극항로 개척은 필수적인

다. 이 지역에는 지금까지 대형 상선의 운항이 필요하지 않으므로 현재까지 건조된 선박은 아크 7이 최고 수준이다.

111) 김보경, "대우조선해양, 쇄빙LNG선으로 2조 원 수주계약 따냈다," 『연합뉴스』, 2020년 10월 12일.

112) 김영주, "삼성중 2조 8,000억 역대 최고액 수주… 러 쇄빙 LNG선 한국이 '싹쓸이'," 『중앙일보』, 2020년 11월 23일.

국가과제이다.[113]

결론적으로 우리나라는 천연가스와 쇄빙선 수요급증에 대비한 조선산업의 경쟁력 강화, 북극해 연안의 자원생산 시설 및 교통·통신 등 인프라 건설 참여, 에너지 수입 다변화, 북극해를 통한 물류 수송능력 증대, 북극 공해에서의 어획활동 준비 등의 정책을 장기적 비전하에 일관성 있게 추진하여야 한다. 해군은 해양안보 측면에서 북극해 연안국들과 해양감시, 수색 및 구조 활동, 재해·재난 대응, 인도적 지원을 위한 훈련에 참가하며, 북극해 안정에 도움이 되는 국가로 각인되도록 군사외교 활동을 낮은 단계부터 꾸준히 추진해야 한다. 우리 정부와 민간의 활동영역 확대에 걸맞게 국익을 보호할 수 있도록 북극해 연안국들과 합동군사훈련 및 군수지원을 위한 양자 또는 다자간 협정체결도 중장기적으로 시행해야 할 과제이다.

113) DENG Beixi, "Role of Arctic Resources Development in Facilitating Regularized Arctic Shipping and Transport Infrastructure: Experiences from Yamal Cooperation," *Polar Research Institute of China* (7th International Arctic Shipping Seminar Busan, December 13, 2018).

참 고 문 헌

기상청. 『2014 기후변화종합보고서』, 서울: 기상청, 2015.

김민수·장정인·최영석·김지혜·이슬기. "러시아 Arctic LNG-2 사업 참여방안 연구." 『한국해양수산개발원 일반연구 2018-03』, 부산: 한국해양수산개발원, 2018.10.

김보경. "대우조선해양, 쇄빙LNG선으로 2조원 수주계약 따냈다." 『연합뉴스』, 2020년 10월 12일.

김아름 등, "미국 에너지 공급인프라 현황 및 확충 전망." 『세계에너지현황 인사이트 17-1)』, 울산: 에너지 경제연구원, 2017년.

김영주. "삼성중 2조 8,000억 역대 최고액 수주… 러 쇄빙 LNG선 한국이 '싹쓸이'." 『중앙일보』, 2020년 11월 23일.

김지혜 등. "북극 해상운송 규범 분석을 통한 우리나라 대응 방안 연구." 『한국해양수산개발원 일반연구 2019-4』, 부산: 한국해양수산개발원, 2020년 6월.

김현미. "150년 된 미국의 그린란드 매입전략." 『아틀라스』, 2019년 8월 21일.

김호준. "러시아, 핵추진 쇄빙선 '우랄' 진수… 북극항로 개척 목적." 『연합뉴스』, 2019년 5월 27일.

삼성중공업. "'즈베즈다-SHI'사(社) 지분 인수 완료." 『해사정보신문』, 2020년 8월 31일.

손진석. "한국-유럽(부산-로테르담) 뱃길 7,000㎞·10일 단축… 해운선박, 北極항로 8월 시범 운항." 『조선일보』, 2013년 6월 17일.

외교부. 『러시아-노르웨이 간 북극권 협력 관련 협정체결』, 외교부 주러시아 대사관, 2010년 9월 27일.

--------. 『북극해 회의 개최 결과(2008.6.2)』, 서울: 외교부 국제경제국 기후환경변화과, 2008년.

유철종. "러시아 태평양함대, 핵미사일 '불라바' 4발 연쇄 발사 훈련." 『연합뉴스』, 2020년 12월 12일.

이기범. "노르웨이해(海) 개발을 위한 국제법적 체제 구축." *The Asan Institute for Policy Studies* (2020년 2월 17일).

이상엽·박남태. "냉전기 미국의 전략대잠전 연구: 미 해군의 구소련 SSBN 대응작전." 『21세기 해양안보와 국제관계』, 서울: 북코리아, 2017.

예병환. "러시아-노르웨이 해양분쟁과 바렌츠해 조약." 『독도연구』, 제14호 (2013).

크리스토프 이고르. "러시아해군의 쇄빙선 함대 개발 관련 문제 및 전망." 『KIMS Periscope』, 2020년 7월 21일.

한지혜·전문원. "주요국 부유식 원전 추진 동향." 『세계원전시장인사이트』, 울산: 에너지경제연구원, 2020년 2월 7일.

Adam Robinson. "Russia offers free land to stop Arctic depopulation." *BBC News*, July 16, 2020.

Alexandra Hackbarth. "NDAA Shines Spotlight on Great Power Competition in the Arctic." *American Security Project*, December 13, 2019.

AP. "Pompeo says U.S. to expand Arctic role to deter Russia, China." *AP News* July 23, 2020.

Arctic Council. *Agreement on Cooperation on Aeronautical and Maritime Searchand Rescue in the Arctic*, Arctic Council, May 12, 2011.

_______. *Agreement on Cooperation on Marine Oil Pollution Preparedness and Response in the Arctic*, Arctic Council, May 15, 2013.

_______. *Agreement on Enhancing International Arctic Scientific Cooperation.* Arctic Council, May 11, 2017.

_______. *KIRUNA DECLARATION On the occasion of the Eighth Ministerial Meeting of the Arctic Council.* Arctic Council, May 15, 2013.

Arctic Portal. "First NATO headquarters in the Arctic as Norway moves it's military leadership into the Arctic Circle." *Arctic Portal,* November 10, 2010.

Atle Staalesen. "It is time to strengthen Nordic security, say ministers as they sign landmark defense deal." *The Barents Observer,* September 24, 2020.

Bryan Comer; Liudmila Osipova; Elise Georgeff and Xiaoli Mao. *The International Maritime Organization's Proposed Arctic Heavy Fuel Oil Ban: Likely Impacts and Opportunities for Improvement,* ICCT White Paper, September 2020.

Canada, Office of the Minister of Foreign Affairs. *Canada's Arctic and Northern Policy Framework.* Government of Canada, November 18, 2019.

_______. Office of the Minister of Foreign Affairs. *Minister Cannon Releases Canada's Arctic Foreign Policy Statement.* Government of Canada, August 20, 2020.

CBS. "Harper announces northern deep-sea port, training site." *CBC News*, August 10, 2007.

Charles Digges. "Russia Announces Plans for Space-Age Icebreakers." *The Maritime Executive*, March 1, 2018.

Daniel Darling. "Sweden Plans $2 Billion in Extra Defense Spending from 2022~2025." *Defense & Security Monito,* September 5, 2019.

David Nikel. "Sweden To Increase Defense Spending By 40% Amid Russia Fears."

Forbes. October 16, 2020.

DENG Beixi. "Role of Arctic Resources Development in Facilitating Regularized Arctic Shipping and Transport Infrastructure: Experiences from Yamal Cooperation." *Polar Research Institute of China*. 7th International Arctic Shipping Seminar Busan, December 13, 2018.

Dimitri Alexander Simes. "Russia's Energy Diplomacy Brings Geopolitical Dividends." *National Interests*, October 11, 2019.

Donald J. Trump. *PRESIDENTIAL MEMORANDA: Memorandum on Safeguarding United States National Interests in the Arctic and Antarctic Regions.* Washington D.C.: White House, June 9, 2020.

Drew Hinshaw and Jeremy Page. "How the Pentagon Countered China's Designs on Greenland Washington urged Denmark to finance airports that Chinese aimed to build on North America's doorstep." *Wall Street Journal,* February 10, 2019.

Dustin Patar. "The first of a series of new Arctic patrol ships has been delivered to the Royal Canadian Navy." *Nunatsiaq News*, August 6, 2020.

Ekaterina Klimenko. "Russia's new Arctic policy document signals continuity rather than change." *SIPRI Commentary/Essay*, April 6, 2020.

European Parliament. "How the EU Budget is spent, EU Cooperation with Greenland." *European Parliament Briefing,* April 2019.

Finland. *Finland's Strategy for the Arctic Region 2013,* Government resolution on 23 August 2013, Prime Minister's Office, Finland.

Gerd Braune. "The Ilulissat Declaration Arctic Ocean Conference." *Arctic Report*, May 29, 2008.

Government of Canada. Transport Canada. "Drones in the Canadian Arcti." June 11, 2020.

Gréta Sigríður Einarsdóttir. "In Focus: Iceland and the Arctic." *Iceland Review*, September 27, 2019.

Hillde-Gunn Bye. "Sweden Launches New Arctic Strategy." *High North News*, October 2, 2020.

IMO. *International Code for Ships Operating in Polar Waters.* London: IMO, 2014.

James D. J. Brown. "Russia's Revised Constitution Shows Putin is No Friend of Japan." *RUSI Commentary*, July 6, 2020.

Jdseph Trevithick and Tyler Rogoway. "Image Shows Russia Extending Runway at

Arctic Base, Could Support Fighter Jets, Bombers." August 21, 2020.

Jeremy Page and Gordon Lubold. "Five Chinese Navy Ships Are Operating in Bering Sea off Alaska Chinese naval presence off Alaskan coast appears to be a first." *The Wall Street Journal,* September 2, 2015.

Katarina Kertysova. "What are the main drivers behind Russia's military build-up in the Arctic?" *European Ladership Network,* May 3, 2020.

Kenneth J. Bird. "Circum-Arctic Resource Appraisal: Estimates of Undiscovered Oil and Gas North of the Arctic Circle." *U.S. Geological Survey Fact Sheet 2008~2049.* CO Denver: USGS, 2008.

Kevin McGwin. "Finland will put climate first in its next Arctic policy." *Arctic Today*, March 6, 2020.

Kristian Åtland. "Mikhail Gorbachev, the Murmansk Initiative, and the Desecuritization of Interstate: Relations in the Arctic." *Cooperation and Conflict*, Vol. 43, No. 3 (2008).

Laurence C. Smith & Scott Stephenson. "New Trans-Arctic shipping routes navigable by Mid-Century." *PANS,* Vol. 110, No. 13, March 26, 2013.

Malte Humpert. "Russian paratroopers perform first-ever high altitude Arctic jump." *High North News*, April 29, 2020.

_______. "US cancels Arctic operation after an engine fire aboard the icebreaker Healy." *High North News,* August 26, 2020.

_______. "Russia's New Super icebreaker reaches the North Pole during ice trials." *High North News*, October 6, 2020.

Martha Brill Olcott. *The energy dimension in Russian global strategy: Vladimir Putin and the Geopolitics of oil*, The James A. Baker III. Institute for Public Policy of Rice University, January 2005.

Martin Breum. "A rare poll hints at real differences between Danish and Greenlandic thinking on Greenland independence." *Arctic Today*, January 22, 2019.

Mathieu Boulègue. *Russia's Military Posture in the Arctic Managing Hard Power in a 'Low Tension' Environment,* Research, Paper of Russia and Eurasia Program, London, U.K.: Chatham House, June 28, 2019.

Matthew Melino & Heather A. Conley. *The Ice Curtain: Russia's Arctic Military Presence,* Center for Strategic and International Studies. Wasgington D.C.: CSIS, 2020.

Mercy A. Kuo. "The US and China's Arctic Ambitions." *The Diplomat* June 11,

2019.
Mia M. Bennett, Scott R. Stephenson. "The opening of the Transpolar Sea Route: Logistical, geopolitical, environmental, and socioeconomic Impacts." *Marin Policy,* August 31, 2020.
National Oceanic and Atmospheric Administration Research. *Arctic Report Card.* Washington D.C.: Department of Commerce, 2019.
Niklas H. Rossbach. *The Geopolitics of Russian Energy: Gas, Oil and the Energy Security of Tomorrow,* FOI-R-4623-SE, FOI, October 2018.
Nima Khorrami. *Sweden's Arctic Strategy: An Overview.* Washington D.C.: The Arctic Institute, April 16, 2019.
Rikard Jozwiak. "NATO Launches 'Biggest Military Exercise' Since The End Of The Cold War." *RFE/RL,* October 12, 2018.
Russian Federation. *Russia's Arctic Policy: A Power strategy and Its Limits,* Russia/NIS Center, March 2020.
Russian Federation. *The Russian Federation's National Security Strategy,* December 31, 2015.
Russia Maritime Studies Institute. *The 2015 Maritime Doctrine of the Russian Federation.* RMSI Research. Newport, RI: U.S. Naval War College, 2015.
Secretary of Air Force Public Affair. "Department of the Air Force introduces Arctic Strategy," July 21, 2020.
Shaan Shaikh. "Russia Tests Kinzhal Missile in Arctic." *Center for Strategic International Studies,* December 2, 2019.
Shawn Snow. "US plans $200 million buildup of European air bases flanking Russia." *Airforce Times,* December 17, 2017.
Siemon T. Wezeman. *Military Capabilities in the Arctic: A New Cold War in the High North?,* SIPRI, October 2016.
Somini Sengupta and Steven Lee Myers. "Latest Arena for China's Growing Global Ambitions." *The Arctic,* May 24, 2019.
Stephen M. Carmel. "The Cold, Hard Realities of Arctic Shipping." *Proceedings,* July, 2013.
Sweden. *Sweden's Strategy for the Arctic Region.* Government Offices of Sweden, 2020.
The People's Republic of China. The State Council. *China's Arctic Policy,* 2018.
Thomas Nilsen. "Putin raises the Northern Fleet's strategic role: Starting in 2021, the fleet will have a status equivalent to Russia's four military

districts." *Arctic Today*, June 8, 2020.

Tim Ellis. "Arrival of Eielson's First F-35s Signals Alaska's Growing Role as Strategic U.S. Air-power Hub." *KUAC*, April 22, 2020.

TOTAL. "Yamal LNG Project Begins Gas Exports." *TOTAL*, December 7, 2017.

Trude Pettersen. "Northern Fleet gets new icebreaker." *The Barents Observer*, June 10, 2016.

U.S. Air Force. Department of Defense. *Arctic Strategy*. Office of the Under Secretary of Defense for Policy. June 2019.

U.S. Coast Guard. *Arctic Strategic Outlook*, 2019.

U.S. Office of the Secretary of Defense. *Military and Security Developments Involving the People's Republic of China 2019*. Annual Report to Congress, Washington D.C.: DoD, May 2, 2019.

부 록

2020년 동아시아 해양안보 관련 주요 연표

〈미 국〉

1월 11일 ○ 대만, 독립주의자 차이잉원 총통이 재선에 성공

12일 ○ 미 해군, 일본 해상자위대와 12일부터 21일까지 『Iron First』 연합해상 훈련 실시

16일 ○ 미 순양함 샤일로, 미 군함들 중 올해 처음으로 대만해협 항행의 자유 작전 실시

26일 ○ 미 해군, 최신예 고고도 무인정찰기 MQ-4C 4대를 괌 앤더슨 공군기지에 배치, 7함대 배속.

28일 ○ 미 해군 연안전투함 몽고메리, 남중국해의 남사군도 피어리크로스 인근에서 올해 첫 항행의 자유 작전 실시

2월 3일 ○ 미 해군, W76-2형 저위력(low-yield)형 핵탄두의 실전배치를 공식발표

17일 ○ 중국해군 052D형 구축함, 필리핀 근해에서 미 해군 P-8 초계기 조종사에 대해 레이저 빔 투사

3월 5일 ○ 미 항모 루스벨트, 미국-베트남 국교정상화 25주년 기념차 베트남 다낭항 방문

16일 ○ 미 해군 배리 및 샤일로, 남중국해에서 SM-2 대공방어 미사일 실제발사 훈련 실시

22일 ○ 남중국해 작전 중인 미 항모 루스벨트함에서 코로나-19 확진자 발생, 임무 중단 후 괌으로 복귀. 총 1,156명 확진, 1명 사망

22일 ○ 미 해병대, 향후 10년간 해병대 개혁방안을 담은 『Force Design 2030』 발표

4월 10일 ○ 베트남, 중국의 대륙붕 주장을 반박하는 자료들을 유엔대륙붕한계위원회(CLCS)에 제출

11일 ○ 중 해군 랴오닝 항모전단, 오키나와와 미야코지마섬 사이 해협을 통과, 남중국해에서 대규모 해상훈련 실시

5월 25일 ○ 미 해군 연안전투함, 남중국해에서 싱가포르 해군과 연합훈련 실시

6월 1일 ○ 미 국무부, 중국의 대륙붕 주장을 반박하는 자료들을 유엔대륙붕한계위원회(CLCS)에 제출

21일 ○ 미 항모 니미츠와 루스벨트함, 남중국해에서 쌍(雙)항모 타격단 훈련(Dual Carrier Operation) 실시

7월 13일 ○ 미 폼페이오 국무장관, 중국의 남중국해 영유권 주장은 무효이며 아세안 국가에 대한 압박을 묵과하지 않을 것이라고 강조

8월 9일 ○ 미 보건복지부 장관, 1979년 미·중 수교 이래 장관급으로는 처음으로 대만 공식방문

17일 ○ 미, 하와이 인근에서 한국 등 10개국과 함께 2주간 림팩훈련 실시

23일 ○ 중 해군, 칭다오 근해와 남중국해에서 실탄사격을 포함한 대규모 해상훈련을 동시 실시

27일 ○ 중, 남중국해로 대함탄도미사일 DF-21D, DF-26B 발사 및 잠수함 발사 탄도미사일 JL-2B 발사시험 실시

9월 6일 ○ 미 해군, 록히드 마틴 등 6개 업체들과 2024년 말까지 대형무인수상함정 운용을 목표로 기술개발 및 실험연구 계약을 체결

10일 ○ 미 국방부, 인도양의 몰디브와 안보관계 증진을 위한 방위협력협정 체결

14일 ○ 미 해군, 마리아나 해역에서 9월 14일부터 10여 일 간 '용맹한 방패(Valiant Shield)' 훈련 실시

17일 ○ 미 국무부 경제담당차관, 1979년 미·중 수교 이래 국무부 차관으로는 처음으로 대만 공식방문

18일 ○ 중 전투기, 18-19 양일 간 대만해협 중간선 침범 후 위협비행 실시

10월 6일 ○ 일본 도쿄에서 제2회 4개국안보대화(Quadrilateral Security Dialogue) 외무장관 회의 개최, 공동성명 발표는 미합의로 실패

6일 ○ 미 국방장관, 『Battle Force 2045』로 명명된 해군전력 확보 계획을 백악관과 의회에 제출

27일 ○ 미, 인도와 외무·국방장관 회담에서 인공위성 정보 공유를 위한 협정 체결

11월 3일 ○ 인도의 말라바르 2020 연합해군훈련에 Quad 4개국 참여, 호주는 2007년 이후 13년만에 합류

〈중 국〉

1월 7일 ○ 중국 공동해운국은 지난 7일, 기자회견(중국 광동성)에서 중국 최초 1만톤급 해상 순시선 건조를 발표

* 동 선박은 중국선박 중공업집단 제70연구소가 설계한 것으로 전장 165m, 폭 20.6m, 배수량이 10,700톤으로 헬기 탑재가 가능하며, 악천후에도 안전운항과 탐색 구조 능력 보유

3월 4일 ○ 북해함대는 지난 2월 취역한 구축함과 프리깃함의 전투능력 평가훈련 실시

9일 ○ 중국 위성유도시스템 관리판공실은 오후 7시 55분 시창(西昌) 위성발사센터에서 창쩡(長征)-3호 발사체를 이용하여 북두측위시스템의 54번째 측위위성 발사 성공

18일 ○ Luyang-III급 미사일 구축함 1척, Jiangkai-II급 프리깃함 2척, Fuchi급 군수지원함 1척 등 수상전단이 미야코해협 남동 약 80km 해역에서 훈련 실시

24일 ○ 시창 위성발사센터에서 창쩡-2호 발사체를 이용하여 원격감지위성 '야오간(遙感) 30-6호' 발사에 성공

4월 4일 ○ 중국 중앙군사위원회 직할 전략지원부대 예하의 대형원양우주측량선인 '위엔왕(遠望)-7호'가 최근 아프리카 희망봉을 통과하여 대서양에 진입한 후 임무 수행 중임을 확인

10일 ○ 4.10-12일. 4개 해역 동시다발 군사훈련 실시

* 대만해협(4.10), 동중국해(4.10), 미야코해협(4.10), 바시해협(4.12)

23일 ○ 해군창설 71주년(4.23)에 즈음하여 2019년 9월 25일 진수된 첫 번째 함정에 이어 두 번째 중 국산 075형 강습상륙함을 상하이(上海) 기지에서 진수

28일 ○ 랴오닝항모 미야코섬 남동 약 80km 해역에서 장거리 기동훈련 실시

* 랴오닝항모, Luyang-III급 미사일 구축함 2척, Jiangkai-급 프리깃함 2척 등

○ 중국 무장경찰과 해양경찰의 역량 강화를 위한 무장경찰 관련법 개정안

이 4.26일 입법기관인 전국인민대표대회에 제출. 개정안에는 무장경찰의 중앙집중 지휘와 역량을 강화하고, 무장경찰의 법 집행을 방해하는 자에 대한 특수 처벌 등 포함. 현재 중국 무장경찰(현역군인)은 약 150만명 수준

29일 ○ 구축함 등 수상전단이 미야코섬 북동쪽 약 160km 남동진 기동훈련
* Luyang-III급 미사일 구축함 1척, Jiangkai-II급 프리깃함 1척, Fuchi급 군수지원함 1척 등

5월 2일 ○ 랴오닝 항모전단이 최근 영유권 분쟁지역인 대만해협, 남·동중국해에서 한 달간의 훈련을 마치고 칭다오(靑島)항으로 복귀

29일 ○ 중국 국방부 대변인은 'Shandong(山東)함이 5월 25일 랴오닝성 다롄(大連)항을 출발하여 취역 후 5개월 만에 첫 항행 훈련을 진행 중'이라고 밝힘

6월 1일 ○ 중국이 남중국해 영유권 분쟁해역에 방공식별구역(ADIZ) 계획을 수립 중이며, 현재 고려 중인 방공식별구역은 동사군도(東沙群島), 서사군도(西沙群島), 남사군도(南沙群島)가 포함될 예정(보도: 『South China Morning Post』)

3일 ○ 중국군이 동남부 해역에서 대만을 겨냥한 것으로 보이는 대규모 상륙훈련 실시

18일 ○ 6.18-20일, 중국 잠수함이 아마미오시마(大島) 해상의 일본 접속수역을 잠항 항해
* 일본 방위성 고노 방위대신이 중국 잠수함이 영해와 영해간 폭 10km의 좁은 해역인 오시마 해상을 잠항 항해한 것으로 언급. 2018년 1월 이후 2년 반 만에 발생

20일 ○ 구축함 등 수상전단 미야코섬 동방 약 130km 해역에서 남동진하면서 기동훈련 실시
* Luyang-II급 미사일 구축함 1척, Jiangkai-II급 프리깃함 1척, Fuchi급 군수지원함 1척 등

21일 ○ 6.21-23일, Jiangkai-II급 프리깃함 1척이 대마도 남서 약 200km 해역 북서진 후 동해로 진출후 23일 대마도해협을 거쳐 후 동중국해로 이동

22일 ○ Y-9 정보수집기 1대 동중국해에서 동해상 비행 후 복귀

23일 ○ 쓰추안(四川)성 시창위성발사센터에서 미국의 GPS 위성항법장치에 맞설 '베이더우(北斗)시스템(BDS: BeiDou Navigation Satellite System)' 구축을 위한 마지막 위성 발사 성공

* 중국은 베이더우시스템 구축으로 위성항법시스템 분야에서 미국의 GPS, 러시아의 글로나스(GLONASS), 유럽연합(EU)의 갈릴레오 등에 뒤지지 않는 위치를 점하였으며, 중국이 이를 바탕으로 미국 GPS가 지난 수십 년 동안 독점적 지위를 누려온 국제 위치 확인 서비스 시장에 도전장을 낼 것이라는 전망 대두

24일 ○ 중국 군용기가 대만 동남쪽 대만방공식별구역(ADIZ) 바깥 공역에서 미국의 KC-135기로부터 공중급유를 받던 P-3C 대잠초계기에 접근하는 도발적 기동 실시

28일 ○ H-6 폭격기 2대, 동중국해, 오키나와와 대만 간의 미야코해협 상공 통과 후 대만 동부 공역(대만 본토로부터 약 300km까지 접근)으로 진출 후 복귀

* H-6 폭격기는 사정거리 180km인 KD-63 공대지 미사일 2발 장착

30일 ○ 신형 함재기, 2021년 최초비행 계획 발표

* 전문가들은 2012년에 최초 비행한 스텔스 전투기 J-31을 기본으로 한 신형 함재기로 추정

○ 중국 제13기 전국인민대표대회(국회格) 상무위원회는 6월 30일 베이징 인민대회당에서 열린 전체회의에서 홍콩보안법을 162명 만장일치로 통과시킴. 전인대 상무위는 홍콩보안법을 특별행정구 기본법 부칙3에 삽입하기로 결정, 홍콩정부가 현지에서 발표 후 실시하는 것으로 규정

7월 1일 ○ 7.1-6일, 동중국해, 남중국해, 황해 3개 해역에서 동시 훈련

* 베트남, 필리핀 외교당국 항의

9일 ○ 미국이 러시아와의 新전략무기감축협정(New START: Strategic Arms Reduction Talks)에 중국을 끌어들이려는 가운데 푸총(傅聰) 중국 외교부 군축국장은 "미국과 중국의 핵전력은 압도적인 차이가 있다."며 중국의 군축협상 참여 가능성 일축

12일 ○ 중동에 기지 건설 추진 보도(이란 타스님 통신)

* 중국은 이란 키슈섬(Kish)을 25년간 조차하는 권리를 얻어 군사기지를 건설할 것이라 보도. 중국이 이란에 군사기지를 건설하면 일대일로와 연계해서 아시아·중동·아프리카를 연결하는 해상루트를 확보했다고 할 수 있음

13일 ○ 제5세대 스텔스기(J-20B) 대량양산 개시

* 최초 스텔스 전투기인 J-20 개량형인 J-20B 대량생산 시작. 그동안 다소 문제가 되었던 공중기동 민첩성을 해결하여 완전한 스텔스 전투기가 됨(보도: 『South China Morning Post』)

14일 ○ 중국 외교부, 미국 폼페이오 국무장관이 남중국해에서의 중국 영토 불인정 주장에 대한 기자회견 실시

* "중국의 남중국해에서의 영토주권과 해양권익은 충분한 역사와 법적 근거가 있으며, 국제법과 국제적인 관례와 합치한다."라며 강하게 반발

15일 ○ 7.15-17일. 남부전구 소속 해군은 이틀 동안 JH-7 폭격기와 J-11B 전투기를 동원하여 해상목표 공격훈련을 실시함. 이 훈련에서 중국 전투기와 폭격기는 해상의 이동목표를 향해 3천발 이상의 미사일 발사

23일 ○ 하이난(海南)에서 화성탐사선 티엔원(天問)-1호를 발사하여 우주굴기를 위한 임무 시작. 티엔원-1호(중량 5톤)는 길이 57m인 중국 최대의 운반로켓인 창쩡-5호에 실려, 약 7개월을 날아가 2021년 2월에 화성 궤도에 진입할 예정

24일 ○ 중국 외교부, 미국의 휴스통 총영사관 폐쇄에 대항하여 사천성 청두에 있는 미국 총영사관 설치 허가 중지 결정 발표

26일 ○ 수륙양용 항공기 쿤룽(鯤龍, AG600), 첫 해상 시험비행 성공

* 쿤룽은 최대 시속 500km로 12시간 비행 가능하며, 하이난 싼야에 배치할 경우 남중국해 전역에 2시간 이내 도달 가능함. 2022년 실전배치 예정

30일 ○ 남중국해에서 폭격기 훈련 실시

* 국방부 대변인은 기자회견에서 "H-6G, H-6J 폭격기가 24시간 쉬지 않고 훈련에 참가하였다."고 발표

31일 ○ 남중국해를 둘러싼 미·중 간 군사적 긴장이 고조되는 가운데 런궈창 중국 국방부 대변인은 중국군 남부 전구 해군 항공부대가 최근 남중국해에서 H-6G와 H-6J 등 신형 폭격기를 동원하여, 주야간 고강도 훈련을 실시했으며, 동 훈련은 주야간 이착륙·장거리 기습·수상 목표물 공격 등으로 이루어졌다고 밝힘

* 싱가포르 南洋理工大의 콜린 코 교수는 "남중국해를 지나는 항모에 대한 중국의 위협 능력과 의지를 과시한 것으로 보인다. 특히 H-6 폭격기가 투입된 것은 미 해군 항모전단에 대한 타격 훈련일 가능성이 있다."고 평가함. 한편, 잉지(鷹擊·YJ)-12 대함미사일 7기를 탑재 가능한

H-6J는 H-6G에 비해 무장능력이 2배 정도이며, 전투반경도 3,500km로 H-6G보다 50% 큼

8월 2일 ○ 중국해경국 순시선이 센카쿠 영해 침범 시 미사일정(艇) 전개, 중국해경과 중국군 합동작전 가능성 시사(보도: 『산케이』 신문)

13일 ○ 8.13-14일, 남부전구 소속 제75집단군(사령부 소재지: 雲南省 昆明) 합성여단은 최근 미군기의 비행이 잦은 남중국해에서 방공 실탄 발사 훈련 실시

15일 ○ 동부전구 대변인 짱춘후이 공군대교는 "동부전구는 최근 다군종의 병력을 동원하여 대만해협과 남북 양가개 지역에서 동시에 실전화 훈련을 실시하고, 다군종 합동작전 능력을 점검했다."고 언급

26일 ○ 중국은 미군 정찰기의 비행금지구역 진입을 비난하며, 대응 조치로 '항공모함 킬러'로 불리는 DF(東風)-26과 DF-21 대함탄도미시일과 SLBM인 JL(巨浪)-2A 등 4발의 미사일을 남중국해를 향해 발사

29일 ○ 중국군은 중국-인도 국경지대에서 인도 특수부대 1,500여 명이 점령했던 두 개의 고지를 향해 극초단파 무기를 사용함. 산 정상이 마치 전자레인지처럼 변해 고지에 있던 인도군이 불과 15분 만에 전부 구토하며 제대로 일어설 수 없는 상황이 되어 퇴각했으며, 중국군이 고지 탈환 성공

30일 ○ 25번째 Luyang-III Flight I의 마지막 함 진수

9월 1일 ○ 9.1-22일, 중국이 독자 건조한 첫 항공모함인 산둥함이 9월 1일 다롄을 출항하여 보하이(渤海)만에서 22일간 훈련 실시

8일 ○ 중국의 차세대 항공모함 탑재기가 될 가능성이 높은 스텔스 전투기 FC-31(J-31)의 최신 시제기가 최근 시험비행 진행

* FC-31은 중국 명칭으로는 J(殲)-31(별명: 후잉[鶻鷹, Gyrfalcon, 매])이며, 심양비행공업공사에서 개발한 제4세대(중국 기준) 쌍발/단좌 스텔스 전투기임

11일 ○ 9.11-12일. 대만 남서의 해공역에서 2일 연속 훈련 실시

14일 ○ 중국이 건조 중인 3번째 항모가 연말이나 2021년 초 진수할 가능성 보도(보도: 『환구시보』)

○ 왕이 중국 외교 담당 국무위원 겸 외교부장은 미국이 나토(NATO)와 같은 '인도·태평양版 나토'를 출범시키려는 움직임에 대해 "어떤 역외세력은 온갖 구실로 지역 내 국가의 일에 개입하고 심지어 색깔 혁명까지 선

동하고 있으며, 패권을 유지해야 한다는 생각에 각종 거짓말로 중·러 등 경제체제를 탄압하고 다른 국가들을 자신의 편에 들게 협박하면서 신냉전을 조성하려 하고 있다. 이런 행위는 국가간 교류의 마지노선을 넘어선 것."이라고 비난함

○ 중국의 군사전문지 『병공과기(兵工科技)』는 현재 중국이 건조 중인 세 번째 항공모함이 2020년 말에 진수될 것으로 전망

* 병공과기는 사진 분석을 통해 3번째 항공모함의 길이가 320m로 두 번째 항모 산둥함(315m)보다 길고, 추정 만재 배수량도 8만 톤으로 6만 톤 가량인 1-2호 항모보다 클 것으로 예상. 또한, 중국 군사전문가들은 세 번째 항공모함이 이전의 항모들보다 더 크고 위력적일 것으로 보며, 새 항모는 전자식 캐터펄트(Catapult, 사출기)로 함재기를 이륙시키는 시스템을 갖출 것으로 전망

17일 ○ 왕원빈 중국 외교부 대변인은 정례브리핑에서 크라크 미 국무부 차관의 대만 방문에 대하여 "중국은 미국과 대만 간 어떤 식의 공식적 왕래에도 반대한다. 크라크 차관의 대만 방문은 '하나의 중국' 원칙을 훼손하고 중미 관계와 대만해협의 평화와 안정을 파괴했다."고 강력하게 비난함. 또한, 중국군 전투기와 폭격기 18대가 대만해협 중간선을 넘으며 무력시위함. 대만 국방부는 중국군 훙(轟·H)-6 폭격기 2대, J-16 전투기 8대, J-10 전투기 4대, J-11 전투기 4대가 대만해협 중간선을 넘어 대만 서남부 방공식별구역에 들어왔다."고 밝힘

* 크라크 차관은 9.17-19일까지 대만을 방문했으며, 그는 1979년 미국과 대만의 단교 이후 40여년 만에 대만을 방문한 최고위 美 국무부 관리임

18일 ○ 대만해협에서 군사연습을 실시하고 대만의 방공식별구역 침범

19일 ○ 중국군 전투기 및 폭격기 등 19대, 대만의 방공식별구역에 진입

22일 ○ 중국 인민해방군 남부전구(戰區)는 최근 소해함을 투입하여 대만이 대만해협을 기뢰로 감싸더라도 중국군이 신속히 이를 제거하고 전함이 지나갈 바닷길을 열 수 있는 '소해(掃海)훈련'을 실시함. 동부전구도 최근 동중국해에서 소해훈련 실시

26일 ○ 중국군 동부전구, 중국과 대만 간 군사적 긴장이 고조되는 가운데 대만을 관할하는 중국 동부전구가 DF-11A 미사일 10발을 일제히 발사하는 훈련 실시

* 사거리가 300km인 둥펑-11을 개량한 둥펑-11A 미사일은 최대 사거리 700km로 대만 공격에 사용할 수 있는 중국군의 유력한 무기체계

27일 ○ 중국군의 J-20 스텔스 전투기가 대만에서 500㎞ 떨어진 중국 동부 저장(浙江)성 취저우(衢州)시 인근에서 포착했다고 보도함. 웨이보(微博·중국판 트위터)등에 공개된 J-20은 취저우시 인근 공군기지에 착륙하는 것으로 판단

* J-20은 이 지역에서는 불과 7-8분 만에 대만까지 접근할 수 있어 대만에게 큰 위협이 되며, 중국 군사 전문가들은 "J-20이 대만작전에 투입되면 공중에서 중국군의 일방적인 승리를 가져올 것."이라 평가

○ 중국 국영기업 중국항공공업집단(中國航空工業集團)은 무인헬기 AR-500C 시제기가 9.27일 첫 고원지대 시험비행을 성공적으로 마쳤다고 발표

28일 ○ 9.28-30일, 중국은 남중국해 서사군도, 서해에서 동시 훈련 실시. 중국 해사국은 9월 28일 군의 실사격 훈련과 관련하여 황해·동중국해·남중국해 서사군도(西沙群島)의 일부 해역에 항해 금지구역을 설정함. 동중국해와 서사군도의 항해 금지구역은 28일은 하루만, 황해 항해 금지구역은 9월 30일까지 3일간 설정됨. 아울러 중국 해사국은 보하이(渤海)만 일부 해역에서도 9월 28일 하루 동안 '군사임무 수행'과 관련하여 일반 선박이 항해할 수 없다고 통보

* 동 훈련은 중국과 미국, 중국과 대만 간의 군사적 긴장이 크게 고조 중 진행된 것이어서 미국과 대만을 겨냥한 무력시위로 평가됨

10월 2일 ○ 중국군용기, 다시 대만의 방공식별권에 진입 9월 중순 이후 9회째

3일 ○ 중국 군함, 대만의 접속수역 6마일까지 접근, 국방부 '파악 대응함' 접속수역에 접근, 국방부 '파악 대응함'

8일 ○ 중국 유인우주선 공정 판공실(中国載人航天工程辦公室, CMSEO)은 2021-2022년 우주정거장을 구성할 티엔허(天和) 핵심 모듈, 원티엔(問天) 실험실 캡슐, 멍티엔(夢天)실험실 캡슐을 쏘아 올릴 예정이라고 밝히고, 또이 기간에 선조우(神舟) 유인우주선과 티엔조우(天舟) 화물우주선 각각 4대를 발사해 우주인들의 근무를 교대하고 물자를 보급할 계획

11일 ○ 10.11-13일. 센카쿠열도 해상에서 11일부터 영해 침범을 계속하던 중국 해경국의 해경 2척이 영해 침범 시찰에서 현재 책정 중인 제14차 5개년 계획(2021-2025)에 의한 전력 향상 강조

13일 ○ 자오리젠 중국 외교부 대변인은 "미국이 대만에 무기를 판매하는 것은 하나의 중국 원칙과 중·미 간 3대 공동성명(미·중 간 상호 불간섭과 對대만 무기수출 제한 등을 규정한 3가지 성명)을 위반하는 행위이며, 중국 내정을 심각하게 간섭하고, 중국 주권과 안보 이익을 훼손하여, 중국은 이를 결연히 반대한다."고 강조

26일 ○ 10.26-28일, 중국은 최근 공산당 19기 중앙위원회 5차 전체 회의에서 '전복성(顚覆性) 기술'이라는 용어를 처음 사용함. 동 회의의 '14차 5개년 계획 및 2035년 장기 목표 건의'라는 문건에는 "향후 5년간 무기와 장비의 현대화에 매진하고 국방 과학 혁신에 집중하며 '전략적인 첨단의 전복성 기술발전'에 박차를 가한다."고 명시

* 군사 전문가들은 '전복성 기술'은 현 상태를 근본적으로 뒤흔들 기술을 뜻하며 여기에는 6세대 전투기, 레일건이나 양자 레이더 같은 고출력 무기, 새로운 스텔스 물질, 자동 전투로봇, '아이언맨 수트'로 대표되는 동력형 외골격이나 인공기관 같은 생체기술, 극초음속 무기, 인공지능으로 조종되는 무인장비 등이 포함될 수 있음

29일 ○ 대만해협을 둘러싼 미·중 간 군사적 긴장이 고조되는 가운데, 중국이 자국의 두 번째 항공모함이자 독자기술로 건조된 첫 번째 국산 항모인 산둥함의 최근 기동을 공개함. 산둥함은 2019년 12월 취역 후 10개월간 정례훈련과 해상시험을 마무리하고 무기·장비의 성능을 검증한 바 있음

○ 산둥함(002형함) 전력화 2020년 말 배치 예정 발표

○ 최근 미국이 연속으로 對대만 첨단무기 판매를 발표하고 이에 대해 중국이 강력히 반발하는 가운데 우첸(吳謙) 중국 국방부 대변인은 정례 브리핑에서 대만 독립 세력을 향해 "당랑거철(螳螂拒轍, 사마귀가 수레바퀴를 막는다)하지 말라. 그렇지 않으면 멸망을 자초할 뿐." "무력으로 대만 독립을 꾀하는 것은 죽는 길."이라고 강력하게 경고

30일 ○ 중국형 이지스 순양함(055형)은 스텔스 성능이 높은 목표물을 포착할 수 있는 능력을 갖추고 있다고 보도(영국신문 『데일리』)

11월 6일 ○ 랴오닝항모에서 2주간 J-15 함재기 조종사 자격평가 실시

13일 ○ 중국 중앙군사위원회는 『중국인민해방군 합동작전 요강』(中國人民解放軍聯合作戰綱要, 시행일 11월 7일) 발행

18일 ○ 11.18-22일, 남부전구(戰區) 소속 상륙함 소대는 남중국해에서 우즈산

(五指山)·쿤룬산(昆侖山)·창바이산(長白山)함 등 상륙작전용 071형 강습상륙함 3척을 이용하여 실탄훈련과 수색·점령·공기부양상륙주정 운반 등 10가지의 훈련 실시

24일 ○ 일본을 방문한 왕이 외교부장은 공동기자 발표에서 모테기 외무대신의 발언 후에 회담 성과를 설명. "일부 정체불명의 일본 어선이 조어도(센카쿠열도) 주변에 들어오면, 중국측으로서 할 수 없이 필요한 반응을 하지 않으면 안 된다."고 주장

○ 중국의 무인 달탐사선 '창어(嫦娥)-5호'가 새벽 성공적으로 발사됨. 창어 5호를 실은 중국 최대의 운반로켓 '창쩡-5호'는 11.24일 04:30분에 하이난성 원창(文昌) 우주 발사장에서 발사

26일 ○ 런궈창 중국 국방부 대변인은 정례브리핑에서 대만이 미국의 지지를 얻기 위해 계속 노력할 것이라는 차이잉원(蔡英文) 대만 총통의 최근 발언과 관련하여, "누구든 어떠한 세력이든 중국의 신성한 영토를 침범하고 분열시키는 것을 절대 허용할 수 없으며, 만약 이러한 엄중한 상황이 발생하면 중국군은 반드시 맞받아쳐 국가 주권과 영토 완전성을 결연히 지킬 것."이라고 강조

12월 7일 ○ 075형 강습상륙함을 11월에 이어 남중국해에 다시 보냄

* 075형함은 수직이착륙기와 헬기의 수송이 가능한 중국해군 최초 강습상륙함으로 남중국해 인공섬에 병력과 장비 등의 신속한 전개가 가능함. 11월 남중국해에서 항해 훈련을 실시하였으며, 2020년 말 전력화를 완료하고 2021년 실전 배치 예정

○ 호주 전략정책연구소는 중국이 건설 중인 남중국해 인공섬 기지는 장비의 염수에 의한 부식, 열악한 환경 등을 고려시 물리적으로 방어가 가능한 기지를 건설하는 것은 불가능하다고 강조

〈일 본〉

1월 1일 ○ 일본 정부(고노 방위대신) 해자대 전력(함정 1척, P-3C 1대) 중동파견 명령 시달

11일 ○ 해자대 P-3C 1대, 중동 파견차 오키나와 나하기지 출발

- P-3C는 지부티에 파견된 해적대처활동과 병행 임무 수행

2월 2일 ○ 해자대 Takami(DD)함 1척, 중동 파견차 요코스카항 출항

5일 ○ 2.5-3.5일간, 미 해군 이지스구축함 4척, 일 해자대 구축함(DD) 2척 일본 관동남방해역-괌방면 해공역에서 연합해상훈련

3월 19일 ○ 해자대 신형 이지스함인 Maya함(마야급 1번함) 취역 7번째 이지스 구축함(제1호위대군 제1호위대 배속, 요코스카)

* 마야급 2번함인 Haguro함은 2021년 3월 취역 예정

24일 ○ 해자대 경항모 Izumo함, 요코하마 JMU(Japan Marine United Corporation)에서 항모화 개조공사를 위한 정기검사(OVHL, 약 1년 간) 개시

4월 2일 ○ 안다만해에서 미 해군 LCS 1척, 일 해자대 구축함(DD) 1척 연합해상훈련

9일 ○ 4.9-11 : 동중국해에서 미 해군 America 강습상륙함, 일 해자대 이지스 구축함(DDG)·구축함(DD) 각 1척 연합해상훈련

5월 10일 ○ 해자대 중동파견 2차 파견 함정(Kirisame함) 출항

18일 ○ 일본 항공자위대 우주작전대 신편

- 공자대 Fuchu기지에 20명 편성의 우주작전대 발족, JAXA(Japan Aerospace Exploration Agency) 및 미국 우주군과의 조정 및 인재 육성·증원 실시
- 본격적인 활동은 2023년도 목표

6월 16일 ○ 일본 정부(고노 방위대신), 육상배치형 이지스요격시스템인 이지스어쇼어의 배치 계획 중단 발표

20일 ○ 일본 방위성은 6.18-20일간, 중국 잠수함(고노 방위대신 언급)이 奄美大島(Amami Osima) 해상의 일본 접속해역을 잠항 항해하였다고 발표, 2018년 1월 이후 2년반 만에 발생

23일 ○ 남중국해에서 미 해군 연안전투함(LCS) 1척, 일 해자대 연습함(Kasima함, Simayuki함) 2척 연합해상훈련

24일 ○ 아베 내각, 각의에서 이지스 어쇼어 배치 중단, 최종 결정

- 자민당, MD 검토팀 신설 검토 개시, 국가안보전략 개정 추진(적기지 공격 능력 포함 등)

7월 1일 ○ 일본 방위성, ASEAN 담당 과장급 직위 신설(인도태평양지역 방위협력 강화 도모)

2일 ○ 일본 F-35B 정비거점 운용(F-35 1대 반입·정비) 개시

아이치현 미츠비시중공업 고마키미나미공장(愛知県 三菱重工業 小牧南

工場)

6일 ○ 일본 방위성, 일본 육자대 Osprey 2대 지바현 키사라즈(Kisarazu) 주둔지 임시 배치 개시(향후 사가현에 기지 개설시 이전 예정, 악천후로 10일 및 16일 각 1대 배치)

14일 ○ 일본 방위성 2020년 방위백서 발표, 독도 도발 지속(16년째)
방위교류 순위 전년도와 동일(호주→인도→ASEAN→한국 순으로 기술), 한국과의 관계 개선 의지 미온적(한·일 당국 간 문제 위주 기술)

19일 ○ 7.19-23일 간, 남중국해-서태평양에 이르는 해역에서 미·일·호 3국 간 연합해상훈련
* 참가전력 : 미 해군 레이건항모강습단, 일 해자대 구축함(DD) 1척, 호주 해군 캔베라 강습상륙함 등 9척

8월 7일 ○ 일본 방위성, 미 해군 항모 탑재기의 이착륙훈련(FCLP) 이전지인 마게시마(馬毛島)의 자위대기지 시설배치안 발표(활주로 2개, 항만·격납고 정비, 미군·자위대 공동사용

15일 ○ 8.15-18일 간, 동중국해에서 미·일 연합해상·공군훈련
- 15-17일, 동중국해에서 미 해군 이지스 구축함 1척과 일 해자대 구축함 1척 연합해상훈련
- 15-18일에는 오키나와 남방해역에서 미 해군 레이건 항모강습단과 일 해자대 구축함 1척 등 연합해상훈련
- 18일, 동중국해에서 공자대는 미 공군·해군·해병대와 대규모 연합훈련
* 공자대 F-15 20대, 미군 B1 전략폭격기(4대), 최신예스텔스기 F-35B, AWACS 등 19대가 참가, 동중국해에서 방공전투훈련 등

17일 ○ 일본 해상자위대, '2020 림팩훈련' 참가
- 파견기간 : 7.23-9.18(훈련기간 : 8.17-31)
- 참가전력 : 경항모 Ise함, 이지스구축함 1척, 탑재 헬기 2대, 병력 550명

24일 ○ 24-28일간, 홋카이도 치토세기지에서 미·일 연합공군훈련(수송기를 이용한 전투기 장거리 급유훈련 등)

26일 ○ 일본 야마구치현 이와쿠니기지에 미군 최신예 스텔스전투기 F-35B 에 추가 배치 추진 발표
- 방위성은 올해 10월 이후, 미해병대의 FA-18 전투공격기 12대를 F-35B 16대로 단계적으로 갱신

- F-35B 16대가 추가 배치되면, 이와쿠니기지에는 F-35B 2개 대대, 총 32대가 배치됨(1개 비행대대 : F-35B 16대)

28일 ○ 일본 방위성, 국산 레이더, 필리핀에 수출
- 고노 방위대신, 기자회견에서 전투기·미사일을 탐지하는 레이더 4대의 수출에 대해서 미츠비시 전기와 필리핀 국방부간 계약 성립 발표
  * 고정식 경계관제레이더 FPS-3 3대, 이동식레이더 TPSP-14 1대
- 국산 장비품의 완성품 수출은 2014년 '방위장비 이전 3원칙'이 각의에서 결정된 이후 최초

9월 7일 ○ 해자대, 2020년 인도태평양방면파견훈련(IPD)
- 기간 : 2020.9.7-10.17
- 파견부대 : 경항모 1척, 구축함 1척, 탑재헬기 3대
- 기항국 : 스리랑카, 인도네시아, 베트남 등
  * 파견 기간이 코로나 사태로 40여일 간으로 축소, 과거 훈련은 2-3개월간 장기파견훈련 실시

9일 ○ 일본-인도 간 ACSA(물품용역상호지원협정) 서명
- 일본은 이번 ACSA 체결로, 미국·영국·호주·프랑스·캐나다·인도 총 6개국과 ACSA 체결

11일 ○ 일본 정부, 해자대 예비역 중장 지부티 대사로 임명
- 일본 정부는 9.11일 각의에서 해자대 '오츠카 우미오(大塚 海夫)' 예비역 중장을 지부티 대사로 임명
- 자위관 출신이 대사로 임명(9.16일 부)된 것은 戰後 최초

16일 ○ 고노 방위대신 후임으로 아베 전 총리의 친동생인 기시 노보우(岸 信夫) 방위대신 취임
- 기시 신임 방위대신은 아베 전 총리의 친동생이지만 외가인 기시가문의 양자로 입양되어 기시(岸)家의 후계자 승계

19일 ○ 아베 야스쿠니신사 참배(2013년 12월 이후 6년 8개월여만)
- 아베 전총리는 퇴임한 지 3일 만에 야스쿠니신사 참배, 자민당 주요 지지층인 보수·우익 세력 결집을 위한 정치적 메시지로 분석

30일 ○ 2021년 방위예산 요구안 발표, 재무성 제출
- 요구액 : 5조 4,897억 엔(한화 약 60조 8천억 원), 역대 최대
- 2012년 제2차 아베 내각 출범 이후 9년 연속 증액, 다차원통합방위력

구축을 위한 방위력 증강 지속

10월 1일 ○ 일 해자대, 자위함대 '해상작전센터' 운용 개시
- 자위함대와 호위함대 등 해자대 예하 6개의 사령부를 하나의 청사에 집약, 부대운용 효율화 도모(500명 규모로 해상작전센터 운용)

○ 일 공자대, 신형 전자정보수집기(RC2) 동경 인근 이루마기지에 배치 발표
- 이지츠 순지 공막장은 2일, 기자회견에서 "전자파 정보수집 장치가 새로워져 전자파영역에서 중요한 임무를 수행할 것."이라고 언급

6일 ○ 미·일·호·인, 5일 외교장관회담, 중국 견제 등 결속 확인
- 4국 외교장관회담 정례회(매년 개최)
- 자유롭고 열린 인도·태평양 구상을 많은 국가로 확대해 가는 것에 대한 중요성 인식 일치

12일 ○ 일본 방위대신, 호주 국방장관과 전화회담
- 동·남중국해에서 활동을 활발화하는 중국을 염두에 두고, 일방적인 현상 변경에 반대하며 법의 지배에 기초한 해양질서가 중요하다는 메시지를 발신 방침 의견 일치

13일 ○ 미·일 남중국해에서 연합해상훈련
- 인도·태평양방면으로 파견 중인 해자대 경항모 카가함 등이 남중국해에서 미 해군과 연합해상훈련

14일 ○ 일 해자대, 3,000톤급 신형 잠수함 명명식·진수식
- 2022년 3월 취역 예정인 3천톤급 신형 잠수함의 명명식(함명 : 다이케이)·진수식 개최
- 3천톤급 신형 잠수함인 다이케이함이 22년 3월 부대에 배치되면, 일본 해자대가 추진하는 잠수함 22척 체제가 완성됨

19일 ○ 일본-베트남 간 방위장비품 이전 협정 체결 합의
- 스가 총리, 베트남 총리와의 회담에서 방위장비품의 기술이전협정을 체결하는 것에 실질적으로 합의

19일 ○ 남중국해에서 미·일·호 3국 간 연합해상훈련
- 해자대 키리시마함, 10월 19일부터 20일 양일 간, 남중국해에서 미해군 이지스구축함 1척, 호주 해군 프리깃함 1척과 연합해상훈련

26일 ○ 미·일 실기동 연합연습(Keen Sword 21/02 FTX)
- 기간/장소 : 10.26-11.5/일본 주변 해·공역 등

- 대상 : 자위대(인원 약 37,000명, 함정 약 20척, 항공기 약 170대), 미군(인원 약 9,000명, 캐나다군 함정 1척)
- 이번 훈련에 영국·호주·캐나다·인도·필리핀·한국 무관 옵서버 초청

29일 ○ 일 해자대, 최초 여성 잠수함 승조원 5명 탄생
- 해자대 구레기지의 잠수함교육훈련대에서 29일 여성대원 5명이 훈련을 종료, 여성 잠수함 승조원 최초 탄생, 성별 제한 폐지

30일 ○ 일본 방위성, 차세대 주력전투기 개발 관련 미츠비시 중공업과 정식 계약 체결
- 항공자위대 차세대 주력 전투기(F2 후계기, 2035년 퇴역) 개발 주업체로 미츠비시 중공업과 계약 체결

11월 3일 ○ 미·일·인·호 4개국, 2020 Malabar 연합해상훈련(1부 훈련)
- 제1부 : 11.3-6일(뱅갈만), 제2부 : 11.17-20일(아라비아해)
- 이번 훈련을 통해 Quad 연대 강화 과시

10일 ○ 일본 기시 방위대신과 독일 안네그레트 국방장관 화상회담
- 자유롭고 열린 인도·태평양의 유지·강화를 위해 방위협력·교류를 계속해서 활발히 추진해가는 것에 의견 일치

○ 일본 정부, 해적대처행동기간 1년 연장 결정
- 기간 : 2020.11.21-2021.11.19
- 해외에서의 P-3C의 고장 시 자위대에 의한 자기완결적인 대응을 안정적으로 수행하기 위해 공수 등의 인원을 약 90명에서 130명으로 증원
- 지부티기지의 개수공사 등을 위해 해적대처파견행동 파견지원대의 인원수를 약 110명에서 약 120명으로 증원

12일 ○ 일본 항공자위대, C-2 수송시 UAE 수출을 위해 비포장도로 착륙 실증시험
- 항공자위대 기후기지에서 항공자위대 최신 수송기 C-2에 의한 비포장도로에서의 착륙시험을 최초 실시, 무사히 착륙시험 성공
- UAE로와 수출 교섭이 이루어지고 있는 가운데, 비포장도로에서 착륙 가능 여부를 UAE로부터 확인 요구로 실증시험 시행

13일 ○ 일본 방위연구소, '중국의 군사동향에 관한 2021년판 연차보고서' 발표
- 시진핑 정권은 군과 민간기업이 일체화한 '군민융합'을 통하여 군사력의 현대화를 진행하고 있다고 분석

- 특히 중시하고 있는 분야로서 ① 사이버, ② 우주, ③ 해양을 거론

17일 ○ 일본-호주 정상회담, 자위대와 호주군의 연합훈련 상호방문시 법적 지위를 정한 '원활화협정'에 대해 큰 틀에서 합의

18일 ○ 미·일 연합기뢰전/특별소해훈련
- 참가전력 : 해자대 19척, MCH-101 3대, 병력 약 1,200명, 미국 소해함(MCM-7) 1척, EOD팀(약 10명) 참가

19일 ○ 해상자위대, 최초 신형 다목적 호위함(FFM, 3,900톤) 진수
- 2022년 3월 취역 예정이며 승조원은 현재 호위함의 1/2 정도인 약 90명 수준

28일 ○ 스가 총리, 항공자위대 관열식 참가
- 스가 총리는 항공자위대 관열식 훈시에서 "우주·사이버·전자파라는 신영역에서의 대처 중요성 증가 지적하며
- "조직의 종적관계를 배제하고 육·해·공자위대의 틀을 벗어나 대처하는 것이 중요하다."고 강조

29일 ○ 일본, 광 데이터 중계위성 탑재, H-Ⅱ로켓 발사 성공
- 일본의 정보수집위성 운용체제 : 레이더 위성(5기, 예비기 1기 포함), 광학 위성(3기), 데이터중계기(1기)

12월 1일 ○ 일본정부, 러시아의 북방영토 지대공미사일 배치 발표에 대해 외교 루트를 통해 항의
- 러시아군의 동부관구는 1일, 일본이 북방영토로 주장하고 있는 에토로후섬(러시아명: 이투르프섬)에 지대공미사일(S-300V4)을 실전 배치하였다고 발표

10일 ○ 기시 방위대신, ASEAN 확대회의(ADMM+) 참가
- 일본이 주창하는 '자유롭고 열린 인도·태평양'구상 실현을 위한 연대 강조

11일 ○ 일본 정부, 해상자위대 함정 중동파견 1년 연장(2021년 12월까지) 결정

14일 ○ 일본 기시 방위대신-중국 웨이펑허 국방부장 전화회담
- 센카쿠열도에 대한 양국간 영유권 주장 충돌
- 일·중 양국 간 우발충돌 방지를 위한 방위핫라인 조기 개설 추진논의

15일 ○ 일 항공자위대, 아오모리현 미사와기지에서 두 번째 F-35A 전투기 비행대(301비행대) 신편

○ 미·일 정부, 우주감시능력 강화 목적, 인공위성을 상호 이용하는 'Hosted Payloads' 합의 문서교환
- 2023년 운용개시를 목표로 한 일본의 준천정위성 '미치비키' 6, 7호에 미국의 '우주상황감시센서' 탑재 상정

18일 ○ 일본 정부, 육상배치형 이지스시스템(이지스 어쇼어) 대체안으로 이지스시스템 탑재함 2척 도입, 순항미사일 장사정화 추진 각의 결정

〈러 시 아〉

1월 9일 ○ 푸틴 대통령 참관 하 Marshal Ustinov 미사일 순양함, 북양함대와 흑해함대 간 합동기동훈련 참가 Kinzhal 극초음속미사일 발사시험 실시

11일 ○ Admiral Kasatonov 호위함, 바렌츠해로 출항, 함정의 전반적인 시스템 점검 및 핵잠수함 지원하 수중음향장비 및 함대지 미사일 사격시험, 대공·대잠·대미사일 방어능력, 상륙부대와의 협동능력 확인

19일 ○ 미 항모 파괴 가능한 바스티온(Bastion) 지대함미사일시스템 실전배치 계획 발표

20일 ○ Gremyashchiy 코르벳함은 해상시험을 완료 후 발틱해로 이동 중. 북양함대 세베르모르스크(Severomork)에 소속되어 초음속미사일 지르콘(Zircon) 장착 예정

21일 ○ 해군사령관 니콜라이 예브메노프(Nikolai Evmenov)는 마하 10 이상의 지르콘(Zircon) 극초음속 미사일을 프리킷함에 배치할 것을 강조

29일 ○ Alexandrit급(프로젝트 12700) 5번째 Yakov Balyayev 소해함 진수식 거행

3월 13일 ○ Steregushchiy급(프로젝트 20380) 7번째 초계함 진수식 거행

4월 3일 ○ Admiral Kuznetsov 항공모함, 현대화 장기수리를 완료하고 2022년 8월경 재취역 예정이라고 발표

11일 ○ Zircon 극초음속 유도탄을 2022년경 Admirla Gorshkov호위함에 배치할 예정이라 보도

18일 ○ Lider급(프로젝트 23560) 원자력추진 구축함, 건조 취소 결정
동함정은 러시아 주력 Sovremenny급 구축함을 대체하기 위한 것으로 2020년 건조를 시작하여 총 8척 도입 예정

5월 9일 ○ COVID-19 팬데믹에도 불구하고, 붉은광장에서 전승기념 군사페레이드

실시

6월 5일 ○ 북양함대는 2021년부터 러시아의 5번째 독립군관구가 된다고 법령으로 명시

12일 ○ Borei-A급 4번째 Knyaz Vladimir SSBN 북양함대에 실전 배치

28일 ○ Yasen급 2번째 Kazan SSGN이 12월 취역예정이라 발표

30일 ○ Admiral Nakhimov 원자력 추진 순양함, 개장수리를 마치고 2022년 북양함대에 배치 예정이라고 발표함

7월 6일 ○ Admiral Gorshkov급(프로젝터22350) 2번째 호위함, 2020.7월 취역 발표

6일 ○ Varshavyanka급 8번함 Volkhov 디젤잠수함이 7월 중순 취역하여 태평양함대 배치

21일 ○ Ivan Gren급 2번째 Pyotr Morgunov 대형상륙함, '21년 중 취역 예정 발표

26일 ○ 푸틴 대통령은 해군의 날 기념식에서 "러시아해군에 핵 추진 수중드론(무인잠수정) 및 극초음속 순항미사일이 배치될 것."이라고 연설

8월 24일-

9월 1일 ○ 해군사령관 니콜라이 예브메노프(Nikolai Evmenov) 지휘 아래 태평양함대 주관으로 베링해(Bering Sea)에서 '대양의 방패-2020(**Океанский щит**)(Ocean shield)' 해상기동훈련 실시

9월 1일 ○ 태평양함대 소속 군함 3척(Admiral Tributs 대잠함, Admiral Vinogradov 대잠함, Boris Butoma 군수지원함)이 스리랑카 함반토타(Hambantota) 항구 방문

13일 ○ 러시아해군은 발틱해에 진입한 ROSS 美 구축함의 해상활동을 적극 감시, 해상충돌은 발생하지 않았지만, 긴장된 상황에서 발틱해에서 美 군함의 항행이 끝날 때까지 감시 지속

10월 21일 ○ 무르만스크 조선소에서 Arktika 원자력 쇄빙선 건조를 마치고 러시아해군에 인도

28일 ○ 미·일연합훈련 '킨 소드(Keen Sword)' 가 진행되는 기간 10월 28일 연해주 근해에서 태평양함대 소속 대잠함 2척, 잠수함 1척, 대잠항공기 2척이 대잠전 훈련에 참가하여 초계활동과 해상훈련 실시

11월 12일 ○ Kasatonov 순양함은 아르한겔스크 훈련장에서 칼리브르 사격훈련을 실시하여 1,000km 목표물 명중

미·중 해양패권 경쟁

1. 미국

1월 25일 ○ 미국 해군 소속 연해전투함 몽고메리함이 남사군도(Spratly Islands)에서 항행의 자유 작전 실시

4월 6일 ○ 미국 국무부의 모건 오테이거스 대변인이 성명을 통해 남중국해 파라셀 군도 인근에서 발생한 베트남어선 침몰사건에 대해 "심각하게 우려한다."고 발표

14일 ○ 미·아세안 화상외교장관회의에서 폼페이오 국무장관이 "미국은 중국이 남중국해 이웃을 강요하고 타국을 괴롭히는 행위를 강력히 반대하며 관련국들 역시 중국의 책임을 추궁하기를 바란다."는 엄중한 경고메시지 발신

16일 ○ 미 해군과 해병대는 중국의 지질조사선 하이양 디즈 8호가 중국해양경비대와 해상민병대 소속 경비정의 호위 하에 활동 중인 남중국해 해역근처에서 F-35 전투기 훈련 실시

22일 ○ 하이양 디즈 견제를 위해 남중국해 동일 수역에서 호주군함 1척이 3척의 미 해군함정과 합류하여 합동군사훈련을 실시

28일 ○ 미 해군은 이지스 구축함 배리함을 서사군도에 보내 항행의 자유작전 실시

29일 ○ 중국이 영유권을 주장하는 남중국해 남사군도를 통과하는 항행의 자유작전 실시

5월 7일 ○ 미국은 중국이 남중국해 말레이시아의 시추선 카펠라호의 대륙붕 탐사를 계속 방해하자 연안 전투함 몽고메리함 등 2척 투입 7월 1일

○ 남중국해 남사군도에서 해상훈련을 시작하자 즉각 니미츠함과 로널드 레이건함 등 항공모함 2척을 현장에 급파(2014년 이후 6년 만에 처음)

19일 ○ 7.19-23일. 미국 해군, 일본 해상자위대, 호주 해군은 남중국해에서 괌 주변까지의 해역에서 중국견제 목적 연합훈련 실시

23일 ○ 마이크 폼페이오 닉슨 도서관에서 발표한 '공산주의자 중국과 자유세계

의 미래'라는 연설을 통해 지난 반세기 미국의 대중국 포용정책 실패 선언과 패권국가로서의 중국을 신랄하게 비난

8월 6일 ○ 마크 에스퍼 국방장관은 웨이펑허 중국 국방부장과 전화통화(1시간 30분간)로 대만·남중국해 일대 항해안정 저해행동에 우려를 표명하고 중국정부에 국제법과 규범준수와 국제적 책임이행의 중요성을 언급

13일 ○ 미 공군, 남중국해 서사군도에 'H-6J' 폭격기 배치로 맞서 인도양 기지에 4년 만에 'B-2A' 폭격기(박쥐 모양의 스텔스기) 배치

25일 ○ U-2S 정찰기를 비행금지구역으로 보내 남중국해 훈련재개 상황을 엿보기 위해 진입

26일 ○ 미국 공군 U-2와 RC-135 정찰기가 중국군이 훈련을 위한 설정한 남중국해 비행금지구역에 진입

9월 2일 ○ 미국은 중국의 남중국해 훈련구역에 미사일 공격의 맞대응 차원에서 캘리포니아에서 대륙간탄도미사일(ICBM) 미니트맨-Ⅲ을 발사하여 남태평양에 떨어뜨림

9일 ○ 폼페이오 미 국무장관은 동아시아정상회의(EAS) 외교장관 회의에서 아세안 회원국들을 향해 "큰소리만 내지 말고 행동으로 옮겨야 한다."면서 남중국해 군사기지화를 위한 전초기지 건설에 참여했다는 이유 등으로 24개 중국 국영기업에 대해 단행한 제재에 동참해달라고 촉구

2. 중국

3월 6일 ○ 선원 5명이 탄 베트남 어선이 남중국해 서사군도, 디스커버리 암초 근처에 정박 중이던 중국 해경선 '44101호'의 물대포 공격으로 암초에 부딪혀 침몰

4월 10일 ○ H-6 폭격기, 젠-11 전투기 등을 대만과 필리핀 사이의 바시해협을 통과시키는 훈련(대만 포위 비행훈련) 실시

28일 ○ 중국군은 "중국 정부의 허가 없이 영해로 불법 침입했다."며 배리함을 몰아냄

7월 1일 ○ 남중국해 남사군도에서 해상훈련 시작

15일 ○ 중국군은 남중국해 섬인 우디섬(永興島)에 4대의 'J-11B' 전투기 배치

16일 ○ 7월 15일에 이어 중국 인민해방군 남부전군 소속 해군은 이틀 간 'JH-7'

전투폭격기를 동원한 해상 목표물 공격훈련 실시

4일 ○ 중국 인민해방군 공군 제6항공여단 소속 수호이(Su)-30MKK 플랭커-G 편대가 남사군도 수비환초까지 초계 비행 실시

24일 ○ 남중국해 파라셀제도(시사군도)에서 훈련을 다시 재개

25일 ○ U-2S 정찰기를 비행금지구역으로 보내 남중국해 훈련재개 상황을 정찰과 관련, 중국 언론 "실제 격추된다면 전적으로 미국 탓."이라며 경고

27일 ○ 중국군 로켓사령부는 수발의 DF(東風)-21D와 DF-26B 중거리 탄도 미사일(IRBM)을 남중국해 쪽으로 발사해 대응

9월 1일 ○ '랴오닝'함이 보하이 해에서 훈련

2일 ○ 미 훈련구역에 '항공모함 킬러'로 불리는 DF(둥펑)-21D 미사일과 중거리 탄도미사일 DF-26B, JL(쥐랑)-2A 잠수함발사탄도미사일(SLBM)을 쏘아 올려 떨어뜨림

9월 5일 ○ '랴오닝'함이 산둥성 칭다오 기지를 출발해 훈련을 시작

9일 ○ 왕이(王毅) 중국 외교부장은 동아시아정상회의(EAS) 외교장관 회의에서 "미국은 자신의 정치적 필요에 따라 해양 분쟁에 직접 개입하는 등 무력 과시와 군사력 강화에 나서고 있으며 남중국해 군사화를 밀어붙이고 있다."고 비난

동아시아 해양갈등과 해양신뢰구축

4월 6일 ○ 일, 오키나와현의 섬에 미사일 배치부대 발족
15일 ○ 이란혁명수비대 경비정 11척, 미 해군함정 근접 위협
18일 ○ 중, 하이난성 싼사시 산하, 시샤구와 난샤구 설치
22일 ○ 트럼프 미 대통령, "(작전방해시) 이란 함정 격파" 명령
5월 1일 ○ 미·영 해군, 노르웨이해에서 연합훈련 실시
4일 ○ 미·영 연합훈련 세력 일부 이탈, 바렌츠해 해상현시작전 실시
21일 ○ 미, 『대중국 전략적 접근 보고서(United States Strategic Approach to The People's Repbulic of China)』 의회 제출
21일 ○ 미, "영공정찰협정(Open Skies Treaty)" 탈퇴 선언
24일 ○ 북한, 핵 자위적 억제력 강화천명
26일 ○ 지중해 상공, 미·러 군용기 근접조우
6월 9일 ○ 트럼프 미 대통령, 2029년까지 쇄빙선 함대 전력화 지시 메모
10일 ○ 미 국무부, 일본에 105대의 F-35 전투기 판매 승인(F-35B 42대 포함)
22일 ○ 중국 군용기 1대, KADIZ 진입(제주남방-독도남방)
7월 3일 ○ 중국 해경국 소속 선박 2척, 센카쿠열도 영해 침범
23일 ○ 폼페이오 미 국무장관, 중국을 겨냥 "레짐 체인지" 언급
27일 ○ 북한, 핵 자위적 억제력 강화천명
30일 ○ 미, 인도·태평양사령부 예하에 '다영역특임단(Multi-Domain Task)' 창설
8월 20일 ○ 러시아 폭격기, 독도 인근 KADIZ 진입
9월 9-10일 ○ 중국, 수십대 군용기 대만 ADIZ 진입으로 군사적 강압
10월 6일 ○ 쿼드 외교장관 회의(일본에서 대면회의로 실시)
11월 ○ 뉴스타트 1년 협상안 철회, 협상 교착
12월 3일 ○ 동북아평화협력포럼(NAPC Forum) 개최

북극해

1월 10일 ○ 러시아 메드베데프 총리, '북극항로 인프라 개발계획' 승인. 2024년까지 북극권 4개 공항 인프라 대폭 확충, 북극항로 거점인 페베크(Pevek)항과 사베타(Sabetta)항 시설 최신화, 2026년까지 핵추진 쇄빙선 5척 추가 건조 등 포함

2월 10일 ○ 미 해안경비대, 2번째 대형 쇄빙선 건조, 알래스카 지질 탐사 및 지도제작, 그린랜드에 영사관 설치 등 북극정책 관련 예산이 대폭 반영된 2021 회계연도 예산안을 발표

20일 ○ 미 해안경비대 사령관, 3번째 대형 쇄빙선 건조계획 발표

3월 2일 ○ 나토, 노르웨이 북부 북극해 연안지역에서 6천 명의 미군 등 10개 회원국 총 16,000명이 참가하는 Cold Response 훈련 시작, 러시아 참관 하에 16일 간 방어훈련 실시.

4일 ○ 미국, 영국 등 5개국과 북극해에서 2년주기 다국적 해군 훈련 ICEX2020 시작, 미 핵잠수함 Toledo 등 2척 북극점 인근 부상 및 임시 훈련지휘소 설치

8일 ○ 노르웨이, GUIK 구역으로 남하하는 러시아 대잠초계기 Tu-142s 감시임무에 F-35A를 최초로 투입

11일 ○ 노르웨이, 질병예방센터의 코로나바이러스 확산 경고로 자국영토에서 실시하는 Cold Response 훈련취소를 결정, 훈련참가 중인 나토회원국들 훈련종료 및 철수

12일 ○ 덴마크 국방대, 북극안보 문제분석 및 대응방안을 연구하는 북극안보연구센터(The Center for Arctic Security Studies) 출범

15일 ○ 러 푸틴 대통령, 북극개발 마스터 플랜인 "2035년 북극에 대한 국가정책의 기초"에 서명. 연안방어강화, 대규모 에너지개발, 인프라 구축, 북극항로 개척 등 포함

17일 ○ 러시아, 대통령 직속의 국가경비대가 무르만스크, 사베타 등 북극해 연안 9개 항구에 대한 치안 및 방어임무를 수행한다고 발표

18일 ○ 러시아, 북극해에서 실시하고 있는 나토공군의 훈련에 대응하여 야말반도에 배치된 S-400으로 방공훈련 실시

4월 8일 ○ 러시아, 서시베리아의 북극해 연안에 위치한 Tiksi기지에 S-300 대공방어체계 전력화 완료 및 가동 시작

17일 ○ 러시아, 2일 노르웨이에 억류된 자국 트롤어선의 석방을 요구하며 노르웨이가 주장하는 어로보호구역에 대한 불인정 입장 천명

20일 ○ 러 극동북극개발부 공보실, 북극권 인구유출 방지 및 북극 개발 토대마련을 위해 1인당 1헥타르의 북극권 토지를 최대 5년간 무상제공 하는 "북극 헥타르" 계획 발표

○ 미 합참, 알래스카 이엘슨 공군기지에 F-35A 최초 배치

23일 ○ 러시아 즈베즈다 조선소, 쇄빙선사 로스아톰사와 2027년까지 핵추진 쇄빙선 3척 건조 계약 체결

○ 미 국무부, 그린란드에 1,210만 달러 경제원조와 1953년에 문을 닫았던 영사관 재개설을 발표. 동 원조는 그린란드가 중국의 투자신청을 거부한 것에 대한 반대급부로 지원

○ 미 국방부, 북극해 주변 위협에 대비한 무인잠수정 개발 계획을 발표

26일 ○ 러시아 공수부대, 세계최초로 북극상공 1만미터에서 제트 수송기인 일류신-76으로 단체 낙하훈련 실시

5월 1일 ○ 미 6함대, 영국해군과 함께 노르웨이 북쪽 해안에서 연합대잠전 및 해양안보작전 실시

4일 ○ 러시아 총참모부, 북부함대 함정·항공기들이 바렌츠해에 진입한 4척의 미국 및 영국 함정들을 감시하고 있다고 발표. 미국 수상함정의 바렌츠해역 진입은 1980년대 이후 처음 발생

6일 ○ 미 폼페이오 국무장관, 제17차 북극이사회 각료회의에서 중국을 비(非)북극권국가라고 지칭하며 중국은 북극개발에 어떤 권리도 없다고 강조

14일 ○ 러시아-노르웨이, 27일부터 실시 예정되었던 양국의 연례 민관합동구조훈련인 Narents 2020을 코로나-19로 취소한다고 발표

15일 ○ 미 트럼프 대통령, 우주군기(旗) 공개행사에서 세계에서 가장 빠른 극초음속 미사일을 개발하고 있다고 언급

29일 ○ 러시아 연방보안국(FSB)국장, TASS 통신과 인터뷰에서 북극연구를 빙자한 과학자들과 환경론자들이 러시아의 영토주권을 침해하고 개발을 저

해하고 있다고 비난

6월 4일 ○ 노르웨이, F-35 4대 및 F-16 3대가 미국 B-52 폭격기와 함께 노르웨이 북부 배타적경제수역 상공에서 방어훈련

5일 ○ 미 국방부, 러시아 접경지역인 노르웨이 핀마르크주에 설치된 우주감시용 Globus II 레이다 시스템을 Globus III로 대체 완료했다고 발표

○ 러 푸틴 대통령, 러시아 역사상 최초로 내년 6월 1일부터 북해함대를 5번째 통합군관구 사령부로 지정하는 법령을 공표하고 금년 10월 1일까지 새로운 관구 설치에 따른 군사·행정 조직을 정비할 것을 명령. 북해함대는 과거에 서부관구 소속 부대에서 2014년에 북극합동전략사령부로 승격 후 금번 공표로 북극연안의 모든 부대를 지휘하는 관구로 승격

9일 ○ 미 트럼프 대통령, '북극과 남극 지역에서 미국 이익 수호' 각서에 서명, 극지방 군사역량 강화를 위한 구체적 계획을 최초로 밝힘. 2029년까지 쇄빙선 함대를 갖출 것을 명시, 핵추진 쇄빙선 등 대형 쇄빙선 3척 이상 건조 및 극지방에 4곳의 군사기지 신설을 기술

10일 ○ 미 국무부, 그린란드에 미국 영사관을 개설하여 10일부터 공식 업무를 개시한다고 발표

17일 ○ 러시아, 배수량 33,540톤급의 세계최대 핵추진 쇄빙선인 Arktika호 진수

7월 1일 ○ 러시아, 북극해·크림반도·쿠릴열도 등 분쟁 중인 영토의 할양을 금지하는 조항이 포함된 헌법개정안을 통과

7일 ○ 러시아, 북해함대 소속 순양함 표트르발리키를 포함 수상함정 및 잠수함 30여 척과 Tu-22M 등 항공기 20여 대가 참가하는 대규모 훈련 실시

9일 ○ 러시아, 보레이급 핵잠수함의 개량형 A급의 첫 번째함인 블라디미르 대공함이 콜라 반도의 Gadzhievo에 최초로 실전배치했다고 발표

10일 ○ 미 트럼프 대통령, 남부사령부 방문에서 미국은 10척의 새로운 쇄빙선 확보를 추진하고 있다고 언급

20일 ○ 러시아 극동북극개발부, 북극인구 유출방지 및 토지개발을 위한 "북극 헥타르" 실행 계획 발표

21일 ○ 미 공군, 창설이래 최초로 북극상공과 우주에서 공군의 역할과 정책방향을 제시한 북극전략서 발간

22일 ○ 미 폼페이오 국무장관, 덴마크 외무장관과 공동기자회견에서 러시아의 영향력을 견제하고 중국의 북극해 진출을 좌절시킬 것이라고 언급

29일 ○ 미 트럼프 대통령, 지난 3년 여간 공석이었던 미 국무부 북극조정관에 한국과 방위비 분담문제를 다루었던 외교관 출신의 Jame Dehart를 임명

30일 ○ 노르웨이 인터넷신문 바렌츠옵저버, 미국 미사일 구축함 루즈벨트함이 지난 6월초 북대서양 나토훈련 Dynamic Mongoose 2020에 참가한 후 북극권 해역을 28일간 항해하였다고 발표

31일 ○ 캐나다 해군, 사상 첫 북극해 순찰경비함 Harry DeWolf함을 조선소로부터 인수. 총 6척 중 첫 번째 함정으로 북극해 경비에 투입될 예정

8월 5일 ○ 덴마크, 그린란드 북부지역 거주민으로 주축이 된 민병대 구성 및 운영을 목표로 그린란드 수도에 국방부 지국을 설치, 평시에 정규군을 보좌하며 북극해 환경오염 및 영유권 침범 행위 등을 감시

19일 ○ 노르웨이, 자국주재 러시아 외교관을 에너지 개발관련 기밀 탈취 등 스파이 혐의로 추방

25일 ○ 러시아 푸틴 대통령, 안전보장회의 내에 러시아 북부지역의 안보를 전담할 특별위원회 설치를 위한 행정명령에 서명

28일 ○ 러시아 Su-27 전폭기, 흑해에서 출발하여 유럽의 30개 나토동맹국 상공을 비행 훈련 중인 미 B-52 편대군에 근접감시 중 덴마크 도서(Bornholm) 영공 침범

28일 ○ 러시아해군, 구소련시절 이후 처음으로 베링해(Bering Sea)에서 수십척의 함정, 항공기 및 잠수함을 동원하여 『해양의 방패』로 명명된 대규모 훈련 실시

9월 7일 ○ 노르웨이, 프리게이트 KNM Thor Heyerdah함이 미국· 영국군함 및 항공기들, 덴마크 정찰기과 함께 바렌츠해의 러시아 EEZ에 진입하여 해양안보훈련을 실시함. 이것은 노르웨이 함정이 러시아를 배제하고 바렌츠해에 진입한 최초 사례

8일 ○ 일본 해상자위대 연습함 가시마, 자위대 함정으로서는 최초로 북극권인 베링해(Bering Sea)에 진입, 미 연안경비대와 통신훈련 실시

14일 ○ 노르웨이, 14일 기준으로 북유럽에서 러시아 초계기들에 대한 나토의 신속대응경보 발령 횟수가 2019년의 전체 횟수를 초과했다고 발표

15일 ○ 미 국립빙설자료 센터, 올 여름 관측된 북극해의 빙하 면적이 374만㎢로 역대 두 번째 작은 면적이라고 발표

22일 ○ 미 폼페이오 국무장관, 덴마크 외무장관과 공동기자회견에서 북극해에

대한 러시아의 영향력을 견제하고 중국의 북극해 진출은 권리가 없다고 강조

23일 ○ 스웨덴 국방부, 14일 예텐버그(Gothenburg)에서 발생한 러시아 콜벳 함정의 영해침범과 16일 발생한 덴마크 함정의 영해침범을 강력비난

○ 홍콩대 미아 베넷 교수 연구팀, 중국의 북극해 물류항로 개척이 북극점을 통과하는 '북극횡단항로(Transpolar Sea Route·TSR) 추진으로 연결될 것이라고 예측

24일 ○ 핀란드, 노르웨이, 스웨덴 등 3국 국방장관, 노르웨이 Porsangmoen 군사기지에서 회동하여 3국 간 군사안보 협력을 강화하는 협정에 서명. 북부지역에서 합동작전계획과 전략기획 수립팀을 공동 운용하기로 합의

29일 ○ 스웨덴, 2011년에 발간된 북극지역 전략서를 개정한 북극지역 전략서 발표. 동 지역개발에 수반되는 분쟁 가능성을 차단하기 위한 협력 증진 강조

10월 3일 ○ 러시아 초대형 원자력 쇄빙선 Arktika호, 9월 22일 시작된 첫 시운전 항해 중 10월 3일에 북극점 해역의 3미터 두께 얼음을 깨며 북극점을 성공적으로 통과했다고 발표

7일 ○ 러시아 육군 총참모장, 푸틴의 68회 생일인 7일 북극해에서 극초음속미사일 지르콘 시험발사에 성공했다고 발표

13일 ○ 미 국무부, 핀란드에 대한 최신 전투기 및 부품, 유도미사일 판매를 잠정적으로 승인했으며 의회의 결정을 기다리고 있다고 발표

15일 ○ 러시아 매드베데프 총리, 북극해에서 미국과 나토의 군사활동을 비난하며 내년에 러시아가 북극이사회 의장을 맡으면 안보문제가 우선적으로 다루어질 것이라고 언급

16일 ○ 스웨덴, 1972년에 지어졌던 북극해 연안 Kiruna에 위치한 Esrange 우주센터의 현대화를 위해 약 860만 유로의 예산을 추가로 반영. 2022년까지 소형위성을 발사 예정 향후 세계 상업용 소형위성 발사센터로 발전시킬 계획

22일 ○ 러시아 Tu-95 폭격기, Su-35 전투기, A-50 조기경보기, 알래스카 35마일까지 접근비행, 미 F-22 출격 및 근접 감시 수행. 러시아 항공기들의 알래스카 근접 비행은 올해 14번째 발생

29일 ○ 미국-그린란드, 툴레 공군기지 정비를 위한 계약을 체결, 그린란드 회사

및 인부들이 정비 사업을 독점하도록 허용

11월 3일 ○ 러시아 푸틴 대통령, 세계 최대 디젤추진 쇄빙선 빅토르 체르노미로딘(Viktor Chernomyrdin)의 취역식 연설에서 '쇄빙선함대 강화로 북극권에서 지속적인 우위를 유지할 것'이라 언급

5일 ○ 러시아 탐사선 Bavenit호, 세계 최초로 카라해 북단 해역에서 수중굴착 등 자원탐사 실시

25일 ○ 미 바이든 당선자, 미국의 기후변화 특사로 켈리 전 국무장관을 지명, 트럼프의 기후변화 탈퇴 및 북극권 채굴규제 철폐를 원상복구 시킬 것으로 전망

27일 ○ 러 국방부, 북해함대 소속 고르시코프함이 백해(White Sea)에서 극초음속 미사일 지르콘(Tsirkon) 발사시험을 성공적으로 실시했다고 발표

12월 1일 ○ 미 해안경비대 쇄빙선 Polar Star, 1982년 이후 처음으로 북극에서의 동계임무 수행 시작

9일 ○ 노르웨이 대학의 북방물류센터, 2020년에 NSR 항로를 이용한 국제통과 운송이 62회로 사상최대를 기록했다고 발표. 2019년에는 총 37회 발생

14일 ○ 미 의회, 쇄빙선 6척 신규 건조 내용이 포함된 내년도 국방예산안(Defense Bill)을 승인

찾아보기

ㅂ

ㅅ

ㅇ

기타

공저자 소개

김지용

현재 해군사관학교 국제관계학과 교수 및 국방부 군사명저 번역출간위원회 위원으로 활동 중임. 1997년과 2000년에 각각 경제학사와 국제관계학석사를 연세대학교에서 취득하고, 2004년까지 UN 산하 ICBL에서 활동함. 2008년 미시건대에서 ICPSR을 이수한 후 2011년 뉴욕주립대에서 정치학 박사학위를 취득함. 이후 연세대학교 BK21 박사후연구원, 국립외교원 객원교수, 중앙대학교 강의전담교수를 역임함. 관심분야는 청중비용이 군사위기에 미치는 효과에 관한 것이며 한국연구재단으로부터 7년간 재정지원을 받아 연구를 수행하고 있음. 가장 최근의 저서 및 논문으로 『중국의 외교정책과 대외관계』(2021), 『행태적 분쟁』(2021), 『국제안보의 이해』(2019), "미국 대통령의 여론 민감도와 청중비용"(2020), "민주주의는 왜 수호되어야 하는가? 전쟁수행과 위기대응을 중심으로"(2021), "미 · 중 전쟁은 다가오고 있는가?"(2020), "남중국해 미 · 중 충돌 가능성 진단을 위한 네 가지 실마리"(2020), "미국 동시선거와 군사위협의 신뢰성"(2020), "세력전이와 해양패권 쟁탈전"(2019), "야당의 의회 장악력, 지도자의 재임시점 그리고 청중비용"(2019) 외 다수 있음.

박주현

1988년 해군사관학교를 졸업, 1997년 샌디에이고 주립대학에서 국제정치 석사학위, 2005년 클래어몬트 대학원에서 국제정치경제 박사학위를 취득하였음. 호위함 분대장, 초계함 부서장, 참수리 편대장, 초계함 함장, 해군사관학교 군사학처장, 합참 군사전략과 해상전략 담당, 주영국 국방무관, 해군본부 교리발전처장 등 다양한 해 · 육상 보직을 역임하였음. 주요 논문으로 "에너지 안보관점에서 본 미국-중국 경쟁과 협력양상"(2017), "패권전이 형태에 대한 영향요인"(2017), "승자연합, 부의 확장, 그리고 해군력"(2017), "해군력 발전의 중장기 영향요인과 정책방향"(2019), "셰일혁명 이후의 세계: 2018-2019년의 경험"(2020), "극초음속 미사일의 군사전략적 의미"(2020) 등 다수 있음.

김덕기

현 동아대학교 특임교수, 한국해양전략연구소 선임연구위원, 한국군사학회 부회장, 대전시 안보자문관과 학술지 해양안보, 해양안보연구논총과 군사학연구지의 편집위원으로 활동하고 있음. 한국해군 최초 이지스함인 세종대왕함 초대함장, 충남대학교 국가안보융합학부와 공주대 안보과학대학원 초빙교수, 합참 자문위원, 국방홍보원 국방일보 자문위원 등을 역임하였고, 2006년 해양분야 연구 활동을 인정받아 미국의 유명 세계인명사전인 Who's Who in the World에 등재됨. 해군사관학교 졸업(1984), 국방대학교 석사(1992), 영국 헐(Hull) 대학교 국제정치학박사(1999). 주요 저서 및 연구보고서로는 Naval Strategy in Northeast Asia(2000), 21세기 중국해군(2000), The Evolution of The Maritime Security Environment in Northeast Asia and ROKN-USN Cooperation(공저)(2016), 남중국해 영토분쟁이 한국해군에 주는 함의(공저)(2017), 중국의 해양굴기와 미·중의 해양패권 경쟁(공저)(2017), 북한의 SLBM 탑재 잠수함 개발 저지 및 SLBM 위협 대응 방안(2017), 새로운 안보환경과 한국의 생존 전략(공저)(2020), 해양안보작전 개념 정립에 관한 연구(2020) 등이 있음. 주요 논문으로는 "미국해군의 이지스 탄도미사일방어(Aegis BMD) 발전 방향에 관한 연구"(2018), "미국의 남중국해 '항행의 자유 작전'과 중국의 대응이 주는 전략적 함의"(2019), "미·중·러의 극초음속무기 경쟁과 미국의 대응 전략에 관한 연구"(2020) 등 다수 있음.

김기호

현 한국해양전략연구소 선임연구위원 및 국방부 국외분과 정책자문위원으로 활동 중임. 현재 해군사관학교 초빙교수로 주변국 군사전략 및 해군무기체계를 강의 중이며, 한반도안보연구소 수석연구위원으로 활동하고 있음. 해군사관학교 졸업(1988), 한남대학교 석사(2006), 일본 해상자위대 지휘참모대(Command and Staff Course, JMSDF Command and Staff College) 유학(2000), 일본 해상자위대(Advanced Course, JMSDF Command and Staff College) 및 일본 통합막료학교 고급과정(Joint Advanced Course, Joint Staff College) 유학(2008년), 주일본 한국대사관 해군무관·국방무관, 한일군사문화학회 해외이사를 역임함. 주요 저서 및 연구보고서로는『이지스함과 탄도미사일 방어(2006)』, "일본의 신방위위계획대강과 한국해군의 대응 방안(2005)", "日자위함대(호위함대) 운용개념 연구를 통한 한국해군 해상기동부대의 발전 방향성 제언(2018)", "일본 해상자위대의「다용도 방위형 항모」도입 추진과 한국해군의 전력 건설 방향성 고찰(2019)," "함정 탑재용 전투기 운용 현황과 함정 기술발전 동향 및 전망(2019)", "일본의 신방위계획대강 개정에 따른 한국해군의 대응 방안 연구(2019)", "OOO-Ⅱ 운용요구서 연구(2020)" 등 안전보장 및 무기체계 관련 연구실적 다수 있음.

정재호

러시아 모스크바국립대학교(MSu)에서 국제관계학 박사(2008)를 취득하였음. 저서 및 역서로『러시아 국가안보』(2011),『2013-2014 동아시아 해양안보정세』(2013),『21세기 동북아 해양전략 : 경쟁과 협력의 딜레마』(2015),『러시아 해양력과 해양전략』(2016),『러한 국방전문용어사전』(2016),『21세기 해양안보와 국제관계』(2017) 등 다수 단행본, 번역서, 러한사전 집필, 주요 논문 및 기고문으로 "After the US-Russian New START: What's Next?"(2011), "러시아해군전략과 해군전력 건설현황"(2012), "러시아의 동아시아 회귀와 해군력 증강: 지역안보의 협력과 갈등"(2015), "쿠릴열도에서 무슨 일이 일어나고 있나"(2016), "북극해의 전략적 가치와 해양안보"(2016), "성없는 최전선, 군사외교 현장에서"(2019), "러시아, 급변하는 국제정세 속 강한 통합러시아 항진"(2020), "러시아 핵안보환경의 대전환 시대… 신무기 개발과 해외군사기지 확대 강화"(2020), "역동하는 국제정세 변화와 러시아의 향방"(2020) 등 다수 있음.

김강녕

현재 한국해양전략연구소 선임연구위원 및 한국군사학회 편집이사 겸 제6분과(국방리더십 · 무형전력) 위원장, 한국통일전략학회 부회장, 민주평통 상임위원(2010-2013, 2017-현재), 조화정치연구원장 등으로 활동 중임. 동국대학교 대학원을 졸업했고 "핵확산이 국제평화질서에 미치는 영향"으로 정치학박사학위를 취득했음(1988). 고려대 · 충남대 강사, 인천대 교수(정외과 학과장) 및 인천대 평화통일연구소장, 한국(국제)정치학회 부회장, 아태정치학회 회장, 국무총리비상기획위원회 위원, 국방부정책자문위원, 해군발전자문위원(2011-2019)을 역임했음. 한국연구재단 인문사회 7개 분야(정치학) 상위 50위 학자로 선정됨(2013). 주요저서 및 연구논문으로는 Korean Politics and Diplomacy in the Global Society(2011), "National Strategic Value and Role of Jeju Base"(2012), "북극항로 개방에 따른 한국해군의 대응 방안"(2012), "세계 속의 한국: 외교 · 안보 · 통일"(2013), "남중국해를 둘러싼 미 · 중 간의 갈등과 한국의 대응"(2017), "중 · 일의 해양안보위협과 제주해군기지 전력강화방안"(2018), "중국의 해양팽창정책과 한국해군의 대응 방안"(2018), "주변국의 해양안보전략과 한국해군의 대응"(2019), "이어도 근해 중 · 일의 활동증대에 따른 한국의 대응 방안"(2020), "4차 산업혁명과 한국 국방혁신의 과제"(2020) 등 다수 있음.

반길주

현재 한국해양전략연구소 선임연구위원으로 미국 애리조나주립대학교 정치학 박사(2011)를 취득하였음. 저서로 『국제 현실정치의 바다전략: 해양접근전략과 균형적 해양투사』(2012), 『작은 거인: 중견국가 한국의 안정화 작전 성공 메커니즘』(2017) 등 3권의 단행본 집필. 주요 논문으로 "The Clash of David and Goliath at Sea: The USS Cole Bombing as Sea insurgency and Lessons for the ROK Navy"(2010), "The ROK as a Middle Power: Its Role in Counter Insurgency"(2011), "The Impact of North Korea's Asymmetric Attack on South Korea's Blue Water Navy Strategy"(2012), "국가전력으로서의 항공모함 확보조건 분석"(2016), "안보정책 정교화를 위한 고찰"(2016), "중국의 물리전과 비물리전 동시구사 전략: 중국의 서해상 항모작전과 한국에 대한 삼전의 적용"(2017), "중견국 한국의 해양전략 디자인: 해양접근전략"(2019), "미 · 중 패권전쟁의 충분조건 분석: 결정론적 구조주의 한계 보완을 위한 행위적 촉발요인 추적"(2020), "해양경계 모호성의 딜레마: 동북아 방공식별구역의 군사적 충돌과 해양신뢰구축조치"(2020), "동북아 국가의 한국에 대한 회색지대 전략과 한국의 대응 방안"(2020), "중견국 이론 정교화: 구조적 접근과 한국의 중견국 정치"(2020), "북핵위협과 관심전환이론: 트럼프 행정부 시대 미국의 국가안보와 정권안보의 충돌"(2020), "동아시아 공세적 해양주의: 공격적 현실주의 이론과 동북아 4강의 해양전략"(2020), "게임체인저로서 북한 SLBM 위협고도화와 한국의 대응 방안: 변화되는 게임진단과 SLBM 상쇄전략"(2020), "유엔사의 과거와 미래의 충돌: 평화공헌론과 주권위축론의 마찰과 윈윈(win-win) 전략 모색"(2020), "Making Neutrality Credibly Work: The NNSC on the Korean PeninSula" (2020), "Jammed Allies: The Ironclad ROK-US Alliance and China as a Gray Actor"(2020) "The two-for-one entity and a 'for whom' puzzle: UNC both a peace driver and the U.S. hegemony keeper in Asia"(2020), "Maritime CBMs as Soft Deterrence in Northeast Asia: A Sea of Paradox that Conflict and Cooperation Coexist and its Remedies"(2020), "동맹 결속변화의 비구조적 외생변수 추적: 중국·북한의 회색국가화 공세와 한미동맹의 디커플링"(2020), "Two-Level Silence and Nuclearization of Small Powers: The Logic of Rendering North Korea Nuclear-Armed"(2021) 등 다수 있음.

2020-2021 동아시아 해양안보 정세와 전망 92

초판발행 2021년 5월 25일

엮은이 한국해양전략연구소(KIMS)
펴낸이 안종만 · 안상준

편 집 우석진
기획/마케팅 이영조
표지디자인 벤스토리
제 작 고철민 · 조영환

펴낸곳 (주) 박영사
서울특별시 금천구 가산디지털2로 53, 210호(가산동, 한라시그마밸리)
등록 1959. 3. 11. 제300-1959-1호(倫)
전 화 02)733-6771
f a x 02)736-4818
e-mail pys@pybook.co.kr
homepage www.pybook.co.kr
ISBN 979-11-303-1237-8 93390

정 가 23,000원